工程量清单计价与系列计算规范解读与应用丛书

《仿古建筑工程工程量计算规范》
GB 50855—2013 解读与应用示例

田永复　编著

中国建筑工业出版社

图书在版编目（CIP）数据

《仿古建筑工程工程量计算规范》GB 50855—2013
解读与应用示例/田永复编著. —北京：中国建筑工业
出版社，2013.9
（工程量清单计价与系列计算规范解读与应用丛书）
ISBN 978-7-112-15650-4

Ⅰ. ①仿… Ⅱ. ①田… Ⅲ. ①仿古建筑-建筑工
程-工程造价-建筑规范-基本知识 Ⅳ. ①TU723.3-65

中国版本图书馆 CIP 数据核字（2013）第 166801 号

本书为"工程量清单计价与系列计算规范解读与应用丛书"之一。全书按照最新国家标准
《建设工程工程量清单计价规范》GB 50500—2013 及《仿古建筑工程工程量计算规范》GB
50855—2013 编写而成，共分为五章，包括：新旧"工程量清单计价规范"概论、仿古建筑"工
程量清单"编制、仿古建筑工程"清单计价"编制、《营造法原做法项目》名词通解以及《营造
则例做法项目》名词通解。为了便于读者更好地理解和掌握新规范的内容，本书除总结出新旧
规范的异同要点、规范中编制细节的执行外，还通过一个仿古"水榭建筑工程"为示例，阐述
如何编制"工程量清单"、怎样编制"工程量清单计价"，以及鉴别和认识仿古建筑项目特征等
基本知识。

本书图文并茂、系统全面，实用性强，可供仿古建筑工程造价人员参考使用。

* * *

责任编辑：范业庶　王砾瑶
责任设计：董建平
责任校对：肖　剑　刘梦然

工程量清单计价与系列计算规范解读与应用丛书
《仿古建筑工程工程量计算规范》GB 50855—2013
解读与应用示例
田永复　编著

*

中国建筑工业出版社出版、发行（北京西郊百万庄）
各地新华书店、建筑书店经销
霸州市顺浩图文科技发展有限公司制版
北京同文印刷有限责任公司印刷

*

开本：787×1092 毫米　1/16　印张：23½　字数：584 千字
2013 年 10 月第一版　　2013 年 10 月第一次印刷
定价：**56.00** 元
ISBN 978-7-112-15650-4
（24279）

前　言

　　2012 年 12 月，我国住房和城乡建设部、国家质量监督检验检疫总局，联合重新发布《建设工程工程量清单计价规范》，从 2013 年 7 月 1 日正式实施，我们简称"13 规范"。同时发布《仿古建筑工程工程量计算规范》（我们简称《仿古建筑规范》），为了配合该规范的实施，我们用一个仿古"水榭建筑工程"为示例，阐述如何编制"工程量清单"、怎样编制"工程量清单计价"，以及鉴别和认识仿古建筑项目特征等基本知识，借以帮助读者掌握对仿古建筑清单编制的基本方法，该书分为五章：

　　第一章　新旧"工程量清单计价规范"概论，介绍新旧规范的异同要点、规范中编制细节的执行、计价定额及计价办法等相关内容。

　　第二章　仿古建筑"工程量清单"编制，通过识图详细介绍工程量的计算、填写、编制工程量清单及其全套文件的操作。

　　第三章　仿古建筑工程"清单计价"编制，根据已编制的工程量清单，讲述对其清单进行计价的方法，及其全套计价文件的具体操作。

　　第四章　《营造法原做法项目》名词通解，讲解对《仿古定额基价表》和《仿古规范附录》中所接触的江南仿古建筑名词。

　　第五章　《营造则例做法项目》名词通解，讲解对《仿古定额基价表》和《仿古规范附录》中所接触的北方仿古建筑名词。

　　在本书编写过程中：吴宝珠、杨芳、徐建红、田春英、孟宪军、田夏涛、杨晓东、廖艳平、田夏峻、孟晶晶等同志，担任了部分图例绘制、数据计算和复核工作，在此一并表示谢意。

编著者

2013 年 6 月

目　　录

第一章 新旧"工程量清单计价规范"概论

2008 年 7 月 9 日由我国住房和城乡建设部发布了《建设工程工程量清单计价规范》（简称"08 规范"），历经 4 年，于 2013 年重新颁布了《建设工程工程量清单计价规范》（简称"13 规范"）及《仿古建筑工程工程量计算规范》（简称《仿古建筑规范》）。新旧规范的最大不同点是，"08 规范"是以整个建设工程项目为出发点，涵盖 6 个相关单位工程所制定的条款项目及其规定，如表 1-1 中的 A 所示。而"13 规范"除对整体性建设工程项目制定出具有指导性条款项目之外（如表 1-1 中的 B 所示），另对 9 个相关专业工程制定出本身的条款规定，如《仿古建筑规范》（如表 1-1 中的 C 所示）。这就是说，新规范要较旧规范更为详细而全面。

新旧规范条款项目内容对比表　　　　　　　　　　表 1-1

A "08 规范"		B "13 规范"		C 《仿古建筑规范》	
编号	GB 50500—2008	编号	GB 50500—2013	编号	GB 50855—2013
名称	建设工程工程量清单计价规范	名称	建设工程工程量清单计价规范	名称	仿古建筑工程工程量计算规范
1	总则	1	总则	1	总则
2	术语	2	术语	2	术语
3	工程量清单编制	3	一般规定	3	工程计量
4	工程量清单计价	4	工程量清单编制	4	工程量清单编制
1）一般规定；2）招标控制价；3）投标价；		5	招标控制价	附录 A	砖作工程
4）工程合同价款的约定；		6	投标报价	附录 B	石作工程
5）工程计量与价款支付；6）索赔与现场签证；		7	合同价款约定	附录 C	琉璃砌筑工程
7）工程价款调整；8）竣工结算；		8	工程计量	附录 D	混凝土及钢筋混凝土工程
9）工程计价争议处理		9	合同价款调整	附录 E	木作工程
5	工程量清单计价表格	10	合同价款期中支付	附录 F	屋面工程
附录 A	建筑工程工程量清单项目及计算规则	11	竣工结算与支付	附录 G	地面工程
附录 B	装饰装修工程工程量清单项目及计算规则	12	合同解除的价款结算与支付	附录 H	抹灰工程
附录 C	安装工程工程量清单项目及计算规则	13	合同价款争议的解决	附录 J	油漆彩画工程
附录 D	市政工程工程量清单项目及计算规则	14	工程造价鉴定	附录 K	措施项目
附录 E	园林绿化工程工程量清单项目及计算规则	15	工程计价资料与档案	附录 L	古建筑名词对照表
附录 F	矿山工程工程量清单项目及计算规则	16	工程计价表格		本规范用词说明
	本规范用词说明		本规范用词说明		引用标准名录
附	条文说明	附	条文说明	附	条文说明

从表 1-1 中可以看出，"13 规范"将"08 规范"中"4 工程量清单计价"的子项内容，都拿出来进行了单列，特别是对合同中容易引起纠纷的内容，作了更为全面的规定。但对仿古建筑工程来说，"08 规范"没有单独制定仿古建筑工程的具体内容（如表 1-1 中 A 项的附录所示），它在编制仿古建筑工程量清单时，都是参照"08 规范"中的相关条款内容执行的。而"13 规范"则是作了独立的《仿古建筑规范》，这样对仿古建筑工程的工程量清单编制与计价工作，会更进一步起到减少争议矛盾，统一量化标准的作用。

第一节   新旧规范的异同要点

对于要实施一项建设工程或仿古建筑工程，所涉及的发包人和承包人，在签订工程合同前后，都要有大量工作要做，这些工作就是《建设工程工程量清单计价规范》所涉及的内容，而新旧规范的异同点，涉及的范围很多，但针对仿古建筑工程的工程量清单编制和清单计价的内容，我们只选择新旧规范在"总则"、"术语"、"一般规定"、"工程量清单编制"、"招标控制价"、"投标报价"、"工程计价表格"等七部分来描述两个规范的异同点，也就是签订工程合同之前所涉及的内容，即表 1-1 中灰色所示的内容。对之后的"合同价款"约定、调整、支付等内容，暂不纳入本书任务之列。

一、新旧"总则"、"术语"、"一般规定"的异同

"总则"、"术语"和"一般规定"是《建设工程工程量清单计价规范》总体指导思想的体现，它是阐述在我国社会体制下，按照各种相关法律法规和建设工程的时代需求，所作的指导性条文。根据"08 规范"多年的实践，"13 规范"作了一些新的更动和充实，具体如表 1-2 所示。

(一) 规范"总则"的异同

规范"总则"是阐述本规范的编制目的、适用范围和总体指导原则等的概括性条文。在表 1-2 中，对新旧规范"总则"所规定的相应条款，相互作一对比，在 A、B 栏中，用相同颜色显示相同或相近条款。新旧"总则"在文中用词和内容增减等方面作了修改。

1. 条文用词的异同

如表 1-2 中 A、B 栏所示，"13 规范"的第 1.0.1 条、1.0.2 条、1.0.6 条和最后一条，是将"08 规范"中所指的"工程量清单"、"工程造价"等用词，改成为"计价文件的编制原则"、"发承包及实施阶段的"计价活动，使所指对象更加明确。在表中 B 栏用粗异体字，在 A 栏用下划线，表示相应修改内容。表中用同一种颜色表示相同或相近的新旧条文。

"13 规范"第 1.0.4 条，是在"08 规范"第 1.0.5 条的基础上，更详细指明所编制的文件内容（如表中浅灰色内容所示）。

2. 条款构成的异同

"08 规范""总则"由 8 个条款组成，"13 规范"归纳为 7 个条款，其中将"08 规范"第 1.0.3 条、第 1.0.4 条，转移到"13 规范"的"3 一般规定"内（见表 1-4 中 B 栏所示），

新旧规范"总则"内容　　　　　　　　　表 1-2

A "08 规范"		B "13 规范"		C《仿古建筑规范》	
1	总则	1	总则	1	总则
1.0.1	为规范工程造价计价行为,统一建设工程工程量清单的编制和计价方法,根据《中华人民共和国建筑法》《中华人民共和国合同法》《中华人民共和国招标投标法》等法律法规,制定本规范	1.0.1	为规范建设工程造价计价行为,统一建设工程计价文件的编制原则和计价方法,根据《中华人民共和国建筑法》《中华人民共和国合同法》《中华人民共和国招标投标法》等法律法规,制定本规范	1.0.1	为规范仿古建筑工程造价计量行为,统一仿古建筑工程工程量计算规则、工程量清单的编制方法,制定本规范
1.0.2	本规范适用于建设工程工程量清单计价活动	1.0.2	本规范适用于建设工程发承包及实施阶段的计价活动	1.0.2	本规范适用于仿古建筑物、构筑物和纪念性建筑等工程发承包及实施阶段计价活动中的工程计量和工程量清单编制
1.0.3	使用国有资金投资或国有资金投资为主(以下二者简称"国有资金投资")的工程建设项目,必须采用工程量清单计价	1.0.3	建设工程发承包及实施阶段的工程造价应由分部分项工程费、措施项目费、其他项目费、规费和税金组成	1.0.3	仿古建筑工程计价,必须按本规范规定的工程量计算规则进行工程计量
1.0.4	非国有资金投资的工程建设项目,可采用工程量清单计价	1.0.4	招标工程量清单,招标控制价,投标报价,工程计量、合同价款调整、合同价款结算与支付以及工程造价鉴定等造价文件的编制与核对,应由具有专业资格的工程造价人员承担	1.0.4	仿古建筑工程计量活动,除应遵守本规范外,尚应符合国家现行有关标准的规定
1.0.5	工程量清单,招标控制价,投标报价,工程价款结算等工程造价文件的编制与核对应由具有资格的工程造价专业人员承担				
1.0.6	建设工程工程量清单计价活动应遵循客观、公正、公平的原则	1.0.5	承担工程造价文件的编制与核对的工程造价人员及其所在单位,应对工程造价文件的质量负责		
1.0.7	本规范附录 A、附录 B、附录 C、附录 D、附录 E、附录 F 应作为编制工程量清单的依据	1.0.6	建设工程发承包及实施阶段的计价活动应遵循客观、公正、公平的原则		
1.0.8	建设工程工程量清单计价活动,除应遵守本规范外,尚应符合国家现行有关标准的规定	1.0.7	建设工程发承包及实施阶段的计价活动,除应符合本规范外,尚应符合国家现行有关标准的规定		

新规范删除了"08 规范"第 1.0.7 条的附录说明,新增了第 1.0.3 条和第 1.0.5 条,借以明确规范工程造价范围和明确承担文件编制责任。新增《仿古建筑规范》"总则"4 条。

(二) 规范"术语"的异同

"术语"是指该规范中所用的专门用语,"08 规范"对规范中的 23 个术语进行了解释,而"13 规范"则作了 52 个术语词解,新增的术语 29 个,如表 1-3 所示。其中 B 栏黑体字为新增术语,《仿古建筑规范》的术语有 4 个(如表 1-3 中 C 栏所示)。这样会使得读者对规范内容能够取得更进一步的统一性。

新旧规范"术语"内容　　　　　　　　　　　　表 1-3

A "08 规范"		B "13 规范"				C 《仿古建筑规范》	
2	术语	2	术语			2	术语
2.0.1	工程量清单	2.0.1	工程量清单	2.0.27	不可抗力	2.0.1	工程量计算
2.0.2	项目编码	2.0.2	招标工程量清单	2.0.28	工程设备	2.0.2	古建筑
2.0.3	项目特征	2.0.3	已标价工程量清单	2.0.29	缺陷责任期	2.0.3	仿古建筑
2.0.4	综合单价	2.0.4	分部分项工程	2.0.30	质量保证金	2.0.4	纪念性建筑
2.0.5	措施项目	2.0.5	措施项目	2.0.31	费用		
2.0.6	暂列金额	2.0.6	项目编码	2.0.32	利润		
2.0.7	暂估价	2.0.7	项目特征	2.0.33	企业定额		
2.0.8	计日工	2.0.8	综合单价	2.0.34	规费		
2.0.9	总承包服务费	2.0.9	风险费用	2.0.35	税金		
2.0.10	索赔	2.0.10	工程成本	2.0.36	发包人		
2.0.11	现场签证	2.0.11	单价合同	2.0.37	承包人		
2.0.12	企业定额	2.0.12	总价合同	2.0.38	工程造价咨询人		
2.0.13	规费	2.0.13	成本加酬金合同	2.0.39	造价工程师		
2.0.14	税金	2.0.14	工程造价信息	2.0.40	造价员		
2.0.15	发包人	2.0.15	工程造价指数	2.0.41	单价项目		
2.0.16	承包人	2.0.16	工程变更	2.0.42	总价项目		
2.0.17	造价工程师	2.0.17	工程量偏差	2.0.43	工程计量		
2.0.18	造价员	2.0.18	暂列金额	2.0.44	工程结算		
2.0.19	工程造价咨询人	2.0.19	暂估价	2.0.45	招标控制价		
2.0.20	招标控制价	2.0.20	计日工	2.0.46	投标价		
2.0.21	投标价	2.0.21	总承包服务费	2.0.47	签约合同价(合同价款)		
2.0.22	合同价	2.0.22	安全文明施工费	2.0.48	预付款		
2.0.23	竣工结算价	2.0.23	索赔	2.0.49	进度款		
		2.0.24	现场签证	2.0.50	合同价款调整		
		2.0.25	提前竣工(赶工)费	2.0.51	竣工结算价		
		2.0.26	误期赔偿费	2.0.52	工程造价鉴定		

（三）规范的"一般规定"

1. 新旧规范"一般规定"组成结构

"13 规范"对整个计价活动单列一章"3 一般规定"，分为"3.1 计价方式；3.2 发包人提供材料和工程设备；3.3 承包人提供材料和设备；3.4 计价风险"等 4 节条款的 19 条规定，如表 1-4 中 B 栏所示（其中对不作对比的条款内容我们加以省略），它比较详细地规定了在计价活动中应该遵守的内容。

而"08 规范"在"3 工程量清单编制"和"4 工程量清单计价"中，分别阐述所属"一般规定"。与新规范有关联的是"4 工程量清单计价"内的"一般规定"，因此我们将它列到表 1-4 中，与新规范的"一般规定"作以对照比较，对内容相同的条款，都采用相同颜色加以显示。

关于新旧规范"一般规定"对照表　　　　　　　　　　表 1-4

A　"08 规范"		B　"13 规范"	
4	工程量清单计价	3	一般规定
4.1	一般规定	3.1	计价方式
4.1.1	采用工程量清单计价,建设工程造价由分部分项工程费、措施项目费、其他项目费、规费和税金组成	3.1.1	使用国有资金投资的建设工程发承包,必须采用工程量清单计价
		3.1.2	非国有资金投资的建设工程,宜采用工程量清单计价
4.1.2	分部分项工程量清单应采用综合单价计价	3.1.3	不宜采用工程量清单计价的建设工程,应执行本规范除工程量清单等专门性规定外的其他规定
4.1.3	招标文件中的工程量清单标明的工程量是投标人投标报价的共同基础,竣工结算的工程量按发、承包双方在合同中约定应予计量且实际完成的工程量确定	3.1.4	工程量清单应采用综合单价计价
		3.1.5	措施项目中的安全文明施工费**必须**按国家或省级、行业建设主管部门的规定计算,不得作为竞争性费用
		3.1.6	规费和税金**必须**按国家或省级、行业建设主管部门的规定计算,不得作为竞争性费用
4.1.4	措施项目清单计价应根据拟建工程的施工组织设计,可以计算工程量的措施项目,应按分部分项工程量清单的方式采用综合单价计价;其余的措施项目可以"项"为单位的方式计价,应包括除规费、税金外的全部费用	3.2	发包人提供材料和工程设备
		3.2.1	发包人提供的材料和工程设备(以下简称甲供材料)应在招标文件中按照本规范附录 L.1 的规定填写《发包人提供材料和工程设备一览表》,写明甲供材料的名称、规格、数量、单价、交货方式、交货地点……
		3.2.2	承包人应根据合同工程进度计划的安排,向发包人提……
4.1.5	措施项目清单中的安全文明施工费应按照国家或省级、行业建设主管部门的规定计价	3.2.3	发包人提供的甲供材料如规格、数量或质量不符合……
		3.2.4	发承包双方对甲供材料的数量发生争议不能达成一致……
4.1.6	其他项目清单应根据工程特点和本规范第 4.2.6、4.3.6、4.8.6 条的规定计价	3.2.5	若发包人要求承包人采购已在招标文件中确定为甲供材料的,材料价格应由发承包双方根据市场调查确定,并应另行签订补充协议
		3.3	承包人提供材料和工程设备
4.1.7	招标人在工程量清单中提供了暂估价的材料和专业工程属于依法必须招标的,由承包人和招标人共同通过招标确定材料单价与专业工程分包价	3.2.1	除合同约定的发包人提供的甲供材料外,合同工程所需的材料和工程设备应由承包人提供,承包人提供的材料和工程设备均应由承包人负责采购、运输和保管
		3.2.2	承包人应按合同约定将采购材料和工程设备的供货人……
	若材料不属于依法必须招标的,经发、承包双方协商确认单价后计价	3.2.3	对承包人提供的材料和工程设备经检测不符合合同约……
		3.4	计价风险
	若专业工程不属于依法必须招标的,由发包人、总承包人与分包人按有关计价依据进行计价	3.4.1	**建设工程发承包,必须**在招标文件、合同中明确**计价中的风险**内容及其范围,不得采用无风险、所有风险或类似语句规定**计价中的风险内容及其范围**
4.1.8	规费和税金应按国家或省级、行业建设主管部门的规定计算,不得作为竞争性费用	3.4.2	由于下列因素出现,影响合同价款调整的,应由发包人承担:1. 国家法律、法规、规则或政策变化;2. 省级或行业建设主管部门发布的人工费调整,但承包人对人工费或人工单价的报价高于发布的除外;3. 由政府定价或政府指导价管理的原材料等价格进行了调整
4.1.9	采用工程量清单计价工程,应在招标文件或合同中明确风险内容及其范围(幅度),不得采用无风险、所有风险或类似语句规定风险内容及其范围(幅度)		因承包人原因导致工期延误的,应按本规范第 9.2.2 条、9.8.3 条的规定执行
		3.4.3	由于市场物价波动影响合同价款的,应由发承包双方合理分摊,按本规范附录 L.2 或 L.3 填写《承包人提供主要材料和工程设备一览表》作为合同附件;当合同中没有约定,发承包双方发生争议时,应按本规范第 9.8.1～9.8.3 条的规定调整合同价款
		3.4.4	由于承包人使用机械设备、施工技术以及组织管理水平等自身原因造成施工费用增加的,应由承包人全部承担
		3.4.5	当不可抗力发生,影响合同价款的,按本规范第 9.10 节的规定执行

2. 新旧规范"一般规定"的异同

"13 规范""一般规定"共计 6 条,其中第 1 节内的第 3.1.1 条、第 3.1.2 条是将"08 规范""总则"第 1.0.3 条、第 1.0.4 条转移过来修改而成,如表 1-4 所示。表中 B 栏 3.1.4 条与 A 栏 4.1.2 条、B 栏 3.1.5 条与 A 栏 4.1.5 条、B 栏 3.1.6 条与 A 栏 4.1.8 条、B 栏 3.4.1 条与 A 栏 4.1.9 条等除个别用词外,其基本内容是一致的。B 栏 3.1.3 条为新增条款。

"13 规范"第 3.2 节,对发承包人提供材料的规定,除 B 栏 3.2.1 条用简化方式涵盖了 A 栏 4.1.7 条所述内容外,其他内容均为新增加条款(因无对比性,将部分条款进行了省略)。

"13 规范"第 3.4 节"计价风险",共有 5 条规定,其中 B 第 3.4.1 条是在 A 第 4.1.9 条基础上修改而成,其他 4 条均为增添条款,说明新规范对计价风险内容的重视程度和细致性,远较"08 规范"只列有 1 条要严谨得多。

二、新旧"工程量清单编制"项的异同

"工程量清单编制"是新旧规范核心内容之一,我们通过对新旧规范的对比,可以从中梳理出新旧规范的异同。

(一) 新旧"工程量清单编制"项的结构
1. 旧规范的组成结构

"08 规范"除总则和术语外,将规范内容分为两大块,即:"工程量清单编制"和"工程量清单计价"。它是按照操作程序的先后进行分述的,即编制清单应遵循清单的编制顺序;清单计价应遵守计价的若干规定,具体见表 1-5 中 A 栏编号 3、4 所述。

新旧规范"工程量清单"所辖内容对照表　　　　　　　　表 1-5

A "08 规范"		B "13 规范"		C《仿古建筑规范》	
3	工程量清单编制	4	工程量清单编制	3	工程计量
3.1	一般规定	4.1	一般规定	4	工程量清单编制
3.2	分部分项工程量清单	4.2	分部分项工程	4.1	一般规定
3.3	措施项目清单	4.3	措施项目	4.2	分部分项工程
3.4	其他项目清单	4.4	其他项目	4.3	措施项目
3.5	规费项目清单	4.5	规费	附录 A	砖作工程
3.6	税金项目清单	4.6	税金	附录 B	石作工程
4	工程量清单计价	5	招标控制价	附录 C	琉璃砌筑工程
4.1	一般规定	6	投标报价	附录 D	混凝土及钢筋混凝土工程
4.2	招标控制价	7	合同价款约定	附录 E	木作工程
4.3	投标价	8	工程计量	附录 F	屋面工程
4.4	工程合同价款的约定	9	合同价款调整	附录 G	地面工程
4.5	工程计量与价款支付	10	合同价款中期支付	附录 H	抹灰工程
4.6	索赔与现场签证	11	竣工结算与支付	附录 J	油漆彩画工程
4.7	工程价款调整	12	合同解除的价款结算与支付	附录 K	措施项目
4.8	竣工结算	13	合同价款争议的解决	附录 L	古建筑名词对照表
4.9	工程计价争议处理	14	工程造价鉴定		
		15	工程计价资料与档案		

2. 新规范的组成结构

"13 规范"的组成结构，是从处理问题的性质上加以分述的，除总则、术语、一般规定外，将整个规范活动内容分列为 12 个专项性规定，如表 1-5 中 B 栏编号 4～13 所示。

对《仿古建筑规范》则作有专业性的具体规定，如表 1-5 中 C 栏所示。

通过上表可以看出，"13 规范"中"4 工程量清单编制"项所含内容，是与"08 规范"中"3 工程量清单编制"所含内容基本相同，如表 1-5 中所示。"13 规范"的其他 11 项规定，从编号 5～15，是在 A 栏编号 4.1～4.9 的基础上，通过修改、整编、补充、更新等而设立的单列内容。由此可以看出，新规范要较旧规范更加细化而完善。

（二）新旧"工程量清单编制"项的规定

对"工程量清单编制"，新旧规范所含内容是相同的，分为：一般规定、分部分项工程、措施项目、其他项目、规费项目、税金项目等 6 项。

1. 新旧"一般规定"的异同

"08 规范"和"13 规范"对"一般规定"都列有 5 个条款，通过"08 规范"多年实践结果，对规定中的：清单编制人、编制目的、编制作用、编制内容和编制依据等所作的具体条款，"13 规范"都给予了肯定和认同，因此"13 规范"只是在旧规定的基础上，稍作修改补充而成，如表 1-6 中 A、B 栏所示。主要修改内容（如黑体字所示）为：

（1）新规范明确了对"工程量清单编制"定格为"招标"范围。

（2）新规范第 4.1.3 条对编制作用，删除了旧 3.1.3 条内的"支付工程款、调整合同价款、办理竣工结算"等牵强项目。

（3）新规范第 4.1.4 条是在旧第 3.1.4 条基础上，明确了清单编制"应以单位（项）工程为单位编制"。

《仿古建筑规范》的"一般规定"，是综合新旧规范的相关内容，作了对本专业的指导性规定，具体内容如表 1-6 中 C 栏所示。

关于工程量清单"一般规定"对照表　　　　表 1-6

A "08 规范"		B "13 规范"		C 《仿古建筑规范》	
3	工程量清单编制	4	工程量清单编制	4	工程量清单编制
3.1	一般规定	4.1	一般规定	4.1	一般规定
3.1.1	工程量清单应由具有编制能力的招标人或受其委托，具有相应资质的工程造价咨询人编制	4.1.1	**招标**工程量清单应由具有编制能力的招标人或受其委托，具有相应资质的工程造价咨询人编制	4.1.1	编制工程量清单应依据：
				1	本规范和现行国家标准《建设工程工程量清单计价规范》GB 50500
3.1.2	采用工程量清单方式招标，工程量清单必须作为招标文件的组成部分，其准确性和完整性由招标人负责	4.1.2	**招标**工程量清单必须作为招标文件的组成部分，其准确性和完整性由招标人负责	2	国家或省级、行业建设主管部门颁发的计价依据和办法
				3	建设工程设计文件
3.1.3	工程量清单是工程量清单计价的基础，应作为编制招标控制价、投标报价、计算工程量、支付工程款、调整合同价款、办理竣工结算以及工程索赔等的依据之一	4.1.3	**招标**工程量清单是工程量清单计价的基础，应作为编制招标控制价、投标报价、计算工程量、**或调整**工程量、索赔等的依据之一	4	与建设工程项目有关的标准、规范、技术资料
				5	拟定的招标文件
				6	施工现场情况、工程特点及常规施工方案
				7	其他相关资料

A "08规范"		B "13规范"		C《仿古建筑规范》	
3.1.4	工程量清单应由分部分项工程量清单、措施项目清单、其他项目清单、规费项目清单、税金项目清单组成	4.1.4	招标工程量清单应以单位(项)工程为单位编制,应由分部分项工程项目清单、措施项目清单、其他项目清单、规费和税金项目清单组成	4.1.2	其他项目、规费和税金项目清单应按照现行国家标准《建设工程工程量清单计价规范》GB 50500的相关规定编制
3.1.5	编制工程量清单应依据:	4.1.5	编制工程量清单应依据		编制工程量清单出现附录中未包括的项目,编制人应做补充,并报省级或行业工程造价管理机构备案,省级或行业工程造价管理机构应汇总报住房和城乡建设部标准定额研究所
1	本规范	1	本规范和相关工程的国家计量规范		
2	国家或省级、行业建设主管部门颁发的计价依据和办法	2	国家或省级、行业建设主管部门颁发的计价定额和办法		
3	建设工程设计文件	3	建设工程设计文件及相关资料	4.1.3	补充项目的编码由本规范的代码02与B和三位阿拉伯数字组成,并应从02B001起顺序编制,同一招标工程的项目不得重码
4	与建设工程项目有关的标准、规范、技术资料	4	与建设工程有关的标准、规范、技术资料		
5	招标文件及其补充通知、答疑纪要	5	拟定的招标文件		
6	施工现场情况、工程特点及常规施工方案	6	施工现场情况、地勘水位资料、工程特点及常规施工方案		补充的工程量清单需附有补充项目的名称、项目特征、计量单位、工程量计算规则、工作内容。不能计量的措施项目,需附有补充项目的名称、工作内容及包含范围
7	其他相关资料	7	其他相关资料		

2. 新旧"分部分项工程"的规定异同

对"分部分项工程"的规定,"13规范"进行了大大简化,只是在规定中强调了两个"必须",即清单必须包含的内容和必须按规定编制。具体内容见表1-7中B栏所示。

对"08规范""分部分项工程量清单"的其他规定,都转移到《仿古建筑规范》"分部分项工程"的规定内,并作适当修饰和补充,如表1-7 A、C栏所示,它们所对应的条款为:A栏3.2.2条与C栏4.2.1条;A栏3.2.3条与C栏4.2.2条;A栏3.2.4条与C栏4.2.3条;A栏3.2.5条与C栏4.2.5条;A栏3.2.6条与C栏4.2.6条;A栏3.2.7条与C栏4.2.4条。这些对应条款,在表中各以相同颜色显示。

3. 新旧"措施项目"的规定异同

新旧规范对"措施项目"的规定条款,都只有2条,基本内容由于后面有具体规定表格,所以"13规范"只在"08规范"条文基础上,经过简化修改而成,将其叙述重点列入《仿古建筑规范》内,如表1-8所示。

4. 新旧"其他项目、规费、税金"的规定异同

对"其他项目、规费、税金"的规定,《仿古建筑规范》没有另行规定,我们只需用"08规范"和"13规范"作以对照比较,如表1-9所示。

(1)其他项目

新旧规范对"其他项目"清单所列的项目内容是一致,如表1-9中A栏3.4.1条和B栏4.4.1条;A栏3.4.2条和B栏4.4.6条所示。除此之外新规范对其中各个项目作了说明性的补充规定,如表中B栏4.4.2~4.4.5条所示。

新旧"分部分项工程"项的规定　　　　　表1-7

A "08规范"		B "13规范"		C 《仿古建筑规范》	
3.2	分部分项工程量清单	4.2	分部分项工程项目	4.2	分部分项工程
3.2.1	分部分项工程量清单应包括项目编码、项目名称、项目特征、计量单位和工程量	4.2.1	分部分项工程项目清单必须载明项目编码、项目名称、项目特征、计量单位和工程量	4.2.1	工程量清单根据附录规定的项目编码、项目名称、项目特征、计量单位和工程量计算规则进行
3.2.2	分部分项工程量清单应根据附录规定的项目编码、项目名称、项目特征、计量单位和工程量计算规则进行编制	4.2.2	分部分项工程项目必须根据有关工程现行国家计量规范规定的项目编码、项目名称、项目特征、计量单位和工程量计算规则进行编制	4.2.2	工程量清单的项目编码,应采用十二位阿拉伯数字表示。一至九位应按附录的规定设置,十至十二位应根据拟建工程的工程量清单项目名称和项目特征设置,同一招标工程的项目编码不得有重码
3.2.3	分部分项工程量清单的项目编码,应采用十二位阿拉伯数字表示。一至九位应按附录的规定设置,十至十二位应根据拟建工程的工程量清单项目名称设置,同一招标工程的项目编码不得有重码			4.2.3	工程量清单的项目名称应按附录的项目名称结合拟建工程的实际确定
3.2.4	分部分项工程量清单的项目名称应按附录的项目名称结合拟建工程的实际确定			4.2.4	工程清单项目特征应按附录中规定的项目特征,结合拟建工程项目的实际予以描述
3.2.5	分部分项工程量清单中所列工程量应按附录中规定的工程量计算规则计算			4.2.5	工程量清单中所列工程量应按附录中规定的工程量计算规则计算
3.2.6	分部分项工程清单的计量单位应按附录中规定的计量单位确定			4.2.6	工程量清单的计量单位应按附录中规定的计量单位确定
3.2.7	分部分项工程清单项目特征应按附录中规定的项目特征,结合拟建工程项目的实际予以描述			4.2.7	本规范现浇混凝土工程项目"工作内容"中包括模板工程的内容,同时又在措施项目中单列了混凝土模板工程项目。对此,应由招标人根据工程实际情况选用。若招标人在措施项目清单中未编列混凝土模板项目清单,即表示现浇混凝土模板项目不单列,现浇混凝土工程项目的综合单价中应包括模板工程费用
3.2.8	编制工程量清单出现附录中未包括的项目,编制人应作补充,并报省级或行业工程造价管理机构备案,省级或行业工程造价管理机构应汇总报住房和城乡建设部标准定额研究所			4.2.8	本规范对预制混凝土构件按现场制作编制项目,"工作内容"中包括模板工程,不再另列。若采用成品预制混凝土构件时,构件成品价(包括模板、钢筋、混凝土等所有费用)应计入综合单价中

（2）规费项目

对"规费"项目，新规范去掉了旧规范的"工程定额测定费"，将"危险作业意外伤害保险"，改为"工伤保险费"，列入社会保险费内，并增加生育保险费。

（3）税金项目

对"税金"项目，新规范在原三项税金的基础上，增加了"地方教育附加"，由各个省市结合具体情况灵活采用。

新旧"措施项目、其他项目"项的规定　　　　　　　　　表 1-8

A "08 规范"		B "13 规范"		C 《仿古建筑规范》	
3.3	措施项目清单	4.3	措施项目	4.3	措施项目
3.3.1	措施项目清单应根据拟建工程的实际情况列项。通用措施项目可按表 3.3.1 选择列项,专业工程措施项目可按附录中规定的项目选择列项。若出现本规范未列的项目,可根据工程实际情况补充	4.3.1	措施项目清单必须根据相关现行国家计量规范的规定编制	4.3.1	措施项目中列出了项目编码、项目名称、项目特征、计量单位、工程量计算规则的项目,编制工程量清单时,应按本规范 4.2 分部分项工程的规定执行
	3.3.1　通用措施项目一览表	4.3.2	措施项目清单应根据拟建工程的实际情况列项		

序号	项目名称
1	安全文明施工(含环境保护、文明施工、安全施工、临时设施)
2	夜间施工
3	二次搬运
4	冬雨季施工
5	大型机械设备进出场及安拆
6	施工排水
7	施工降水
8	地上、地下设施,建筑物的临时保护设施
9	已完工程及设备保护

				4.3.2	措施项目中仅列出项目编码、项目名称、未列出项目特征、计量单位和工程量计算规则的项目,编制工程量清单时,应按本规范附录 K 措施项目规定的项目编码、项目名称确定
3.3.2	措施项目中可以计算工程量的项目清单宜采用分部分项工程量清单的方式编制,列出项目编码、项目名称、项目特征、计量单位和工程量计算规则;不能计算工程量的项目清单,以"项"为计量单位				

新旧"其他项目、规费、税金"项的规定　　　　　　　　　表 1-9

A "08 规范"		B "13 规范"	
3.4	其他项目清单	4.4	其他项目
3.4.1	其他项目清单宜按照下列内容列项	4.4.1	其他项目清单应按照下列内容列项
1	暂列金额	1	暂列金额
2	暂估价:包括材料暂估单价、专业工程暂估价	2	暂估价:包括材料暂估单价、**工程设备暂估单价**、专业工程暂估价
3	计日工	3	计日工
4	总承包服务费	4	总承包服务费
3.4.2	出现本规范第 3.4.1 条未列的项目,可根据工程实际情况补充	4.4.2	暂列金额应根据工程特点按有关计价规定估算
		4.4.3	暂估价中的材料、工程设备暂估单价应根据工程造价信息或参照市场价格估算,列出明细表;专业暂估价应分不同专业,按有关计价规定估算,列出明细表
3.5	规费项目清单	4.4.4	计日工应列出项目名称,计量单位和暂估数量
3.5.1	规费项目清单应按照下列内容列项	4.4.5	总承包服务费应列出服务项目及其内容等
1	工程排污费	4.4.6	出现本规范第 4.4.1 条未列的项目,应根据工程实际情况补充
2	工程定额测定费	4.5	规费
3	社会保险费:包括养老保险费、失业保险费、医疗保险费	4.5.1	规费项目清单应按照下列内容列项
4	住房公积金	1	社会保险费:包括养老保险费、失业保险费、医疗保险费、**工伤保险费、生育保险费**

续表

	A "08 规范"		B "13 规范"
5	危险作业意外伤害保险	2	住房公积金
3.5.2	出现本规范第 3.5.1 条未列的项目，应根据省级政府或省级有关权力部门的规定列项	3	工程排污费
		4.5.2	出现本规范第 4.5.1 条未列的项目，应根据省级政府或省级有关部门的规定列项
3.6	税金项目清单	4.6	税金
3.6.1	税金项目清单应包括下列内容	4.6.1	税金项目清单应包括下列内容
1	营业税	1	营业税
2	城市维护建设税	2	城市维护建设税
3	教育费附加	3	教育费附加
3.6.2	出现本规范第 3.6.1 条未列的项目，应根据税务部门的规定列项	4	地方教育附加
		4.6.2	出现本规范第 4.6.1 条未列的项目，应根据税务部门的规定列项

三、新旧"招标控制价"项的异同

"招标控制价"是工程量清单编制之后的重要内容之一，新规范在继承旧规范基础上，作有比较大的修改。仿古建筑工程按新规范的规定执行。

（一）"招标控制价"项的结构
1. 新规范"招标控制价"的结构
"13 规范"对"招标控制价"项是作为一个独立篇章，进行了详细规定。它分为：一般规定 6 条、编制与复核 6 条、投诉与处理 9 条等三节，共计 21 条。大大丰富了对"招标控制价"的具体操作。其内容如表 1-10 中 B 栏所示。

新旧"招标控制价"规定对照表 表 1-10

	A "08 规范"		B "13 规范"
4	工程量清单计价	5	招标控制价
4.2	招标控制价	5.1	一般规定
4.2.1	国有资金投资的工程建设项目应实行工程量清单招标，并应编制招标控制价。招标控制价超过批准的预算时，招标人应将其报原概算审批部门审核。投标人的投标报价高于招标控制价的，其投标应予以拒绝	5.1.1	国有资金投资的建设工程招标，**招标人必须编制招标控制价**
		5.1.2	招标控制价应由具有编制能力的招标人或受其委托具有相应资质的工程造价咨询人编制**和复核**
4.2.2	招标控制价应由具有编制能力的招标人，或受其委托具有相应资质的工程造价咨询人编制	5.1.3	工程造价咨询人接受招标人委托编制招标控制价，不得再就同一工程接受投标人委托编制投标报价
		5.1.4	招标控制价应按照本规范第 5.2.1 条的规定编制，不应上调或下浮
4.2.8	招标控制价应在招标时公布，不应上调或下浮，招标人应将招标控制价及有关资料报送工程所在地工程造价管理机构备查	5.1.5	当招标控制价超过批准的预算时，招标人应将其报原概算审批部门审核
		5.1.6	招标人应在发布招标文件时公布招标控制价，同时应将招标控制价及有关资料送工程所在地或有该工程管辖权的行业管理部门工程造价管理机构备查

续表

A　"08规范"		B　"13规范"	
		5.2	编制与复核
4.2.3	招标控制价应根据下列依据编制：1. 本规范；2. 国家或省级、行业建设主管部门颁发的计价定额和计价办法；3. 建设工程设计文件及相关资料；4. 招标文件中的工程量清单及有关要求；5. 与建设项目相关的标准、规范、技术资料；6. 工程造价管理机构发布的工程造价信息；工程造价信息没有发布的参照市场价；7. 其他的相关资料	5.2.1	招标控制价应根据下列依据编制：1. 本规范；2. 国家或省级、行业建设主管部门颁发的计价定额和计价办法；3. 建设工程设计文件及相关资料；4. 拟定的招标文件及招标工程量清单；5. 与建设工程项目相关的标准、规范、技术资料；6. 施工现场情况、工程特点及常规施工方案；7. 工程造价管理机构发布的工程造价信息；当工程造价信息没有发布的，参照市场价；8. 其他的相关资料
4.2.4	分部分项工程费应根据招标文件中的分部分项工程量清单项目的特征描述及有关要求，按本规范第4.2.3条确定单价计算	5.2.2	综合单价中应包括招标文件中划分的应由投标人承担的风险范围及其费用。招标文件中没有明确的，如是工程造价咨询人编制，应提请招标人明确；如是招标人编制，应予以明确
	综合单价中应包括招标文件中要求投标人承担的风险费用	5.2.3	分部分项工程和措施项目中的单价项目，应根据拟定的招标文件和招标工程量清单项目中的特征描述及有关要求确定综合单价计算
	招标文件中提供了暂估单价的材料，按暂估的单价计入综合单价		
4.2.5	措施项目费用应根据招标文件中的措施项目清单按本规范第4.1.4、4.1.5和4.2.3条的规定计价	5.2.4	措施项目中的总价项目应根据拟定的招标文件和常规施工方案按本规范第3.1.4条和3.1.5条的规定计价
4.2.6	其他项目费用应按下列规定计算：1. 暂估金额应根据工程特点，按有关计价规定估算；2. 暂估价中的材料单价应根据工程造价信息或参照市场价格估算；暂估价中的专业工程金额应分不同专业，按有关计价规定估算；3. 计日工应根据工程特点和有关计价依据计算；4. 总承包服务费应根据招标文件列出的内容和要求估算	5.2.5	其他项目应按下列规定计价：1. 暂估金额应按招标工程量清单中列出的金额填写；2. 暂估价中的材料、工程设备单价应按招标工程量清单中列出的单价计入综合单价；3. 暂估价中的专业工程金额应按招标工程量清单中列出的金额填写；4. 计日工应按招标工程量清单中列出的项目根据工程特点和有关计价依据确定综合单价计算；5. 总承包服务费应根据招标工程量清单列出的内容和要求估算
4.2.7	规费和税金应按本规范第4.1.8条的规定计算	5.2.6	规费和税金应按本规范第3.1.6条的规定计算
		5.3	投诉与处理
4.2.9	投标人经复核认为招标人公布的招标控制价未按照本规范的规定进行编制的，应在开标前5天向招标监督机构或（和）工程造价管理机构投诉	5.3.1	投标人经复核认为招标人公布的招标控制价未按照本规范的规定进行编制的，应在招标控制价公布后5天内向招标监督机构和工程造价管理机构投诉
	招标投诉机构应会同工程造价管理机构对投诉进行处理，发现确有错误的，应责成招标人修改	5.3.2 5.3.9	5.3.2～5.3.9省略

2. 旧规范"招标控制价"的结构

　　"08规范"是在"4 工程量清单计价"内所列的第2节，共计9条，没有具体明确分类。相对来说这些条款的原则性都比较强，往往在1个条款中含有多层意思。其内容如表1-10中A栏所示。

（二）新旧"招标控制价"规定的异同

　　如表1-10所示，"13规范"对"招标控制价"章分为3节，即：一般规定、编制与复核、投诉与处理等，由于"投诉与处理"内除第 5.3.1 条外，其他 8 条都是新增加的内容，与"08 规范"没有可比性，所以我们在表中进行了省略。新旧规范中，凡有相互关联的承旧启新之条款，表中都以相同颜色加以显示。

1. 关于招标控制价中"一般规定"

新规范的"一般规定"第 5.1.1 条、5.1.2 条、5.1.5 条，是在旧规范第 4.2.1 条、4.2.2 条基础修改而成。新规范第 5.1.4 条、5.1.6 条是在旧规范第 4.2.8 条基础上加以完善修改而成。

2. 关于控制价中"编制与复核"

新规范第 5.2.1 条是将旧规范第 4.2.3 条加以修改补充而成，增加了"6 施工现场情况、工程特点及常规施工方案"。

新规范第 5.2.2 条，是将旧规范第 4.2.4 条中"综合单价应考虑的风险费用"，进行了强化和突出，是对前面第 3 章"一般规定"中第 3.4.1 条的充实。

新规范第 5.2.5 条对其他项目计价的 5 条规定，改变了旧规范第 4.2.6 条内"按有关计价规定"等原则性用语，都具体明确指出"按工程量清单中列出的金额和综合单价填写"。

3. 关于控制价中"投诉与处理"

新规范第 5.3.1 条，对招标控制价编制有意见的投诉时间，将旧规范第 4.2.9 条的"应在开标前 5 天"，修改成"应在招标控制价公布后 5 天"，这给投诉人提供了宽松时间。

新规范第 5.3.2 条和 5.3.3 条对投诉人的要求，第 5.3.4～5.3.7 条对受理结构的要求，第 5.3.8 条和 5.3.9 条对受理结果处理等规定，都是旧规范中所未涉及的新增条款。

四、新旧"投标报价"项的异同

"投标报价"是施工方（或承包人）在承包工程时所报出的价格，"08 规范"称为"投标价"。仿古建筑工程按新规范的规定执行，新旧规范对该项规定的相关条款，均在表 1-11 中施用相同颜色以便对照。

（一）新旧"投标报价"项的结构

1. 新规范"投标报价"的结构

"13 规范"对"投标报价"项作为一个独立篇章，列为第 6 章，分为 2 节，即：一般规定 5 条、编制与复核 8 条；共计 13 条，分别进行了详细规定。具体内容如表 1-11 中 B 栏所示。

2. 旧规范"投标价"的结构

"08 规范"将整个工程量清单计价活动分为 5 章，"投标价"只是其中第 4 章"工程量清单计价"内的第 3 节，共计 8 条规定，分别述及编制要求、编制依据和编制内容，具体如表 1-11 中 A 栏所示。

（二）新旧"投标报价"规定的异同

1. 投标报价的"一般规定"

新规范"一般规定"的第 6.1.1 条、6.1.2 条、6.1.3 条，是在旧规范第 4.3.1 条基

新旧"投标报价"规定对照表　　　　　　　　　表 1-11

A "08规范"		B "13规范"	
4	工程量清单计价	6	投标价
4.3	投标价	6.1	一般规定
4.3.1	除本规范强制性规定外,投标价由投标人自主确定,但不得低于成本 投标价应由投标人或受其委托具有相应资质的工程造价咨询人编制	6.1.1	投标价应由投标人或受其委托具有相应资质的工程造价咨询人编制
		6.1.2	投标人应根据本规范第6.2.1条的规定自主确定投标报价
		6.1.3	投标报价不得低于工程成本
4.3.2	投标人应按招标人提供的工程量清单填报价格。填写的项目编码、项目名称、项目特征、计量单位、工程量必须与招标人提供的一致	6.1.4	投标人必须按招标工程量清单填报价格。项目编码、项目名称、项目特征、计量单位、工程量必须与招标工程量清单一致
		6.1.5	投标人的投标报价高于招标控制价的应予废标
		6.2	编制与复核
4.3.3	投标报价应根据下列依据编制:1. 本规范;2. 国家或省级、行业建设主管部门颁发的计价办法;3. 企业定额,国家或省级、行业建设主管部门颁发的计价定额;4. 招标文件、工程量清单及其补充通知,答疑纪要;5. 建设工程设计文件及相关资料;6. 施工现场情况,工程特点及拟定的投标施工组织设计或施工方案;7. 与建设工程项目相关的标准.规范等技术资料;8. 市场价格信息或工程造价管理机构发布的工程造价信息;9. 其他的相关资料	6.2.1	投标报价应根据下列依据编制和复核:1. 本规范;2. 国家或省级、行业建设主管部门颁发的计价办法;3. 企业定额,国家或省级、行业建设主管部门颁发的计价定额和计价办法;4. 招标文件、招标工程量清单及其补充通知,答疑纪要;5. 建设工程设计文件及相关资料;6. 施工现场情况,工程特点及投标时拟定的施工组织设计或施工方案;7. 与建设项目相关的标准、规范等技术资料;8. 市场价格信息或工程造价管理机构发布的工程造价信息;9. 其他的相关资料
4.3.4	分部分项工程费应根据本规范第2.0.4条综合单价的组成内容,按招标文件中分部分项工程量清单的特征描述确定综合单价计算 综合单价中应考虑招标文件中要求投标人承担的风险费用	6.2.2	综合单价中应包括招标文件中划分的应由投标人承担的风险范围及其费用。招标文件中没有明确的,应提请招标人明确
		6.2.3	分部分项工程和措施项目中的单价项目,应根据拟定的招标文件和招标工程量清单项目中的特征描述确定综合单价计算
4.3.5	招标文件中提供了暂估单价的材料,按暂估的单价计入综合单价 投标人可根据工程实际情况结合施工组织设计,对招标人所列的措施项目进行增补。措施项目费用应根据招标文件中的措施项目清单及投标时拟定的施工组织设计或施工方案按本规范第4.1.4条的规定自主确定。其中安全文明施工费按照本规范第4.1.5条的规定确定	6.2.4	措施项目中的总价项目金额应根据招标文件及投标时拟定的施工组织设计或施工方案,按本规范第3.1.4条的规定自主确定。其中安全文明施工费应按照本规范第3.1.5条的规定确定
4.3.6	其他项目费用应按下列规定报价:1. 暂估金额应按招标人在其他项目清单中列出的金额填写;2. 材料暂估价应按招标人在其他项目清单中列出的单价计入综合单价;专业工程暂估价应按招标人在其他项目清单中列出的金额填写;3. 计日工按招标人在其他项目清单中列出的项目和数量,自主确定综合单价并计算工日费用;4. 总承包服务费应根据招标文件中列出的内容和提出的要求自主确定	6.2.5	其他项目应按下列规定报价:1. 暂估金额应按招标工程量清单中列出的金额填写;2. 材料、工程设备暂估价应按招标工程量清单中列出的单价计入综合单价;3. 专业工程暂估价应按招标工程量清单中列出的金额填写;4. 计日工按招标工程量清单中列出的项目和数量,自主确定综合单价并计算计日工金额;5. 总承包服务费应根据招标工程量清单中列出的内容和提出的要求自主确定
		6.2.6	规费和税金应按本规范第3.1.6条的规定确定
4.3.7	规费和税金应按本规范第4.1.8条的规定计算	6.2.7	招标工程量清单与计价表中列明的所有需要填写单价和合价的项目,投标人均应填写且只允许有一个报价。未填写单价和合价的项目,可视为此项费用已包含在已标价工程量清单中其他项目的单价和合价之中。当竣工结算时,此项目不得重新组价予以调整
4.3.8	投标总价应当与分部分项工程费、措施项目费、其他项目费和规费、税金的合计金额一致	6.2.8	投标总价应当与分部分项工程费、措施项目费、其他项目费和规费、税金的合计金额一致

础上修改而成，显示了单个意图的精练性。新规范第6.1.4条是继承旧规范第4.3.2条的规定，其中增添"必须"二字，并增加第6.1.5条以作强调。

2. 投标报价的"编制与复核"

新规范第6.2.1条对编制依据的规定，是将旧规范第4.3.3条加以完善而成，没有做大的改动。

新规范第6.2.2条、6.2.3条述及综合单价的规定，是对旧规范第4.3.4条进行大修改的条款，它强化了综合单价应包含的风险费用。

新规范第6.2.4条措施项目金额，删除了旧规范第4.3.5条内"投标人可对措施项目进行增补"的内容。新规范第6.2.5条、6.2.6条、6.2.8条，与旧规范第4.3.6条、4.3.7条、4.3.8条基本相同，并增加新规范第6.2.7条。

五、新旧规范对"计价表格"的规定

"计价表格"是工程量清单编制与计价的具体操作平台，是编制工程量清单、招标控制价、投标报价等及其后续的竣工结算的编写版本。仿古建筑工程统一按其规定使用这些表格。

(一) 计价表格的种类

计价表格的种类是按规范所述的文本内容，进行一一对应而列出的填写格式，新旧表格种类如表1-12所示，表中相同颜色是指同类型同式样的新旧表格，B栏中的粗体字是新增表格。

新旧"投标报价"规定对照表 表1-12

A"08规范"		B"13规范"	
5	工程量清单计价表格	16	工程计价表格
5.1	计价表格组成	附录B	工程计价文件封面
5.1.1	封面	B.1	招标工程量清单封面
1	工程量清单:封-1	B.2	招标控制价封面
2	招标控制价:封-2	B.3	投标报价封面
3	投标总价:封-3	B.4	竣工结算封面
4	竣工结算总价:封-4	B.5	工程造价鉴定意见书封面
5.1.2	总说明:表-01	附录C	工程计价文件扉页
5.1.3	汇总表:	C.1	招标工程量清单扉页
1	工程项目招标控制价/投标报价汇总表:表-02	C.2	招标控制价扉页
2	单项工程招标控制价/投标报价汇总表:表-03	C.3	投标报价扉页
3	单位工程招标控制价/投标报价汇总表:表-04	C.4	竣工结算封面
4	工程项目竣工结算汇总表:表-05	C.5	工程造价鉴定意见书扉页
5	单项工程竣工结算汇总表:表-06	附录D	工程计价总说明
6	单位工程竣工结算汇总表:表-07	附录E	工程计价汇总表
5.1.4	分部分项工程量清单表:	E.1	工程项目招标控制价/投标报价汇总表

续表

	A"08 规范"		B"13 规范"
1	分部分项工程量清单与计价表:表-08	E.2	单项工程招标控制价/投标报价汇总表
2	工程量清单综合单价分析表:表-09	E.3	单位工程招标控制价/投标报价汇总表
5.1.5	措施项目清单表:	E.4	建设工程竣工结算汇总表
1	措施项目清单与计价表(一):表-10	E.5	单项工程竣工结算汇总表
2	措施项目清单与计价表(二):表-11	E.6	单位工程竣工结算汇总表
5.1.6	其他项目清单表:	附录 F	分部分项工程和措施项目计价表
1	其他项目清单与计价汇总表:表-12	F.1	分部分项工程和单价措施项目清单与计价表
2	暂列金额明细表:表-12-1	F.2	综合单价分析表
3	材料暂估单价表:表-12-2	F.3	综合单价调整表
4	专业工程暂估价表:表-12-3	F.4	总价措施项目清单与计价表
5	计日工表:表-12-4	附录 G	其他项目计价表
6	总承包服务费计价表:表-12-5	G.1	其他项目清单与计价汇总表
7	索赔与现场签证计价汇总表:表-12-6	G.2	暂列金额明细表
8	费用索赔申请(核准)表:表-12-7	G.3	材料(工程设备)暂估单价及调整表
9	现场签证表:表-12-8	G.4	专业工程暂估价及结算价表
5.1.7	规费、税金项目清单与计价表:表-13	G.5	计日工表
5.1.8	工程款支付申请(核准)表:表-14	G.6	总承包服务费计价表
		G.7	索赔与现场签证计价汇总表
		G.8	费用索赔申请(核准)表
		G.9	现场签证表
		附录 H	规费、税金项目计价表
		附录 J	工程计量申请(核准)表
		附录 K	合同价款支付申请(核准)表
		K.1	预付款支付申请(核准)表
		K.2	总价项目进度款支付分解表
		K.3	进度款支付申请(核准)表
		K.4	竣工结算款支付申请(核准)表
		K.5	最终结清支付申请(核准)表
		附录 L	主要材料、工程设备一览表
		L.1	发包人提供材料和工程设备一览表
		L.2	承包人提供材料和工程设备一览表(适用于总价信息差额调整法)
		L.3	承包人提供材料和工程设备一览表(适用于价格指数差额调整法)

计价表格种类,分为:封面、总说明、汇总表、分部分项工程量和措施项目清单与计价表、其他项目清单与计价表、规费税金项目清单与计价表、工程款支付申请(核准)表等几大类。新规范在旧规范基础上新增的表格有:扉页、表-14 工程量申请表,表-15~表-19 为各结算阶段支付申请表,表-20~表-22 为承发包双方主要材料一览表等。

(二) 使用表格的规定

对使用表格的规定,分别按工程量清单的编制和计价,制定了使用表格式样和表格填写内容,具体如表 1-13 所示。

新旧"计价表格"规定对照表 表 1-13

A "08 规范"		B "13 规范"	
5.2	计价表格使用规定	16	工程计价表格
5.2.1	工程量清单与计价宜采用统一格式。各省、市、自治区、直辖市计算行政主管部门和行业建设主管部门根据本地区、本行业的实际情况,在本规范计价表格的基础上补充完善	16.0.1	工程计价宜采用统一格式。各省、市、自治区、直辖市建设行政主管部门和行业建设主管部门可根据本地区、本行业的实际情况,在本规范附录 B～附录 L 计价表格的基础上补充完善
5.2.2	工程量清单的编制应符合下列规定	16.0.2	工程计价表格的设置应满足工程计价的需要,方便使用
1	工程量清单编制使用表格包括:封-1、表-01、表-08、表-10、表-11、表-12(不含表-12-6～表-12-8)、表-13	16.0.3	工程量清单的编制应符合下列规定
		1	工程量清单编制使用表格包括:封-1、扉-1、表-01、表-08、表-11、表-12(不含表-12-6～表-12-8)、表-13、表-20、表-21 或表-22
2	封面应按规定的内容填写、签字、盖章,造价员编制的工程量清单应由负责审核的造价工程师签字、盖章	2	扉页应按规定的内容填写、签字、盖章,由造价员编制的工程量清单应有负责审核的造价工程师签字、盖章。受委托编制的工程量清单,应有造价工程师签字、盖章以及工程造价咨询人盖章
3	总说明应按下列内容填写	3	总说明应按下列内容填写
	1)工程概况:建设规模、工程特点、计划工期、施工现场实际情况、自然地理条件、环境保护要求等		1)工程概况:建设规模、工程特点、计划工期、施工现场实际情况、自然地理条件、环境保护要求等
	2)工程招标和分包范围		2)工程招标和专业工程分包范围
	3)工程量清单编制依据		3)工程量清单编制依据
	4)工程质量、材料、施工等的特殊要求		4)工程质量、材料、施工等的特殊要求
	5)其他需要说明的问题		5)其他需要说明的问题
5.2.3	招标控制价、投标报价、竣工结算的编制应符合下列规定	16.0.4	招标控制价、投标报价、竣工结算的编制应符合下列规定
1	使用表格	1	使用表格
	1)招标控制价使用表格包括:封-2、表-01、表-02、表-03、表-04、表-08、表-09、表-10、表-11、表-12(不含表-12-6～表-12-8)、表-13		1)招标控制价使用表格包括:封-2、扉-2、表-01、表-02、表-03、表-04、表-08、表-09、表-11、表-12(不含表-12-6～表-12-8)、表-13、表-20、表-21 或表-22
	2)投标报价使用的表格包括:封-3、表-01、表-02、表-03、表-04、表-08、表-09、表-10、表-11、表-12(不含表-12-6～表-12-8)、表-13		2)投标报价使用的表格包括:封-3、扉-3、表-01、表-02、表-03、表-04、表-08、表-09、表-11、表-12(不含表-12-6～表-12-8)、表-13、表-16、招标文件提供的表-20、表-21 或表-23
	3)竣工结算使用封-4、表-01、表-05、表-06、表-07、表-08、表-09、表-10、表-11、表-12、表-13、表-14		3)竣工结算使用封-4、扉-4、表-01、表-05、表-06、表-07、表-08、表-09、表-10、表-12、表-13、表-14、表-15、表-16、表-17、表-18、表-19、表-20、表-21 或表-22
2	封面应按规定的内容填写、签字、盖章,除承包人自行编制的投标报价和竣工结算外,受委托不知道招标控制价、投标报价、竣工结算若为造价员编制的,应由负责审核的造价工程师签字、盖章以及工程造价咨询人盖章	2	扉页应按规定的内容填写、签字、盖章,除承包人自行编制的投标报价和竣工结算外,受委托编制的招标控制价、投标报价、竣工结算,由造价员编制的应有负责审核的造价工程师签字、盖章。受委托编制的工程量清单,应有造价工程师签字、盖章以及工程造价咨询人盖章
3	总说明应按下列内容填写	3	总说明应按下列内容填写
	1)工程概况:建设规模、工程特点、计划工期、合同工期、实际工期、施工现场及变化情况、施工组织设计的特点、自然地理条件、环境保护要求等		1)工程概况:建设规模、工程特点、计划工期、合同工期、实际工期、施工现场及变化情况、施工组织设计的特点、自然地理条件、环境保护要求等
	2)编制依据等		2)编制依据等
5.2.4	投标人应招标文件的要求,附工程量清单综合单价分析表	16.0.5	工程造价鉴定应符合下列规定
		1	工程造价鉴定使用表格包括:封-5、扉-5、表-01、表-05～表-20、表-21 或表-22
		2	扉页应按规定的内容填写、签字、盖章,应有承担鉴定和负责审核的注册造价工程师签字、盖执业专用章
5.2.5	工程量清单与计价表中列明的所有需要填写的单价和合价,投标人均应填写,未填写的单价和合价,视为此项费用已包含在工程量清单的其他单价和合价中	3	说明应按本规范第 14.3.5 条第 1 款～第 6 款的规定填写
		10.0.6	投标人应招标文件的要求,附工程量清单综合单价分析表

1. 编制"工程量清单"的表格

编制"工程量清单"的表格，依"13规范"第16.0.3条规定，计有7项14份表单，即：1.1）招标工程量清单封面、1.2）招标工程量清单扉页、2）工程计价总说明、3）分部分项工程和单价措施项目清单与计价表、4）总价措施项目清单与计价表、5.1）其他项目清单与计价表、5.2）暂列金额明细表、5.3）材料（工程设备）暂估单价及调整表、5.4）专业工程暂估价及结算表、5.5）计日工表、5.6）总承包服务费计价表、6）规费税金项目计价表、7.1）发包人提供材料和工程设备一览表、7.2）承包人提供主要材料和工程设备一览表。

（1）封面及扉页的规定

"封面"是编制工程量清单文件的首页，是"13规范"新增加的，如图1-1（a）所示，它将"08规范"的封面设为扉页，如图1-1（b）所示。封面应填写工程项目的名称，填写招标人单位名称，并加盖单位公章；如果是委托工程造价咨询人编制，要填写咨询人单位名称，并加盖咨询人单位公章。

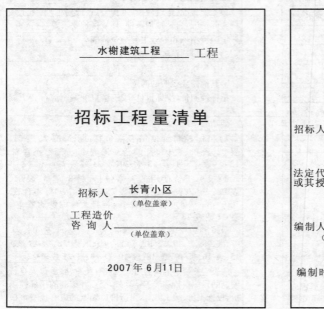

(a) 封面

(b) 扉页

图1-1　封面及扉页

"扉页"即加强文件的定论页，应填写工程项目的名称，填写招标人单位名称，并加盖单位公章，填写法定代表人或其授权人的签字或盖章，填写编制人的签字并加盖专用章，填写复核人的签字并盖专用章；如果是委托工程造价咨询人编制，要填写咨询人单位名称，并加盖咨询人单位公章，填写咨询单位法定代表人或其授权人签字，并盖专用章。

（2）工程计价总说明

"总说明"是工程量清单扉页之后的页面，它概述本项工程总体情况的书写专用页。总说明填写的内容，新旧规范规定基本相同，"13规范"规定按下列内容填写：

1）工程概况：建设规模、工程特点、计划工期、施工现场实际情况、自然地理条件、环境保护要求等。

2）工程招标和专业工程分包范围。

3）工程量清单编制依据。

4）工程质量、材料、施工等的特殊要求。

5）其他需要说明的问题。

如仿古建筑工程示例总说明的填写内容，如图1-2所示。

（3）分部分项工程和单价措施项目清单与计价表

对这份表格，"13规范"是在"08规范"基础上所作的改进，它将原"分部分项工程量清单与计价表"和以综合单价形式计价的"措施项目清单与计价表（二）"，二者合并成一个形式的表格，使用时，将该措施项目的内容，视同分部分项工程一样，按规定填写。

仿古建筑工程使用该表时，按前面表1-7中C栏第4.2.1条～第4.3.6条规定执行。表中填写内容为：项目编码、项目名称、项目特征、计量单位和工程数量。对这些内容的具体填写方法，将在后面章节中另述，而对表中金额部分的综合单价、合价等，是在编制招标控制价或投标报价时另行填写的内容。表格形式如表1-14所示。

```
总 说 明

1.工程概况：该水榭工程是小区庭园工程中建筑项目之一，供美化环境，游人休闲。
工程地处园内，施工不受干扰。交通水电畅通。
要求施工期间无环境污染、无污秽排放、无噪声、无交通阻塞。
2.工程招标范围：水榭建筑工程项目的全部内容。
3.工程量清单编制依据：建设工程工程量清单计价规范、仿古建筑工程工程量计算规范、水榭工程设计图纸。
4.工程量质量要求：质量优良、材料污染辐射不得超过标准。
按分部分项工程进行初验，凡不符合质量要求坚决反工。
5.计划工期：要求4个月完成
```

图1-2 "总说明"示例

分部分项工程和单价措施项目清单与计价表 表1-14

工程名称：水榭建筑工程　　　　标段：　　　　　第1页 共1页

序号	项目编码	项目名称	项目特征描述	计量单位	工程量	金额（元）		
						综合单价	合价	其中暂估价
	A.1.1	土方工程						
1	010101001001	平整场地	外伸2m平整场地217.86m²	m²	113.22			
2	010101002001	挖基础土方	挖地槽深0.5m，槽宽0.5m，三类土	m³	10.99			
	A.5.3	木作工程						
14	010503002001	木柱类	φ22 内廊柱1.623；步柱2.212；脊童0.075；金童0.08	m³	3.990			
15	010503002001	梁类	φ22 内大梁0.966；界梁0.504；廊川0.264	m³	1.734			
16	010503002002	老戗	截面10cm×12cm	m³	0.129			
17	010503002003	嫩戗	截面10cm×8cm	m³	0.014			
	K	措施项目						
	021001002001	外檐砌筑脚手架	单排木制脚手架	m²	46.66			
	021001006001	内檐满堂脚手架	3.6m内木制脚手架	m²	108.83			
			本页小计					
			合　计					

注：为计取规费等的使用，可在表中增设其中："人工费"。

（4）总价措施项目清单与计价表

在措施项目中，可采用综合单价形式计价的措施项目，已列入表 1-14 内，这里是指以"项"计价的措施项目，按表 1-8 中 C 栏第 4.3.2 条规定进行填写。该表是在旧规范"措施项目清单与计价表（一）"基础上，增加调整内容而成，如表 1-15 所示。表中"项目编码"按《仿古建筑规范》附录 K.7 规定填写，"项目名称"根据工程实际情况需要进行列项，"计算基数"和"费率"按各省市主管部门规定填写。

总价措施项目清单与计价表　　　　　　　　　　　　　**表 1-15**

工程名称：　　　　　　　　　　　标段：　　　　　　　　　　　第　页　共　页

序号	项目编码	项　目　名　称	计算基数	费率 (%)	金额 (元)	调整费率 (%)	调整后金额 (元)	备注
	021007001	安全文明施工费	工程直接费	0.95%				
	021007002	夜间施工费						
	021007004	二次搬运费						
	021007005	冬雨季施工费						
	021007007	已完工程及设备保护						
		合　计						

编制人（造价人员）：　　　　　　　　　　　　　复核人（造价工程师）：

注：1. "计算基数"中安全文明施工费可为"定额基价"、"定额人工费"或"定额人工费＋定额机械费"，其他项目可为"定额人工费"或"定额人工费＋定额机械费"。
　　2. 按施工方案计算的措施费，若无"计算基数"和"费率"的数值，也可只填"金额"数值，但应在备注栏说明施工方案出处或计算方法。

（5）其他项目清单与计价汇总表

其他项目清单由其汇总表和其下 5 个分表组成，"其他项目清单与计价汇总表"是编制其他项目清单的结果表，由原旧表稍作改动而成，如表 1-16 所示。

其他项目清单与计价汇总表　　　　　　　　　　　　　**表 1-16**

工程名称：水榭建筑工程　　　　　　　标段：　　　　　　　　第　页　共　页

序号	项目名称	金额(元)	结算金额 (元)	备　注
1	暂列金额	14000.00		见暂列金额明细表
2	暂估价	0.00		
2.1	材料(工程设备)暂估价/结算价	0.00		见材料(工程设备)暂估单价及调整表
2.2	专业工程暂估价/结算价	0.00		见专业工程暂估价及结算价表
3	计日工	3250.00		见计日工表
4	总承包服务费	0.00		见总承包服务费计价表
5	索赔与现场签证			
	合　计	17250.00		

注：材料（工程设备）暂估单价进入清单项目综合单价，此处不汇总。

其下分表包括：暂列金额明细表、材料（工程设备）暂估单价及调整表、专业工程暂估价及结算表、计日工表、总承包服务费计价表。如表1-17～表1-21所示。

1）暂列金额明细表

暂列金额是指因考虑不周而防止工程的漏项，或因不确定因素而不能明晰的项目等所需的暂列金额。其形式如表1-17所示。

暂列金额明细表　　　　　　　　　　　　表1-17

工程名称：水榭建筑工程　　　　　　　　标段：　　　　　　　　第 页 共 页

序号	项目名称	计量单位	暂列金额（元）	备注
1	地面散水、甬道等增补工程	1项	14000.00	
2				
3				
	合　计		14000.00	

注：此表由招标人填写，如不能详列，也可只列暂定金额总额，投标人应将上述暂列金额计入投标总价中。

2）材料（工程设备）暂估单价及调整表

材料（工程设备）暂估单价是指对某些工程项目中必须用到的，但因不能确定其价格而只能进行估计价格的材料，如某些特殊材料或贵重稀有金属等的单价，如表1-18所示。若在工程中没有这种情况发生，不需填写此表。

材料（工程设备）暂估单价及调整表　　　　　　表1-18

工程名称：水榭建筑工程　　　　　　　　标段：　　　　　　　　第 页 共 页

序号	材料(工程设备)名称、规格、型号	计量单位	数量		暂估(元)		确认(元)		差额±(元)		备注
			暂估	确认	单价	合价	单价	合价	单价	合价	
1											
2											
3											
4											
	合　计										

注：此表由招标人填写"暂估单价"，并在备注栏说明暂估价的材料、工程设备拟用在哪些清单项目上，投标人应将上述材料、工程设备暂估单价计入工程量清单综合单价报价中。

3）专业工程暂估价及结算表

专业工程暂估价是因对某特种专业项目，需分包给相关专业队伍施工时所需的工程费，如仿古建筑工程中的水电工程，需分包给水电工程公司承包的工程费用，按其所分包的各个分项进行填写，其形式如表1-19所示。若工程中没有出现这种情况，可不填写此表。

4）计日工表

计日工是指对工程设计图纸之外，因施工现场情况变化，或扫尾工程中临时增加的一些零星用工或零星工程等所需的人工、材料、机械台班等的费用，其表式如表1-20所示。

专业工程暂估价及结算表　　　　　　　　　　　　表 1-19

工程名称：水榭建筑工程　　　　　　　　　　标段：　　　　　　　第　页　共　页

序号	工程名称	工程内容	暂估金额(元)	结算金额(元)	差额±(元)	备注
1						
2						
3						
	合　计					

注：此表"暂估金额"由招标人填写，投标人应将"暂估金额"计入投标总价中。结算时按合同约定结算金额填写。

计日工表　　　　　　　　　　　　　　　　表 1-20

工程名称：水榭建筑工程　　　　　　　　　　标段：　　　　　　　第　页　共　页

序号	工程名称	单位	暂定数量	综合单价	合价		备注
					暂定	实际	
一	人工						
1	零星用工	工日	50	65.00	3250.00		
2					0.00		
	人工小计				3250.00		
二	材料						
1					0.00		
2					0.00		
	材料小计				0.00		
三	施工机械						
1					0.00		
2					0.00		
	施工机械小计				0.00		
	合　计				3250.00		

注：此表项目名称、暂定数量由招标人填写，编制招标控制价时，单价由招标人按有关计价规定确定；投标时，单价由投标人自主报价，按暂定数量计算合价计入投标总价中。结算时，按发承包双方确认的实际数量计算合价。

　　5）总承包服务费计价表

　　总承包服务费是指因特殊专业或投标人无能力承担的分部分项工程，由招标人分包给其他单位施工，而又需要投标人在施工中予以配合时，投标人应收取的施工配合服务费，其表式如表 1-21 所示。若没有分包工程发生时，可不填写此表。

　　（6）"规费、税金项目计价表"

　　规费和税金是指按政府和有关部门规定所必须缴纳的费用，"13 规范"在该表中，规费的"计算基础"是定额人工费，但在表格填写时，应按各省市主管部门规定的费率进行填写，如湖北省规定按直接工程费，其表式如表 1-22 所示。

　　（7）主要材料、工程设备一览表

　　该表是新规范增加的表格，由"发包人提供材料和工程设备一览表"、"承包人提供主要材料和工程设备一览表"两种表格组成。

总承包服务费计价表 表 1-21

工程名称：水榭建筑工程 　　　　　　　　标段：　　　　　　　　　第 页 共 页

序号	工程名称	项目价值（元）	服务内容	计算基础	费率（%）	金额（元）
1	发包人发包专业工程					
2	发包人供应材料					
3						
	合　计					

注：此表项目名称、服务内容由招标人填写，编制招标控制价时，费率及金额由招标人按有关计价规定确定；投标时，费率及金额由投标人自主报价，计入投标总价中。

规费、税金项目清单与计价表 表 1-22

工程名称：水榭建筑工程 　　　　　　　　　　　　　　　　第 页 共 页

序号	工程名称	计算基础	计算基数	费率（%）	金额（元）
1	规费	直接工程费			
1.1	社会保障费	直接工程费			
(1)	养老保险费	直接工程费		3.50	
(2)	失业保险费	直接工程费		0.50	
(3)	医疗保险费	直接工程费		1.80	
(4)	工伤保险费	直接工程费			
(5)	生育保险费	直接工程费			
1.2	住房公积金	直接工程费			
1.3	工程排污费	按工程所在地环境保护部门收取标准，按实计入		0.05	
2	税金	分部分项工程费＋措施项目费＋其他项目费＋规费－按规定不计税的工程设备金额		3.41	
	合　计				

编制人（造价人员）　　　　　　　　　　　　　　复核人（造价工程师）

1）发包人提供材料和工程设备一览表

该表适用于有些需要发包人上报计划，或与其对口供应的材料和工程设备，则应由发包人填写具体名称、数量和单价。如果不需要发包人提供的材料和工程设备的，可以不填写此表。其表式如表 1-23 所示。

发包人提供材料和工程设备一览表 表 1-23

工程名称：水榭建筑工程 　　　　　　　　标段：

序号	材料（工程设备）名称、规格、型号	单位	数量	单价（元）	交货方式	送达地点	备注
1							
2							
3							
4							
	合　计						

注：此表由招标人填写，供投标人在投标报价、确定总承包服务费时参考。

2）承包人提供主要材料和工程设备一览表

该表有两种，一是适用于总价信息差额调整法的，如表 1-24 所示，由编制人或发包人根据编制工程量清单时所包括的主要材料和工程设备进行填写，表中"投标单价"留待投标时由投标人确定后填写。

承包人提供主要材料和工程设备一览表　　　　　　　表 1-24
（适用于造价信息差额调整法）

工程名称：水榭建筑工程　　　　　　标段：　　　　　　　第　页　共　页

序号	名称、规格、型号	单位	数量	风险系数（%）	基准单价（元）	投标单价（元）	发承包人确认单价(元)	备注
1								
2								
3								
4								
	合　计							

注：1. 此表由招标人填写除"投标单价"栏的内容，供投标人在投标时自主确定投标单价。
　　2. 招标人优先采用工程造价管理机构发布的单价作为基准单价，未发布的通过市场调查确定其建筑单价。

二是适用于价格指数差额调整法的，如表 1-25 所示，表中"名称、规格、型号"、"基本价格指数 F_0"由招标人填写，"变值权重 F_0"、"现行价格指数 F_t"留待投标后填写。

承包人提供主要材料和工程设备一览表　　　　　　　表 1-25
（适用于价格指数差额调整法）

工程名称：水榭建筑工程　　　　　　标段：　　　　　　　第　页　共　页

序号	名称、规格、型号	变值权重 B	基本价格指数 F_0	现行价格指数 F_t	备注
1					
2					
3					
	定值权重 A				
	合　计		1		

注：1."名称、规格、型号"、"基本价格指数"栏由招标人填写，基本价格指数应首先采用工程造价管理机构发布的价格指数，没有时，可采用发布的价格代替。如人工、机械费也采用本法调整，由招标人在"名称"栏填写。
　　2."变值权重"栏由投标人根据该项人工、机械费和材料、工程设备价值在投标总报价中所占的比例填写，1减去其比例为定值权重。
　　3."现行价格指数"按约定的付款证书相关周期最后一天的前42天的各项价格指数填写，该指数应首先采用工程造价管理机构发布的价格指数，没有时，可采用发布的价格代替。

2. 编制"招标控制价"的表格

编制"招标控制价"的表格，依"13规范"第 16.0.4 条规定，计有 9 项 18 份表单，即：1.1）招标控制价封面、1.2）招标控制价 扉页、2）工程计价总说明、3.1）建设项目招标控制价/投标报价汇总表、3.2）单项工程招标控制价/投标报价汇总表、3.3）单位工程招标控制价/投标报价汇总表、4）分部分项工程和单价措施项目清单与计价表、5）综合单价分析表、6）总价措施项目清单与计价表、7.1）其他项目清单与计价表、

7.2）暂列金额明细表、7.3）材料（工程设备）暂估单价及调整表、7.4）专业工程暂估价及结算表、7.5）计日工表、7.6）总承包服务费计价表、8）规费税金项目计价表、9.1）发包人提供材料和工程设备一览表、9.2）承包人提供主要材料和工程设备一览表。

依其所述，“招标控制价”所使用的表格，从份数上看，要较编制“工程量清单”所使用的表格，多出4份。

（1）封面及扉页的规定

该封面和扉页的书名，除由“招标工程量清单”改为“招标控制价”，其填写规定内容完全与前述一致，如图1-3所示。

水榭建筑工程　工程

招标控制价

招标人　长青小区
（单位盖章）

工程造价
咨询人
（单位盖章）

2007年6月11日

(a) 封面

水榭建筑工程　工程

招标控制价

招标人　长青小区
（单位盖章）

工程造价
咨询人
（单位资质专用章）

法定代表人
或其授权人　刘 项
（签字或盖章）

法定代表人
或其授权人
（签字或盖章）

编制人　王晓青
（造价人员签字盖专用章）

复核人
（造价工程师签字盖专用章）

编制时间 2007年6月11日　复核时间　年　月　日

(b) 扉页

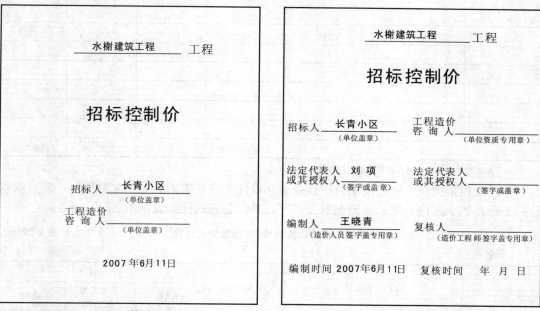

图1-3　招标控制价的封面及扉页

（2）总说明

招标控制价总说明规定内容与前述“总说明”基本相同，只是在编制依据中应增添一些有关计价的文件依据，并应明确风险费用，如图1-4中黑体字所示。

（3）汇总表

汇总表分为：建设项目招标控制价/投标报价汇总表、单项工程招标控制价/投标报价汇总表、单位工程招标控制价/投标报价汇总表。其中：

建设项目是指具有独立行政组织形式，实行独立经济核算，按照一定总体设计进行施工的建设实体或建设单位，如某学校工程、某住宅小区

总说明

1. 工程概况：该水榭工程是小区庭园工程中建筑项目之一，供美化环境，游人休闲。

工程地处园内，施工不受干扰。交通水电畅通。

要求施工期间无环境污染、无污秽排放、无噪声、无交通阻塞。

2. 工程招标范围：水榭建筑工程项目的全部内容。

3. 工程量清单编制依据：建设工程工程量清单计价规范、仿古建筑工程工程量计算规范、**招标工程量清单、省建设主管部门颁发的计价定额和计价办法、工程所在地造价管理机构颁发的价格信息**、水榭工程设计图纸。

4. 工程量质量要求：质量优良、材料污染辐射不得超过标准。

按分部分项工程进行初验，对凡不符合质量要求坚决反工。

5. 计划工期：要求4个月完成。

6. 计价风险：在综合单价中均包括≤5%的价格波动风险。

图1-4　招标控制价“总说明”

工程等,其汇总表式样如表 1-26 所示。

建设项目招标控制价/投标报价汇总表　　　　表 1-26

工程名称:　　　　　　　　　　　　　　　　　　　　　　　　　　第 页 共 页

序号	单项工程名称	金额(元)	其中:(元)		
			暂估价	安全文明施工费	规费
1	长青住宅小区工程	5680000.00		42600.00	525400.00
合　计		5680000.00		42600.00	525400.00

注:本表适用于建设项目招标控制价或投标报价的汇总。

单项工程是指在一项建设项目中具有独立设计文件,竣工后能独立发挥生产能力或效益的工程,如小区住宅楼、庭园配景工程等,其汇总表式样如表 1-27 所示。

单项工程招标控制价/投标报价汇总表　　　　表 1-27

工程名称:　　　　　　　　　　　　　　　　　　　　　　　　　　第 页 共 页

序号	单位工程名称	金额(元)	其中:(元)		
			暂估价	安全文明施工费	规费
1	庭园配景工程	580000.00		21300.00	263000.00
合　计		580000.00		21300.00	263000.00

注:本表适用于单项工程招标控制价或投标报价的汇总。暂估价包括分部分项工程中的暂估价和专业工程暂估价。

单位工程是指在单项工程中,具有独立设计文件,能进行独立施工,但竣工后不能独立发挥生产能力或效益的工程,如住宅楼的土建房屋工程,庭园配景工程中的水榭建筑工程等,其汇总表式样如表 1-28 所示。

单位工程招标控制价/投标报价汇总表　　　　表1-28

工程名称：水榭建筑工程　　　　　　　　　标段：　　　　　　　第1页　共　页

序号	汇总内容	金额（元）	其中：暂估价
1	分部工程	287857.21	
1.1	土方工程	902.00	
1.2	砖作工程	16514.00	
1.3	石作工程	10065.50	
1.4	木作工程	146963.83	
1.5	屋面工程	42782.34	
1.6	地面工程	54426.38	
1.7	抹灰工程	1759.66	
1.8	油漆彩画	12598.59	
1.9	措施项目	1844.92	
1.10			
1.11			
1.12			
1.13			
2	措施项目	0.00	
2.1	其中：安全文明施工费	0.00	
3	其他项目费	17250.00	
3.1	其中：暂列金额	14000.00	
3.2	其中：专业工程暂估价	0.00	
3.3	其中：计日工	3250.00	
3.4	其中：总承包服务费	0.00	
4	规费	17271.43	
5	税金	10993.11	
	招标控制价合计＝1+2+3+4+5	333371.76	

（4）分部分项工程和单价措施项目清单与计价表

该表与编制工程量清单用表一致，只是要在编制工程量清单用表的基础上，增加填写"金额"栏的综合单价、合价等数值，具体填写方法见后面另述，其表式如表1-29所示。

分部分项工程和单价措施项目清单与计价表　　　　表1-29

工程名称：水榭建筑工程　　　　　　　　　标段：　　　　　　　第1页　共1页

序号	项目编码	项目名称	项目特征描述	计量单位	工程量	金额（元）		
						综合单价	合价	其中暂估价
	房A	土方工程					902.00	
1	010101001001	平整场地	本场地内30cm以内挖填找平	m²	113.23	4.08	461.96	
2	010101003001	挖地槽	挖地槽深0.5m，槽宽0.5m，三类土	m³	10.99	40.04	440.04	

序号	项目编码	项目名称	项目特征描述	计量单位	工程量	金额(元)		
						综合单价	合价	其中暂估价
	A	砖作工程					16514.00	
1	020101003001	台明糙砖墙基	M5 水泥砂浆砌筑,露明部分清水勾缝 12.06m²	m³	17.57	357.37	6278.99	
2	020101003002	后檐砖墙	M5 石灰水泥砂浆砌筑。做牖窗 3.72m²	m³	9.57	504.92	4832.08	
3	020101003003	砖坐槛空花矮墙	M5 水泥石灰砂浆,坐槛面无线脚无槏簧 20.06m	m³	2.17	2489.83	5402.93	
	B	石作工程					10065.50	
1	0202001002001	毛石踏跺	毛石台阶,M5 水泥砂浆砌筑	m³	0.44	346.27	153.02	
2	020206001001	鼓蹬石	φ300mm×200mm,达到二遍剁斧等级	只	24.00	413.02	9912.48	

(5) 综合单价分析表

该表在"08 规范"中称为"工程量清单综合单价分析表","13 规范"修改后称为"综合单价分析表",它是在清单计价时所使用的表格,"13 规范"的"综合单价分析表"经修改后多列一项"工程量",表中其他内容均相同。这样在填写表格时,就可区别"工程量"和定额单位之后的"数量",具体填写方法后面另述,其表式如表 1-30 所示。

综合单价分析表   表 1-30

工程名称:水榭建筑工程   标段: 砖作工程   第 页共 页

项目编码	020101003001	项目名称	台明糙砖墙基	计量单位	m³	工程量	17.57
			台明墙勾缝		m²		12.30

清单综合单价组成明细

定额编号	定额名称	定额单位	数量	单价			12%	合价			
				人工费	材料费	机械费	管理费和利润	人工费	材料费	机械费	管理费和利润
套 1-101	台明糙砖墙基	m³	1	85.18	220.58	7.66	37.61	1496.61	3875.59	134.59	660.81
套 2-533	台明墙勾缝	m²	1	6.89	1.19	0.00	0.97	84.75	14.64	0.00	11.93
人工单价			小计					1581.36	3890.23	134.59	672.74
65 元/工日			未计价材料费								
清单项目综合单价								357.37			

	主要材料名称、规格、型号	单位	数量	单价(元)	合价(元)	暂估单价	暂估合价(元)
材料费明细	M5 水泥砂浆	m³	0.243	221.31	53.78		0.00
	机砖	百块	5.27	31.59	166.48		0.00
	水	m³	0.10	3.25	0.33		0.00
	其他材料费				0.00		0.00
	材料费小计				220.58		0.00

注:1. 如不能使用省级或行业主管部门发布的计价依据,可不填写定额编号、名称等。
   2. 招标文件提供了暂估单价的材料,按暂估的单价填入表内"暂估单价"栏及"暂估合价"栏。

（6）总价措施项目清单与计价表

该表与编制工程量清单用表相同，只是要按"计算基础"和"费率"进行计算，填写出金额数值。如表 1-31 所示。

总价措施项目清单与计价表　　　　表 1-31

工程名称：水榭建筑工程　　　　　　　标段：　　　　　　　　　第 页 共 页

序号	项 目 名 称	计算基础	费率(%)	金额(元)	调整费率(%)	调整后金额(元)	备注
1	安全文明施工费	287857.21	0.95%	2734.64			
2	夜间施工增加费	287857.21		0.00			
3	二次搬运费	287857.21		0.00			
4	冬雨季施工增加费	287857.21		0.00			
5	地上、地下设施,建筑物的临时保护设施	287857.21		0.00			
6	已完工程及设备保护	287857.21		0.00			
7	工具用具使用费(按湖北省规定)	287857.21	0.50%	1439.29			
8	工程定位费(按湖北省规定)	287857.21	0.10%	287.86			
9							
	合　计			4461.79			

编制人（造价人员）　　　　　　　　　　　　复核人员（造价工程师）

注：1. "计算基础"中安全文明施工费可为"定额基价"、"定额人工费"或"定额人工费＋定额机械费"，其他项目可为"定额人工费"或"定额人工费＋定额机械费"。

2. 按施工方案计算的措施费，若无"计算基础"和"费率"的数值，也可只填"金额"数值，但应在备注栏说明施工方案出处或计算方法。

（7）其他项目清单与计价汇总表

该表与编制工程量清单所用表格相同，如表 1-16～表 1-21 所示。表中可按工程量清单所填写的内容进行填写，也可增加工程量清单中未列入内容。

（8）"规费、税金项目计价表"

该表在编制工程量清单所填写的费率基础上，按计算基数计算出相应金额，具体计算后面另述，其表式如表 1-32 所示。

（9）"主要材料、工程设备一览表"

该表按编制工程量清单所用的表格内容进行填写，其表式如表 1-23～表 1-25 所示，这里不需另行填写，或者填写经复核后"发承包人确认单价"的相关数值，在表底要填写编制人和复核人的签字。

3. 编制"投标报价"的表格

编制"投标报价"的表格，依"13 规范"第 16.0.4 条规定，基本与编制"招标控制价"相同，只是增加一份"总价项目进度款支付分解表"，计有 10 项 19 份表单，即：1.1）投标总价封面、1.2）投标总价扉页、2）工程计价总说明、3.1）建设项目招标控制价/投标报价汇总表、3.2）单项工程招标控制价/投标报价汇总表、3.3）单位工程招标控制价/投标报价汇总表、4）分部分项工程和单价措施项目清单与计价表、5）综合单价分析表、6）总价措施项目清单与计价表、7.1）其他项目清单与计价表、7.2）暂列金额明细表、7.3）材料（工程设备）暂估单价及调整表、7.4）专业工程暂估价及结算表、7.5）计日工表、7.6）总承包服务费计价表、8）规费税金项目计价表、9）总价项目进度款支付分解表、10.1）发包人提供材料和工程设备一览表、10.2）承包人提供主要材料和工程设备一览表。

规费、税金项目清单与计价表   表 1-32

工程名称：水榭建筑工程   标段：   第 页 共 页

序号	项目名称	计算基础	计算基数			费率（%）	金额（元）
			分部分项工程费	措施费	其他费		
1	规费	直接费＋措施费＋其他费	287857.21	4461.79		6.00%	17539.14
1.1	社会保险费	直接费＋措施费＋其他费	287857.21	4461.79		5.80%	16954.50
(1)	养老保险费	直接费＋措施费＋其他费	287857.21	4461.79		3.50%	10231.16
(2)	失业保险费	直接费＋措施费＋其他费	287857.21	4461.79		0.50%	1461.59
(3)	医疗保险费	直接费＋措施费＋其他费	287857.21	4461.79		1.80%	5261.74
(4)	工伤保险费						
(5)	生育保险费						
1.2	住房公积金						0.00
1.3	工程排污费	直接费＋措施费＋其他费	287857.21	4461.79		0.05%	146.16
1.4	工程定额测定费	直接费＋措施费＋其他费	287857.21	4461.79		0.15%	438.48
2	税金	直接费＋措施费＋其他费＋规费	287857.21	4461.79	17250.00	3.41%	11154.39
	合　计						28693.53

编制人（造价员）：   复核人（造价工程师）：

　　依上所述，"投标报价"所使用的表格，要较"招标控制价"所使用的表格，多出 1 份（如上述黑体字所示）。

　　（1）封面及扉页的规定

　　该封面和扉页的书名，应填写为"投标总价"，如图 1-5 所示。

水榭建筑工程　　工程

投标总价

投标人　星光仿古建筑公司
　　　　（单位盖章）

2007 年 12 月 26 日

(a) 封面

投标总价

招 标 人　长青小区
工程名称　水榭建筑工程
投标总价（小写）336778.04元
（大写）叁拾叁万陆仟柒佰柒拾捌元零角肆分

投 标 人　星光仿古建筑公司
　　　　　（单位盖章）

法定代表人
或其授权人　王藻
　　　　　（签字或盖章）

编制人　陆丰
　　　　（造价人员签字盖专用章）

时间 2007年12月26日

(b) 扉页

图 1-5　投标报价的封面及扉页

（2）工程计价总说明

该说明规定内容与前述"总说明"基本相同，只是在编制依据增添招标计价文件，并应明确已包括的风险费用，如图 1-6 中黑体字所示。

（3）汇总表

该汇总表与招标控制价所使用表格完全一致，只是所填写金额数值，应按投标报价所计算的数值进行填写，其表式就如表 1-26～表 1-28 所示。

（4）分部分项工程和单价措施项目清单与计价表

该表与"招标控制价"所用表格完全相同，其表式见表 1-29，只是表中数据应为投标人按自主选择的计价定额所计算的数值进行填写。

```
┌─────────────────────────────────────┐
│             总 说 明                 │
│                                     │
│   1. 工程概况：该水榭工程是小区庭园工│
│ 程中建筑项目之一，供美化环境，游人休闲。│
│ 工程地处园内，施工不受干扰。交通水电 │
│ 畅通。                               │
│   要求施工期间无环境污染、无污秽排放、│
│ 无噪声、无交通阻塞。                 │
│   2. 工程招标范围：水榭建筑工程项目的全│
│ 部内容。                             │
│   3. 工程量清单编制依据：建设工程工程量│
│ 清单计价规范、仿古建筑工程工程量计算规│
│ 范、招标工程量清单、招标计价文件、省建│
│ 设主管部门颁发的计价定额和计价办法、工│
│ 程所在地造价管理机构颁发的价格信息、水│
│ 榭工程设计图纸。施工组织设计。       │
│   4. 工程量质量要求：质量优良、材料污染│
│ 辐射应符合标准。                     │
│   5. 招标工期为4个月；投标工期不超过4个月。│
│   6. 计价风险：在综合单价中已包括 ≤5%的│
│ 价格波动风险。                       │
└─────────────────────────────────────┘
```

图 1-6　投标报价"总说明"

（5）综合单价分析表

该表与"招标控制价"所用表格一致，其表式见表 1-30，只是表中填写的内容，由投标人按招标所列项目，采用自主选择的计价定额进行综合单价分析。

（6）总价措施项目清单与计价表

该表与"招标控制价"所用表格完全一致，其表式见表 1-31，只是表中所填写的数值，应由投标人根据自主计算的数值进行填写。

（7）其他项目清单与计价汇总表

该表与"招标控制价"所用表格相同，其表式如表 1-16～表 1-21 所示。表中由投标人按自主计算的数值进行填写。

（8）"规费、税金项目计价表"

该表与"招标控制价"完全一致，其表式见表 1-32，只是表中所填写的数值，应由投标人按自主计算的数值进行填写。

（9）"总价项目进度款支付分解表"

该表是将"总价措施项目清单与计价表"所填写的数值，由投标人明确按期段进行分解为几次，填写所应支付的金额，其表式如表 1-33 所示。

总价项目进度款支付分解表　　　　　　　表 1-33

工程名称：水榭建筑工程　　　　　　　标段：　　　　　　第　页　共　页

序号	项 目 名 称	总价金额（元）	首次支付（元）	二次支付（元）	三次支付（元）	四次支付（元）	五次支付（元）
	安全文明施工费						
	夜间施工增加费						
	二次搬运费						

续表

序号	项目名称	总价金额（元）	首次支付（元）	二次支付（元）	三次支付（元）	四次支付（元）	五次支付（元）
	社会保险费						
	住房公积金						
	合　计						

编制人（造价人员）　　　　　　　　　　　　　　　　复核人（造价工程师）

注：1. 本表应由承包人在投标报价时根据发包人在招标文件明确的进度款支付周期与报价填写，签订合同时，发承包双方可就支付分解协商调整后作为附件。

2. 单价合同使用本表，"支付"栏时间应与单价项目进度款支付周期相同。

3. 总价合同使用本表，"支付"栏时间应与约定的工程计量周期相同。

（10）"主要材料、工程设备一览表"

该表按"招标控制价"所提供表格进行填写，其表式见表 1-23～表 1-25，只是要投标人明确"投标单价"数值。

第二节　规范中有关编制细节的执行

一、编制"工程量清单"部分的细节执行

（一）编制人的资质

"13规范"第 4.1.1 条规定："招标工程量清单应由具有编制能力的招标人或受其委托，具有相应资质的工程造价咨询人编制"，第 5.1.2 条规定："招标控制价应由具有编制能力的招标人或受其委托具有相应资质的工程造价咨询人编制和复核"，第 6.1.1 条规定："投标价应由投标人或受其委托具有相应资质的工程造价咨询人编制"等，这里所强调的"具有相应资质的编制人"有两个，一是编制工作的具体操作员本身的资质，即指注册造价工程师、造价员；二是承接编制任务的单位所具有的资质，即指工程造价咨询公司、招标代理公司。

1. 编制工作操作员资质

注册造价工程师是指经全国统一考试，取得《造价工程师执业资格证书》，并经注册登记，在建设工程中从事造价业务活动的专业技术人员。

造价员是指经过全国统一考试，取得《全国建设工程造价员资格证书》，在一个单位注册从事建设工程造价活动的专业人员。

注册造价工程师和造价员除有资格证书外，还有专门编审章印，在编制文件封面上加盖此章并签字，才视为有效。其中，注册造价工程师，依法具有相应造价文件的签字权并

依法承担法律责任。而造价员是具有造价工作能力，协助造价工程师完成造价计算编制工作，但不具有在独立的造价文件上对外行使审核签发权。

2. 承接编制工作单位资质

工程造价咨询企业是指根据本单位所具备的人员资质、注册资金和营业经历等条件，按照《工程造价咨询企业管理办法》的规定，经向主管部门申请审批，取得工程造价咨询资质等级证书，接受委托从事工程造价咨询活动的企业。

招标代理机构是指根据本单位所具备的人员资质、注册资金和营业经历等条件，经向主管部门申请审批，取得工程招标代理资质等级证书，接受委托从事建设工程招标代理活动的机构。

这两种机构的资质，前者的实力应较后者更为雄厚，但两者均可根据承接能力范围分甲乙两个级别，各省市主管厅局都制定有具体条款规定。

（二）项目编码、项目名称的填写

"13规范"第4.2.2条规定"分部分项工程项目清单必须根据相关工程现行国家计量规范规定的项目编码、项目名称、项目特征、计量单位和工程数量计算规则进行编制"。《仿古建筑规范》第4.2.1条规定"工程量清单应根据附录规定的项目编码、项目名称、项目特征、计量单位和工程量计算规则进行编制"。

对仿古建筑规范中的附录我们简称为《仿古规范附录》，它依不同分部工程，列有：A砖作工程、B石作工程、C、D……K等10项"分部工程"（见表1-1中C栏项内所示），每个"分部工程"都以表格形式，列有若干"分项工程"，如在"A砖作工程"中列有：A.1砖墙、A.2贴砖、A.3砖檐等分项工程的规则附录表，如表1-34所示表格，表中都已规定了：项目编码、项目名称、项目特征、计量单位、工程量计算规则和工程内容等，在编制清单时，按施工图纸设计内容，逐一对照该附录进行选项，将所选项目编码和项目名称，列入所编制的清单内。

《仿古建筑规范》附录表的形式

砌砖墙（编码020101）

表1-34

项目编码	项目名称	项目特征	计量单位	工程量计算规则	工程内容
020101001	城砖墙	1. 砌墙厚度 2. 砌筑方式 3. 用砖品种规格 4. 灰浆品种及配合比	m³	按设计图示尺寸以体积计算，不扣除伸入墙内的梁头、桁檩头所占体积，扣除门窗洞口、过人洞、嵌入墙体内的梁柱及细砖面所占体积	1. 选砖及砖件加工 2. 调制灰浆 3. 支拆砖胎 4. 砌筑 5. 勾缝 6. 材料运输 7. 渣土清运
020101002	细砖清水墙	1. 砌墙厚度 2. 砌筑方式 3. 砌墙勾缝类型 4. 用砖品种规格 5. 灰浆品种及配合比			
020101003	糙砖实心墙	1. 砌墙厚度 2. 砌筑方式 3. 用砖品种规格 4. 灰浆品种及配合比	m³	按设计图示尺寸以体积计算，不扣除伸入墙内的梁头、桁檩头所占体积，扣除门窗洞口、过人洞、嵌入墙体内的梁柱及细砖面所占体积	1. 选砖 2. 调制灰浆 3. 砌筑 4. 勾缝 5. 材料运输 6. 渣土清运
020101004	糙砖空斗墙				

1. 项目编码的填写

《仿古建筑规范》第4.2.2条规定"工程量清单的项目编码、应采用十二位阿拉伯数字表示，一至九位应按附录的规定设置，十至十二位应根据拟建工程的工程量清单项目名称和项目特征设置，同一招标工程的项目编码不得有重码"。也就是说"项目编码"在规范附录表中列有九位数字，其中：

编码第一、二位是单位工程的编码（01是代表房屋建筑与装饰工程、02是代表仿古建筑工程、03代表安装工程、04代表市政工程、05代表园林绿化工程、06代表矿山工程、07代表构筑物工程、08代表城市轨道交通工程、09代表爆破工程）。

编码第三、四位是专业分部工程编码（如砖作工程为01、石作工程为02、琉璃砌筑工程为03等）；例如仿古建筑砖作工程的编码为"0201"；仿古建筑石作工程的编码为"0202"。

第五、六位是分部工程中分项工程编码（如砖作工程中的砌砖墙为01、贴砖为02、砖檐为03等）；如仿古建筑砖作工程砖砌墙的编码为"020101"，仿古建筑砖作工程贴砖的编码为"020102"。

第七、八、九位是每个分项工程内不同结构做法的编号（如砌砖墙中的城砖墙为001、细砖清水墙为002、糙砖实心墙为003等）。如仿古建筑砖作工程砖砌细砖清水墙的编码为"0201010002"；仿古建筑砖作工程贴砖内贴墙面的编码为"020102002"。

以上9位编码是规范附录表中规定的编码，但在工程量清单内，还应加以下3位数。

第十、十一、十二位是在同类结构做法中因规格型号不同，所进行排列的编号（如贴砖中贴墙面采用八角景为"020102002001"，采用六角景为"020102002002"）

2. 项目名称的填写

《仿古建筑规范》第4.2.3条规定"工程量清单的项目名称应按附录的项目名称结合拟建工程的实际确定"。也就是说应在附录"项目名称"基础上，可以增加补充施工图纸上所应该显示或描述的名称，如城砖干摆墙、墙面贴砖八角景等。

（三）项目特征的描述

1. 描述项目特征的依据

《仿古建筑规范》第4.2.4条规定"工程量清单项目特征应按附录中规定的项目特征，结合拟建工程项目的实际予以描述"。即项目特征应在附录所规定"项目特征"基础上，结合施工图纸所要求的工艺质量，和《仿古定额基价表》内对该项目的划分要求等进行描述，也就是说，描述项目特征的依据有3个，即：

1）《仿古规范附录》中的相关项目特征的说明。

2）施工图纸中该项目在设计说明、平立剖面图上的有关标注。

3）《仿古定额基价表》中对该项目列项的附加条件。

如果对描述内容有所含糊或欠缺的话，会引起一些施工和计价方面的纠纷，"13规范"第9.4.1条："发包人在招标工程量清单中对项目特征的描述、应被认为是准确的和全面的，并且与实际施工要求相符合。承包人应按照发包人提供的工程量清单，根据其项目特征描述的内容及有关要求实施合同工程，直到其被改变为止"。也就是说，对描述特征内容的准确性和全面性，清单编制人应负有承担责任。但描述内容应抓住重点，简捷扼要。

2. 描述内容有误差的处理

如果出现特征描述内容有大的误差时，会影响该项目的综合单价，"13 规范"第 9.4.2 条规定"……**若在合同履行期间出现设计图纸（含设计变更）与招标工程量清单任一项目的特征描述不符，且该变化引起该项目的工程造价增减变化的，应按照实际施工的项目特征，按本规范第 9.3 节相关条款的规定重新确定相应工程量清单项目的综合单价，并调整合同价款**"。这是说，在施工期间，若发现施工内容与清单特征描述不符时，只要影响到工程造价的增减变化者，都要做出变更通知或现场签证，用以作为计算调整合同价款的结算依据。

（四）工程量计算规则和计量单位

1. 工程量计算规则的执行

分部分项工程所具有的体积、面积、重量、长度、个数等数据，都是按一定要求和规定，进行计算而得的工程量。如表 1-34 所示《仿古建筑规范》附录表，对每个项目的工程量计算方法，都做了具体规定，编制清单时应按施工图纸的具体尺寸，依规则要求进行计算。

但在实际工作中，除了规范附录所列的规则外，还要参考地方主管部门所颁发的《仿古定额基价表》，因为在该定额基价表中也列有"工程量计算规则"。新旧规范中对此都有明确，如表 1-6 中的第 3.1.5 条、第 4.1.5 条；表 1-10 中的第 4.2.3 条、第 5.2.1 条等都明确有其依据："**1. 本规范；2. 国家或省级、行业建设主管部门颁发的计价定额和计价办法**"。由此可知，两种依据是并存的，虽然明确两者都适用，但在实际工作中，往往也会遇到出现一些矛盾的情况，如：计量单位矛盾、计算尺寸矛盾、计算方法矛盾等情况。

（1）规则计量单位的矛盾

有少部分项目，《仿古规范附录》规定的计量单位和《仿古定额基价表》的规定，有可能不同，如"城砖墙"项目，《仿古规范附录》规则规定"**按体积计算**"，如表 1-34 所示；而《仿古定额基价表》用城砖所砌的品质墙时是"**按面积计算**"，如表 1-35 所示，这两者计量单位不同。若遇此问题，由于会影响到综合单价的计算，可先按《仿古定额基价表》规则进行计算，然后及时上报有关部门，以便进行协商调整。

（2）规则计算尺寸的矛盾

有个别项目，《仿古规范附录》规定所取尺寸和《仿古定额基价表》的规定有所不同，如土方工程中的平整场地，《房屋建筑与装饰工程规范》附录规则："**按设计图纸尺寸以建筑物首层建筑面积计算**"；而《仿古定额基价表》规则："**平整场地按建（构）筑物外形每边各加宽 2m 计算面积**"，即所取长宽尺寸有大小不同。遇有这类问题，应一律按《仿古规范附录》规定执行。其依据是《仿古建筑规范》第 4.2.5 条规定"**工程量清单中所列工程量应按附录中规定的工程量计算规则计算**"。

（3）规则计算方法上的矛盾

如挖地槽，《房屋建筑与装饰工程规范》附录规则："**以基础垫层底面积乘以挖土深度计算**"，即地槽工程量是按矩形截面乘长度计算；而《仿古定额基价表》规则：挖土深度一般土超过 1.4m，砂砾坚土超过 2m，应增加地槽两边的放坡系数，按"**地槽土方＝（地**

底宽十边坡系数×挖土深)×挖土深×地槽长"，即地槽工程量是按梯形截面积乘以长度计算，因此这两者计算的方法不同，则计算工程量也就不同。遇有这类问题，应首先按《仿古规范附录》规定进行计算，对因放坡而多出的土方，应及时向招标方做出书面反应，以确定解决办法。

某《仿古建筑工程定额基价表》　　　　　　　表 1-35

1　墙身　　　　　　　　计量单位：1m²

编　号			3—46	3—47	3—48	3—49	3—50	3—51	3—52
项　目			干　摆　墙（每 m²）				丝　缝　墙（每 m²）		
			大城样砖	大停泥砖	小停泥砖	贴砌斧刃陡板	大停泥砖	小停泥砖	贴砌斧刃陡板
名　称	单位	单价(元)							
人工	综合工日	工日	33.50	6.982	7.351	6.500	2.928	7.198	5.889	2.675
材料	大城样砖	块	6.40	26.570						
	大停泥砖	块	3.20		45.067			43.582		
	小停泥砖	块	1.00			85.000			82.000	
	斧刃砖	块	0.70				42.90			40.70
	白灰浆	m³	132.30	0.0320	0.0300	0.0270	0.0120	0.0397	0.0330	0.0100
	老浆灰	m³	148.65					0.0025	0.0035	0.0015
	其他材料费	%	材料费%	0.30	0.31	0.60	16.00	0.31	0.60	16.00
机械	机械费	%	人工费%	16.00	16.00	16.00	16.00	16.00	16.00	16.00
基价表	人工费(元)			233.90	246.26	217.75	98.09	241.13	197.28	89.61
	材料费(元)			174.80	148.64	89.10	32.12	145.54	87.41	30.52
	机械费(元)			37.42	39.40	34.84	15.69	38.58	31.57	14.34
	基价(元)			446.12	434.30	341.69	145.91	425.25	316.25	134.47

（4）多个计量单位的选择

在《仿古规范附录》中，有的项目列有两个或三个计量单位供选用，如表 1-36 所示。

《仿古建筑规范》附录表　　　　　　　表 1-36

砖（拱）、月洞、地穴及门窗套（编码：020105）

项目编码	项目名称	项目特征	计量单位	工程量计算规则	工作内容
020105001	砖(拱)	1. 砌筑部分 2. 砌筑方式 3. 用砖品种及规格 4. 灰浆品种及配合比 5. 勾缝要求	1. m² 2. m³	1. 以平方米计量，细砖圈脸胲设计图示尺寸，以垂直投影面积计算。 2. 以立方米计量，糙砌砖券按设计图示尺寸以立方米计算	1. 选砖及砖件加工 2. 调制灰浆 3. 支拆券胎 4. 砌筑 5. 勾缝 6. 材料运输 7. 渣土清运

《仿古建筑规范》第 3.0.3 条规定"本规范附录中有两个或两个以上计量单位的，应结合拟建工程项目的实际情况，选择其中一个为计量单位"。若遇此类问题，应结合《仿古定额基价表》中，对该项目所规定的计量单位进行选用。

2. 工程量数值的小数位数

工程量经计算后，其整数后的小数应保留几位，规范都有统一规定，《仿古建筑规范》

第 3.0.4 条规定"工程计量时每一项目汇总的有效位数应遵守下列规定：

1. 以'ｔ'为单位，应保留小数点后三位数值，第四位小数四舍五入。

2. 以'ｍ、ｍ²、ｍ³、ｋｇ'为单位，应保留小数点后两位数值，第三位小数四舍五入。

3. 以'个、只、块、根、件、对、份、樘、座、攒、榀等为单位，应取整数'。如 2.312t，1.24m，3.17m²，2.65m³，5.23kg，3 樘、2 对等。

二、编制"清单计价"部分的细节执行

（一）分部分项工程清单计价的基数

对工程量清单计价，必须首先要找出每个工程项目名称所对应的单价，这个单价按"13 规范"第 3.1.4 条规定：**"工程量清单应采用综合单价计价"**，这就是说，凡是能以工程量数值表达的项目，都应采用"综合单价"进行计价。"综合单价"的确定，是按"13 规范"所规定的"综合单价分析表"进行的，如表 1-37 所示。对工程量清单中的每个项目名称，都要做一份，有多少项目，就要需要做多少份，这是一项量大而烦琐的计算工作。根据该表所得出的综合单价，就是清单计价的基数。

"综合单价分析表"分上下两部分，上部分是用于确定"综合单价"所需要填写和计算的内容，下部分是用于确定主要材料单价组成的内容。上图表中内的深灰色栏是按"工程量清单"内的项目，进行填写的内容，浅灰色栏是按采用的"定额基价表"内相应项目，所填写的内容，其余部分是需要计算的内容。这些填写内容的基本依据有两个：1)"分部分项工程和单价措施项目清单与计价表"（为叙述方便，后面简称"清单表"）；2)地方主管部门颁发的《仿古定额基价表》（或企业定额）和计价办法。

1. "综合单价分析表"中填写内容

（1）根据"清单表"填写内容

表头"工程名称"：按单位工程名称填写，如：水榭建筑工程。

表头"标段"：按分部工程名称填写，如：木作工程、地面工程等。

表顶"项目编码"、"项目名称"、"计量单位"等均按"清单表"内相应内容填写。

表内"工程量"：按"清单表"相应项目的工程量填写。

以上所述对照表 1-37 深灰色内容所示。

（2）依据《仿古定额基价表》填写内容

定额编号、定额名称、定额单位、人工费、材料费、机械费等，均按《仿古定额基价表》所选的项目内容填写，如表 1-37 中浅灰色所示，其中所选《仿古定额基价表》的内容，如表 1-38 中编号 2-458 项所示：单位 1m³、人工费＝1673.10 元、材料费＝3819.69 元、机械费＝26.77 元。

另外在"管理费和利润"项上的费率"％"，按主管部门规定的计价办法填写，包括企业管理费、企业利润和风险费用，如表 1-37 中的 12％。

2. "综合单价分析表"中计算内容

表中"单价"栏内计算内容：

综合单价分析表

表 1-37

工程名称：**水榭建筑工程**　　标段：**木作工程**　　第　页　共　页

| 项目编码 | 020505005001 | 项目名称 | 飞橡 | 计量单位 | m³ | 工程量 | 0.529 |

清单综合单价组成明细

定额编号	定额名称	定额单位	数量	单价				合价			
				人工费	材料费	机械费	管理费和利润	人工费	材料费	机械费	管理费和利润
套 2-458	飞橡	m³	1	1673.10	3819.69	26.77	662.35	885.07	2020.62	14.16	350.38
人工单价			小计					885.07	2020.62	14.16	350.38
65 元/工日			未计价材料费								
			清单项目综合单价					6181.91			

材料费明细	主要材料名称、规格、型号			单位	数量	单价（元）	合价（元）	暂估单价	暂估合价（元）
	枋材			m³	1.26	2990.00	3758.43		0.00
	圆钉			kg	7.60	8.06	61.26		0.00
	其他材料费						0.00		0.00
	材料费小计						3819.69		0.00

某《仿古定额基价表》的木桁条项目

表 1-38

茶壶档轩橡、矩形飞橡

计量单位：1m³

编号			2—455	2—456	2—457	2—458	2—459	2—460
项目			茶壶档轩橡(cm)			矩形飞橡(cm)		
			周长 25 以内	周长 35 以内	周长 45 以内	周长 25 以内	周长 35 以内	周长 45 以内
名称	单位	单价(元)	定额耗用量					
人工　综合工日	工日	65.00	35.180	22.410	17.140	25.740	11.860	8.050
材料　枋材	m³	2990	1.233	1.185	1.164	1.257	1.181	1.160
圆钉	kg	8.06	3.63	2.48	1.86	7.60	3.38	3.37
机械　机械费	%	人工费%	1.60	1.60	1.60	1.60	1.60	1.60
基价表　人工费(元)			2286.70	1456.65	1114.10	1673.10	770.90	523.25
材料费(元)			3715.93	3563.14	3495.35	3819.69	3558.43	3495.56
机械费(元)			36.59	23.31	17.83	26.77	12.33	8.37
基价(元)			6039.22	5043.10	4627.28	5519.56	4341.67	4027.18

"管理费和利润"的计算，有的省市规定按"三费制"计算，即"管理费和利润"＝（人工费＋材料费＋机械费）×（管理费率＋利润率）＝（1673.10＋3819.69＋26.77）×0.12＝662.35元/m³；

也有省市规定按"二费制"计算，即"管理费和利润"＝（人工费＋机械费）×（管理费率＋利润率）＝（1673.10＋26.77）×0.12＝203.98元/m³；

表中"合价"栏内计算内容：

"人工费"＝"工程量"×单价栏人工费＝0.529×1673.10＝885.07元；

"材料费"＝"工程量"×单价栏材料费＝0.529×3819.69＝2020.62元；

"机械费"＝"工程量"×单价栏材料费＝0.529×26.77＝14.16元；

"管理费和利润"＝"工程量"×单价栏(管理费和利润)＝0.529×662.35＝350.38元。

小计＝分别为合价栏的Σ人工费、Σ材料费、Σ机械费、Σ（管理费和利润）；

"清单项目综合单价"＝（Σ人工费＋Σ材料费＋Σ机械费＋Σ管理费和利润）÷"工程量"＝（885.07＋2020.62＋14.16＋350.38）÷0.529＝6181.91元/m³。依此计算的最终结果，就是列入分部分项工程量清单内的"综合单价"。

（二）措施项目清单计价的基数

在《仿古规范附录》"K措施项目"中，列有从K.1脚手架工程至K.6施工降水排水工程、K.7安全文明施工及其他措施项目等7项。其中前6项，是可以计算工程量的，我们称它为"可计量措施项目"，而后一项，只能根据各地主管部门规定的费率进行计算，我们称它为"不可计量措施项目"。

1."可计量措施项目清单计价"的基数

可计量措施项目包括：脚手架、混凝土模板与支架、垂直运输机、排水降水等，它可以采用"分部分项工程和单价措施项目清单与计价表"进行编制，因此它的计算基数也是通过"综合单价分析表"计算出的综合单价作为基数，具体做法与上述相同。

2."不可计量措施项目清单计价"的基数

不计量措施项目包括：安全文明施工费、夜间施工增加费、二次搬运费、冬雨季施工增加费、已完工程及设备保护费等，它是由各地主管部门颁布的计价办法，以"费率"列入进行计算的，"13规范"规定统一按"总价措施项目清单与计价表"进行计算，如表1-39所示。其中计算基数按各地主管部门具体规定执行。

措施项目清单与计价表　　　　　表1-39
总价措施项目清单与计价表

工程名称：水榭建筑工程　　　　　标段：　　　　　　　　第　页　共　页

序号	项目名称	计算基础	费率（%）	金额（元）	调整费率（%）	调整后金额（元）	备注
1	安全文明施工费	287857.21	0.95%	2734.64			
2	夜间施工增加费	287857.21		0.00			
3	二次搬运费	287857.21		0.00			
4	冬雨季施工增加费	287857.21		0.00			
5	地上、地下设施,建筑物的临时保护设施	287857.21		0.00			
6	已完工程及设备保护	287857.21		0.00			
7	工具用具使用费(按湖北省规定)	287857.21	0.50%	1439.29			
8	工程定位费(按湖北省规定)	287857.21	0.10%	287.86			
9							
	合计			4461.79			

编制人（造价人员）　　　　　　　　　　　复核人员（造价工程师）

注：1."计算基数"中安全文明施工费可为"定额基价"、"定额人工费"或"定额人工费＋定额机械费"，其他项目可为"定额人工费"或"定额人工费＋定额机械费"。

　　2.按施工方案计算的措施费，若无"计算基数"和"费率"的数值，也可只填"金额"数值，但应在备注栏说明施工方案出处（或计算办法）。

（三）规费与税金的计算基数

规费是按政府有关部门规定，所必须缴纳的费用；税金是指国家规定的营业税、城市建设维护税和教育费附加。具体计算办法和计算基数，各个地方主管部门都制定有详细计价办法，和明确的费率标准，可遵照执行。具体操作表格见表1-22和表1-32所示。

第三节　关于"计价定额与计价办法"

"计价定额与计价办法"是编制工程量清单、编制招标控制价、编制投标价等的基本依据，"13 规范"分别在第 4.1.5 条、第 5.2.1 条、第 6.2.1 条中述及到，编制依据之一是**"国家或省级、行业建设主管部门颁发的计价定额和计价办法"**。国家所颁发的计价定额是 1988 年建设部颁发的《全国仿古建筑及园林工程预算定额》，简称《仿古建筑工程定额》，此后在此基础上，由全国各省市，按各阶段时期的市场物价水平，编制出本地区的定额基价表，称为《全国仿古建筑及园林工程预算定额××省（市）统一基价表》，简称《仿古定额基价表》，这就是目前在清单编制工作中所依据的《计价定额》。目前各个省市的《计价定额》，都是以《仿古定额基价表》的形式作为当地主管部门颁发的计价文件之一。

一、《仿古定额基价表》

（一）《仿古定额基价表》适用范围

《仿古建筑工程定额》由：第一册《通用项目》、第二册《营造法原做法项目》、第三册《营造则例做法项目》、第四册《园林绿化工程》等组成。

1. 第一册《通用项目》

第一册《通用项目》是指按现代施工工艺进行施工的常用项目，包括：土石方基础工程、砖石砌体工程、混凝土及钢筋混凝土工程、门窗木楼梯工程、楼地面工程、抹灰工程等六个章节内容。这些内容适用于仿古建筑工程中，在第二、三册中没有或套用不上的项目。如仿古建筑的挖土、筑基础、钢筋混凝土等项目，这些在第二、三册中都是没有的。就是砖砌体，如果采用水泥砂浆或混合砂浆普通砖砌筑，也应按本册相关项目套用，如表 1-40 所示为砖墙定额基价表，从使用材料看，它是采用机砖、水泥石灰砂浆；从工作内容看，是现代普通施工工艺。如果仿古建筑工程的砖墙标明这样的施工内容者，就应该套用本册的相应项目。该册的定额编号的第一个字为"1"，如 1-107、1-111、1-242 等。

第一册《通用项目》定额基价表　　　　　　　　　　　　　　表 1-40

1 砖基础、砖墙

工作内容：1. 调运、铺砂浆、运砖、砌砖（基础包括清基槽及基坑）。

2. 砖过梁砖平拱模板制、安、拆。3. 砌窗台虎头砖、腰线、门窗套。　　　　　　计量单位：1m³

定额编号			1—107	1—108	1—109	1—110	1—111
项目			砖砌外墙				
			1/2 砖	3/4 砖	1 砖	1.5 砖	2 砖以上
名称	单位	单价（元）	定额耗用量				
人工	综合工日	工日	65.00	2.14	2.21	1.84	1.84	1.77
材料	M5 水泥石灰砂浆	m³	218.06	0.206	0.225	0.240	0.253	0.258
	机砖	百块	31.59	5.60	5.46	5.35	5.32	5.28
	水	m³	3.25	0.11	0.11	0.11	0.11	0.11

续表

定额编号			1—107	1—108	1—109	1—110	1—111
项目			砖砌外墙				
			1/2砖	3/4砖	1砖	1.5砖	2砖以上
名称	单位	单价(元)	定额耗用量				
机械 机械费	%	人工费%	9.00	9.00	9.00	9.00	9.00
基价表	人工费(元)		139.10	143.65	119.60	119.60	115.05
	材料费(元)		222.18	221.90	221.70	223.59	223.41
	机械费(元)		12.52	12.93	10.76	10.76	10.35
	基价（元）		373.80	378.48	352.06	353.95	348.82

2. 第二册《营造法原做法项目》

《营造法原做法项目》是以江南营造世家姚承祖所著《营造法原》为根底，按江南仿古建筑形式所做的项目，包括：砖细工程、石作工程、屋面工程、抹灰工程、木作工程、油漆工程、脚手架工程等七个章节内容。该册适用的仿古建筑形式如图1-7所示，一般为仿汉代建筑、仿宋代建筑、江南地方传统建筑等仿古建筑，它们的特点是屋脊为凹弧形，翼角有不同程度的起翘。

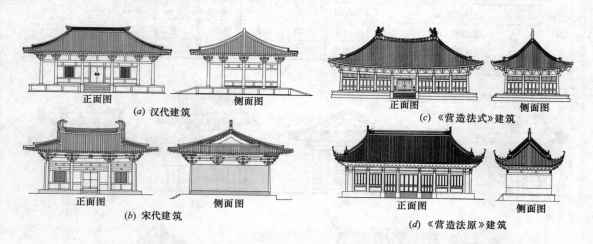

图1-7 适用第二册的仿古建筑

本册定额基价表的形式如表1-41所示，同样为砖砌体，但它使用的胶结材料为细灰、桐油、方砖等，它的工作内容，有锯砖、刨砖、清洗等"砖细"施工工艺。该册的定额编号的第一个字为"2"，如2-45、2-50、2-142等。

3. 第三册《营造则例做法项目》

《营造则例做法项目》是以清《工程做法则例》为依据，按北方地区仿古建筑形式所做的项目，包括：脚手架工程、砌筑工程、石作工程、木构架及木基层、斗栱、木装修、屋面工程、地面工程、抹灰工程、油漆彩画工程、玻璃裱糊工程等十一个章节内容。该类仿古建筑形式，如图1-8所示，多为明清时期的仿古建筑。它的特点多为造型稳重，正脊平直、翼角稍翘，装饰豪华。

5 砖细半墙坐槛面、坐槛栏杆面　　　　　　　　表 1-41

工作内容：选料、场内运输、锯砖、刨面、刨缝、起线、开槽或凿空、制木榫簧或制木芯、补磨、油灰加工、安装、清洗。

计量单位：1m

编号			2—44	2—45	2—46	2—47	2—48	2—49	2—50	2—51
项目			半墙坐槛面 宽在 40cm 以内				坐槛、栏杆			
			有榫簧		无榫簧		四角起木角线坐槛面砖	栏杆、槛身		双面起木角线拖泥
			有线脚	无线脚	有线脚	无线脚		侧柱（高）	芯子砖（长）	
名称	单位	单价（元）	定额耗用量							
人工	综合工日	工日	65.00	5.092	4.376	3.167	2.452	3.377	5.177	4.092	3.647
材料	方砖 430×430×45	块	11.70	3.00	3.00	3.00	3.00		1.60		2.50
	方砖 380×190×90	块	11.83					3.60			
	方砖 380×380×40	块	9.88							3.40	
	生桐油	kg	15.21	0.040	0.040	0.040	0.040	0.052	0.080	0.160	0.030
	细灰	kg	1.82	0.100	0.100	0.100	0.100	0.130	0.200	0.400	0.075
	锯材	m³	2369	0.0026	0.0026			0.0042			
	其他材料费	元	1.30	0.46	0.46	0.40	0.40	0.64	0.24	0.37	0.35
基价表	人工费（元）			330.98	284.44	205.86	159.38	219.51	336.51	265.98	237.06
	材料费（元）			42.65	42.65	36.41	36.41	54.40	20.61	37.23	30.30
	机械费（元）			0.00	0.00	0.00	0.00	0.00	0.00	0.00	0.00
	基价（元）			373.63	327.09	242.27	195.79	273.90	357.12	303.21	267.35

注：线脚以双面一道为准。

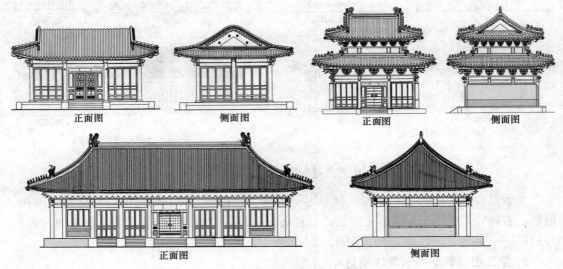

正面图　　　　　侧面图　　　　　正面图　　　　　侧面图

正面图　　　　　侧面图

图 1-8　适用第三册的仿古建筑

本册定额基价表的形式如表 1-42 所示，同样为砖砌体，但它使用的胶结材料为白灰浆、老灰浆等，但糙砌砖墙也有用石灰砂浆、混合砂浆的，关键是砖料比较讲究，如大城砖、停泥砖、开条砖、蓝四丁砖等。它的项目类别都有明确的施工工艺和用料规格，如最高品质的墙体为干摆墙，次为丝缝墙、淌白墙等，有城砖、停泥砖之分。该册的定额编号的第一个字为"3",如 3-48、3-80、3-112 等。

4. 第四册《园林绿化工程》

第四册《园林绿化工程》包括:园林绿化工程、堆砌假山及塑假山工程、园路及园桥工程、园林小品工程等四个章节内容。这都是些园林绿化的普通项目,此处不另作介绍。

(二)《仿古定额基价表》的使用

1. 《仿古定额基价表》的版本形式

《仿古定额基价表》的版本形式,其内容分为两大部分,一是提供仿古建筑工程各个项目所需要消耗的人工、材料、机械台班等的单位消耗量,如前面表 1-40~表 1-42 中所示的中间部分内容,这一部分就是通常称为的"定额",即完成一定单位所需要消耗的数量额度,它是作为全国各个省市的统一标准,一般没有特殊情况不得修改。也是各个仿古建筑工程,在计划施工时计算需要的施工时间、需用材料数量和机械台班数量等的基本数据。

二是根据消耗定额,按本地市场预算价格制定的"基价表",包含单耗产品所需要的人工费、材料费、机械费等基本费用,如上述图中的最下面部分所示,它是编制"招标控制价"、"投标报价"的基本数据,这就是在本章第二节表 1-37 中所示的浅灰色内容。

但现在有些省市在编制"基价表"时,为了计价方便,将管理费和利润也编制在基价表内,如表 1-43 所示为江苏省 2007 年编制的《仿古定额基价表》,是与表 1-41 中定额编号 2-44~2-47 相对应内容,其综合单价包含管理费和利润,在计算表 1-37 时,可将管理费和利润直接转抄到表内。

第三册《营造则例做法项目》定额基价表　　　　表 1-42
(一)大城样砖、停泥砖、开条砖、蓝四丁砖、机砖等砌筑
1　墙身　　　　　　　　　计量单位:1m²

编号			3—46	3—47	3—48	3—49	3—50	3—51	3—52
项目			干　摆　墙				丝　缝　墙		
			大城样砖	大停泥砖	小停泥砖	贴砌斧刃陡板	大停泥砖	小停泥砖	贴砌斧刃陡板
名称	单位	单价(元)							
人工	综合工日	工日	33.50	6.982	7.351	6.500	2.928	7.198	5.889	2.675
材料	大城样砖	块	6.40	26.570						
	大停泥砖	块	3.20		45.067			43.582		
	小停泥砖	块	1.00			85.000			82.000	
	斧刃砖	块	0.70				42.90			40.70
	白灰浆	m³	132.30	0.0320	0.0300	0.0270	0.0120	0.0397	0.0330	0.0100
	老浆灰	m³	148.65					0.0025	0.0035	0.0015
	其他材料费	%	材料费%	0.30	0.31	0.60	16.00	0.31	0.60	16.00
机械	机械费	%	人工费%	16.00	16.00	16.00	16.00	16.00	16.00	16.00
基价表	人工费(元)			233.90	246.26	217.75	98.09	241.13	197.28	89.61
	材料费(元)			174.80	148.64	89.10	32.12	145.54	87.41	30.52
	机械费(元)			37.42	39.40	34.84	15.69	38.58	31.57	14.34
	基价(元)			446.12	434.30	341.69	145.91	425.25	316.25	134.47

《江苏省仿古定额基价表》版本 表 1-43

五 砖细半墙坐槛面

工作内容：选料、场内运输、起线、开槽、制木榫簧、补磨、油灰加工、安装、清洗。

计量单位：10m

编号				2—39		2—40		2—41		2—42	
项目		单位	单价	半墙坐槛面							
				宽在 40cm 以内							
				有榫簧				无榫簧			
				有线脚		无线脚		有线脚		无线脚	
				数量	合计	数量	合计	数量	合计	数量	合计
综合单价		元		2963.84		2615.79		1579.59		1231.54	
其中	人工费	元		1602.00		1377.45		736.20		511.65	
	材料费	元		480.74		480.74		438.48		438.48	
	机械费	元									
	管理费	元		688.86		592.30		316.57		220.01	
	利润	元		192.24		165.29		88.34		61.40	
综合人工	综合工日	工日	45.00	35.60	1602.00	30.61	1377.45	16.36	736.20	11.370	511.65
材料	201051503 刨面方砖 40cm×40cm×4cm	百块	1500.00	0.28	420.00	0.28	420.00	0.28	420.00	0.28	420.00
	603080201 桐油	kg	22.00	0.40	8.80	0.40	8.80	0.40	8.80	0.40	8.80
	105050601 细灰	kg	5.00	1.00	5.00	1.00	5.00	1.00	5.00	1.00	5.00
	402010702 锯材	m³	1599.00	0.026	41.57	0.03	41.57				
	其他材料费	元			5.37		5.37		4.68		4.68
措施	13131 卷扬机带塔 (1tH=40m)	台班	116.48	(0.055)	(6.410)	(0.055)	(6.410)	(0.055)	(6.410)	(0.055)	(6.410)

注：线脚以双面一道为准。

2. 《仿古定额基价表》的运用

前面已经述及，《仿古定额基价表》的三册内容，分别适用于现代工艺仿古建筑、汉宋和江南仿古建筑、明清时期仿古建筑。但有些清单项目无法在本册内找到合适的套用项目时，可以适当借用他册的相关项目进行套用，如木作工程、油漆彩画等，在第二册内有些项目编制得不太完整，若遇有无法套用时，可以借用第三册的相关定额项目。

例如木柱，在第二册内只编制有立柱，如表 1-44 所示，如果圆柱规格直径超过 18cm 以上时，就无法套用，并且该立柱的具体用途和位置也不明确，遇此情况，可以借用第三册的相应项目进行套用，如表 1-45 所示，它很明确的分为檐柱（即廊柱）、单檐金柱（即步柱）、重檐金柱、童柱等。

又如油漆彩画项目，在第三册内对仿古油漆彩画工艺，编制的比较具体，但对现代油漆工艺施工项目没有编于其中，这时，就可套用第二册的相关油漆项目。

第二册《营造法原做法项目》定额基价表

表 1-44

2 立柱

工作内容：选料、场内运输、起线、开槽、制木榫簧、补磨、油灰加工、安装、清洗。

计量单位：1m³

编号			2—396	2—397	2—398
项目			立柱（规格：cm）		
			圆柱 φ14～18	方柱 14×14～22×22	多角形
名称	单位	单价（元）			
人工	综合工日	工日	65.00	7.250	6.450	14.900
材料	原木	m³	1755	1.158		1.286
	枋材	m³	2990		1.109	
	水柏油	kg	2.21	0.500	0.500	0.500
	圆钉	kg	8.06	0.700	0.700	0.700
	其他材料费	%	材料费%	0.50	0.50	0.50

第三册《营造则例做法项目》定额基价表

表 1-45

（一）木构件制作

1 柱类

计量单位：m³

编号			3—442	3—443	3—444	3—445	3—446	3—447	3—448	3—449
项目			檐柱、单檐金柱（柱径在）				重檐金柱、通柱、牌楼柱（柱径在）			
			20cm 以下	25cm 以下	30cm 以下	30cm 以上	25cm 以下	30cm 以下	40cm 以下	40cm 以上
名称	单位	单价（元）	定额耗用量							
人工	综合工日	工日	65.00	27.450	22.810	17.080	13.300	26.840	19.760	14.030	11.710
材料	原木	m³	1755	1.210	1.210	1.210	1.210	1.210	1.210	1.210	1.210
	样板料	m³	2990	0.011	0.011	0.011	0.011	0.011	0.011	0.011	0.011
	其他材料费	元	1.30	11.45	11.45	11.45	11.45	11.45	11.45	11.45	11.45
机械	机械费	%	人工费%	16.00	16.00	16.00	16.00	16.00	16.00	16.00	16.00
基价表	人工费（元）			1784.25	1482.65	1110.20	864.50	1744.60	1284.40	911.95	761.15
	材料费（元）			2171.33	2171.33	2171.33	2171.33	2171.33	2171.33	2171.33	2171.33
	机械费（元）			285.48	237.22	177.63	138.32	279.14	205.50	145.91	121.78
	基价（元）			4241.06	3891.20	3459.16	3174.15	4195.06	3661.23	3229.19	3054.26

计量单位：m³

编号			3—450	3—451	3—452	3—453	3—454	3—455	3—456	3—457
项目			中柱、山柱（柱径在）				童柱（柱径在）			
			25cm 以下	30cm 以下	40cm 以下	40cm 以上	20cm 以下	30cm 以下	40cm 以下	40cm 以上
名称	单位	单价（元）	定额耗用量							
人工	综合工日	工日	65.00	20.370	17.690	13.790	10.490	24.160	19.030	15.010	11.470
材料	原木	m³	1755	1.210	1.210	1.210	1.210	1.210	1.210	1.210	1.210
	样板料	m³	2990	0.011	0.011	0.011	0.011	0.011	0.011	0.011	0.011
	其他材料费	元	1.30	11.45	11.45	11.45	11.45	11.45	11.45	11.45	11.45

续表

编号			3—450	3—451	3—452	3—453	3—454	3—455	3—456	3—457
项目			中柱、山柱(柱径在)				童柱(柱径在)			
			25cm 以下	30cm 以下	40cm 以下	40cm 以上	20cm 以下	30cm 以下	40cm 以下	40cm 以上
名称	单位	单价(元)	定额耗用量							
机械 机械费	%	人工费%	16.00	16.00	16.00	16.00	16.00	16.00	16.00	16.00
基价表	人工费(元)		1324.05	1149.85	896.35	681.85	1570.40	1236.95	975.65	745.55
	材料费(元)		2171.33	2171.33	2171.33	2171.33	2171.33	2171.33	2171.33	2171.33
	机械费(元)		211.85	183.98	143.42	109.10	251.26	197.91	156.10	119.29
	基价(元)		3707.22	3505.15	3211.09	2962.27	3992.99	3606.19	3303.08	3036.16

二、计价办法

(一) 仿古建筑工程造价的组成

对仿古建筑工程施工的工程造价，总的来说由五大费用组成，即：直接工程费、施工措施费、其他项目费、规范和税金等，如图 1-9 所示。

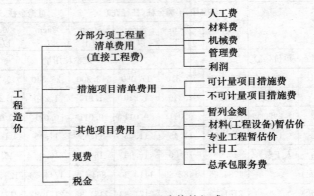

图 1-9 工程造价的组成

1. 直接工程费

直接工程费就是前面规范中所述的"分部分项工程量清单与计价表"所得的合计金额费用，它包括人工费、材料费、机械费、管理费和利润。其中人工费、材料费、机械费等三费是根据《仿古定额基价表》计算的而得，而管理费和利润按各省市的计价规定。

2. 施工措施费

施工措施费就是前面所述的，分为可计量措施项目费和不可计量措施项目费。其中可计量措施项目费（即指混凝土模板、脚手架、垂直运输机），它是按清单所确定的措施项目，根据《仿古定额基价表》计算的而得，它与分部分项工程一样，都并列为直接工程费。而不可计量措施项目费要按各省市的计价规定。

3. 规费和税金

规费和税金这两项费用，虽然都是按各省市的计价办法规定执行，但除费率有所区别外，计费方式都是基本相同的，即：

$$规费＝（直接工程费＋措施项目费＋其他项目费）×规费率$$

$$税金＝（直接工程费＋措施项目费＋其他项目费＋规费）×税率$$

在这些费用中，关键是各个省市对：管理费、利润、不可计量措施项目费等三项费用的计费，各有不同的计价方式，为了便于叙述方便，下面我们暂时将"不可计量措施项目费"简称为措施费。

（二）"管理、利润、措施"三费的计价

根据目前情况，对《仿古建筑工程》全国各个省市对这三费，虽都是按"计价基数×费率"进行计算，但其计价基数有两种不同计价方式：1）以"人工费＋机械费"为计算基数；2）以"人工费＋材料费＋机械费"为计算基数。

1. 以"人工费＋机械费"计价方式

采用这种计价方式的有江苏、安徽、辽宁、广东等省市，其计价方式为：

$$管理费＝（人工费＋机械费）×管理费率$$

$$利润＝（人工费＋机械费）×利润率$$

$$措施费＝（人工费＋机械费）×措施费率$$

2. 以"人工费＋材料费＋机械费"计价方式

采用这种计价方式的有湖北、四川、吉林等省市，其计价方式为：

$$管理费＝（人工费＋材料费＋机械费）×管理费率$$

$$利润＝（人工费＋材料费＋机械费）×利润率$$

$$措施费＝（人工费＋材料费＋机械费）×措施费率$$

以上各项费率各省市规定虽有大小不同，但都比较接近。

三、仿古建筑面积计算规则

在《全国仿古建筑及园林工程预算定额》中，同时颁布了"仿古建筑面积计算规则"，它是在编制工程量清单之前或之后所需要计算的内容，虽然在编制工程量清单及清单计价文件中，并没有强制要求对仿古建筑面积进行计算，但在上报工程计划和确定建筑物单价时，都需要用到以建筑面积作为计算过程在的一个基数。因此，下面对"仿古建筑面积计算规则"，按原文条款加以简单解述，以帮助读者加深理解，条款原文都用黑体字表示。

（一）计算建筑面积的范围

（1）**单层建筑不论其出檐层数及高度如何，均按一层计算面积。其中有台明者按台明外围水平面积计算建筑面积；无台明有围护结构的以围护结构水平面积计算建筑面积；围护结构外有檐廊柱的，按檐廊柱外边线水平面积计算建筑面积；围护结构外边线未及构架柱外边线的，按构架柱外边线计算建筑面积。无围护结构的按构架柱外边线计算面积。**

这一条我们分以下 6 点加以说明：

1）**"单层建筑不论其出檐层数及高度如何，均按一层计算面积"**，单层建筑是指只有一个平层面的建筑，如图 1-10 所示，其中（b）虽有两层屋檐，但没有楼梯楼板层，所以也只能按单层建筑计算。单层建筑物只按水平尺寸计算建筑面积，而与高度和出檐层数无关。

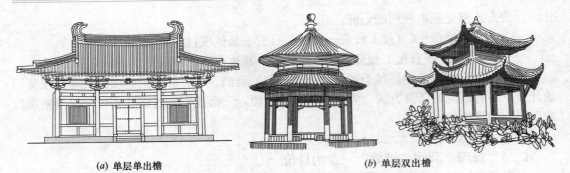

(a) 单层单出檐   *(b)* 单层双出檐

图 1-10   单层建筑物的出檐层数

2）**"有台明的按台明外边线尺寸计算建筑面积"**。台明是承托建筑物的台式基座，简称为台基。台基埋在地面以下的部分称为"埋头"，露出地面以上的部分称为"台明"（如图 1-11 所示），台明按露出地面以上的外边线水平尺寸 $A \times B$ 计算。

3）**"无台明的建筑物按其围护结构的外围尺寸计算建筑面积"**。无台明建筑是指建造在大型公共建筑楼地面上、湖水平台上、街市群体店铺等，如图 1-12 所示为亲水平台上的建筑，它没有独立的台基，它的建筑面积应按其外围尺寸计算。

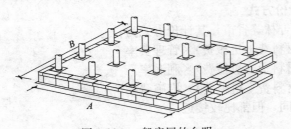

图 1-11   一般房屋的台明

图 1-12   平台上的水榭

4）**"围护结构外有檐廊柱的，按檐廊柱外边线水平面积计算建筑面积"**。这是指在宽大平台上不按台明计算的带有走廊的建筑，如图 1-13 所示，走廊的里圈是用隔扇门和槛窗形成围护结构，走廊外圈为檐柱走廊，它的建筑面积按外圈檐柱的外边线所围尺寸进行计算。

5）**"围护结构外边线未及构架柱外边线的，按构架柱外边线计算建筑面积"**。这是指无廊建筑，它只有外圈檐柱，柱子之间用砖墙或门窗形成围护，这种围护结构的厚度要较柱子直径小，所以柱子是突出围护结构之外，如图 1-14 所示。像这样的建筑，如果没有

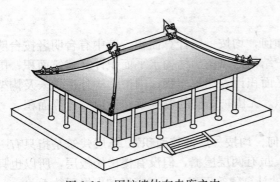

图 1-13   围护墙体在走廊之内

围护墙体   柱边线

图 1-14   围护墙体未到柱边

台明者，其建筑面积按柱子外边线所围尺寸进行计算。

6）**"无围护结构的按构架柱外边线计算面积"。**无围护结构是指无外墙无外隔扇，只有檐柱，柱子之间没有安装槛墙槛窗和大门，如图 1-15 所示，或者柱子之间只安装有栏杆的无台明建筑，其建筑面积按柱子外边线进行计算。

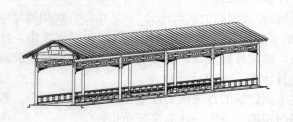

图 1-15 无围护结构

（2）有楼层分界的两层或多层建筑，不论其出檐层数如何，按自然结构层的分层水平面积总和计算建筑面积。其首层的建筑面积计算方法分有、无台明两种，按上述单层建筑物的建筑面积计算方法计算；二层即二层以上各层建筑面积计算方法，按上述单层无台明建筑的建筑面积计算方法执行。

有楼层建筑物是指楼阁建筑，如图 1-16 所示，蓟县独乐寺观音阁、武汉黄鹤楼、北京天坛等。其中武汉黄鹤楼有 5 个自然层，它的首层是建造在台明之上，按有台明计算建筑面积，二层以上按柱外边线计算建筑面积。而独乐寺观音阁为二个自然层，应分别上下两层，按外边柱计算建筑面积。天坛按外围分层计价建筑面积。

(*a*) 独乐寺观音阁　　　　(*b*) 武汉黄鹤楼　　　　(*c*) 北京天坛

图 1-16 有楼层的建筑

（3）单层建筑或多层建筑的两自然结构楼层间局部有楼层者，按其水平投影面积计算建筑面积。

这是指在两自然层之间的局部楼层，如一般宝塔建筑，在有眺望栏杆层之间，都设有楼梯转弯的休息层，这局部层应按其水平投影面积计算建筑面积。

（4）碉楼式建筑物的碉台内无楼层分界的按一层计算建筑面积，碉台内有楼层分界的分层累计计算建筑面积。单层碉台及多层碉台的首层有台明的按台明外围水平面积计算建筑面积，无台明的按围护结构底面外围水平面积计算建筑面积。多层碉台的二层及二层以上均按各层围护结构底面外围水平面积计算建筑面积。

这是指长城上的烽火台、海防边疆的炮台、眺望台等建筑，多为较厚的墙体，墙底部比墙顶部厚度大，所以计算建筑面积应以底部尺寸为准。

（5）两层或多层建筑构架柱外有围护装修或围栏的挑台部分，按构架柱外边线至挑台外围线间的水平投影面积的二分之一计算建筑面积。

"两层或多层建筑构架柱外有围护装修或围栏的挑台部分"，是指带有观望围栏结构的仿古楼层建筑，如图 1-16（a）所示的平座层，古建筑是采用斗栱结构层层挑出，作为悬挑构件支撑木枋，并在其上铺钉木板，形成外挑走廊，廊外装有栏杆或靠背椅，此部分建筑面积按柱外边线至廊外边线尺寸进行计算。

（6）坡地建筑、临水建筑或跨越水面建筑的首层构架柱外有围栏的挑台部分，按构架柱外边线至挑台外围线间的水平投影面积的二分之一计算建筑面积。

坡地建筑、临水建筑或跨越水面建筑，如图 1-17 所示的建筑，它们在构架柱之外，做有相当距离的带栏杆挑台，这些带栏杆的挑台部分面积，应按柱外水平面积的一半计算建筑面积。

(a) 坡地建筑   (b) 临水建筑   (c) 水中建筑

图 1-17   坡地、临水、跨水的挑台建筑

（二）不计算建筑面积的范围

（1）有台明的单层或多层建筑中的无柱门罩、窗罩、雨篷、挑檐、无围护的挑台、台阶等。其中门罩、窗罩如图 1-18 所示，是在门窗洞口上方用砖瓦砌筑的挡雨罩；其他雨篷、挑檐等是指无柱的悬挑构件，均不计算建筑面积。

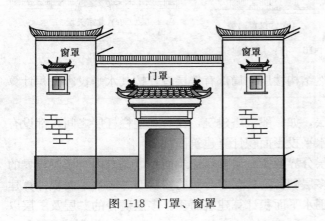

图 1-18   门罩、窗罩

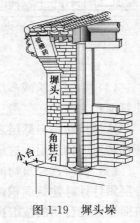

图 1-19   墀头垛

（2）**无台明建筑或多层建筑中的二层或二层以上突出墙面或构架柱外边线以外的部分、如墀头垛、窗罩等。**墀头垛是硬山建筑山墙两端，延伸出前后墙面的突出部分，如图1-19 所示，《营造法原》称为"垛头"，《营造则例》称为"墀头"，其突出部分所占面积不计算建筑面积。

（3）**牌楼、实心或半实心的砖石塔。**因牌楼和实心塔是属于装饰构筑物，故不计算建筑面积。

（4）**构筑物：如月台、环丘台、城台、院墙及随墙门、花架等。**月台是指房屋正殿大门外前方所筑的平台；环丘台是若干层环圈台阶垒叠而成的圆形平台。凡构筑物均不计算建筑面积。

（5）**碉台的平台。**碉台平台是指碉台顶上的平台，不计算建筑面积。但碉台室内部分按（一）4 条计算建筑面积，

（三）仿古建筑的建筑面积计算

1. 计算建筑面积注意事项

（1）对房屋外框轮廓，建造在屋檐之内的独立平台，均按台明处理。若台宽稍超出屋檐滴水在 0.5m 之内的独立平台，可并入到台明内计算。

（2）建造在宽大平台上的房屋，凡在屋檐宽度内的室外地面标高与室内地面标高相同时，室外地面按台明计算，低于室内地面标高的部分按月台处理。

（3）若房屋前面有宽大平台，而其他三面均为屋檐下的台明者，其前台台明宽，按其他三面台明中最大尺寸进行取定。

（4）挑台是指从楼层建筑上悬挑出去，或从坡地、临水岸边延伸出去或跨越水面的平台，除此之外均不能算作挑台。建筑物外的挑台按其面积一半计算建筑面积，平台不计算建筑面积。

（5）正多边形亭子建筑的建筑面积计算，一般独立亭子建筑多为正四、五、六、八边形，其台明的水平面形状也为相应正多边形，它们的水平面积，可以根据：边线长、对边线长、对角线长按下式计算。

1）按边线长（a）计算面积（F）：

正四边形：$F = a^2$；

正五边形：$F = 1.72048 \times a^2$；

正六边形：$F = 2.59808 \times a^2$；

正八边形：$F = 4.82843 \times a^2$。

2）按对边线长（s）计算面积（F）：

正四边形：$F = s^2$；

正五边形：$F = 0.90818 \times s^2$；

正六边形：$F = 0.86603 \times s^2$；

正八边形：$F = 0.82843 \times s^2$。

3）按对角线长（d）计算面积（F）：

四边形：$F = 0.5 \times d^2$；

正五边形：$F = 0.59441 \times d^2$；

正六边形：$F=0.64952×d^2$；
正八边形：$F=0.707105×d^2$。

2. 建筑面积的计算示例

计算图 1-20 所示凉亭的建筑面积。

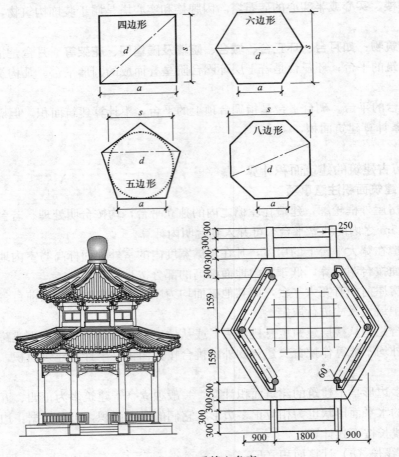

图 1-20　重檐六角亭

解： 该图为正六边形台明重檐建筑，其建筑面积应按台明外围尺寸计算，依图所示，立柱间距为 1.8m，台明外边线是从柱心线各垂直向外伸出 0.5m 的相似六边形。根据平面所示尺寸，正六边形面积可有 3 种计算方法，即：

（1）按边线长计算面积，$F=2.59808×a^2$；

（2）按对边线长计算面积，$F=0.86603×s^2$；

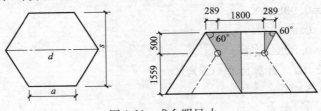

图 1-21　求台明尺寸

（3）按对角线长计算面积，$F=0.64952 \times d^2$。

1）按"边线长"计算建筑面积：根据亭子中心线和六边形斜对角线所形成的三角形，即可以推算出台明的平面尺寸。如图 1-21 所示，计算边长为：1.8 加小三角形底边，

边长＝$1.8+0.5 \times ctan60° \times 2=1.8+0.5 \times 0.57735 \times 2=1.8+0.289 \times 2=2.378m$。

六边形建筑面积＝$2.59808 \times a^2=2.59808 \times 2.378^2=14.69m^2$。

2）按"对边线长"计算建筑面积：依图 1-21 所示竖向尺寸：

对边长＝$(1.559+0.5) \times 2=2.059 \times 2=4.118m$。

六边形建筑面积＝$0.86603 \times s^2=0.86603 \times 4.118^2=14.69m^2$。

3）按"对角线长"计算建筑面积：依图中大三角形的三角函数，斜角线长＝$2.059 \div Sin60° \times 2=4.118 \div 0.86603=4.755m$。

六边形建筑面积＝$0.64952 \times d^2=0.64952 \times 4.755^2=14.69m^2$。

第二章 仿古建筑"工程量清单"编制

对一项拟建仿古建筑工程，首先应列出该工程要进行施工的工程任务大小，即编制出该工程的"工程量清单"，依"13 规范"第 4.1.3 条所述"招标工程量清单是工程量清单计价的基础，应作为编制招标控制价、投标报价、计算或调整工程量、索赔等的依据之一"，也就是说，"工程量清单"是该工程全程计价活动的基础文件，是后续计价工作的基本依据。"工程量清单"的内容，按第 4.1.4 条所述"招标工程量清单应以单位（项）工程为单位编制，应由分部分项工程项目清单、措施项目清单、其他项目清单、规费和税金项目清单组成"。所以编制仿古建筑工程的"工程量清单"，就是列出该工程的分部分项工程项目清单、措施项目清单、其他项目清单、规费和税金项目清单等四大清单。

这四大清单的编制工作，是针对一个拟建工程的施工设计图，按照《仿古建筑规范》附录的规定，做出相应工程量计算，填写四大清单项目的相应表格等所进行的一套工作。这套系列表格的填写顺序，如图 2-1 所示。下面我们以一项水榭建筑工程为例，阐述其"工程量清单"的编制内容及其具体操作。

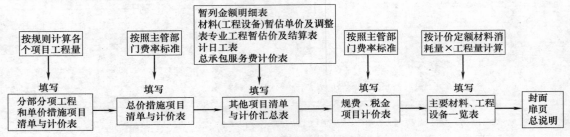

图 2-1 工程量清单编制流程图

第一节 阅读设计图纸

在编制清单前，首先要将仿古建筑工程设计图通读一遍，了解仿古建筑的形式和结构，以达到理解整个建筑工程的基本印象。

一、鉴别仿古建筑形式

仿古建筑形式比较多，按其外部造型较常见有：庑殿式、歇山式、硬悬山式和攒尖式。

（一）庑殿式建筑

庑殿建筑在我国古代房屋建筑中，是等级最高的一种建筑形式，由于它体大庄重、气势雄伟，多用于宫殿、坛庙、重要门楼等。

庑殿建筑是一个具有前、后、左、右，四个坡面屋顶的建筑，明清时期称它为"四阿殿"；又因最上层屋顶由五个屋脊所组成，唐宋时期称为"五脊殿"，"吴殿"。江浙一带称为"四合舍"，现代仿古建筑统称为"庑殿"。

庑殿建筑从建筑立面的檐口形式，又分为：单檐庑殿（图 2-2、图 2-3）和重檐庑殿（图 2-4）。从历史朝代分为：唐宋建筑（图 2-2）、民间传统建筑（图 2-3）和明清建筑（图 2-4）。

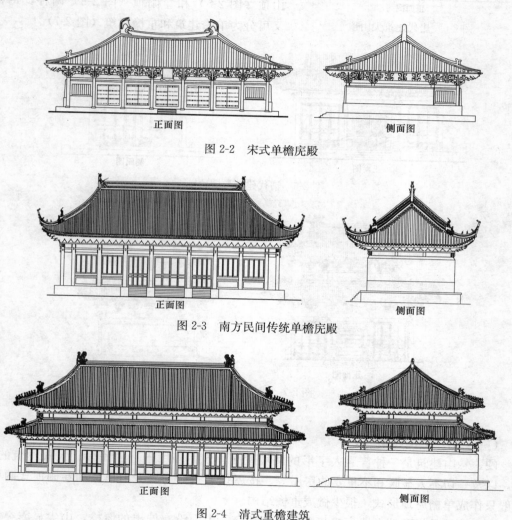

正面图　　　　　　　　　　　　　　　侧面图

图 2-2　宋式单檐庑殿

正面图　　　　　　　　　　　　　　　侧面图

图 2-3　南方民间传统单檐庑殿

正面图　　　　　　　　　　　　　　　侧面图

图 2-4　清式重檐建筑

（二）歇山式建筑

歇山式建筑是具有造型优美活泼，姿态表现适应性强等特点的建筑，它在仿古建筑中被得到广泛应用，大者可用作殿堂楼阁，小者可用作亭廊舫榭，是园林建筑中运用最为普遍的建筑之一。

歇山建筑也是一种四坡形屋面，但在其两端山面，不像庑殿屋面那样直接由正脊斜坡

图 2-5 唐代建筑尖山顶

而下，而是通过一个垂直山面停歇之后再斜坡而下，故取名为歇山建筑，这种建筑的单檐屋顶由四个坡面，九条屋脊（1 正脊、4 垂脊、4 戗脊）所组成，故有称为"九脊殿"，宋又称为"厦两头造"，"曹殿"，"汉殿"等。

歇山建筑依据屋顶屋脊形式不同，分为尖山顶（图 2-5）和卷棚顶（图 2-6）两种，每种又可分为单檐建筑和重檐建筑（图 2-7）。

正面图

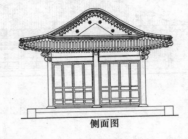

侧面图

图 2-6 清代建筑卷棚顶

正面图

侧面图

图 2-7 清代重檐建筑

（三）硬、悬山建筑

硬、悬山建筑是一种普通人字形的两坡屋面建筑，多用于普通民舍、大式建筑的偏房，以及一切不太显眼和不重要的房屋等。按屋顶形式分为：尖山顶式和卷棚顶式两种，一般只作成单檐屋顶形式，很少做成重檐结构。

硬山建筑是指两端山墙直接与屋面封闭相交，山面没有伸出的屋檐，山尖显露突出，木构架全部封包在墙体以内。在北方地区，一般在山墙尖顶与屋端连接处，常采用博风砖封顶，如图 2-8 所示。而南方地区，多采用封火墙形式，将山墙砌出屋顶作为遮拦，如图 2-9 所示。

悬山建筑房屋两端的屋顶，是伸出山墙之外而悬挑，以此遮挡雨水不直接淋湿山墙。由于山墙得到悬挑屋顶遮护，就可使两端山墙的山尖部分做成透空型，以利调节室内外空气交流，这种形式特别适合潮湿炎热的南方地区作为居室之用，如图 2-10 所示。

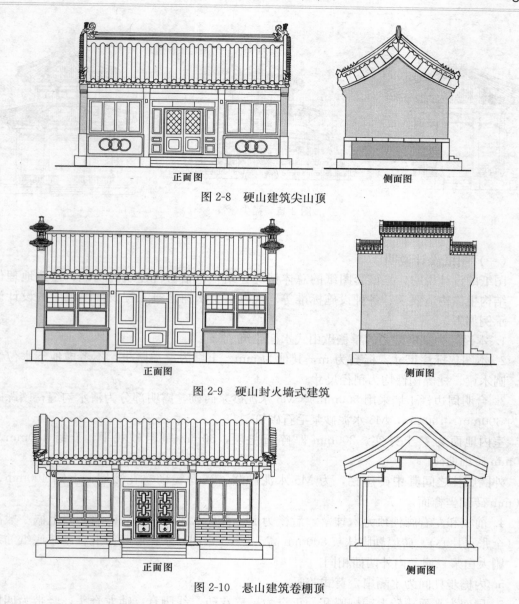

正面图　　　　　　　　　　　　　　侧面图

图 2-8　硬山建筑尖山顶

正面图　　　　　　　　　　　　　　侧面图

图 2-9　硬山封火墙式建筑

正面图　　　　　　　　　　　　　　侧面图

图 2-10　悬山建筑卷棚顶

（四）攒尖顶建筑

攒尖顶建筑是指将屋顶积聚成尖顶形式的建筑，它由一个尖顶脊及其辐射的若干垂脊所组成，可用于作为观赏性殿堂楼阁和亭子建筑。可做成多边形和圆形，也可作成单檐和重檐，如图 2-11 所示。

二、识读仿古建筑图纸

一个仿古房屋工程的设计图纸，包括：设计说明、平面布置图、立面图、木构架及剖面图、其他细部图等。

图 2-11　攒尖建筑

（一）图纸设计说明

图纸的设计说明，是该套图纸的总体情况介绍，包括仿古建筑的功能、建造地理位置、结构主体构造要求、各种设施标准等。现以一个水榭建筑工程设计图纸中的设计说明，示例如下。

1. 本设计为某庭院内的单檐歇山式水榭建筑。

2. 本图集标注尺寸：标高为 m，其他为 mm。土壤为三类坚土，不考虑地下水位影响。圆木梁、柱等构件均为稍径尺寸。

3. 台明周边栏土墙采用 500mm 厚 M5 水泥砂浆砖砌，露明部分为清水勾缝；踏跺踏步为 300mm×150mm，M5 水泥砂浆毛石砌筑。

室内地面为素土夯实、200mm 厚碎石垫层，50mm 厚粗砂找平，干铺 400mm×400mm 砖细地砖。

外圈廊柱之间其中砖座栏，为 M5 水泥砂浆一砖厚糙砌空花矮墙，上铺 400mm×400mm 砖细坐槛面。

4. 前檐和左右廊柱顶为木挂落，后檐为 M5 石灰水泥砂浆砌一砖墙。墙上嵌一般漏窗（全张瓦片心）。砖墙勒脚抹灰 800mm 高 1∶2.5 水泥砂浆；墙身为混合砂浆底纸筋灰面，刷大白浆二遍，内外两面相同。

5. 内檐步柱间为木隔扇，葵式芯屉。

6. 屋面为平面望砖上铺蝴蝶瓦、正脊为一皮花砖二线脚脊、哺龙脊头，竖带为四路瓦条盖筒瓦，直接与戗脊连接，戗脊为二瓦条滚筒，赶宕为三瓦条暗亮花筒。

7. 油漆：木材面一律采用底油一遍，刮腻子，调和漆二遍。柱、梁、枋、桁、挂落等为红色。板、椽等为浅蓝色。木隔扇框板为红色，芯仔为金黄色。

（二）平面布置图

该建筑是一个有围廊的建筑，面阔和进深均为带廊 3 开间，外围一圈"廊柱"为 ϕ20cm，内围一圈"步柱"为 ϕ22cm，如图 2-12 所示。

当心间面阔为 4.91m，次间面阔为 3.37m，廊步面阔为 1.16m。

当心间进深为 3.21m，次间进深为 1.13m，廊步进深为 1.16m。

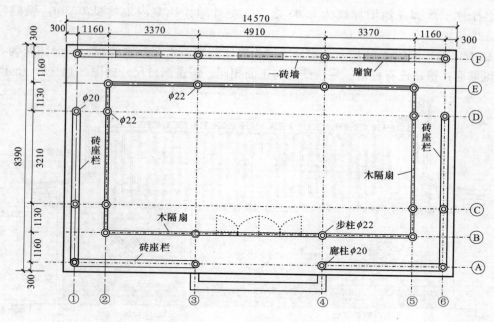

图 2-12 水榭平面图

依图中注明，外圈是砖座围栏（在Ⓔ～Ⓕ留有过道出入口），后檐是砖墙；内圈为隔扇，进口四扇为开启门扇。

（三）立面图

立面图分：正立面图、背立面图、侧立面图。

1. 正立面图，如图 2-13 所示，它是一个歇山建筑，蝴蝶瓦屋面，花砖正脊，哺龙脊头。立面正中有一个台阶进口，两边为 0.5m 高座凳，柱顶屋檐为挂落。内檐步柱之间均为隔扇。

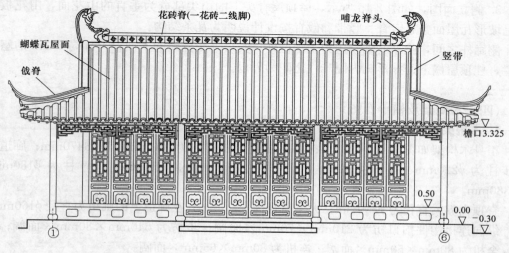

图 2-13 水榭正面图

各个柱子落脚在地面标高为 0.00 之上，室外地面比室内地坪低 0.3m；屋檐标高为 3.325m。

2. 背立面，如图 2-14 所示，廊柱之间为墙体漏窗，水泥砂浆墙裙、墙面抹灰为石灰砂浆纸筋面；檐口没有挂落。屋顶结构与正面相同。漏窗洞口尺寸如图 2-14（b）所示。

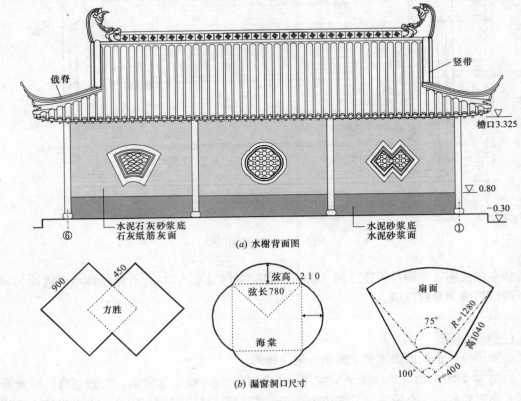

(a) 水榭背面图

(b) 漏窗洞口尺寸

图 2-14　水榭背面图

3. 侧立面图，如图 2-15 所示，屋顶屋脊头下的山尖部分为垂直的山花面，山花板之下是坡形瓦屋面盖赶宕脊。竖带和戗脊按设计说明为瓦条结构。

侧廊柱之间，除靠Ⓕ轴一边为无围栏外，其余外廊柱间的下面设有标高 0.5m 的座凳围栏，柱顶屋檐下为挂落。内圈步柱之间为隔扇。

（四）木构架及横平面图

1. 木构架图

正身木构架如图 2-16 所示，该构架在廊道外的廊柱为 $\phi200$mm、高 3470mm；廊道内的步柱为 $\phi220$mm、高 3875mm；脊童柱为 $\phi160$mm、高 875mm；金童柱为 $\phi180$mm、高 380mm。

脊顶山界梁直径为 $\phi200$mm；大梁直径为 $\phi220$mm。在廊道上的廊川为直径 $\phi160$mm。

纵向连接构件拍口枋为 210mm×70mm×面阔；步枋为 540mm×80mm×面阔；脊机、金机为 80mm×50mm×面阔；连机为 80mm×65mm×面阔。

屋面椽子和飞椽的截面为 70mm×50mm；各椽按中距 230mm 进行布置。

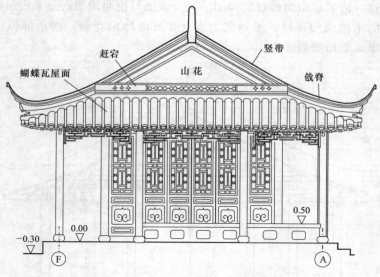

图 2-15　水榭侧面图

2. 横剖面图

本例与木构架共用一图，如图 2-16 所示，后檐墙厚为 240mm，台明高为 800mm，厚 500mm。室内地面填土厚 300mm，上铺厚 200mm 碎石垫层，50mm 厚砂找平层，方砖面层。柱下为 φ300mm×200mm 鼓蹬石。前檐筑 300mm×150mm 毛石台阶。

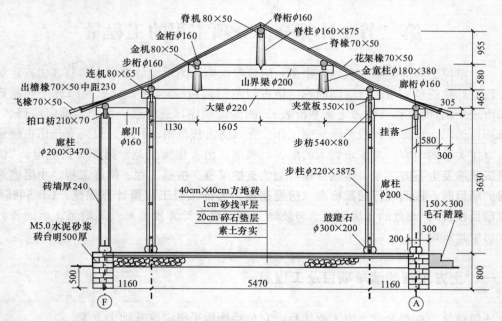

图 2-16　水榭正身木构架剖面图

（五）山面木构架图

山面木构架如图 2-17 所示，该图从中间分为两部分，靠 Ⓕ 轴一边表示构架内部连接情况；靠Ⓐ轴这一边表示山面外观的构架情况。该图只说明构架，故未表示隔扇。从步桁至廊桁为山面的出檐椽和飞椽，步桁之上直立 25mm 厚山花板；拐角部位，在廊桁和步桁之上承托角梁，老角梁截面为 100mm×120mm。

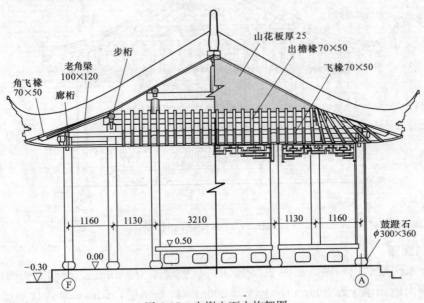

图 2-17　水榭山面木构架图

第二节　计算分部分项工程的工程量

一个单位工程的分部分项内容很多，应该根据施工图纸设计内含，参照《仿古建筑工程工程量计算规范》附录（后面简称《仿古规范附录》）和《仿古建筑及园林工程预算定额基价表》（后面简称《仿古定额基价表》）的编排顺序，进行逐一列项，确定项目名称、选择项目编码、计算工程数量等编制工作。在《仿古规范附录》中，只列有与仿古建筑工程有直接关系的内容，对于未列入的内容，根据《仿古建筑规范》第 306 条规定："**仿古建筑工程涉及土石方工程、地基处理与边坡支护工程、桩基工程、钢筋工程、小区道路等工程的项目时，按照现行国家标准《房屋建筑与装饰工程工程量计算规范》GB 50854 的相应项目执行**"，此处的《房屋建筑与装饰工程工程量计算规范》及其附录，后面我们简称《房屋建筑规范》。

一、土方工程的清单项目及工程量

任何建筑工程都会有土方工程项目，它包括场地平整、挖基础土方等。

（一）土方工程清单项目的确定

1. 根据工程图纸确定项目内容

根据图 2-16 地面以下基础设置，可以得出有关土方工程的项目内容为：

（1）平整场地：为便于放样施工，凡建筑工程，无论是否需要，均需列入此项。

（2）挖地槽土方：本项是为砌筑砖墙基础的前道工序。

2. 根据《规范附录》确定项目编码和项目名称

土方工程，根据《仿古建筑规范》第 306 条规定：**"仿古建筑工程涉及到的土石方工程项目时……按照国家标准《房屋建筑与装饰工程工程量计算规范》的相应项目执行"**，因此依照《房屋建筑规范》附录 A.1，选用：

（1）项目编码：010101001001，项目名称：平整场地，项目特征：本场地范围内的 30cm 厚以内挖填找平。

（2）项目编码：010101003001，项目名称：挖地槽，项目特征：三类土，深 0.50m，宽 0.50m，长按设计图所示。

（二）清单项目的工程量计算

1. 平整场地工程量计算

平整场地的工程量，依《房屋建筑规范》附录规则：**"按设计图纸尺寸以建筑物首层建筑面积计算"**，参考《仿古建筑面积计算规则》规定对**"其中有台明者按台明外围水平面积计算建筑面积；无台明有围护结构的，以围护结构水平面积计算建筑面积；围护结构外有檐廊柱的，按檐廊柱外边线水平面积计算建筑面积"**，依其规则可以理解：若建筑物的首层是独立台明，应按台明外边线所围尺寸计算，无台明应按廊柱外边线所围尺寸计算。本例为单体建筑，其首层是台明，则应按台明外边线，所围尺寸进行计算，即：

平整场地长度依图 2-12，从①轴～⑥轴的廊柱外围长度＝14.57m；

平整场地宽度，从Ⓐ轴～Ⓕ轴的廊柱外围宽度＝8.39m；故：

平整场地工程量＝14.57m×8.39m＝122.24m²。

但在《仿古定额基价表》中规定**"平整场地按建（构）筑物外形每边各加宽 2m 计算面积"**，为了便于统一，还是应按《房屋建筑规范》执行。

2. 挖地槽工程量计算

挖地槽土方按基础剖面计算，依图 2-16，槽高＝0.8m－0.3m＝0.5m，槽宽＝0.5m，槽长按台明墙中心线长，Ⓐ、Ⓕ轴长＝14.57m－0.25m×2＝14.07m；①、⑥轴长＝8.39m－0.25m×2＝7.89m。其工程量按《房屋建筑规范》规则：**"以基础垫层底面积乘以挖土深度计算"**，即计算式为：

$$挖地槽工程量＝槽底宽×地槽长×挖土深 \qquad (2-1)$$

但《定额基价表》为了挖土安全，要考虑边坡系数，其计算式为：

$$地槽土方＝（地底宽＋边坡系数×挖土深）×挖土深×地槽长 \qquad (2-2)$$

本例按《仿古定额基价表》规定挖深不超过 1.4m，可不放边坡，因此仍按式（2-1）计算。则依上所述：Ⓐ、Ⓕ轴地槽土方＝14.07m×0.5m×0.5m×2 个＝7.04m³；

①、⑥轴地槽土方＝7.89m×0.5m×0.5m×2 个＝3.95m³；则：

挖地槽土方工程量＝7.04m³＋3.95m³＝10.99m³。

3.《分部分项工程和单价措施项目清单计价表》

该表是填写土方工程计算项目的明细清单表，将以上所述内容分别填写到该表内，如表 2-1 所示。

分部分项工程和单价措施项目清单与计价表   **表 2-1**

工程名称：水榭建筑工程   标段：   第 1 页 共 1 页

| 序号 | 项目编码 | 项目名称 | 项目特征描述 | 计量单位 | 工程量 | 金额（元） | | |
						综合单价	合价	其中暂估价
	房 A	土方工程						
1	010101001001	平整场地	本场地内 30cm 以内挖填找平	m²	122.20			
2	010101003001	挖地槽	挖地槽深 0.5m，宽 0.5m，长按设计图，三类土	m³	10.99			

二、砖作工程的清单项目及工程量

砖作工程是指砖砌体工程的项目，包括砖基础、砖墙、小型砖砌体等。

（一）砖作工程清单项目的确定
1. 根据工程图纸确定项目内容

根据平面图 2-12 的标注可以看出，Ⓕ轴线是一砖外墙；Ⓐ、①、⑥轴线上有砖座围栏，依设计说明为铺砖细坐槛面。

再根据背立面图 2-14 可以看出，后檐为带漏窗的砖墙。

又依木构架或横剖面图 2-16 得知，台明为砖砌墙，由此，我们可以得出项目内容为：

（1）台明砖基墙，M5 水泥砂浆砌砖墙；露明部分为清水勾缝。

（2）一砖后檐墙，M5 石灰水泥砂浆砌一砖墙。

（3）3 个带瓦芯子漏窗；水泥石灰砂浆砌砖圈，蝴蝶瓦、望砖、灰浆拼花芯。

（4）砖砌空花矮墙，M5 水泥砂浆一砖墙。

（5）砖细坐槛面；砖细方砖，1：2 水泥灰浆粘贴，无线脚，无榫簧。

2. 根据《规范附录》确定项目编码和名称

根据上面所得出的项目内容，随即查用《仿古规范附录 A》，选定项目编码和项目名称。

（1）项目编码：020101003001；项目名称：台明糙砖实心墙基；项目特征：按图示尺寸，M5 水泥砂浆砌筑一砖墙厚；露明部分为清水勾缝。

（2）项目编码：020101003002；项目名称：后檐糙砖实心墙；项目特征：按图示尺寸，M5 石灰水泥砂浆砌一砖墙。

（3）项目编码：020106002001；项目名称：砖瓦漏窗；项目特征：水泥石灰砂浆砌砖圈，蝴蝶瓦、望砖、灰浆拼花芯。

（4）项目编码：020101003003；项目名称：糙砖空花矮墙；项目特征：按图示尺寸，M5 石灰水泥砂浆砌一砖厚。

（5）项目编码：020109001001；项目名称：砖细坐槛面；项目特征：砖细方砖，1：2 水泥灰浆粘贴，无线脚，无榫簧。

（二）清单项目的工程量计算

1. 台明糙砖实心墙基工程量计算

台明砖墙基依图 2-16 所示，台明墙基高为 0.80m，墙基厚为 0.5m，墙基长同地槽为 43.92m。工程量按《仿古规范附录 A》规则：

"按图示尺寸以体积计算"，则：

台明砖墙基工程量 = 0.80m × 0.50m ×

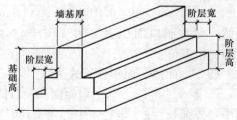

43.92m=17.57m³；

如果台明砖墙基础采用阶梯形大放脚基础，如图 2-18 所示，则应按下式计算：

大放脚基础工程量＝基础长×

[墙基厚×基础高＋阶层数×

图 2-18　大放脚墙基础

$$（阶层数＋1）×阶层高×阶层宽]×基础数 \qquad (2\text{-}3)$$

台明墙基面勾清水缝，按外墙面计算，依图 2-16 所示，勾缝墙面高＝0.8－0.5＝0.3m，依图 2-12 所示，A、F 轴墙面长为 14.57m；①、⑥轴墙面长为 8.39m。其中扣减台阶部分长度为 4.91m。则：

台明墙面勾缝工程量＝[(14.57＋8.39)m×2－台阶 4.91m]×0.3＝12.30m²。

2. 后檐墙及其漏窗工程量计算

本例后檐墙是露柱而砌，其长按①轴～⑥轴中心长扣减廊柱径＝(1.16＋3.37)m×2＋4.91m－0.20m×3 根＝13.37m，墙高依图 2-16 所示尺寸＝3.63m－廊桁/2－柏口枋高＝3.63m－0.08m－0.21m＝3.34m，墙厚＝0.24m。其工程量按《仿古规范附录 A》规则：**"按图示尺寸以体积计算，扣除门窗洞口及嵌入墙体内的柱梁所占体积"**。依上述尺寸：

后檐墙体积＝13.37 m×3.34 m×0.24 m ＝10.72m³。

其中，要扣除漏窗洞口所占体积。三种漏窗洞口尺寸如图 2-19 所示，其体面积的计算如下：

（1）方胜洞口体、面积计算式为：

$$方胜洞口面积＝两大方面积－小方面积 \qquad (2\text{-}4)$$

则：方胜洞口面积＝2×(0.9m)²－(0.45m)²＝1.4175m²，

则该洞体积＝1.4175m²×0.24m＝0.34m³。

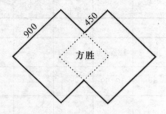

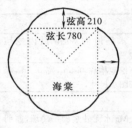

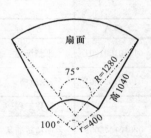

图 2-19　漏窗洞口尺寸

（2）海棠洞口体、面积计算式为：

$$海棠洞口面积＝方形面积＋4缺圆面积 \tag{2-5}$$

其中：方形面积＝0.78m×0.78m＝0.6084m²；

$$缺圆面积＝4×弦高÷3×\sqrt{(0.626×弦高)^2＋(弦长÷3)^2} \tag{2-6}$$

$$＝4×0.21÷3×\sqrt{(0.626×0.21)^2＋(0.78÷3)^2}＝0.1152m²$$

因此，海棠洞口面积＝0.6084m²＋4×0.1152m²＝1.0692m²，则该洞体积＝1.0692×0.24＝0.26m³。

（3）扇面体、面积计算式为：

$$扇面面积＝(外弧长＋内弧长)÷2×高 \tag{2-7}$$

其中：外弧长＝π×半径×中心角÷180°＝3.1416×1.28m×75°÷180°＝1.6755m

内弧长＝3.1416×0.4m×100°÷180°＝0.6981m

因此，扇面洞口面积＝(1.6755＋0.6981)m²÷2×1.04m＝1.234m²，则该洞体积＝1.234m²×0.24m＝0.30m³。由此：

后檐砖墙的工程量＝10.72m³－(0.34＋0.26＋0.30)m³＝9.82m³。

砖瓦漏窗洞口面积工程量＝1.4175＋1.0692＋1.234＝3.72m²

3. 糙砖空花墙和坐槛面工程量计算

本例糙砖空花矮墙的工程量按《仿古规范附录A》规则："按图示尺寸以体积计算"。

依图2-12所示：①、⑥轴的砖坐槛面长＝1.16m＋1.13m＋3.21m＝5.50m，计2段；

A轴坐槛面长＝1.16m＋3.37m＝4.53m，计2段。

砖空花墙高＝0.50m－坐槛面厚0.05m＝0.45m，厚按一砖（0.24m）

则：砖空花墙工程量＝(5.5＋4.53)m×2×0.45m×0.24m＝2.17m³。

砖坐槛面工程量按《仿古规范附录A》规则："按图示尺寸以延长米计算"。

则：砖坐槛面工程量＝(5.5＋4.53)m×2＝20.06m。

4. 《分部分项工程和单价措施项目清单与计价表》

该表是体现砖作工程各个项目的明细清单表，将以上所述内容分别填写到该表内，如表2-2所示。

分部分项工程和单价措施项目清单与计价表　　　　　　表2-2

工程名称：水榭建筑工程　　　　　　　标段：　　　　　　　第1页 共1页

序号	项目编码	项目名称	项目特征描述	计量单位	工程量	金额（元）		
						综合单价	合价	其中暂估价
	房A	土方工程						
1	010101001001	平整场地	本场地内 30cm 以内挖填找平	m²	122.24			
2	010101003001	挖地槽	挖地槽深 0.5m，宽 0.5m，长按图示尺寸，三类土	m³	10.99			
	A	砖作工程						
3	020101003001	台明糙砖墙基	M5 水泥砂浆砌一砖墙，露明部分清水勾缝12.06m²	m³	17.57			
4	020101003002	后檐砖墙	M5 石灰水泥砂浆，实心一砖墙	m³	9.82			

右上角：续表

序号	项目编码	项目名称	项目特征描述	计量单位	工程量	金额(元)		
						综合单价	合价	其中暂估价
5	020106002001	砖瓦漏窗	M6 石灰水泥砂浆砖圈，全张瓦芯拼花	m²	3.72			
6	020101003003	砖空花矮墙	M5 水泥石灰砂浆，一砖厚	m³	2.17			
7	020109002001	砖坐槛面	砖细方砖，无线脚，无槿簧，1:2 水泥灰浆粘贴	m	20.06			

三、石作工程的清单项目及工程量

石作工程是指台明部分所用的正规平整石，包括柱顶石、阶条石、槛垫石、陡板石、土衬石及其他石砌体等。

(一) 石作工程清单项目的确定

1. 根据工程图纸确定项目内容

依图 2-12 所示，③轴～④轴之间为毛石踏跺，采用如意踏步。根据图 2-16 和图 2-17 所示，廊柱和步柱下都是 $\phi300mm \times 360mm$ 圆鼓蹬石；地面为碎石垫层，方砖地面。因此，石作项目的内容有：

(1) 毛石踏跺，M5 水泥砂浆砌筑；

(2) 鼓蹬石，M5 水泥砂浆砌筑。

2. 根据《规范附录》确定项目编码和名称

在《仿古规范附录 B》只有"踏跺"，没有毛石踏跺，我们可以用其项目编码，计价时按《仿古定额基价表》的小型石砌体编制。

项目编码：020201002001；项目名称：毛石踏跺；项目特征：M5 水泥砂浆砌毛石，平缝。

鼓蹬石按《仿古规范附录》为柱顶石，为与图纸一致，仍保持原名，其项目名称和编码如下：

项目编码：020206001001；项目名称：鼓蹬石；项目特征：$\phi300mm \times 200mm$，达到二遍剁斧等级。

(二) 清单项目的工程量计算

1. 毛石踏跺工程量计算

水榭工程毛石踏跺依图 2-12 所示，为如意式，分上下两台。踏步宽＝0.30m，踏步高＝0.15m。根据《仿古规范附录》规则："**以立方米计量，按设计图示尺寸以体积计算**"，即：

毛石踏跺工程量＝[(4.91＋0.3)＋(4.91－0.3)]m×0.3m×0.15m＝0.442m³。

2. 鼓蹬石工程量计算

鼓蹬石按《仿古规范附录 B》和《仿古定额基价表》规则："**按设计图示尺寸以数量**

计算"，即其工程量共 24 只。

3. 《分部分项工程和单价措施项目清单与计价表》

该表是体现石作工程各个项目的明细清单表，将上所述内容分别填写到该表内，如表 2-3 所示。

分部分项工程和单价措施项目清单与计价表

表 2-3

工程名称：水榭建筑工程　　　　标段：　　　　　　　　第 1 页　共 1 页

序号	项目编码	项目名称	项目特征描述	计量单位	工程量	金额(元)		
						综合单价	合价	其中暂估价
	房 A	土方工程						
1	010101001001	平整场地	本场地内 30cm 以内挖填找平	m²	122.24			
2	010101003001	挖地槽	挖地槽深 0.5m，宽 0.5m，长按图示尺寸，三类土	m³	10.99			
	A	砖作工程						
3	020101003001	台明糙砖墙基	M5 水泥砂浆砌一砖墙，露明部分清水勾缝 12.06m²	m³	17.57			
4	020101003002	后檐砖墙	M5 石灰水泥砂浆，实心一砖墙	m³	9.82			
5	020106002001	砖瓦漏窗	M6 石灰水泥砂浆砖圈，全张瓦芯拼花	m²	3.72			
6	020101003003	砖空花矮墙	M5 水泥石灰砂浆，一砖厚	m³	2.17			
7	020109002001	砖坐槛面	砖细方砖，无线脚，无榫簧，1：2 水泥灰浆粘贴	m	20.06			
	B	石作工程						
8	020201002001	毛石踏跺	毛石台阶 M5 水泥砂浆砌筑	m³	0.44			
9	020206001001	鼓蹬石	φ300mm×200mm，达到二遍剁斧等级	只	24.00			

四、木作工程的清单项目及工程量

木作工程是指木构架和屋面木基层上的项目，包括：柱、梁、桁、枋、椽、板等各种木构件。

（一）木作工程清单项目的确定

1. 依工程图纸确定项目内容

首先根据木结构图 2-12、图 2-16 可以确定的项目有：

（1）立柱：廊柱 φ20cm，12 根；步柱 φ22cm，12 根；脊童柱 φ16cm，4 根；金童柱 φ18cm，8 根。

（2）圆梁：大梁 φ22cm，4 根；三界梁 φ20cm，4 根。廊川 φ16cm，8 根。

（3）桁条：脊桁 φ16cm，1 根；金桁 φ16cm，2 根；阔面和山面步桁 φ16cm，各 2 根；阔面和山面廊桁 φ16cm，各 2 根。

（4）枋子：阔面和山面拍口枋 21cm×7cm，各 2 根；阔面和山面步枋 54cm×8cm，各 2 根。

（5）连机：脊机 8cm×5cm，1 根；金机 8cm×5cm，2 根；连机 8cm×6.5cm，2 根。

（6）椽子：上花架椽 7cm×5cm；下花架椽 7cm×5cm；出檐椽 7cm×5cm；回顶弯椽 4cm×6cm；飞椽 7cm×5cm；摔网椽 7cm×5cm。

（7）戗角：老戗木 10cm×12cm；嫩戗木 10cm×8cm；老嫩戗拉扯木；戗山木 10cm×13cm。

（8）山花板，厚 2.5cm。

（9）木隔扇（长窗）：仿古式。

（10）木挂落：五纹头宫万式。

（11）夹堂木，35cm×1cm。

2. 根据《规范附录》确定项目编码和名称

木作工程的项目编码和项目名称，按《仿古规范附录 E》确定如下：

（1）项目编码：020501001001；项目名称：圆柱；项目特征：廊柱 12 根 φ20cm，高 3.47m。步柱 12 根 φ22cm，高 3.875m。

（2）项目编码：020501004001；项目名称：圆童柱；项目特征：脊童柱 4 根 φ16cm，高 0.875m。金童柱 8 根 φ18cm，高 0.38m。

（3）项目编码：020502001001；项目名称：圆梁；项目特征：大梁 4 根 φ22cm，跨长 5.91m。山界梁 4 根 φ20cm，跨长 3.61m。廊川 8 根 φ16cm，跨长 1.32m。

（4）项目编码：020503001001；项目名称：圆桁；项目特征：脊金桁 3 根 φ16cm。阔山搭交步桁各 2 根 φ16cm。阔山搭交廊桁各 2 根 φ16cm。

（5）项目编码：020503003001；项目名称：机木；项目特征：脊金机 3 根 8cm×5cm。阔山连机各 2 根 8cm×6.5cm。

（6）项目编码：020503004001；项目名称：枋木；项目特征：阔山拍口枋各 2 根 21cm×7cm。阔山步枋各 2 根 54cm×8cm。

（7）项目编码：020505002001；项目名称：直椽；项目特征：脊花架椽 7cm×5cm 中距 0.23m。出檐椽 7cm×5cm，中距 0.23m。

（8）项目编码：020505007001；项目名称：飞椽；项目特征：7cm×5cm，中距 0.23m。

（9）项目编码：020505008001；项目名称：摔网椽；项目特征：7cm×5cm，中距 0.23m。

（10）项目编码：020505008002；项目名称：摔网飞椽；项目特征：7cm×5cm，中距 0.23m。

（11）项目编码：020506001001；项目名称：老戗；项目特征：4 根 10cm×12cm。

（12）项目编码：020506002001；项目名称：嫩戗；项目特征：4 根 10cm×8cm。

（13）项目编码：020506005001；项目名称：扁担菱角木；项目特征：4 块厚 10cm。

（14）项目编码：020506006001；项目名称：戗山木；项目特征：8 块 10cm×13cm。

（15）项目编码：020506007001；项目名称：千斤销；项目特征：4 块 7cm×7cm 内。

（16）项目编码：020508022001；项目名称：夹堂板；项目特征：截面为 35cm×1cm。

（17）项目编码：020508023001；项目名称：山花板；项目特征：厚 2.5cm。

（18）项目编码：020509001001；项目名称：木隔扇；项目特征：仿古式长窗。

（19）项目编码：020511002001；项目名称：木挂落；项目特征：五纹头宫万式。

（二）清单项目的工程量计算

1. 木柱工程量计算

在计算木柱工程量时，有两种情况：

（1）当设计图上标明木柱有收分时，可按下式计算：

$$木柱体积＝0.3333×（柱顶截面积＋柱底截面积＋\sqrt{顶底截面积乘积}）×柱高 \quad （2\text{-}8）$$

（2）如果设计木柱只标注木柱直径（一般为小头直径），应按《原木材积表》GB 4814 规定计算式进行计算，即一根原木材积为：

$$材积＝0.7854×柱长×[柱径＋0.5柱长＋0.005柱长^2＋0.000125×$$
$$柱长×（14－柱长）^2×（柱径－10）]^2÷10000 \quad （2\text{-}9）$$

在《仿古规范附录 E.1》规定**"按设计长度、直径查现行国家标准《原木材积表》GB 4814 以体积计算"**，即可按长度和直径直接查表。本例中所有木柱均按柱径尺寸标注，这里为直观起见，我们都按式（2-9）计算。

（1）廊柱：12 根 φ20cm，高 3.47m，则：

廊柱工程量＝0.7854×3.47m×[20cm＋0.5×3.47m＋0.005×（3.47m）²＋0.000125×3.47m×（14－3.47）²×（20cm－10）]²÷10000×12 根＝1.623m³。

（2）步柱：12 根 φ22cm，高 3.875m，则：

步柱工程量＝0.7854×3.875m×[22cm＋0.5×3.875m＋0.005×（3.875m）²＋0.000125×3.875m×（14－3.875）²×（22cm－10）]²÷10000×12 根＝2.212m³。

（3）脊童柱：4 根 φ16cm，高 0.875m，则：

脊童柱工程量＝0.7854×0.875m×[16cm＋0.5×0.875m＋0.005×（0.875m）²＋0.000125×0.875m×（14－0.875）²×（16cm－10）]²÷10000×4 根＝0.075m³。

（4）金童柱：8 根 φ18cm，高 0.38m，则：

金童柱工程量＝0.7854×0.38m×[18cm＋0.5×0.38m＋0.005×（0.38m）²＋0.000125×0.38m×（14－0.38）²×（18cm－10）]²÷10000×8 根＝0.08m³。

2. 横梁工程量计算

木梁工程量按《仿古规范附录 E》和《仿古定额基价表》规则**"按设计图示尺寸的竣工体积计算"**，由于圆梁的截面，一般两端直径是相同的，其工程量按下式计算：

$$界梁体积＝梁截面积×（梁跨长＋2梁径） \quad （2\text{-}10）$$

（1）大梁：4 根 φ22cm，跨长 5.91m，则：

大梁工程量＝3.1416×0.22m²÷4×（5.91m＋2×0.22m）×4 根＝0.966m³；

（2）山界梁：4 根 φ20cm，跨长 3.61m，则：

山界梁工程量＝3.1416×0.20m²÷4×（3.61m＋2×0.20m）×4 根＝0.504m³；

（3）廊川：φ16cm，跨长 1.32m 为 8 根，则：

廊川工程量＝3.1416×0.16m²÷4×（1.32m＋2×0.16m）×8 根＝0.264m³。

3. 角梁工程量计算

（1）老戗：4 根 10cm×12cm，跨长为斜跨并挑出，挑出长度按《营造法原》所述在出檐长基础上，**"水平放长一尺（27.5cm）"**，则依图 2-16 中檐廊尺寸，水平跨长＝(1.16m＋0.58m)＋0.275m＝2.015m，垂直高＝0.465m＋0.305m＝0.77m，则转角处老戗长：

$$老戗斜长＝\sqrt{水平长^2＋垂直高^2}×45度角斜率$$

则：老戗斜长＝$\sqrt{2.015^2＋0.77^2}$×1.4142＝3.05m，于是得：

老戗工程量＝0.1m×0.12m×3.05m×4 根＝0.146m³。

（2）嫩戗，4 根 10cm×8cm，依《营造法原》所述 **"嫩戗长按 0.3 正身飞椽长"** 计算，而正身飞椽长一般为 2/3 正身檐椽长，所以要先求出正身檐椽长，根据图 7-16 所示，正身檐椽的水平投影长＝1.16＋0.3＋0.58＝2.04mm，垂直高＝0.465m＋0.305m＝0.77m，则：

正身檐椽长＝$\sqrt{2.04^2＋0.77^2}$＝2.18m

依此，正身飞椽长＝檐椽斜长 2.18m×2/3＝1.453m。由此可求得嫩戗长为：

嫩戗长＝0.3 倍×1.453m＝0.436m，故：

嫩戗工程量＝0.1m×0.08m×0.45m×4 根＝0.014m³。

4. 桁檩工程量计算

桁檩工程量按《仿古规范附录 E》和《仿古定额基价表》规则 **"按设计图示尺寸的竣工体积计算"**。圆桁计算式参考式（2-10）按圆柱体计算。

（1）廊桁，阔面和山面各 2 根 φ16cm，阔面长度＝(3.37＋1.16＋半柱 0.1)m×2＋4.91m＝14.17m，山面长度＝(1.16＋1.13＋0.1)m×2＋3.21m＝7.99m，则：

廊桁工程量＝截面积(3.1416×0.16m²÷4)×长度(14.17＋7.99)m×2 根＝0.891m³。

（2）步桁，阔面和山面 2 根 φ16cm，阔面长度＝(3.37＋半柱 0.11)m×2＋4.91m＝11.87m，山面长度＝(1.13＋0.11)m×2＋3.21m＝5.69m，则：

步桁工程量＝截面积(3.1416×0.16m²÷4)×长度(11.87＋5.69)m×2 根＝0.706m³。

（3）脊桁、金桁，计为 3 根 φ16cm，长度＝(3.37＋桁径 0.16)m×2＋4.91m＝11.97m，则：脊金桁工程量＝3.1416×0.16m²÷4×11.97m×3 根＝0.722m³。

5. 木枋工程量计算

木枋工程量按《仿古规范附录 E》和《仿古定额基价表》规则 **"按设计图示尺寸的竣工体积计算"**。

（1）拍口枋，阔面和山面各 2 根 21cm×7cm，阔面长度＝(3.37＋1.16)m×2＋4.91m＝13.97m，山面长度＝(1.16＋1.13)m×2＋3.21m＝7.79m，则：

拍口枋工程量＝0.21m×0.07m×(13.97＋7.79)m×2 根＝0.64m³。

（2）步枋，阔面和山面各 2 根 54cm×8cm，阔面长度＝3.37m×2＋4.91m＝11.65m，山面长度＝1.13m×2＋3.21m＝5.47m，则：

步枋工程量＝0.54m×0.08m×(11.65＋5.47)m×2 根＝1.48m³。

6. 机木工程量计算

机木工程量按《仿古规范附录 E》和《仿古定额基价表》规则 **"按设计图示尺寸的竣**

工体积计算"。

(1) 连机，阔面和山面各 2 根 8cm×6.5cm，阔面长度＝3.37m×2＋4.91m＝11.65m，山面长度＝1.13m×2＋3.21m＝5.47m，则：

　　连机工程量＝0.08m×0.065m×(11.65＋5.47)m×2 根＝0.178m³。

(2) 脊机、金机，计 3 根 8cm×5cm，长度＝3.37m×2＋4.91m＝11.65m，则：脊机金机工程量＝0.08m×0.05m×11.65m×3 根＝0.14m³。

7. 椽子工程量计算

椽子工程量按《仿古规范附录 E》和《仿古定额基价表》规则"按设计图示尺寸的竣工体积计算"。

(1) 脊花架椽，截面为 7cm×5cm，中距 0.23m，椽子根数一般应取为单数，其根数＝(布椽长度÷中距＋1)＝(步桁长 11.87m÷中距 0.23m＋1)×2 面＝53 根×2＝106 根。椽子长度依图 2-16 所示尺寸为：脊花架椽长＝$\sqrt{0.955^2+1.605^2}+\sqrt{0.58^2+1.13^2}$＝3.138m，则：

　　脊花架椽工程量＝0.07m×0.05m×3.138m×106 根＝1.164m³。

(2) 出檐椽，截面为 7cm×5cm，中距 0.23m，其根数＝[步桁长(正面 11.87＋山面 5.47＋柱径 0.22)m÷中距 0.23m＋2]×2 面＝157 根。出檐椽子长度依图 2-16 为：

　　出檐椽长＝$\sqrt{(0.465+0.305)^2+(1.16+9.58)^2}$＝1.90m，则：

　　出檐椽工程量＝0.07m×0.05m×1.90m×157 根＝1.044m³。

(3) 飞椽，截面为 7cm×5cm，中距 0.23m，其根数同出檐椽，长度在上述嫩戗计算中已得出飞椽长为 1.453m，其中飞椽头长占 28.6％为矩形截面，飞椽尾长占 71.4％为楔形截面，根数同出檐椽 157 根，则：

　　飞椽工程量＝0.07m×0.05m×1.453m×(0.286＋0.714×0.5)×157 根＝0.13m³。

(4) 摔网椽，截面为 7cm×5cm，中距 0.23m，其根数按转角部分廊步距计算，正面根数＝1.16m÷0.23m＝5 根；山面根数＝1.16m÷0.23m＝5 根。摔网椽长度是逐根缩短，计算时本可按长短平均值 (1.9＋0)÷2，但为简便起见，也可将两角合并为一，即 8 角合并 4 角，这样就可按出檐长度 1.90m 计算，则：

　　摔网椽工程量＝1.90m×0.07m×0.05m×(5＋5)根×4 角＝0.266m³。

(5) 摔网飞椽，截面为 7cm×5cm，中距 0.23m，其根数同摔网椽，正面＝5 根，山面＝5 根。同摔网椽一样，将两角并一按飞椽长度 1.453m 计算，则：

　　摔网飞椽工程量＝0.07m×0.05m×1.453m×(0.286＋0.714×0.5)×10 根×4 角＝0.131m³。

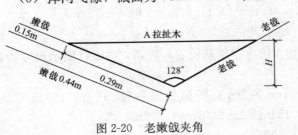

图 2-20　老嫩戗夹角

(6) 扁担菱角木，参考图 2-20 所示，为简化起见，按老嫩戗之间三角形计算，设其夹角为 128°，拉扯部分按嫩戗长的 2/3 即＝0.44m×2/3＝0.29m，该木厚与老嫩戗相同，即为 10cm。则：

　　H＝0.29m×cos64°＝0.29×0.4384＝0.13m；

　　A＝0.29m×sin64°×2＝0.29×0.8988×2＝0.52m，

则：拉扯木工程量＝高 0.13m×底 0.52m×0.5×厚 0.1m×4 角＝0.014m³。

（7）戗山木，设于四角的廊桁上，截面为 10cm×13cm。每角 2 根，长度按步距三角形计算，则：

戗山木工程量＝长(1.16＋1.16)m×高 0.13m×0.5×厚 0.1m×4 角＝0.06m³。

8. 板构件工程量计算

夹堂板和木挂落工程量，依《仿古定额基价表》规则**"按设计图示尺寸以延长米计算"。**

（1）夹堂板，它设在连机下，按长度计算，截面为 35cm×1cm，长度同连机一样，但应扣减柱径，即：阔面长度＝3.37m×2＋4.91m＝11.65m，山面长度＝1.13m×2＋3.21m＝5.47m，则：夹堂板工程量＝(11.65＋5.47)m×2 面－步柱 0.22m×12 根＝31.60m。

（2）木挂落，设于外围廊柱拍口枋下，按长度计算，即依拍口枋长扣减柱径：

挂落工程量＝(阔面长 13.97m＋山面长 7.79m×2)－柱径 0.2m×9 根＝27.75m

（3）山花板是两歇山面的三角形直立木板，依《仿古规范附录 E》规则**"按设计图示尺寸以面积计算"。**本例山花板厚 2.5cm，如图 2-17 所示，它的两斜边钉在桁头上，底边落脚在山面步桁上，底边长＝1.13m×2＋3.21m＝5.47m，其高依图 2-16 所示，高＝0.955m＋0.58m＝1.535m，故：

山花板工程量＝5.47m×1.535m×0.5×2 面＝8.396m²。

9. 木隔扇工程量计算

木隔扇是安装在步枋以下，步柱之间范围内的门扇，木隔扇工程量，依《仿古规范附录 E》规则**"按设计图示洞口尺寸以面积计算"。**

隔扇高，依图 2-16 所示，隔扇槛框高为＝3.63m＋0.465m－半步桁 0.08m－连机 0.08m－夹堂板 0.35m－步枋 0.54m＝3.045m。

隔扇宽：依图 2-12、图 2-13 所示，正面槛框总宽＝3.37m×2＋4.91m－柱径 0.22m×3＝10.99m（每扇宽＝10.99m÷14＝0.785m）；侧面槛框总宽＝1.13m×2＋3.21m－柱径 0.22m×3＝4.81m（每扇宽＝4.81m÷6＝0.802m）。则合计总宽＝10.99m×1 面＋4.81m×2 面＝20.61m。因此：隔扇面积＝3.045m×20.61m＝62.76m²。

10.《分部分项工程量清单与计价表》

将以上所述内容分别填写到《分部分项工程和单价措施项目清单与计价表》内，如表 2-4 所示（为节省表格篇幅，将石作工程以前部分进行了省略）。

分部分项工程和单价措施项目清单与计价表 　　　　　表 2-4

工程名称：水榭建筑工程　　　　　标段：　　　　　第 1 页　共 1 页

序号	项目编码	项目名称	项目特征描述	计量单位	工程量	金额(元)		
						综合单价	合价	其中暂估价
	B	石作工程						
8	020201002001	踏跺	毛石台阶 M5 水泥砂浆砌筑	m³	0.44			
9	020206001001	鼓蹬石	制作安装，φ300mm×200mm，达到二遍刹斧等级	只	24.00			
	E	木作工程						
10	020501001001	圆木柱		m³	3.835			

续表

序号	项目编码	项目名称	项目特征描述	计量单位	工程量	金额(元)		
						综合单价	合价	其中暂估价
		廊柱	12根ϕ20,高3.47m	m³	1.623			
		步柱	12根ϕ22,高3.875m	m³	2.212			
11	020501004001	圆童柱		m³	0.155			
		脊童柱	4根ϕ16,高0.875m	m³	0.075			
		上金童柱	8根ϕ18,高0.38m	m³	0.080			
12	020502001001	梁类		m³	1.734			
		大梁	4根ϕ22,跨长5.91m	m³	0.966			
		山界梁	4根ϕ20,跨长3.61m	m³	0.504			
		廊川	8根ϕ16,跨长1.32m	m³	0.264			
13	020506001001	老戗	4根 截面10cm×12cm	m³	0.146			
14	020506002001	嫩戗	4根 截面10cm×8cm	m³	0.014			
15	020503001001	圆桁类		m³	2.319			
		廊桁	阔面山面搭交 各2根ϕ16cm	m³	0.891			
		步桁	阔面山面搭交 各2根ϕ16cm	m³	0.706			
		金桁	阔面2根ϕ16cm	m³	0.481			
		脊桁	阔面1根ϕ16cm	m³	0.241			
16	020503003001	木机类		m³	0.318			
		连机	2根,截面8cm×6.5cm	m³	0.178			
		金机	2根,截面8cm×5cm	m³	0.093			
		脊机	1根,截面8cm×5cm	m³	0.047			
17	020503004001	木枋类		m³	2.119			
		拍口枋	阔面山面各2根,截面21cm×7cm	m³	0.640			
		步枋	阔面山面各2根,截面54cm×8cm	m³	1.479			
18	020505002001	直椽		m³	2.208			
		脊花架椽	截面7cm×5cm,中距23cm	m³	1.164			
		出檐椽	截面7cm×5cm,中距23cm	m³	1.044			
19	020505005001	飞椽	截面7cm×5cm,中距23cm	m³	0.513			
20	020505008001	摔网椽	截面7cm×5cm,中距23cm	m³	0.266			
21	020505008002	摔网飞椽	截面7cm×5cm,中距23cm	m³	0.131			
22	020506005001	菱角木	4块,厚10cm	m³	0.014			
23	020506006001	戗山木	8块,截面10cm×13cm	m³	0.060			
24	020506007001	千斤销	4个,截面7cm×7cm	只	4.000			
25	020508022001	夹堂板	阔面山面各1块,截面35cm×1cm	m	31.600			
26	020508023001	山花板	2块,厚2.5cm	m²	8.396			
27	020509001001	隔扇	仿古式长窗	m²	62.757			
28	020511002001	挂落	五纹头宫万式	m	27.750			

五、屋面工程的清单项目及工程量

屋面工程的项目包括：铺筑屋面瓦、砌筑屋脊（含正脊、垂脊竖带、角脊戗脊、博脊赶宕脊等）、屋面泥瓦基层等。

（一）屋面工程清单项目的确定

1. 依工程图纸确定项目内容

屋面工程，根据图 2-13、图 2-15、和设计说明等可知，屋面为平面望上铺蝴蝶瓦，正脊为哺龙脊头花砖脊，竖带为四路瓦条筒瓦脊，戗脊为二路瓦条滚筒脊，赶宕为三路瓦条暗亮花筒脊，因此，该屋面的清单项目内容有：

（1）铺平面望；（2）蝴蝶瓦屋面；（3）蝴蝶瓦花边滴水；（4）花砖正脊；（5）哺龙脊头；（6）四路瓦条筒瓦竖带；（7）二瓦条滚筒戗脊；（8）三瓦条赶宕脊等。

2. 根据《规范附录》确定项目编码和名称

根据上面所得出的项目内容，即可查用《仿古规范附录 F》，选定编码和名称如下：

（1）项目编码：020601003001；项目名称：蝴蝶瓦屋面；项目特征：1：3 白灰砂浆坐浆，采用地方瓦材。

（2）项目编码：020601001001；项目名称：铺望砖；项目特征：做细平面望，上铺油毡。

（3）项目编码：020602002001；项目名称：花砖正脊；项目特征：一皮花砖二线脚脊1：2.5 白灰砂砌筑。

（4）项目编码：020602011001；项目名称：哺龙脊头；项目特征：1：2.5 水泥砂浆砌筑，纸筋灰抹缝。

（5）项目编码：020602004001；项目名称：三瓦条赶宕脊；项目特征：7 寸筒瓦，M5 混合砂浆砌筑，水泥纸筋灰抹缝。

（6）项目编码：020602004002；项目名称：四路瓦条筒瓦竖带；项目特征：7 寸筒瓦，M5 混合砂浆砌筑，水泥纸筋灰抹缝。

（7）项目编码：020602005001；项目名称：滚筒戗脊；项目特征：7 寸筒瓦，M5 混合砂浆砌筑，水泥纸筋灰抹缝。

（8）项目编码：020602009001；项目名称：蝴蝶瓦花边滴水；项目特征：1：3 白灰砂浆坐浆，采用地方瓦材。

（二）清单项目的工程量计算

1. 蝴蝶瓦屋面工程量计算

屋面工程量按《仿古规范附录 F》规则："**按设计图示屋面与飞椽头或封檐口的铺设的斜面积计算**"，而《仿古定额基价表》规则："**按飞椽头或封檐口图示尺寸的投影面积乘屋面坡度延长米系数，以 m² 计算**"，这两规则意思基本相同，但后者计算更为方便，即：

$$屋面工程量＝屋面檐口水平面积×坡屋面系数 \tag{2-11}$$

屋面檐口长按出檐椽挑出距离计算，依图 2-16 所示，挑出距离为 880mm，则檐口尺寸依图 2-12 为：

屋面檐口长＝(1.16＋3.37＋0.88)m×2＋4.91m＝15.73m；

屋面檐口宽＝(1.16＋1.13＋0.88)m×2＋3.21m＝9.55m；

而坡屋面系数计算式为：

$$屋面坡度系数＝\sqrt{半跨长^2＋屋顶高^2}÷半跨长 \qquad (2-12)$$

由图 2-13 可知，脊桁顶标高为 5.63m，檐口标高为 3.325m，而花砖脊底垫厚按 0.2m，则：屋顶高 ＝ 5.63m ＋ 0.2m － 3.325m ＝ 2.505m；屋面半跨宽 ＝ 9.55m/2＝4.775m，

则：
$$屋面坡度系数＝\sqrt{4.775^2＋2.505^2}÷4.775＝1.1283$$

由此计算为：

蝴蝶瓦屋面工程量＝15.73m×9.55m×1.1283＝169.49m²。

2. 铺望砖工程量计算

铺望砖的工程量与蝴蝶瓦屋面相同，即：铺望砖工程量＝169.49m²。

3. 花砖正脊工程量计算

花砖脊是屋顶水平正脊，按《仿古规范附录 F》规则："**按设计图示尺寸长度以延长米计算**"，而《仿古定额基价表》规则："**按设计图示尺寸扣除屋脊头水平长度，以延长米计算**"，但因屋脊头所占尺寸不大，这里按屋脊全长计算，依图 2-13 所示，为：

花砖正脊工程量＝3.37m×2＋4.91m＝11.65mm。

正脊哺龙脊头为 2 只。

4. 赶宕博脊工程量计算

赶宕脊是山花板下的横脊，又称博脊，依图 2-15 所示，其长按山面两边步柱间的距离计算，即：

赶宕工程量＝(1.13m×2＋3.21m)×2＝10.94m。

5. 竖带垂脊工程量计算

竖带为屋顶山面的人字斜坡脊，按《仿古规范附录 F》规则："**按设计图示尺寸长度以延长米计算**"，这里延长米应以斜长计算，由图 2-16 所示，从脊桁中算至步桁外皮，屋脊头不扣减。步桁至脊桁的水平距＝1.13m＋1.605＋0.16m/2＝2.815m；

步桁至脊桁高＝0.955m＋0.58m＝1.535m，故：

$$竖带工程量＝\sqrt{2.815^2＋1.535^2}×4＝12.83m$$

6. 戗脊工程量计算

戗脊是屋面转角 45° 的斜脊，按《仿古规范附录 F》规则："**按设计图示尺寸自戗头至摔网椽根部弧形长度，以条计算**"，因此，需要计算出其弧形长度。戗脊从图 2-12 平面看，应是步桁转角至外廊桁檐口转角的斜长，将此斜长乘坡斜系数 1.4142，即为戗脊立面直线长，而戗脊上翘圆弧线长，根据测算经验值约平均为直线长的 1.245 倍。由此，我们可列出计算式为：

$$戗脊带弧长＝\sqrt{水平长^2＋垂直高^2}×角斜系数×直线变弧线倍数×根数 \qquad (2-13)$$

先由图 2-13 求出步桁至檐口的长、高尺寸为：

水平长＝1.16m＋0.3m＋0.58m＝2.04m，垂直高＝0.465m＋0.305m＝0.77m。则依上式：

$$每条戗脊带弧长＝\sqrt{2.04^2＋0.77^2}×1.4142×1.245＝3.84m$$
$$戗脊合计长＝3.84×4＝15.36m$$

7. 檐口沟头滴水瓦工程量计算

依水榭建筑立面图和侧面图所示，屋面檐口两端，有上翘弧度，而按《仿古规范附录》规则："**按设计图示尺寸长度以延长米计算**"，所以只按屋顶四面檐口总长度计算，则：

$$檐口沟头瓦滴水瓦工程量＝(15.73＋9.55)m×2＝50.56m$$

8.《分部分项工程和单价措施项目清单与计价表》

将上所述内容分别填写到《分部分项工程和单价措施项目清单与计价表》内，如表2-5所示，这里只显示衔接木作工程以后的部分。

分部分项工程和单价措施项目清单与计价表 　　　表 2-5

工程名称：水榭建筑工程　　　　标段：　　　　　　　第 1 页　共 1 页

序号	项目编码	项目名称	项目特征描述	计量单位	工程量	金额(元)		
						综合单价	合价	其中暂估价
26	020508023001	山花板	2块，厚2.5cm	m²	8.396			
27	020509001001	隔扇	仿古式长窗	m²	62.757			
28	020511002001	挂落	五纹头官万式	m	27.750			
	F	屋面工程						
29	020601003001	蝴蝶瓦屋面	蝴蝶瓦屋面，1：3白灰砂浆坐浆，地方瓦材	m²	169.49			
30	020601001001	铺望砖	做砖细平面望，上铺油毡	m²	169.49			
31	020602002001	正脊花砖脊	一皮花砖二线脚，1：2.5白灰砂浆砌筑	m	11.65			
32	020602011001	哺龙脊头	窑制哺龙，1：2.5水泥砂浆砌筑，纸筋灰抹缝	只	2.00			
33	020602004001	赶宕脊	7寸筒瓦，M5混合砂浆砌筑，水泥纸筋灰抹缝	m	10.94			
34	020602004002	歇山竖带	四路瓦条，7寸筒瓦，M5混合砂浆，水泥纸筋灰抹缝	m	12.83			
35	020602005001	戗脊	做法同赶宕，脊戗脊长15.36m	条	4.00			
36	020602009001	花边滴水	蝴蝶瓦花边滴水，1：3白灰砂浆坐浆，地方瓦材	m	50.56			

六、地面工程的清单项目及工程量

地面工程是指铺筑地面砖石的工程项目，你包括：铺筑地面垫层、砌筑地面砖石等。

(一) 地面工程清单项目的确定

1. 依工程图纸确定项目内容

依图 2-16 所示，室内地面为方砖，碎石垫层。室外毛石台阶属于踏跺，已列入石作工程内，故这里只有方砖地面和碎石垫层两项。

2. 根据《规范附录》确定项目编码和名称

依《仿古规范附录 G》选列项目为：

(1) 项目编码：020701001001；项目名称：方砖地面；项目特征：砖细方砖铺地，5cm 厚细砂找平。

根据《仿古规范附录》注解：**"石作下垫层，找平层按房屋建筑与装饰工程工程量计算规范相关项目编码列项"**，因此，另行增加一项，

(2) 项目编码：010404001001；项目名称：碎石垫层；项目特征：铺 0.2m 厚碎石。

(二) 清单项目的工程量计算

1. 方砖地面工程量计算

方砖地面工程量＝台明长×台明宽－台明面层铺石（如阶条石、槛垫石等）面积。由于本台明没有阶条石，方砖地面可按台明面积计算，按图 2-12 为：

台明长＝(0.3＋1.16＋3.37)m×2＋4.91m＝14.57m；

台明宽＝(0.3＋1.16＋1.13)m×2＋3.21m＝8.39m；

则：砖地面工程量＝[(0.3＋1.16＋3.37)m×2＋4.91m]×[(0.3＋1.16＋1.13)m×2＋3.21m]＝122.24m²。

2. 碎石垫层工程量计算

地面下垫层工程量按《房屋建筑规范》规则："按设计图示尺寸以体积计算"，即：

碎石垫层工程量＝122.24m²×0.2m＝24.45m³。

3. 《分部分项工程和单价措施项目清单与计价表》

将上所述内容分别填写到《分部分项工程和单价措施项目清单与计价表》内，如表 2-6 所示（为减少篇幅，将屋面工程之前内容进行了隐藏）。

分部分项工程和单价措施项目清单与计价表 表 2-6

工程名称：水榭建筑工程　　　　标段：　　　　　　第 1 页　共 1 页

序号	项目编码	项目名称	项目特征描述	计量单位	工程量	金额(元)		
						综合单价	合价	其中暂估价
26	020508023001	山花板	2 块，厚 2.5cm	m²	8.396			
27	020509001001	隔扇	仿古式长窗	m²	62.757			
28	020511002001	挂落	五纹头宫万式	m	27.750			
	F	屋面工程						
29	020601003001	蝴蝶瓦屋面	蝴蝶瓦屋面，1：3 白灰砂浆坐浆，地方瓦材	m²	169.49			
30	020601001001	铺望砖	做砖细平面望，上铺油毡	m²	169.49			

续表

序号	项目编码	项目名称	项目特征描述	计量单位	工程量	金额（元）		
						综合单价	合价	其中暂估价
31	020602002001	正脊花砖脊	一皮花砖二线脚，1：2.5白灰砂浆砌筑	m	11.65			
32	020602011001	哺龙脊头	窑制哺龙，1：2.5水泥砂浆砌筑，纸筋灰抹缝	只	2.00			
33	020602004001	赶宕脊	7寸筒瓦，M5混合砂浆砌筑，水泥纸筋灰抹缝	m	10.94			
34	020602004002	歇山竖带	四路瓦条，7寸筒瓦，M5混合砂浆，水泥纸筋灰抹缝	m	12.83			
35	020602005001	戗脊	做法同赶宕，脊戗脊长15.36m	条	4.00			
36	020602009001	花边滴水	蝴蝶瓦花边滴水，1：3白灰砂浆坐浆，地方瓦材	m	50.56			
	G	地面工程						
37	020701001001	方砖地面	砖细400mm×400mm	m²	122.24			
38	010404001001	碎石垫层	200厚碎石垫层	m³	24.45			

七、抹灰工程的清单项目及工程量

抹灰工程是指对砖砌墙体的抹灰项目，包括：墙身内外抹灰、墙裙抹灰、门窗洞口抹灰等。

（一）抹灰工程清单项目的确定

1. 依工程图纸确定项目内容

根据图 2-14 所示，后檐墙有抹灰项目，即：

（1）墙身抹混合砂浆底，石灰纸筋浆面；

（2）漏窗框抹混合砂浆底，石灰纸筋浆面；

（3）墙裙抹水泥砂浆底，水泥砂浆面。

2. 根据《规范附录》确定项目编码和名称

根据《仿古规范附录》H.5.1述“**本章仅包括仿古构件传统抹灰项目，通用抹灰项目应按房屋建筑与装饰工程工程量计算规范中相应抹灰项目编码列项**”，即上面所述三个项目，应参照《房屋建筑规范》墙面抹灰项目相应附录进行选列。依《房屋建筑规范》附录 L.1 选用，即：

（1）项目编码：020801001001；项目名称：墙身抹灰；项目特征：混合砂浆底，石灰纸筋浆面。刷大白浆二遍。

（2）项目编码：020803002002；项目名称：窗框抹灰；项目特征：混合砂浆底，石灰纸筋浆底面。刷大白浆二遍。

（3）项目编码：020801001002；项目名称：墙裙抹灰；项目特征：水泥砂浆底，水泥砂浆面。

（二）清单项目的工程量计算

1. 墙身抹灰工程量计算

根据图 2-12、图 2-16 可得出后檐墙长、墙高，抹灰面内外相同，由此为：

墙长＝13.97m－廊柱 0.2m×3 根＝13.37m，墙高＝3.34m－墙裙 0.8m＝2.54m。

漏窗洞口面积，在前面砖墙中已经算出，即洞口面积＝3.72m²。则墙身抹灰面积为：

墙身抹灰工程量＝（13.37×2.54 －窗洞 3.72）×2 面＝60.47m²。

2. 窗框抹灰工程量计算

窗框边宽抹灰按 0.12m 计算，如图 2-21 所示，框长分别计算如下：

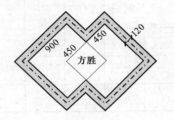 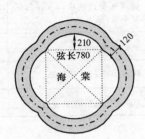 

图 2-21　漏窗洞口边框尺寸

（1）方胜边框中心长＝（0.9＋0.06×2）m×6 边＝6.12m；内框长＝0.9m×6 边＝5.4m。

（2）海棠框的弧长计算式为：

$$弧长＝3.1416×弧半径×中心角÷180 \quad\quad (2\text{-}14)$$

海棠边框中心线半径＝0.78m÷2＋0.21m＋0.06m＝0.66m；内框半径＝0.78m÷2＋0.21m＝0.6m；

则：海棠边框中心线长＝3.1416×0.66m×（90/180）×4 边＝4.147m；内框长＝3.1416×0.6m×（90/180）×4 边＝3.77m；

（3）扇形框的弧长计算：依前面图 2-19 所示，扇形上弧半径为 1.28m，下弧半径为 0.4m，则按式（2-14）：

边框中心线上弧长＝3.1416×(1.28＋0.06)m×75°÷180°＝1.754m，

内框上弧长＝3.1416×1.28m×75°÷180°＝1.6755m，

边框中心线下弧长＝3.1416×(0.4＋0.06)m×100°÷180°＝0.803m，

内框下弧长＝3.1416×0.4m×100°÷180°＝0.6981m，

边框中心线高＝1.04m＋0.06m×2＝1.16m，内框高＝1.04m，则：

扇面边框中心线全长＝上弧 1.754m＋下弧 0.803m＋1.16m×2 边＝4.877m；

扇面内框全长＝上弧 1.6755m＋下弧 0.6981m＋1.04m×2 边＝4.4536m；

则：窗边框抹灰工程量＝边框中心线长×边框宽＋内框线长×墙厚，依此计算为：

窗边框抹灰工程量＝边框宽 0.12m×2 面×中线长（6.12＋4.147＋4.877）m＋墙厚 0.24m×内框长（5.4＋3.77＋4.45）m＝框边 3.63m²＋内框 3.27m²＝6.90m²。

3. 墙裙抹灰工程量计算

墙裙抹灰尺寸，依图 2-12、图 2-14 所示，墙裙长＝13.37m，墙裙高＝0.8m，计 2 面，则：墙裙抹灰工程量＝13.37×0.8×2＝21.39m²。

4.《分部分项工程和单价措施项目清单与计价表》

将上所述内容分别填写到《分部分项工程和单价措施项目清单与计价表》内，如表 2-7 所示。因前面项目较多，本表只连接前面的地面工程部分内容。

分部分项工程量清单与计价表　　　　表 2-7

工程名称：水榭建筑工程　　　　标段：　　　　　　　　第 1 页　共 1 页

序号	项目编码	项目名称	项目特征描述	计量单位	工程量	金额（元）		
						综合单价	合价	其中暂估价
	G	地面工程						
37	020701001001	方砖地面	砖细 400mm×400mm	m²	122.24			
38	010404001001	碎石垫层	200 厚碎石垫层	m³	24.45			
	H	抹灰工程						
39	011201001001	墙面抹灰	混合砂浆底，纸筋灰浆面	m²	60.47			
40	011201001002	窗框抹灰	混合砂浆底，纸筋灰浆面	m²	6.90			
41	011201001003	窗裙抹灰	水泥砂浆底，水泥砂浆面	m²	21.39			

八、油漆工程的清单项目及工程量

仿古建筑的油漆工程是指对木构件的油漆彩画项目，包括：木隔扇、木构架、木装饰构件等的油漆彩画。

（一）油漆工程清单项目的确定

1. 依工程图纸确定项目内容

根据本章水榭图纸设计说明，只有油漆，没有彩画。油漆工程的项目有：

（1）木隔扇油漆；

（2）柱、梁、枋、桁、椽、板等油漆；

（3）山花板、挂落油漆。

2. 根据《规范附录》确定项目编码和名称

根据《仿古规范附录 J》确定项目编码和门窗如下：

（1）项目编码：020901001001；项目名称：山花板；项目特征：底油、刮腻子、调和漆二遍。

（2）项目编码：020901003001；项目名称：挂落板；项目特征：底油、刮腻子、调和漆二遍。

（3）项目编码：020902003001；项目名称：椽子；项目特征：底油、刮腻子、调和漆二遍。包括脊花架椽、出檐椽、飞椽、摔网椽、摔网飞椽等。

（4）项目编码：020903001001；项目名称：上架构件；项目特征：底油、刮腻子、调和漆二遍。包括大梁、山界梁、廊川、童柱、桁、机、老嫩戗等。

（5）项目编码：020903002001；项目名称：下架构件；项目特征：底油、刮腻子、调和漆二遍。廊柱、步柱、夹堂板、柏口枋等。

（6）项目编码：020905001001；项目名称：木隔扇；项目特征：60 橙，底油、刮腻子、调和漆二遍。

（二）清单项目的工程量计算

1. 山花板油漆工程量计算

山花板油漆按《仿古定额基价表》第二册第六节规则表 4 规定："**山花板（山填板）按净面积乘 0.83 系数后，按其他木材面项目计算**"，故此，山花板按木作工程计算的工程量数据＝5.47m×1.535m×0.5×2 块＝8.396m²，则：

山花板油漆工程量＝8.396m²×0.83 系数＝6.97m²。

2. 挂落板油漆工程量计算

挂落板油漆依《仿古定额基价表》第二册第六节"工程量计算规则"表 1 规定："**木挂落按长度乘 0.45 系数后，按单层木门窗项目计算**"，故此处只计算出长度即可，可转抄木作工程数据为 27.75m。则：

木挂落油漆工程量＝27.75m×0.45 系数＝12.49m。

3. 椽子油漆工程量计算

矩形椽子油漆按露明面积计算，为了简化工程量计算，《仿古定额基价表》第二册第六节规则中列有"常用构件油漆展开面积折算参考表"，如表 2-8 所示，利用此表，可"**将木构件材积乘以相应展开系数，即可得出油漆面积**"。

（1）脊花架椽，按木作工程的数据为：0.07m×0.05m×3.138m×106 根＝1.164m³。若利用表 2-8"折算参考表"查得系数为 48.57，按乘系数法为：

脊花架椽油漆工程量＝1.164m³×48.57＝56.54m²。

如果按展开面积计算，应＝（底面宽＋侧面高×2）×长度×根数，即：

脊花架椽油漆工程量＝（0.07m＋0.05m×2 面）×3.138m×106 根＝56.55m²。两者相近。

（2）出檐椽，按木作工程的数据为：0.07m×0.05m×1.90m×157 根＝1.044m³。按表 2-8 查得系数为 48.57，则：

出檐椽油漆工程量＝1.044m³×48.57＝50.71m²。

如果按展开面积计算，应＝（底面宽＋侧面高×2）×长度×根数，即：

出檐椽油漆工程量＝（0.07m＋0.05m×2 面）×1.90m×157 根＝50.71m²。两者相等。

木构件油漆展开面积折算系数 表2-8

资料来源：转抄《仿古定额》第2册第6节　　　　　　　　　　　　　单位：每 m³ 材积

构件名称	断面规格(mm)	展开系数	构件名称	断面规格(mm)	展开系数	备 注
圆形柱、梁、桁、梓桁	φ120	33.36	矩形椽子	40×40	65.00	
	φ140	28.55		40×60	58.33	
	φ160	25.00		50×70	48.57	
	φ180	24.00		60×80	41.67	
	φ200	22.00		100×100	30.00	
	φ220	21.00		120×150	25.00	
	φ250	20.00		150×150	20.00	
	φ300	15.99	矩形梁、架、桁条、梓桁、枋子	120×120	21.67	凡不符合规格者,应按实际油漆涂刷展开面积计算工程量
方形柱	边长100	38.10		200×300	13.33	
	边长120	33.33		240×300	11.67	
	边长140	28.57		240×400	10.83	
	边长160	25.00	半圆形椽子	φ60	67.29	
	边长180	22.22		φ80	50.04	
	边长200	20.00		φ100	40.26	
	边长250	16.00		φ120	33.35	
	边长300	13.33		φ150	26.67	

（3）飞椽，按木作工程的数据为：飞椽工程量＝0.07m×0.05m×1.453m×(0.286＋0.714×0.5)×157 根＝0.513m³。按表2-8查得系数为 48.57，则：

飞椽油漆工程量＝0.513m³×48.57＝24.92m²。

如果按展开面积计算，应＝(底面宽＋侧面高)×2×出檐长度×根数＋(底面宽＋侧面高)×后尾长度折半×根数，即：

飞椽油漆工程量＝(0.07＋0.05)m×2 边×0.428m×157 根＋(0.05＋0.07)m×0.535m×157 根＝16.127＋10.079＝26.21m²。两者相差 0.52m²。

（4）摔网椽，按木作工程的数据为：摔网椽工程量＝1.90m×0.07m×0.05m×(5＋5)根×4 角＝0.266m³；按乘系数法为：

摔网椽油漆工程量＝0.266m³×48.57＝12.92m²。

如果按展开面积计算，应：

摔网椽油漆工程量＝(0.07m＋0.05m×2 面)×1.90m×40 根＝12.92m²。两者相等。

（5）摔网飞椽，按木作工程的数据为：

摔网飞椽工程量＝0.07m×0.05m×1.453m×(0.286＋0.714×0.5)×10 根×4 角＝0.131m³；按乘系数法为：

摔网椽油漆工程量＝0.131m³×48.57＝6.35m²。

则：椽子油漆工程量＝56.54＋50.71＋24.92＋12.92＋6.35＝151.44m²

4. 上架构件油漆工程量计算

上架构件油漆按露明面积计算，为了简化工程量计算，可利用《仿古定额基价表》第二册第六节规则中的"常用构件油漆展开面积折算参考表"，如表2-8所示，**"将木构件材**

积乘以相应展开系数，即可得出油漆面积"。

(1) 大梁，按木作工程的材积为 $0.966m^3$；$\phi22$ 查表 2-8 得系数为 21，则：

大梁油漆工程量＝$0.966m^3×21＝20.29m^2$。

(2) 山界梁，按木作工程材积为 $0.504m^3$；$\phi20$ 查表 2-8 得系数为 20，则：

山界梁油漆工程量＝$0.504m^3×20＝10.08m^2$。

(3) 廊川，按木作工程的材积为 $0.264m^3$；$\phi16$ 查表 2-8 得系数为 25，则：

廊川油漆工程量＝$0.264m^3×25＝6.60m^2$。

(4) 脊童柱，按木作工程材积为 $0.075m^3$；$\phi16$ 查表 2-8 得系数为 25，则：

脊童柱油漆工程量＝$0.075m^3×25＝1.88m^2$。

(5) 金童柱，按木作工程材积为 $0.08m^3$；$\phi18$ 查表 2-8 得系数为 22.24，则：

金童柱油漆工程量＝$0.08m^3×22.24＝1.78m^2$。

(6) 金桁，按木作工程的材积为 $0.481m^3$；$\phi16$ 查表 2-8 得系数为 25，则：

金桁油漆工程量＝$0.481m^3×25＝12.03m^2$。

(7) 脊桁，按木作工程的材积为 $0.241m^3$；$\phi16$ 查表 2-8 得系数为 25，则：

脊桁油漆工程量＝$0.241m^3×25＝6.03m^2$。

(8) 廊桁，按木作工程的材积为 $0.891m^3$；$\phi16$ 查表 2-8 得系数为 25，则：

廊桁油漆工程量＝$0.891m^3×25＝22.28m^2$。

(9) 步桁，按木作工程的材积为 $0.706m^3$；$\phi16$ 查表 2-8 得系数为 25，则：

步桁油漆工程量＝$0.706m^3×25＝17.65m^2$。

(10) 连机，截面 $8cm×6.5cm$，按木作工程的材积为 $0.178m^3$；查表 2-8 得系数为 41.67，则：

连机油漆工程量＝$0.178m^3×41.67＝7.42m^2$。

(11) 金机，截面 $8cm×5cm$，按木作工程的材积为 $0.093m^3$；查表 2-8 得系数为 41.67，则：

金机油漆工程量＝$0.093m^3×41.67＝3.88m^2$。

(12) 脊机，截面 $8cm×5cm$，按木作工程的材积为 $0.047m^3$；查表 2-8 得系数为 41.67，则：

脊机油漆工程量＝$0.047m^3×41.67＝1.96m^2$。

(13) 老戗，按木作工程计算的数据为：$0.1×0.12×3.051×4＝0.146m^3$；查表 2-8 得系数为，则：

老戗油漆工程量＝$0.146m^3×27＝3.94m^2$。

(14) 嫩戗，按木作工程计算的数据为：$0.1×0.08×0.44×4＝0.014m^3$；查表 2-8 得系数为 38.1，则：

嫩戗油漆工程量＝$0.014m^3×38.1＝0.53m^2$。

(15) 扁担菱角木，按木作工程计算的数据为：高 $0.13m×$ 底 $0.52m×0.5×$ 厚 $0.1m×4$ 角＝$0.013m^3$。油漆只计算两面，则：

扁担菱角木油漆工程量＝高 $0.13m×$ 底 $0.52m×0.5×4$ 角 $×2$ 面＝$0.27m^2$。

(16) 戗山木，按木作工程计算的数据为：长 $(1.16+1.16)m×$ 高 $0.13×0.5×$ 厚 $0.1m×4$ 角＝$0.06m^3$。油漆只计算两面，则：

戗山木油漆工程量＝长 2.32m×高 0.13m÷2×4 角×2 面＝1.21m²。

则合计上述：上架构件油漆工程量＝20.29＋10.08＋6.60＋1.88＋1.78＋12.03＋6.08＋22.28＋17.65＋7.42＋3.88＋1.96＋3.94＋0.53＋0.27＋1.21＝117.83m²。

5. 下架构件油漆工程量计算

下架构件油漆按露明面积计算，为了简化工程量计算，利用《仿古定额基价表》第二册第六节规则中"常用构件油漆展开面积折算参考表"，如表 2-8 所示，**"将木构件材积乘以相应展开系数，即可得出油漆面积"。**

（1）廊柱，按木作工程的材积为 1.623m³；φ20 查表 2-8 得系数为 20，则：

廊柱油漆工程量＝1.623m³×20＝32.46m²。

（2）步柱，按木作工程的材积为 2.212m³；φ22 查表 2-8 得系数为 21，则：

廊柱油漆工程量＝2.212m³×21＝46.45m²。

（3）拍口枋，2 根 21cm×7cm，按木作工程的数据为：0.21m×0.07m×（13.97＋7.79）m×2 根＝0.64m³；则：

拍口枋油漆工程量＝（0.21＋0.07）m×2 面×21.76m×2 根＝24.37m²。

（4）步枋，2 根 54cm×8cm，按木作工程的数据为：0.54m×0.08m×（11.65＋5.47）m×2 根＝1.48m³；则：

步枋油漆工程量＝（0.54＋0.08）m×2 面×17.12m×2 根＝42.46m²。

则合计上述：下架构件油漆工程量＝32.46＋46.45＋24.37＋42.46＋69.52＝148.99m²。

6. 夹堂板油漆工程量计算

夹堂板按《仿古定额基价表》第二册第六节"工程量计算规则"表 3 规定，夹堂板以其长度乘 2.2 系数后，按木扶手（不带托板）项目以延长米计算，故只需计算其长度，按木作工程的数据为：夹堂板工程量为：31.60m。所以：

夹堂板油漆工程量＝31.60m×2.2＝69.52m。

7. 木隔扇油漆工程量计算

木隔扇油漆，依《仿古定额基价表》第二册第六节"工程量计算规则"表 1（古式长窗）规定，将隔扇面积乘系数 1.43 后，按单层木门窗油漆项目计算。因此依木作工程计算的数据为：隔扇面积＝62.76m²。则：

隔扇油漆工程量＝62.76m²×1.43＝89.75m²。

8.《分部分项工程和单价措施项目清单与计价表》

将上述内容和计算结果，分别填写到《分部分项工程和单价措施项目清单与计价表》内，如表 2-9 所示。至此，按照本例设计图纸内容，将所属项目的工程量已全部计算完毕。

分部分项工程量清单与计价表

表 2-9

工程名称：水榭建筑工程　　　　　　标段：　　　　　　　　　　第 1 页　共 1 页

序号	项目编码	项目名称	项目特征描述	计量单位	工程量	金额（元）		
						综合单价	合价	其中暂估价
	房 A	土方工程						
1	010101001001	平整场地	本场地内 30cm 以内挖填找平	m²	122.24			

序号	项目编码	项目名称	项目特征描述	计量单位	工程量	金额（元）		
						综合单价	合价	其中暂估价
2	010101003001	挖地槽	挖地槽深 0.5m，宽 0.5m，长按图示尺寸，三类土	m³	10.99			
	A	砖作工程						
3	020101003001	台明砖基	M5 水泥砂浆砌一砖墙，露明部分清水勾缝 12.06m²	m³	17.57			
4	020101003002	后檐砖墙	M5 石灰水泥砂浆，实心砖墙	m³	9.82			
5	020106002001	砖瓦漏窗	M6 石灰水泥砂浆砖圈，全张瓦芯	m²	3.72			
6	020101003003	砖坐槛墩	M5 水泥石灰砂浆，一砖厚	m³	2.17			
7	020109002001	坐槛面	砖细方砖，无线脚，无榫簧，1：2 水泥灰浆粘贴	m	20.06			
	B	石作工程						
8	0202001002001	踏跺	毛石台阶 M5 水泥砂浆砌筑	m³	0.44			
9	020206001001	鼓蹬石	制作安装，φ300mm×200mm，达到二遍剁斧等级	只	24.00			
	E	木作工程						
10	020501001001	圆木柱		m³	3.835			
		廊柱	12 根 φ20，高 3.47m	m³	1.623			
		步柱	12 根 φ22，高 3.875m	m³	2.212			
11	020501004001	圆童柱		m³	0.155			
		脊童柱	4 根 φ16，高 0.875m	m³	0.075			
		上金童柱	8 根 φ18，高 0.38m	m³	0.080			
12	020502001001	梁类		m³	1.734			
		大梁	4 根 φ22，跨长 5.91m	m³	0.966			
		山界梁	4 根 φ20，跨长 3.61m	m³	0.504			
		廊川	8 根 φ16，跨长 1.32m	m³	0.264			
13	Q20506001001	老戗	4 根 截面 10cm×12cm	m³	0.146			
14	020506002001	嫩戗	4 根 截面 10cm×8cm	m³	0.014			
15	020503001001	圆桁类		m³	2.319			
		廊桁	阔面山面搭交 各2根 φ16cm	m³	0.891			
		步桁	阔面山面搭交 各2根 φ16cm	m³	0.706			
		金桁	阔面 2根 φ16cm	m³	0.481			
		脊桁	阔面 1根 φ16cm	m³	0.241			
16	020503003001	木机类		m³	0.318			
		连机	2根，截面 8cm×6.5cm	m³	0.178			
		金机	2根，截面 8cm×5cm	m³	0.093			
		脊机	1根，截面 8cm×5cm	m³	0.047			
17	020503004001	木枋类		m³	2.119			
		拍口枋	阔面山面各2根，截面 21cm×7cm	m³	0.640			
		步枋	阔面山面各2根，截面 54cm×8cm	m³	1.479			

续表

序号	项目编码	项目名称	项目特征描述	计量单位	工程量	金额(元)		
						综合单价	合价	其中暂估价
18	020505002001	直椽		m³	2.208			
		脊花架椽	截面 7cm×5cm,中距 23cm	m³	1.164			
		出檐椽	截面 7cm×5cm,中距 23cm	m³	1.044			
19	020505005001	飞椽	截面 7cm×5cm,中距 23cm	m³	0.513			
20	020505008001	摔网椽	截面 7cm×5cm,中距 23cm	m³	0.266			
21	020505008002	摔网飞椽	截面 7cm×5cm,中距 23cm	m³	0.131			
22	020506005001	菱角木	4 块,厚 10cm	m³	0.014			
23	020506006001	戗山木	8 块,截面 10cm×13cm	m³	0.060			
24	020506007001	千斤销	4 个,截面 7cm×7cm	只	4.000			
25	020508022001	夹堂板	阔面山面各 1 块,截面 35cm×1cm	m	31.600			
26	020508023001	山花板	2 块,厚 2.5cm	m²	8.396			
27	020509001001	隔扇	仿古式长窗	m²	62.757			
28	020511002001	挂落	五纹头宫万式	m	27.750			
	F	屋面工程						
29	020601003001	屋面铺瓦	蝴蝶瓦屋面,1:3 白灰砂浆坐浆,地方瓦材	m²	169.49			
30	020601001001	铺望砖	做砖细平面望,上铺油毡	m²	169.49			
31	020602002001	花砖正脊	一皮花砖二线脚,1:2.5 白灰砂浆砌筑	m	11.65			
32	020602011001	哺龙脊头	窑制哺龙,1:2.5 水泥砂浆砌筑,纸筋灰抹缝	只	2.00			
33	020602004001	赶宕脊	7 寸筒瓦,M5 混合砂浆砌筑,水泥纸筋灰抹缝	m	10.94			
34	020602004002	竖带	四路瓦条,7 寸筒瓦,M5 混合砂浆,水泥纸筋灰抹缝	m	12.83			
35	020602005001	戗脊	做法同赶宕,脊戗脊长 15.36m	m	15.36			
36	020602009001	花边、滴水	蝴蝶瓦花边滴水,1:3 白灰砂浆坐浆,地方瓦材	m	50.56			
	G	地面工程						
37	020701001001	方砖地面	砖细 400mm×400mm	m²	122.24			
38	010404001001	碎石垫层	200 厚碎石垫层	m³	24.45			
	H	抹灰工程						
39	011201001001	墙面抹灰	混合砂浆底,纸筋灰浆面	m²	58.34			
40	011201001002	窗框抹灰	混合砂浆底,纸筋灰浆面	m²	6.90			
41	011201001003	墙裙抹灰	水泥砂浆底,水泥砂浆面	m²	21.39			
	I	油漆彩画						
42	020901001001	山花板	底油一遍,刮腻子,调和漆二遍	m²	6.97			
43	020901003001	木挂落	底油一遍,刮腻子,调和漆二遍	m²	12.49			

序号	项目编码	项目名称	项目特征描述	计量单位	工程量	金额(元)		
						综合单价	合价	其中暂估价
44	020902003001	椽子类	油漆同上,含脊花架檐椽,飞椽,摔网及飞椽	m²	152.40			
45	020903001001	上架构件	油漆同上,含梁桁机木,戗梁,菱角木,戗山木	m²	30.46			
46	020903002001	下架构件	油漆同上,含柱、枋、夹堂板	m²	148.99			
47	020903002002	夹堂板	底油一遍,刮腻子,调和漆二遍	m	69.52			
48	020905001001	木隔扇	底油一遍,刮腻子,调和漆二遍	m²	89.74			

第三节　填写措施和其他项目清单

依上所述,完成"分部分项工程工程量清单与计价表",下面紧接着就是编制:措施项目清单、其他项目清单、规费和税金项目清单。

一、措施项目工程量清单的编制

措施项目是指在具体实施施工时,在施工准备和施工过程中,将会发生一些在技术、生活、安全、环境保护等方面的有关项目。

(一) 措施项目的确定

按《仿古规范附录 K》,措施项目的内容列有:K.1 脚手架工程、K.2 混凝土模板及支架、K.3 垂直运输、K.4 超高施工增加、K.5 大型机械设备进出场及安拆、K.6 施工降水排水工程、K.7 安全文明施工及其他措施项目等 7 项。其中前 6 项,应按《仿古建筑规范》第 4.3.1 条规定**"措施项目中列出了项目编码、项目名称、项目特征、计量单位、工程量计算规则的项目,编制工程量清单时,应按照本规范 4.2 分部分项工程的规定执行"**,对这些项目我们简称为"可计量措施项目"。而后一项,应按《仿古建筑规范》第 4.3.2 条规定**"措施项目中仅列出了项目编码、项目名称、未列出项目特征、计量单位、工程量计算规则的项目,编制工程量清单时,应按照本规范附录 K 措施项目的项目编码、项目名称确定"**,对此项目我们简称为"不可计量措施项目"。

1. 可计量措施项目的确定

根据本例水榭工程的施工图纸所示,屋顶高度只有 5.6m,屋面檐口只有 3.6m,依《仿古定额基价表》第二册说明:**"本册基价中的材料、成品、半成品除注明者外,均包括从工地到仓库、堆放地点或现场以内的全部水平运输及檐高在 20m 以内的垂直运输。檐高超过 20m,另按有关规定另行计算"**。故依本案屋顶高度,不需要列立垂直运输机械。又根据本工程的结构构造,没有钢筋混凝土工程,故也无需模板及支架,因此,依《仿古规范附录 K》中所列的措施项目,只有脚手架工程一项。

2. 不可计量措施项目的确定

不可计量措施项目,按《仿古规范附录》K.7,包括:安全文明施工、夜间施工、非夜间施工照明、二次搬运、冬雨季施工、地上地下设施建筑物的临时保护设施、已完工程及设备保护等，根据本例水榭工程是一个比较小的工程，施工期限没有严格限制，对周围环境也没有特殊要求，故不需考虑夜间施工和冬雨季施工费；对建筑材料也不需二次搬运；本工程也不涉及地下水位的影响，不需采用施工排水、施工降水措施。对已完工程及设备只需正常维护即可，不需特殊保护。因此只有：安全文明施工费一项。

（二）可计量措施项目清单的编制

该项目清单采用"分部分项工程和单价措施项目清单与计价表"。根据上面所确立的措施项目为"脚手架工程"。

1. 脚手架工程项目的确定

水榭工程依图 2-14 所示，筑有后檐砖墙，因此，应设：砌筑外墙脚手架。

依《仿古定额基价表》第二册第七节规定："**檐口高度超过 3.6m，安装古建筑的立柱、架、梁、木基层、挑檐等，按屋面投影面积计算满堂脚手架一次，檐高在 3.6m 以内时不计算脚手架**"。根据本例水榭建筑来说，虽然在图 2-13、图 2-14 标有檐口高 3.325m，但它是指屋面檐口，对于木构架的各构件安装来说，檐口高度应采用木构架檐柱顶的檐口比较合理，此处的檐口高为 3.63m，按规定可以计算一次满堂脚手架。计算了满堂脚手架后，室内抹灰、油漆不再计算脚手架费用。

又根据《仿古定额基价表》第二册第三节规定："**屋面铺瓦用的软梯脚手架费用已包括在基价内，不得另计。屋脊高度在 1m 以内的脚手架费用已包括在基价内，屋脊高度在 1m 以上的砌筑脚手架，套用相应脚手架项目另行计算**"。而依图 2-13 所示正脊为"一花砖二线脚"的花砖脊，此脊无论使用何种规格花砖，肯定不会超过 1m，所以铺瓦筑脊都不需计算脚手架费用。

由以上所述，依《仿古规范附录》K.1 确定脚手架项目为：

（1）项目编码：021001002001；项目名称：砌筑外墙脚手架；项目特征：单排木制脚手架。

（2）项目编码：021001007001；项目名称：满堂脚手架；项目特征：3.6m 内木制脚手架。

2. 脚手架工程项目工程量计算

（1）砌筑外墙脚手架工程量，根据《仿古规范附录》K.1 规则："**凡砌筑高度在 1.5m 以上的砌体，按墙的长度乘墙的高度以面积计算**"，其中，后檐墙长按角柱中心距离＝13.97m，在《仿古定额基价表》第二册第七节规定：（"外墙脚手架的垂直投影面积，以外墙的长度乘室外地面至墙中心线的顶面高度计算"。）则水榭工程依图 2-16 所示，后檐外墙顶面高＝木架檐口高 3.63m－廊桁半径 0.08m－柏口枋高 0.21m＝3.34m；因只有一面外墙，则：

砌墙脚手架垂直投影面积＝3.34×13.97＝46.66m²。

（2）满堂脚手架工程量，按上面所述，木构架安装"**按屋面投影面积计算满堂脚手架一次**"，根据《仿古定额基价表》第二册第七节规定："**满堂脚手架及悬空脚手架，其面积按需搭脚手架的水平投影面积计算，不扣除垛、柱等所占的面积，满堂脚手架的高度以室内地坪至顶棚或屋面的底面为准（斜顶棚或坡屋面的底部按平均高度计算）**"，因此，其屋面檐口长＝(1.16＋3.37＋0.88)m×2＋4.91m＝15.73m；屋面檐口宽＝(1.16＋1.13＋0.88)m×2＋3.21m＝9.55m；则：

满堂脚手架工程量＝15.73m×9.55m＝150.22m²。

将以上所述，填写如表 2-10 所示。

分部分项工程和单价措施项目清单与计价表   表 2-10

工程名称：水榭建筑工程   标段：   第 页 共 页

序号	项目编码	项目名称	项目特征描述	计量单位	工程数量	金额(元)		
						综合单价	合价	其中暂估价
	021001002001	外檐墙砌筑脚手架	单排木制脚手架	m²	46.66			
	021001006001	内檐满堂脚手架	3.6m 内木制脚手架	m²	150.22			
	合　计						0.00	

(三) 不可计量措施项目清单的编制

该项目根据上面所确立的，只有"安全文明施工费"一项，采用"总价措施项目清单与计价表"，按当地主管部门费率标准填写，"安全文明施工费"包含：环境保护、文明施工、安全施工、临时设施等费用，依湖北省原规定，除环境保护费为 0.25％；文明施工费为 0.10％；安全施工费为 0.10％；临时设施费三类为 0.50％等四项合计为 0.95％外，还加有工具用具使用费 0.50％，工程定位费 0.10％。依此填写如表 2-11 所示。

总价措施项目清单与计价表   表 2-11

工程名称：八方重檐亭工程   标段：   第 页 共 页

序号	项 目 名 称	计算基础	费率(%)	金额(元)	调整费率(%)	调整后金额(元)	备注
1	安全文明施工费		0.95%				
2	夜间施工增加费						
3	二次搬运费						
4	冬雨季施工增加费						
5	地上、地下设施，建筑物的临时保护设施						
6	已完工程及设备保护						
7	工具用具使用费（按湖北省规定）		0.50%				
8	工程定位费（按湖北省规定）		0.10%				
9							
	合　计						

编制人（造价人员）   复核人员（造价工程师）

注：1.　"计算基数"中安全文明施工费可为"定额基价"、"定额人工费"或"定额人工费＋定额机械费"，其他项目可为"定额人工费"或"定额人工费＋定额机械费"。

　　2.　按施工方案计算的措施费，若无"计算基数"和"费率"的数值，也可只填"金额"数值，但应在备注栏说明施工方案出处或计算方法。

二、其他项目清单的编制

"其他项目"是指除上述项目外，因工程考虑不周而防止工程的漏项，或因不确定因素而不能明晰的项目等所需暂列金额；因特殊材料或特殊专业所需的暂估价；因工程扫尾而临时发生的零星用工；因某工种需要分包项目而需配合的总承包服务费等。即"13 规范"第 4.4.1 条所规定：**"其他项目清单应按照下列内容列项：1. 暂列金额；2. 暂估价：包括材料暂估单价、工程设备暂估单价、专业工程暂估价；3. 计日工；4. 总承包服务费"**。对这些内容，"13 规范"规定填写到"其他项目清单与计价汇总表"内，该表之后列有 5 个分表，即：暂列金额明细表、材料（工程设备）暂单估单价及调整表、专业工程暂估价及计算价表、计日工表、总承包服务费计价表等，编制清单时，应先完成分表填写，然后再转填写到汇总表内。

（一）其他项目清单的分表填写

1. 暂列金额明细表

"暂列金额"是指因考虑不周而防止工程的漏项，或因不确定因素而不能明晰的项目等所需的暂列金额。根据水榭工程的情况，考虑水榭台明周围，可能还有散水、地面、甬道等有关环境工程的增补，可考虑对其暂列金额按工程直接费 5% 或约 14000 元进行预留，填入"暂列金额明细表"内，如表 2-12 所示。

暂列金额明细表　　　　　　　表 2-12

工程名称：水榭建筑工程　　　　标段：　　　　　　　　第 页 共 页

序号	项 目 名 称	计量单位	暂列金额（元）	备注
1	地面散水、甬道等增补工程	1 项	14000.00	
2				
3				
	合 计		14000.00	

注：此表由招标人填写，如不能详列，也可只列暂定金额总额，投标人应将上述暂金额计入投标总价中。

2. 材料（工程设备）暂估单价及调整表

"材料（工程设备）暂估单价"是指对某些工程项目中必须用到的，但因不能确定其价格而只能进行估计价格的材料，如某些特殊材料或贵重稀有金属等的单价。在本例中没有这种情况发生，故不需填写此表。

3. 专业工程暂估价及结算价表

"专业工程暂估价"是因对某特种专业项目，需分包给相关专业队伍施工时所需的工程费，在本例中没有出现这种情况，故不需填写此表。

4. 计日工表

"计日工"是指对工程设计图纸之外，因施工现场情况变化，或扫尾工程中临时增加的一些零星用工或零星工程等所需的人工、材料、机械台班等的费用。在本例中为了考虑扫尾工作，可能需要增加部分零星工作，则安排 50 工日的调节用工，按定额单价 65 元/工日，约为 3250 元，填写如表 2-13 所示。

计日工表

表 2-13

工程名称：水榭建筑工程　　　　　　　　标段：　　　　　　　　　　　　　　　第　页　共　页

序号	工程名称	单位	暂定数量	综合单价	合价（元）	
					暂定	实际
一	人工					
1	零星用工	工日	50	65.00	3250.00	
2					0.00	
	人工小计				3250.00	0.00
二	材料					
1					0.00	
2					0.00	
	材料小计				0.00	0.00
三	施工机械					
1					0.00	
2					0.00	
	施工机械小计				0.00	0.00
四	企业管理费和利润			12%	390.00	0.00
	合　计				3640.00	0.00

注：此表项目名称、暂定数量由招标人填写，编制招标控制价时，单价由招标人按有关计价规定确定；投标时，单价由投标人自主报价，按暂定数量计算合价计入投标总价中。结算时，按发承包双方确认的实际数量计算合价。

5. 总承包服务费计价表

"总承包服务费"是指因特殊专业或投标人无能力承担的分部分项工程，由招标人分包给其他单位施工，而又需要投标人在施工中予以配合时，投标人应收取的施工配合服务费，在本例中没有这种情况发生，故不需填写此表。

（二）填写"其他项目清单与计价表"

当上述分表填写完成后，再将各个分表所列结果，逐一填写到汇总表内，如表 2-14 所示。

其他项目清单与计价汇总表

表 2-14

工程名称：水榭建筑工程　　　　　　　标段：　　　　　　　　　　　　　第　页　共　页

序号	项　目　名　称	金额（元）	结算金额（元）	备　　注
1	暂列金额	14000.00		见暂列金额明细表
2	暂估价	0.00		
2.1	材料（工程设备）暂估价/结算价	0.00		见材料（工程设备）暂估单价及调整表
2.2	专业工程暂估价/结算价	0.00		见专业工程暂估价及结算价表
3	计日工	3640.00		见计日工表
4	总承包服务费	0.00		见总承包服务费计价表
5	索赔与现场签证			
	合　计	17640.00		

注：材料（工程设备）暂估单价进入清单项目综合单价，此处不汇总。

三、规费、税金项目清单的编制

规费和税金是指按政府和有关部门规定所必须交纳的费用，"13 规范"第 4.5.1 规定"规费项目清单应按照下列内容列项：**1. 社会保障费：包括养老保险费、失业保险费、医疗保险费、工伤保险费、生育保险费；2. 住房公积金；3. 工程排污费**"。"13 规范"第 4.6.1 规定"**税金项目清单应包括下列内容：1. 营业税；2. 城市维护建设税：3. 教育费附加；4. 地方教育附加**"。这些费用，都按各个省市政府主管部门制定出具体费率执行。

（一）规费的确定

"规费"是指按政府和有关部门规定所必须交纳的费用，按照湖北省原来规定，以直接工程费为基数的计费率为：工程排污费为 0.05%、养老保险统筹基金为 3.5%、失业保险基金为 0.50%、医疗保险费为 1.80%、工程定额测定费为 0.15%等。

在编制工程量清单时，只需按其规定，将其费率填入表 2-15 内即可。

（二）税金的确定

"税金"是指国家规定的营业税、城市建设维护税和教育费附加。全国各省市基本统一按国家规定的税率计算，依纳税人所在地而不同，在城市市区内的按 3.41%；在县城、镇内的按 3.35%；不在市区、县城、镇的按 3.22%。本例工程按在城市市区内执行。

根据以上所述，按湖北省计价办法规定费率填写如表 2-15 所示。

规费、税金项目清单与计价表　　　　　　　表 2-15

工程名称：水榭建筑工程　　　　　　　　　　　　　　　第　页　共　页

序号	工程名称	计算基础	计算基数			费率(%)	金额(元)
			工程直接费	措施费	其他费		
1	规费	直接费＋措施费＋其他费					
1.1	社会保障费	直接费＋措施费＋其他费					
(1)	养老保险费	直接费＋措施费＋其他费				3.50	
(2)	失业保险费	直接费＋措施费＋其他费				0.50	
(3)	医疗保险费	直接费＋措施费＋其他费				1.80	
(4)	工伤保险费	直接费＋措施费＋其他费					
(5)	生育保险费	直接费＋措施费＋其他费					
1.2	住房公积金	直接费＋措施费＋其他费					
1.3	工程排污费	直接费＋措施费＋其他费				0.05	
1.4	工程定额测定费	直接费＋措施费＋其他费				0.15	
2	税金	直接费＋措施费＋其他费＋规费				3.41	
	合　计						

编制人（造价人员）：　　　　　　　复核人（造价工程师）：

四、主要材料、工程设备一览表的编制

"主要材料、工程设备一览表"是明确该工程所需要的主要材料和工程设备，分为两部分，一是有些统配计划物质、对口专业材料等，是发包人应提供的，二是一般性施工建筑材料，是承包人提供的。

（一）发包人提供材料和工程设备一览表

发包人所提供的材料和工程设备，一般是指建材市场上不易采购的材料和工程设备，但工程上又不可或缺的，发包人应设法加以提供，填写"发包人提供材料和工程设备一览表"。本例中没有这种情况发生，可不需填写此表。

（二）承包人提供主要材料和工程设备一览表

承包人所提供的材料和工程设备，是指该工程设计图纸范围内，所需用的所有材料和工程设备，材料和工程设备的种类很多，编制人应将主要的材料和工程设备，填写到"承包人提供主要材料和工程设备一览表"内，本例所需材料和工程设备，选择几种主要的列入表 2-16，具体内容由投标人根据设计图纸和计价定额，进行计算确定，即：

$$材料"数量" = \sum（某项定额耗用量 \times 相应工程量）$$

表中"基准单价"参考定额单价或建筑材料信息价格进行填写。

承包人提供主要材料和工程设备一览表　　　　　　　　　表 2-16

（适用于造价信息差额调整法）

工程名称：水榭建筑工程　　　　　　　　标段：　　　　　第　页　共　页

序号	名称、规格、型号	单位	数量	风险系数（%）	基准单价（元）	投标单价（元）	发承包人确认单价（元）	备注
1	机砖 240×115×53	百块	180	≤5%	32.00			
2	方砖 450×450×60	块	2100	≤5%	13.00			
3	望砖 210×105×17	块	11000	≤5%	0.27			
4	蝴蝶筒瓦 160×160	块	18000	≤5%	0.33			
5	蝴蝶底瓦 200×200	块	14000	≤5%	0.39			
6	原木	m³	11	≤5%	1800.00			
7	枋材	m³	12	≤5%	3000.00			
8	水泥 42.5	kg	1200	≤5%	0.60			
9	中砂	t	17	≤5%	80.60			
10	白灰	kg	1300	≤5%	0.20			
11	调和漆	kg	150	≤5%	15.50			
12	桐油	kg	16	≤5%	16.00			
13	木脚手架	m²	200	≤5%	12.00			
	合　计							

注：1. 此表由招标人填写除"投标单价"栏的内容，供投标人在投标时自主确定投标单价。
　　2. 招标人优先采用工程造价管理机构发布的单价作为基准单价，未发布的，通过市场调查确定其建筑单价。

五、封面、扉页、总说明的填写

封面、扉页和总说明是编制工程量清单文件的最后内容，它是确定清单具有法律性的最终程序。

（一）封面和扉页的填写

工程量清单封面和扉页是体现工程量清单法律性和责任性的书面形式。"13 规范"第4.1.2 条规定：**"招标工程量清单必须作为招标文件的组成部分，其准确性和完整性由招标人负责"**，因此，在填写封面前，必须对清单内容进行一次认真审查复核。"13 规范"第4.1.1 条规定：**"招标工程量清单应由具有编制能力的招标人或受其委托，具有相应资质的工程造价咨询人或招标代理人编制"**，所以，依照规定填写的内容有：招标单位的责任人、工程建设单位的法定人、清单编制人等的签字盖章，以及编制年月日。如图 2-22 所示。

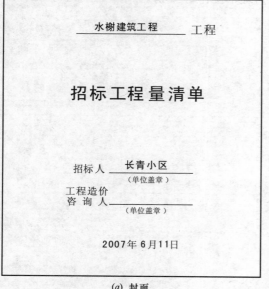

(a) 封面

(b) 扉页

图 2-22　工程量清单的封面

（二）总说明的填写

总说明是清单编制人，对拟建工程的概况和要求，所作的简要叙述，具体内容包括：工程概况、工程招标范围、工程量清单编制依据。工程质量要求等。

根据水榭工程的情况，所述内容具体填写如图 2-23 所示。

（三）工程量清单的装订

1. 工程量清单装订顺序

以一个单项工程或一个单位工程为对象，对编制完成的内容进行装订，装订顺序由前

总说明

1. 工程概况: 该水榭工程是小区庭园工程中建筑项目之一, 供美化环境, 游人休闲。

工程地处园内, 施工不受干扰。交通水电畅通。

要求施工期间无环境污染、无污秽排放、无噪声、无交通阻塞。

2. 工程招标范围: 水榭建筑工程项目的全部内容。

3. 工程量清单编制依据: 建设工程工程量清单计价规范、仿古建筑工程工程量计算规范、水榭工程设计图纸。

4. 工程量质量要求: 质量优良、材料污染辐射不得超过标准。

按分部分项工程进行初验, 对凡不符合质量要求则坚决反工。

5. 计划工期: 要求4个月完成

图 2-23   工程量清单的总说明

至后为: (1) 封面; (2) 总说明; (3) 分部分项工程量清单; (4) 措施项目清单; (5) 其他项目清单; (6) 规费税金项目清单。

2. 工程量清单的发送

工程量清单的编制, 可由工程建设方自己编制, 也可委托有关咨询公司进行编制, 编制完成并经内部审核定案后, 应依发送单位的数量复制多份。一般发送的单位有:

1. 编制人留档1~2份;

2. 建设单位: 基建、财会、供销、办公室等各1份;

3. 招标单位: 按招标书的份数列入;

4. 贷款银行: 1份;

5. 监理单位: 1~2份。

第三章 仿古建筑工程"清单计价"编制

仿古建筑工程"工程量清单计价"，就是在完整的工程量清单基础上，编制"招标控制价"或"投标报价"所做的工作。它是按照《仿古定额基价表》中的基价，和当地主管部门规定的计价文件，对清单项目进行确定各个工程项目的综合单价，并计算出各工程项目的工程费用和总工程造价的计算过程。具体流程如图3-1所示。

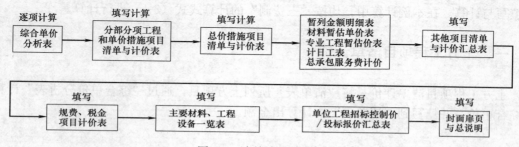

图 3-1 清单计价流程图

第一节 分部分项工程项目清单计价

"13规范"第3.1.4条规定**"工程量清单应采用综合单价计价"**，计算综合单价的方式是采用"综合单价分析表"，它是确定清单项目中各个项目基本单价的计算表，它按"分部分项工程和单价措施项目清单与计价表"所列的项目，进行逐个逐项计算与填写，是计价工作中工作量最大的一道工序。对"综合单价分析表"的填写与计算，主要依靠三个依据，即：1)"分部分项工程和单价措施项目清单与计价表"（为叙述方便，后面我们简称"清单表"）、2) 当地主管部门颁发的现行"仿古定额基价表"（见第一章第三节简介）、3) 当地主管部门规定的施工管理费率及利润率。至于风险费，"13规范"在招标控制价第5.2.2条中规定**"综合单价中应包括招标文件中划分的应由投标人承担的风险范围及其费用。招标文件没有明确的，如是工程造价咨询人编制，应提请招标人明确；如是招标人编制，应予明确"**。在一般情况下，除不可抗拒因素外，一般风险费用在不超过5%时，由投标人自行承担，也就是说，综合单价中都包含有≤5%的一般性风险费用，这可在"总说明"中加以明确，当遇有不可抗力发生时，"13规范"规定按9.10条规定执行，这不在本计价范围之内。

"综合单价分析表"的核心问题是要求出"综合单价"，对构成"综合单价"的"管理费和利润"，根据我国各省市情况，一般采用有两种计价类型：

1. 以"人工费＋材料费＋机械费"为计算基数的"三费制"类型，如湖北、青海等省市为此种类型。也就是说，在"综合单价分析表"中的"管理费和利润"为：

$$\text{"管理费和利润"}=(\text{人工费}+\text{材料费}+\text{机械费})\times(\text{管理费率}+\text{利润率}) \qquad (3-1)$$

2. 以"人工费＋机械费"为计算基数的"二费制"类型，如江苏、安徽等省市为此种类型。也就是说，即在"综合单价分析表"中的"管理费和利润"为：

$$\text{"管理费和利润"}=(\text{人工费}+\text{机械费})\times(\text{管理费率}+\text{利润率}) \qquad (3-2)$$

其中：人工费、材料费、机械费等按各省市颁发的现行"仿古定额基价表"取用，但在编制投标报价时，也可按本企业编制《企业定额基价表》。而管理费率和利润率，应按各省市颁发的计价文件执行。

下面我们按某《仿古定额基价表》和湖北省颁发的原计价文件作示例，来说明"综合单价分析表"的填写与计算，对本例的水榭建筑工程，按湖北省规定的计价类别为二类，即施工管理费率为7%，利润率为5%，合计12%。现按照"清单表"所列项目，进行逐个填写与计算。在本例计算中，均按"三费制"的计算式式（3-1）进行计算。

一、土方工程项目清单计价

土方工程项目清单计价是将"清单表"所列土方项目，通过"综合单价分析表"计算出综合单价，并填写到"清单表"内计算出金额。

（一）"平整场地"综合单价分析表

1. "综合单价分析表"的填写

（1）依"清单表"所列的项目编码、项目名称、工程量及其计量单位＝122.25m² 等数据，逐一填写到"综合单价分析表"内，如表 3-1 中深灰色内容所示，在该表中为了计算方便，我们将"管理费和利润"费率 12%，添加在"单价"栏内深灰色所示（后面各个"综合单价分析表"均同）。

综合单价分析表　　　　　　　　　　　　　　　　　　　　　　表 3-1

工程名称：　水榭建筑工程　　　　　　标段：　土方工程　　　　第　页　共　页

项目编码	010101001001		项目名称		平整场地	计量单位	m²	工程量	122.25

清单综合单价组成明细

定额编号	定额名称	定额单位	数量	单价			12%	合价			
				人工费	材料费	机械费	管理费和利润	人工费	材料费	机械费	管理费和利润
套 1-71	平整场地	m²	1	3.64	0.00	0.00	0.44	444.99	0.00	0.00	53.79
人工单价		小计						444.99	0.00	0.00	53.79
65 元/工日		未计价材料费									
清单项目综合单价								4.08			

材料费明细	主要材料名称、规格、型号				单位	数量	单价（元）	合价（元）	暂估单价	暂估合价（元）
								0.00		0.00
								0.00		0.00
	其他材料费							0.00		0.00
	材料费小计							0.00		0.00

（2）上述数据填写完成后，另外查用《仿古定额基价表》第一册"通用项目"，摘录其中定额如表 3-2 所示，在该定额表中选择：定额编号 1-71，定额单位为 m^2，数量为 1，工日单价为 65 元/工日，人工费＝3.64 元/m^2，材料费和机械费为零。

将以上所选数据，分别填写到"综合单价分析表"内，如表 3-1 中浅灰色内容所示。

7　平整场地、回填土

表 3-2

工作内容：1. 平整场地：厚在±30 厘米以内的挖、填、找平。2. 回填土：取土、铺平、回填。

　　　　　3. 原土打夯：碎石、平土、找平、泼水、夯实。　　　　　计量单位：1m^2、1m^3

定额编号			1-71	1-72	1-73	1-74	1-75	1-76	1-77
项　　目			平整场地	回填土				原土打夯	
				地面		基槽(坑)		每 1m^2	
			每 1m^2	松填	夯填	松填	夯填	地面	基槽(坑)
名称	单位	单价(元)	定额耗用量						
人工 综合工日	工日	65.00	0.056	0.090	0.190	0.120	0.250	0.009	0.011
机械 机械费	％	人工费％			46		46	46	46
基价表	人工费(元)		3.64	5.85	12.35	7.80	16.25	0.59	0.72
	材料费(元)		0.00	0.00	0.00	0.00	0.00	0.00	0.00
	机械费(元)		0.00	0.00	5.68	0.00	7.48	0.27	0.33
	基价(元)		3.64	5.85	18.03	7.80	23.73	0.85	1.04

2."综合单价分析表"的计算

（1）单价栏内：

"管理费和利润"＝(人工费＋材料费＋机械费)×(管理费和利润率)＝(3.64＋0.00＋0.00)×12％＝0.44 元/m^2。若是"二费制"应为"管理费和利润"＝(人工费＋机械费)×(管理费和利润率)。

（2）合价栏内：

　　　"人工费"＝"工程量"×单价栏人工费＝122.25×3.64＝444.99元；

　　"管理费和利润"＝"工程量"×单价栏(管理费和利润)＝122.25×0.44＝53.79元。

　　小计＝分别为合价栏的∑人工费、∑材料费、∑机械费、∑（管理费和利润）。

（3）"清单项目综合单价"＝(∑人工费＋∑材料费＋∑机械费＋∑管理费和利润))÷"工程量"＝(444.99＋53.79)÷122.25＝4.08 元/m^2。

将以上计算结果，填入表 3-1 所示。

（二）"挖地槽"综合单价分析表

1."综合单价分析表"的填写

（1）依"清单表"所列项目编码、项目名称，挖地槽工程量及其计量单位＝10.99m^3，管理费和利润 12％等数据，填写如表 3-3 中深灰色所示。

综合单价分析表　　　　　　　　表 3-3

| 工程名称： | 水榭建筑工程 | | 标段： | | 土方工程 | | | 第　页　共　页 | |

| 项目编码 | 010101003001 | | 项目名称 | 挖地槽 | 计量单位 | m³ | 工程量 | 10.99 |

清单综合单价组成明细

定额编号	定额名称	定额单位	数量	单价			12%	合价			
				人工费	材料费	机械费	管理费和利润	人工费	材料费	机械费	管理费和利润
套 1-4	挖地槽	m³	1	35.75	0.00	0.00	4.29	392.89	0.00	0.00	47.15
人工单价			小计					392.89	0.00	0.00	47.15
65 元/工日			未计价材料费								
清单项目综合单价								40.04			

材料费明细	主要材料名称、规格、型号					单位	数量	单价（元）	合价（元）	暂估单价	暂估合价（元）
									0.00		0.00
									0.00		0.00
	其他材料费								0.00		0.00
	材料费小计								0.00		0.00

（2）按《仿古定额基价表》第一册"通用项目"，依"清单表"中挖地槽特征所述的：三类土，挖深在 2m 内，摘录其中定额如表 3-4 所示，选择定额编号 1-4，定额单位为 m³，数量为 1，人工费＝35.75 元/m³，材料费和机械费为零，工日单价 65 元/工日。将其所选数据填写到表如表 3-4 中浅灰色所示。

1　人工挖地槽、地沟　　　　　　　　表 3-4

工作内容：挖土、抛土于槽边 1m 以外或装筐，修整底边、沟槽内排水。　　　　计量单位：1m³

定额编号			1-1	1-2	1-3	1-4	1-5	1-6	1-7	1-8	1-9
项　　目			一、二类土			三类土			四类土		
			干土深度在（m 以内）								
			2	3	4	2	3	4	2	3	4
名称		单位	单价（元）	定额耗用量							
人工	综合工日	工日	65.00	0.32	0.37	0.41	0.55	0.58	0.62	0.81	0.83	0.86
基价表	人工费（元）			20.80	24.05	26.65	35.75	37.70	40.30	52.65	53.95	55.90
	材料费（元）											
	机械费（元）											
	基价（元）			20.80	24.05	26.65	35.75	37.70	40.30	52.65	53.95	55.90

2. "综合单价分析表"的计算

（1）单价栏内：

"管理费和利润"＝（人工费＋材料费＋机械费）×（管理费和利润率）＝（35.75＋0.00＋

0.00)×12％＝4.29 元/m³；

（2）合价栏内：

"人工费"＝"工程量"×单价栏人工费＝10.99×35.75＝392.89 元；

"管理费和利润"＝"工程量"×单价栏（管理费和利润）＝10.99×4.29＝47.15 元。

"小计"＝分别为合价栏的∑人工费、∑材料费、∑机械费、∑（管理费和利润）。

（3）"清单项目综合单价"＝（∑人工费＋∑材料费＋∑机械费＋∑（管理费和利润））÷
"工程量"＝（392.89＋47.15）÷10.99＝40.04 元/m³。将计算结果填入表 3-3 内。

（三）填写"清单表"内土方项目计价内容

当土方工程部分的项目计算完成后，将所求得的各个清单项目"综合单价"，如平整
场地＝4.08 元/m²，挖地槽＝40.04 元/m³ 等，返回填写到"分部分项工程和单价措施项
目清单与计价表"的"综合单价"栏内，并随即计算出合价，即平整场地合价＝122.25×
4.08＝498.78 元，挖地槽合价＝10.99×40.04＝440.04 元，并计算出土方工程小计金
额＝498.78＋440.04＝938.82 元，如表 3-5 所示。

分部分项工程和单价措施项目清单与计价表　　　　　表 3-5

工程名称：水榭建筑工程　　　　　　　　　　标段：　　　　　　　　　第 页 共 页

序号	项目编码	项目名称	项目特征描述	计量单位	工程量	金额（元）		
						综合单价	合价	其中暂估价
	房 A	土方工程					938.82	
1	010101001001	无台明平整	本场地内 30cm 以内挖填找平	m²	122.25	4.08	498.78	
2	010101003001	挖地槽	挖地槽深 0.5m,槽宽 0.5m,三类土	m³	10.99	40.04	440.04	

二、砖作工程项目清单计价

砖作工程项目"清单表"列有：台明糙砖实心墙基、后檐糙砖实心墙、砖瓦漏窗、糙
砖空花矮墙、砖细坐槛面等。

（一）"台明糙砖墙基"综合单价分析表

1."综合单价分析表"的填写

（1）依"清单表"所列项目名称、项目编码、砖墙基计量单位和工程量＝
17.57m³、看面勾清水缝＝12.30m²、管理费和利润 12％等数据，将其填入表 3-6 中深
灰色所示。

（2）按《仿古定额基价表》第一册"通用项目"，台明砖墙基为普通砖砌体，摘录其
中定额如表 3-7 所示，选择定额编号 1-101 项，定额单位为 m³，数量为 1，人工费＝
85.18 元/m³，材料费＝220.58 元/m³，机械费＝7.66 元/m³。

综合单价分析表　　　　　　　　　　表 3-6

| 工程名称：水榭建筑工程 | | | | 标段：砖作工程 | | | 第　页 共　页 | | |

项目编码	020101003001			项目名称	台明糙砖墙基	计量单位	m³	工程量	17.57
					台明墙勾缝		m²		12.30

清单综合单价组成明细

定额编号	定额名称	定额单位	数量	单价			12%	合价			
				人工费	材料费	机械费	管理费和利润	人工费	材料费	机械费	管理费和利润
套 1-101	台明糙砖墙基	m³	1	85.18	220.58	7.66	37.61	1496.61	3875.59	134.59	660.81
套 1-533	台明墙勾缝	m²	1	6.89	1.19	0.00	0.97	84.75	14.64	0.00	11.93
人工单价			小计					1581.36	3890.23	134.59	672.74
65 元/工日			未计价材料费								
清单项目综合单价								357.37			

	主要材料名称、规格、型号	单位	数量	单价(元)	合价(元)	暂估单价	暂估合价(元)
材料费明细	M5 水泥砂浆	m³	0.243	221.31	53.78		0.00
	机砖	百块	5.27	31.59	166.48		0.00
	水	m³	0.10	3.25	0.33		0.00
	其他材料费				0.00		0.00
	材料费小计				220.58		0.00

1　砖基础、砖墙　　　　　　　　　　表 3-7

工作内容：1. 调运、铺砂浆、运砖、砌砖（基础包括清基槽及基坑）。2. 安放砌体内钢筋、预制过梁板、垫块。3. 砖过梁：砖平拱模板制、安、拆。4. 砌窗台虎头砖、腰线、门窗套。

计量单位：1m³

定额编号				1-101	1-102	1-103	1-104	1-105	1-106
项　目				砖基础	砖砌内墙				
					1/4 砖	1/2 砖	3/4 砖	1 砖	1 砖以上
名称		单位	单价(元)	定额耗用量					
人工	综合工日	工日	65.00	1.31	2.90	2.03	2.10	1.80	1.75
材料	M5 水泥砂浆	m³	221.31	0.243					
	M5 水泥石灰砂浆	m³	218.06		0.125	0.200	0.221	0.235	0.249
	机砖	百块	31.59	5.27	6.12	5.60	5.45	5.33	5.26
	水	m³	3.25	0.10	0.12	0.11	0.11	0.11	0.11
机械	机械费	%	人工费%	9.00	9.00	9.00	9.00	9.00	9.00
基价表	人工费(元)			85.15	188.50	131.95	136.50	117.00	113.75
	材料费(元)			220.58	220.98	220.87	220.71	219.98	220.82
	机械费(元)			7.66	16.97	11.88	12.29	10.53	10.24
	基价(元)			313.40	426.44	364.70	369.50	347.51	344.81

　　砖基看面勾清水缝，可以列入砖基内一起计算，也可放到抹灰工程中另行计算，这里我们列入砖基内一起计算，应套用定额编号 1-533 项（此处省略未摘录其表），定额单位为 m^2，人工费＝6.89 元/m^2，材料费＝1.19 元/m^2。工日单价 65 元/工日，将其填写如表 3-6 中浅灰色所示。在该表下半部分"材料费明细"栏内，是分析主要材料费用的组成内容，在本表中是按表 3-7 中定额编号 1-101 项的材料费组成明细情况，进行填写并计算，如表 3-6 中下半部分浅灰色所示。

　　2."综合单价分析表"的计算

　　（1）单价栏内：砖基"管理费和利润"＝（人工费＋材料费＋机械费）×（管理费和利润率）＝（85.18＋220.58＋7.66）×12％＝37.61 元/m^3；

　　勾缝"管理费和利润"＝（人工费＋材料费＋机械费）×（管理费和利润率）＝（6.89＋1.19）×12％＝0.97 元/m^2。

　　（2）合价栏内砖基：

　　"人工费"＝"工程量"×单价栏人工费＝17.57×85.18＝1496.61 元；

　　"材料费"＝"工程量"×单价栏材料费＝17.57×249.83＝3875.59 元；

　　"机械费"＝"工程量"×单价栏机械费＝17.57×7.66＝134.59；

　　"管理费和利润"＝"工程量"×单价栏（管理费和利润）＝17.57×37.61＝660.81 元。

　　合价栏内勾缝：

　　"人工费"＝"工程量"×单价栏人工费＝12.30×6.89＝84.75 元；

　　"材料费"＝"工程量"×单价栏材料费＝12.30×1.19＝14.64 元；

　　"管理费和利润"＝"工程量"×单价栏（管理费和利润）＝12.30×0.97＝11.93 元。

　　"小计人工费"＝1496.61＋84.75＝1581.36 元；

　　"小计材料费"＝3875.59＋14.64＝3890.23 元；

　　"小计机械费"＝134.59＋0.00＝134.59 元；

　　"小计管理费和利润"＝660.81＋11.93＝672.74 元。

　　（3）"清单项目综合单价"＝（∑人工费＋∑材料费＋∑机械费＋∑管理费和利润）÷"工程量"＝（1581.36＋3890.23＋134.59＋672.74）÷17.57＝357.37 元/m^3。将计算结果填入表 3-6 内。

（二）"后檐砖墙"综合单价分析表

　　1."综合单价分析表"的填写

　　（1）依"清单表"所列项目名称、项目编码、后檐砖墙＝9.82m^3、砖瓦漏窗＝3.72m^2、管理费和利润 12％等数据，填写如表 3-8 中深灰色所示。

　　（2）按《仿古定额基价表》第一册"通用项目"，后檐砖墙为混合砂浆普通砖墙，采用定额摘录如表 3-9（1）所示。选择定额编号 1-109 项，定额单位及数量为 1m^3，人工费＝119.60 元/m^3，材料费＝221.70 元/m^3，机械费＝10.76 元/m^3，将其填入表 3-8 中浅灰色所示。

　　该表中"材料费明细"栏的费用组成，是定额编号 1-109 项的材料费分析与计算，对照表 3-9（1）中材料所示。

综合单价分析表　　　　　　　　　　　　　**表 3-8**

工程名称：　**水榭建筑工程**　　　　标段：　**砖作工程**　　　第　页　共　页

| 项目编码 | 020101003002 | 项目名称 | 后檐砖墙 | 计量单位 | m³ | 工程量 | 9.82 |
| | | | 砖瓦漏窗 | | m² | | 3.72 |

清单综合单价组成明细

| 定额编号 | 定额名称 | 定额单位 | 数量 | 单价 | | | 12% | 合价 | | | |
				人工费	材料费	机械费	管理费和利润	人工费	材料费	机械费	管理费和利润
套 1-109	后檐砖墙	m³	1	119.60	221.70	10.76	42.25	1174.47	2177.09	105.66	414.90
套 2-74	砖瓦漏窗	m²	1	207.29	45.50	1.27	30.49	771.12	169.26	4.72	113.42
人工单价			小计					1945.59	2346.35	110.38	528.32
65 元/工日			未计价材料费								
清单项目综合单价								504.92			

材料费明细	主要材料名称、规格、型号	单位	数量	单价（元）	合价（元）	暂估单价	暂估合价（元）
	M5 水泥石灰砂浆	m³	0.240	218.06	52.33		0.00
	机砖	百块	5.35	31.59	169.01		0.00
	水	m³	0.11	3.25	0.36		0.00
	其他材料费				0.00		0.00
	材料费小计				221.70		0.00

砖墙　　　　　　　　　　　　　　**表 3-9（1）**

工作内容：同上　　　　　　　　　　　　　计量单位：1m³

定额编号			1-107	1-108	1-109	1-110	1-111
项　目			砖砌外墙				
			1/2 砖	3/4 砖	1 砖	1.5 砖	2 砖以上
名称		单位	单价（元）	定额耗用量			
人工	综合工日	工日	65.00	2.14	2.21	1.84	1.84	1.77
材料	M5 水泥石灰砂浆	m³	218.06	0.206	0.225	0.240	0.253	0.258
	机砖	百块	31.59	5.60	5.46	5.35	5.32	5.28
	水	m³	3.25	0.11	0.11	0.11	0.11	0.11
机械	机械费	%	人工费%	9.00	9.00	9.00	9.00	9.00
基价表	人工费（元）			139.10	143.65	119.60	119.60	115.05
	材料费（元）			222.18	221.90	221.70	223.59	223.41
	机械费（元）			12.52	12.93	10.76	10.76	10.35
	基价（元）			373.80	378.48	352.06	353.95	348.82

另外，我们将砖瓦漏窗列入墙内一起计算（但也可单独列为一个项目计算），砖瓦漏窗为全张瓦片窗芯，按《仿古定额基价表》第二册一般漏窗，采用定额摘录如表 3-9（2）所示，选用定额编号 2-74 项，定额单位 m²，人工费＝207.29 元/m²，材料费＝45.50 元/m²，机械费＝1.27 元/m²。人工单价＝65 元/工日。将其填入表 3-8 中浅灰色所示。

8　一般漏窗

表 3-9（2）

工作内容：放样、选料、加工、场内运输、调制砂浆、安拆砖模、砖砌安装、抹面、刷水（包括边框）。

计量单位：1m²

编　号			2-74	2-75	2-76	2-77	2-78
项　　目			矩形漏窗				
			全张瓦片	软景式条		平直式条	
				复杂	普通	复杂	普通
名称		单位	单价（元）	定额耗用量			
人工	综合工日	工日	65.00	3.189	13.498	11.170	9.873	8.277
材料	蝴蝶盖瓦 160×160	块	0.33	87.10	61.70	58.80		
	筒瓦 130×120（5 寸）	块	0.69		37.50	35.70		
	望砖 210×105×17	块	0.27	43.80	39.40	39.40	107.50	103.70
	标准砖	块	0.31		12.200	12.200	12.200	12.200
	1：3 石灰砂浆	m³	136.66		0.0118	0.0118	0.0118	0.0118
	纸筋灰浆	m³	153.00	0.0314	0.0776	0.0751	0.0673	0.0652
	锯材	m³	2368.60		0.0022	0.0020	0.0062	0.0056
	圆钉	kg	8.06		0.008	0.007	0.026	0.024
	铁丝 20#	kg	8.32		0.047	0.045		
	其他材料费	元	1.30	0.33	0.54	0.51	0.37	0.35
机械	机械费	元	1.30	0.98	8.36	6.91	6.11	5.12
基价表	人工费（元）			207.29	877.37	726.05	641.75	538.01
	材料费（元）			45.50	80.31	77.20	60.44	57.62
	机械费（元）			1.27	10.87	8.98	7.94	6.66
	基价（元）			254.06	968.54	812.24	710.13	602.28

2. "综合单价分析表"的计算

（1）单价栏内：砖墙"管理费和利润"＝（人工费＋材料费＋机械费）×（管理费和利润率）＝（119.60＋221.70＋10.76）×12%＝42.25 元/m³；

漏窗"管理费和利润"＝（人工费＋材料费＋机械费）×（管理费和利润率）＝（207.29＋45.50＋1.27）×12%＝30.49 元/m²；

（2）合价栏内砖基：

"人工费"＝"工程量"×单价栏人工费＝9.82×119.60＝1174.47 元；

"材料费"＝"工程量"×单价栏材料费＝9.82×221.70＝2177.09 元；

"机械费"＝"工程量"×单价栏机械费＝9.82×10.76＝105.66 元；

"管理费和利润"="工程量"×单价栏(管理费和利润)=9.82×42.25=414.90元。

合价栏内勾缝：

"人工费"="工程量"×单价栏人工费=3.72×207.29=771.12元；

"材料费"="工程量"×单价栏材料费=3.72×45.50=169.26元；

"机械费"="工程量"×单价栏机械费=3.72×1.27=4.72元；

"管理费和利润"="工程量"×单价栏(管理费和利润)=3.72×30.49=113.42元。

"小计人工费"=1174.47+771.12=1945.59元；

"小计材料费"=2177.09+169.26=2346.35元；

"小计机械费"=105.66+4.72=110.38元；

"小计管理费和利润"=414.90+113.42=528.32元。

(3)"清单项目综合单价"=(∑人工费+∑材料费+∑机械费+∑(管理费和利润))÷"工程量"=(1945.59+2346.35+110.38+528.32)÷9.82=503.10元/m³。将计算结果填入表3-8内。

(三)"砖坐槛空花矮墙"综合单价分析表

1."综合单价分析表"的填写

(1)依"清单表"所列项目编码、项目名称,砖坐空花墙计量单位和工程量=2.17m³,管理费和利润12%等数据,依此填入表3-10中深灰色所示。

综合单价分析表　　　　　　　　　　　　　　　表3-10

工程名称：	水榭建筑工程			标段：	砖作工程			第 页 共 页			
项目编码	020101003003			项目名称	砖坐槛空花矮墙			计量单位	m³	工程量	2.17
					坐槛面				m		20.06

清单综合单价组成明细

定额编号	定额名称	定额单位	数量	单价			12%	合价			
				人工费	材料费	机械费	管理费和利润	人工费	材料费	机械费	管理费和利润
套1-121	砖坐槛空花矮墙	m³	1	176.15	221.18	15.85	49.58	382.25	479.96	34.39	107.59
套2-47	坐槛面	m	1	159.38	36.41	0.00	23.49	3197.16	730.38	0.00	471.21
人工单价		小计						3579.41	1210.34	34.39	578.80
65元/工日		未计价材料费									
清单项目综合单价								2489.83			

材料费明细	主要材料名称、规格、型号	单位	数量	单价(元)	合价(元)	暂估单价	暂估合价(元)
	M5 水泥石灰砂浆	m³	0.213	218.06	46.45		0.00
	机砖	百块	5.52	31.59	174.38		0.00
	水	m³	0.11	3.25	0.36		0.00
	其他材料费				0.00		0.00
	材料费小计				221.18		0.00

（2）砖坐槛空花墙为普通砖砌体，按《仿古定额基价表》第一册，采用定额摘录如表 3-11 所示。选用定额编号 1-121 项，定额单位和数量为 1m³，人工费＝176.15 元/m³，材料费＝221.18 元/m³，机械费＝15.85 元/m³。

砖座槛面为砖细工程，无雀簧、无线脚，应按《仿古定额基价表》第二册，套用定额编号 2-47 项（此表省略未摘录），定额单位和数量为 1m，人工费＝159.38 元/m，材料费＝36.41 元/m，依此，填入表 3-10 内如浅灰色所示。

3 其他砖砌体

表 3-11

工作内容：1. 调制砂浆、运砖、砌砖。2. 砌砖拱：木模制、安、场内运输及拆除。

计量单位：1m³

定额编号			1-121	1-122	1-123	1-124	1-125	1-126
项 目			其他砌体					
			小型砌体	砖圆、半圆拱	砖地沟	贴砖 1/4 砖厚	贴砖 1/2 砖厚	城墙砖
名称	单位	单价（元）	定额耗用量					
人工	综合工日	工日	65.00	2.71	3.60	1.36	2.60	1.69	1.74
材料	M5 水泥石灰砂浆	m³	218.06	0.213	0.250	0.230	0.318	0.280	0.164
	机砖	百块	31.59	5.52	5.50	5.39	6.12	5.59	
	城砖 40×20×6.5cm	百块	390.00						1.64
	锯材	m³	2368.6		0.03				
	圆钉	kg	8.06		0.60				
	水	m³	3.25	0.11	0.10	0.11	0.18	0.17	0.11
机械	机械费	%	人工费%	9.00	27.70	9.00	18.50	18.50	28.7
基价表	人工费（元）			176.15	234.00	88.40	169.00	109.85	113.10
	材料费（元）			221.18	304.48	220.78	263.26	237.65	675.36
	机械费（元）			15.85	21.06	7.96	15.21	9.89	10.18

2. "综合单价分析表" 的计算

（1）单价栏内：砖坐槛墩 "管理费和利润" ＝（人工费＋材料费＋机械费）×（管理费和利润率）＝（176.15＋221.18＋15.85）×12％＝49.58 元/m³；

坐槛面 "管理费和利润" ＝（人工费＋材料费＋机械费）×（管理费和利润率）＝（159.38＋36.41）×12％＝23.49 元/m；

（2）合价栏内砖空花矮墙：

"人工费" ＝ "工程量" ×单价栏人工费＝2.17×176.15＝382.25 元；

"材料费" ＝ "工程量" ×单价栏材料费＝2.17×221.18＝479.96 元；

"机械费" ＝ "工程量" ×单价栏机械费＝2.17×15.85＝34.39 元；

"管理费和利润" ＝ "工程量" ×单价栏（管理费和利润）＝2.17×49.58＝107.59 元。

合价栏内坐槛面：

"人工费" ＝ "工程量" ×单价栏人工费＝20.06×159.38＝3197.16 元；

"材料费"="工程量"×单价栏材料费=20.06×36.41=730.38元；

"管理费和利润"="工程量"×单价栏（管理费和利润）=20.06×23.49=471.21元。

"小计人工费"=382.25+3197.16=3579.41元；

"小计材料费"=479.96+730.38=1210.34元；

"小计机械费"=34.39+0.00=34.39元；

"小计管理费和利润"=107.59+471.21=578.80元。

（3）"清单项目综合单价"=（∑人工费+∑材料费+∑机械费+∑管理费和利润）÷"工程量"=（3579.41+1210.34+34.39+578.80）÷2.17=2489.83元/m³。将计算结果填入表3-10内。

（四）填写"清单表"内砖作项目计价内容

当砖作工程部分的项目计算完成后，即可将所求得的各清单项目的"综合单价"：台明砖墙基=357.37元/m³，后檐砖墙=502.10元/m³，砖坐槛空花矮墙=2489.83元/m³等，返回填写到"分部分项工程和单价措施项目清单与计价表"的"综合单价"栏内，并随即计算出合价，即台明糙砖墙基=17.57×357.37=6278.99元，后檐砖墙=9.82×502.10=4930.62元，砖坐槛空花矮墙=2.17×2489.83=5402.93元，则：

砖作工程合价=6278.99+4930.62+5402.93=16612.54元，如表3-12所示。

分部分项工程和单价措施项目清单与计价表　　　　表3-12

工程名称：水榭建筑工程　　　　　　　　标段：　　　　　　第1页　共1页

序号	项目编码	项目名称	项目特征描述	计量单位	工程量	金额（元）		
						综合单价	合价	其中暂估价
	房A	土方工程					938.82	
1	010101001001	平整场地	本场地内30cm以内挖填找平	m²	122.25	4.08	498.78	
2	010101003001	挖地槽	挖地槽深0.5m，槽宽0.5m，三类土	m³	10.99	40.04	440.04	
	A	砖作工程					16612.54	
1	020101003001	台明糙砖墙基	M5水泥砂浆砌筑，露明部分清水勾缝12.06m²	m³	17.57	357.37	6278.99	
2	020101003002	后檐砖墙	M5石灰水泥砂浆砌筑。做牖窗3.72m²	m³	9.82	502.10	4930.62	
3	020101003003	砖坐槛空花矮墙	M5水泥石灰砂浆，坐槛面无线脚无榫簧20.06m	m³	2.17	2489.83	5402.93	

三、石作工程项目清单计价

石作工程项目清单列有：毛石踏跺、鼓蹬石等两项。

（一）"毛石踏跺"综合单价分析

1."综合单价分析表"的填写

（1）依"清单表"所列项目编码、项目名称、踏跺计量单位和工程量=0.44m³、管理费和利润 12% 等数据，依此填入表 3-13 中深灰色所示。

综合单价分析表

表 3-13

工程名称：水榭建筑工程　　　　标段：石作工程　　　　第　页　共　页

项目编码	0202001002001		项目名称			毛石踏垛		计量单位	m³	工程量	0.44

清单综合单价组成明细

定额编号	定额名称	定额单位	数量	单价			12%	合价			
				人工费	材料费	机械费	管理费和利润	人工费	材料费	机械费	管理费和利润
套 1-128	毛石踏垛	m³	1	131.95	165.35	11.88	37.10	58.06	72.75	5.23	16.32
人工单价			小计					58.06	72.75	5.23	16.32
65 元/工日			未计价材料费								
清单项目综合单价								346.27			

材料费明细	主要材料名称、规格、型号	单位	数量	单价（元）	合价（元）	暂估单价	暂估合价（元）
	毛石	m³	1.22	79.30	96.75		0.00
	M5 水泥砂浆	m³	0.31	221.31	68.61		0.00
	其他材料费				0.00		0.00
	材料费小计				165.35		0.00

（2）毛石台阶属小型砌石，查《仿古定额基价表》第一册，套用定额摘录如表 3-14 所示。在该表下，注 4 "**围墙按石墙到顶定额执行。地沟、水池、小型砌体按窗台下石墙计算**"。因此按石墙身套用定额编号 1-128，定额单位为 m³，人工费 = 131.95 元/m³，材料费 = 165.35 元/m³，机械费 = 11.88 元/m³；工日单价 = 65 元/工日，依此填入表 3-13 中浅灰色所示。

4　毛石基础、毛石砌体

表 3-14

工作内容：选、修、运石，调、运、铺砂浆、砌石，墙角、窗台、门窗洞口的石料加工。

计量单位：1m³

定额编号				1-127	1-128	1-129	1-130	1-131	1-132
项　目				墙基（包括独立柱基）	墙身			护坡	
					窗台下石墙	石墙到顶	挡土墙	干砌	浆砌
	名称	单位	单价（元）	定额耗用量					
人工	综合工日	工日	65.00	1.36	2.03	2.27	1.50	0.91	1.63
材料	毛石	m³	79.30	1.180	1.220	1.220	1.180	1.180	1.180
	M5 水泥砂浆	m³	221.31	0.340	0.310	0.310	0.340		0.340
机械	机械费	%	人工费%	9.00	9.00	27.70	9.00		9.00
基价表	人工费（元）			88.40	131.95	147.55	97.50	59.15	105.95
	材料费（元）			168.82	165.35	165.35	168.82	93.57	168.82
	机械费（元）			7.96	11.88	40.87	8.78		9.54
	基价（元）			265.18	309.18	353.77	275.10	152.72	284.31

注：1. 石墙按单面清水考虑，双面清水人工乘系数 1.25。2. 圆弧形墙的弧形部分每立方米增加人工 0.14 工日。
　　3. 护坡高度超过 3.6m 者，人工乘系数 1.55。4. 围墙按石墙到顶定额执行。地沟、水池、小型砌体按窗台下石墙计算。

2. "综合单价分析表"的计算

(1) 单价栏内"管理费和利润"＝(人工费＋材料费＋机械费)×(管理费和利润率)＝ (131.95＋165.36＋11.88)×0.12＝37.10 元/m³。

(2) 合价栏内：

"人工费"＝"工程量"×单价栏人工费＝0.44×131.95＝58.06 元；

"材料费"＝"工程量"×单价栏材料费＝0.44×165.35＝72.75 元；

"机械费"＝"工程量"×单价栏机械费＝0.44×11.88＝5.23 元；

"管理费和利润"＝"工程量"×单价栏(管理费和利润)＝0.44×37.10＝16.32 元。

(3) "清单项目综合单价"＝(∑人工费＋∑材料费＋∑机械费＋∑管理费和利润)÷ "工程量"＝(58.06＋72.75＋5.23＋16.32)÷0.44＝346.27 元/m³。将计算结果填入表 3- 13 内。

(二)"鼓蹬石"综合单价分析

1. "综合单价分析表"的填写

(1) 鼓蹬石即柱顶石，依"清单表"所列名称、编码、计量单位和工程量＝24 只、 管理费和利润 12％等数据，依此填入表 3-15 中深灰色所示。

综合单价分析表　　　　　　　　　　　　　　　　　　　表 3-15

工程名称：水榭建筑工程　　　　　标段：砖作工程　　　　第　页　共　页

项目编码	020206001001		项目名称		鼓蹬石		计量单位	只	工程量	24.00

清单综合单价组成明细

定额编号	定额名称	定额单位	数量	单价			12%	合价			
				人工费	材料费	机械费	管理费和利润	人工费	材料费	机械费	管理费和利润
套 2-260	鼓蹬石	个	1	337.22	31.55	0.00	44.25	8093.28	757.20	0.00	1062.00
人工单价				小计				8093.28	757.20	0.00	1062.00
65 元/工日				未计价材料费							
清单项目综合单价								413.02			

材料费明细	主要材料名称、规格、型号	单位	数量	单价(元)	合价(元)	暂估单价	暂估合价(元)
	毛料石 43cm×43cm×23cm	m³	0.0450	668.00	30.06		0.00
	钨钢头	kg	0.022	9.23	0.20		0.00
	砂轮片	片	0.005	2.60	0.01		0.00
	焦炭	kg	0.212	0.78	0.17		0.00
	圆钢	kg	0.145	4.03	0.58		0.00
	其他材料费	元	0.40	1.30	0.52		0.00
	其他材料费				0.00		0.00
	材料费小计				31.55		0.00

(2) 根据《仿古定额基价表》第二册，套用定额摘录如表 3-16 所示，按"清单表" 提供的鼓蹬规格 φ300×200mm，选用定额编号 2-260 项，定额单位为个，人工费＝

337.22 元/个、材料费＝31.55 元/个，工日单价＝65 元/个，依此填入表 3-15 中上半部分浅灰色所示。该表下半部分"材料费明细"浅灰色所示的材料名称、单位、数量和单价，直接从表 3-16 中定额编号 2-260 项选用填入，并经计算得出鼓磴材料费单价"31.55"，以显示其价格分析的组成情况。

7　石作配件　　　　　　　　　　表 3-16

工作内容：选料、放样、画线、加工成型、铺砌就位。　　　　　　　计量单位：个

编　号			2-258	2-259	2-260	2-261	2-262	2-263	2-264	2-265
项　目			鼓磴制作安装　二遍剁斧							
			圆形（规格：cm）				方形（规格：cm）			
			ϕ56 内	ϕ40 内	ϕ30 内	ϕ20 内	50×50	36×36	26×26	20×20
			厚36 内	厚26 内	厚20 内	厚13 内	厚29 内	厚21 内	厚15 内	厚12 内
名称	单位	单价（元）	定额耗用量							
人工	综合工日	工日	65.00	11.155	7.949	5.188	2.191	10.141	6.115	3.753	2.684
材料	毛料石 75cm×75cm×38cm	m³	719	0.2300							
	毛料石 55cm×55cm×29cm	m³	719		0.0920						
	毛料石 43cm×43cm×23cm	m³	668			0.0450					
	毛料石 29cm×29cm×16cm	m³	668				0.0150				
	毛料石 61cm×61cm×32cm	m³	719					0.1250			
	毛料石 46cm×46cm×24cm	m³	719						0.0540		
	毛料石 34cm×34cm×24cm	m³	668							0.0220	
	毛料石 27cm×27cm×15cm	m³	486								0.0115
	钨钢头	kg	9.23	0.046	0.033	0.022	0.0093	0.041	0.025	0.016	0.011
	砂轮片	片	2.60	0.011	0.008	0.005	0.002	0.010	0.006	0.004	0.003
	焦炭	kg	0.78	0.454	0.323	0.212	0.091	0.404	0.019	0.152	0.101
	圆钢	kg	4.03	0.314	0.221	0.145	0.062	0.282	0.138	0.104	0.075
	其他材料费	元	1.30	0.53	0.40	0.40	0.26	0.53	0.40	0.32	0.26
基价表	人工费（元）			725.08	516.69	337.22	142.42	659.17	397.48	243.95	174.46
	材料费（元）			168.11	68.13	31.55	10.77	92.41	40.16	15.81	6.42
	机械费（元）			0.00	0.00	0.00	0.00	0.00	0.00	0.00	0.00
	基价（元）			893.18	584.81	368.77	153.19	751.57	437.63	259.76	180.88

2．"综合单价分析表"的计算

（1）单价栏内"管理费和利润"＝（人工费＋材料费＋机械费）×（管理费和利润率）＝（337.22＋31.55）×0.12＝44.25 元/个。

（2）合价栏内：

"人工费"＝"工程量"×单价栏人工费＝24×337.22＝8093.28 元；

"材料费"＝"工程量"×单价栏材料费＝24×31.55＝757.20 元；

"管理费和利润"＝"工程量"×单价栏（管理费和利润）＝24×44.25＝1062.00 元。

（3）"清单项目综合单价"＝（∑人工费＋∑材料费＋∑机械费＋∑管理费和利润）÷

"工程量"＝（8093.28＋757.20＋1062.00）÷24＝413.02 元/个。将计算结果填入表3-15内。

（三）填写"清单表"内石作项目的计价内容

当石作工程的项目计算完成后，将所求得的"清单项目综合单价"，毛石踏跺＝346.27 元/m³，鼓蹬石＝413.02 元/个等，返回填写到"分部分项工程量清单与计价表"的"综合单价"栏内，并随即计算出合价，即毛石踏跺＝0.44×346.27＝153.02 元，鼓蹬石＝24×413.02＝9912.48 元，石作工程＝153.02＋9912.48＝10065.50 元，如表3-17所示。

分部分项工程和单价措施项目清单与计价表　　　　**表 3-17**

工程名称：水榭建筑工程　　　　　标段：　　　　　　　　第 1 页　共 1 页

序号	项目编码	项目名称	项目特征描述	计量单位	工程量	金额（元）		
						综合单价	合价	其中暂估价
	房 A	土方工程					938.82	
1	010101001001	平整场地	本场地内 30cm 以内挖填找平	m²	122.25	4.08	498.78	
2	010101003001	挖地槽	挖地槽深 0.5m，槽宽 0.5m，三类土	m³	10.99	40.04	440.04	
	A	砖作工程					16612.54	
1	020101003001	台明糙砖墙基	M5 水泥砂浆砌筑，露明部分清水勾缝 12.06m²	m³	17.57	357.37	6278.99	
2	020101003002	后檐砖墙	M5 石灰水泥砂浆砌筑。做牖窗 3.72m²	m³	9.82	502.10	4930.62	
3	020101003003	砖坐槛空花矮墙	M5 水泥石灰砂浆，坐槛面无线脚无榫簧 20.06m	m³	2.17	2489.83	5402.93	
	B	石作工程					10065.50	
1	0202001002001	毛石踏跺	毛石台阶，M5 水泥砂浆砌筑	m³	0.44	346.27	153.02	
2	020206001001	鼓蹬石	φ300×200mm，达到二遍剁斧等级	只	24.00	413.02	9912.48	

四、木作工程项目清单计价

木作工程项目清单有：廊柱、步柱、童柱、梁、廊川、老戗、嫩戗、圆桁、木机、木枋、木椽、夹堂山花隔扇等。

（一）"廊柱"综合单价分析

1. "综合单价分析表"的填写

（1）廊柱依"清单表"所列项目编码、项目名称、计量单位和工程量＝1.623m³、管理费和利润 12％等数据，依此填入表 3-18 中深灰色所示。

综合单价分析表 表 3-18

工程名称：水榭建筑工程　　　标段：木作工程　　　第　页 共　页

项目编码	020501001001		项目名称		φ20 廊柱	计量单位	m³	工程量	1.623

清单综合单价组成明细

定额编号	定额名称	定额单位	数量	单价			12%	合价			
				人工费	材料费	机械费	管理费和利润	人工费	材料费	机械费	管理费和利润
套 3-442	φ20 廊柱	m³	1	1784.25	2171.33	285.48	508.93	2895.84	3524.07	463.33	825.99
人工单价			小计					2895.84	3524.07	463.33	825.99
65 元/工日			未计价材料费								
清单项目综合单价								4748.99			

	主要材料名称、规格、型号		单位	数量	单价(元)	合价(元)	暂估单价(元)	暂估合价(元)
材料费明细	原木		m³	1.210	1755	2123.55		0.00
	样板料		m³	0.011	2990	32.89		0.00
	其他材料费		元	11.45	1.30	14.89		0.00
	其他材料费					0.00		0.00
	材料费小计					2171.33		0.00

（2）按项目清单所列，φ200mm 廊柱，在《仿古定额基价表》第二册内没有此种规格，因此按《仿古定额基价表》第二册第四节，套用定额摘录如表 3-19 所示，选用定额编号 3-442 项，定额单位 m³，人工费＝1784.25 元/m³；材料费＝2171.33 元/m³；机械费＝285.48 元/m³，依此填入表 3-19 中浅灰色所示。

（一）木构件制作　　　　　　　表 3-19
1 柱类　　　　　　　　　　计量单位：m³

编　号			3-442	3-443	3-444	3-445	3-446	3-447	3-448	3-449
项　目			檐柱、单檐金柱（柱径在）				重檐金柱、通柱、牌楼柱（柱径在）			
			20cm以下	25cm以下	30cm以下	30cm以上	25cm以下	30cm以下	40cm以下	40cm以上
名称	单位	单价(元)	定额耗用量							
人工	综合工日	工日	65.00	27.450	22.810	17.080	13.300	26.840	19.760	14.030	11.710
材料	原木	m³	1755	1.210	1.210	1.210	1.210	1.210	1.210	1.210	1.210
	样板料	m³	2990	0.011	0.011	0.011	0.011	0.011	0.011	0.011	0.011
	其他材料费	元	1.30	11.45	11.45	11.45	11.45	11.45	11.45	11.45	11.45
机械	机械费	%	人工费%	16.00	16.00	16.00	16.00	16.00	16.00	16.00	16.00
基价表	人工费(元)			1784.25	1482.65	1110.20	864.50	1744.60	1284.40	911.95	761.15
	材料费(元)			2171.33	2171.33	2171.33	2171.33	2171.33	2171.33	2171.33	2171.33
	机械费(元)			285.48	237.22	177.63	138.32	279.14	205.50	145.91	121.78
	基价(元)			4241.06	3891.20	3459.16	3174.15	4195.06	3661.23	3229.19	3054.26

2. "综合单价分析表"的计算

(1) 单价栏内"管理费和利润"＝(人工费＋材料费＋机械费)×(管理费和利润率)＝(1784.25＋2171.33＋285.48)×0.12＝508.93 元/m³。

(2) 合价栏内：

"人工费"＝"工程量"×单价栏人工费＝1.623×1784.25＝2895.84 元；

"材料费"＝"工程量"×单价栏材料费＝1.623×2171.33＝3524.07 元；

"机械费"＝"工程量"×单价栏材料费＝1.623×285.48＝463.33 元；

"管理费和利润"＝"工程量"×单价栏(管理费和利润)＝1.623×508.93＝825.99 元。

(3) "清单项目综合单价"＝(∑人工费＋∑材料费＋∑机械费＋∑(管理费和利润))÷"工程量"＝(2895.84＋3524.07＋463.33＋825.99)÷1.623＝4749.99 元/m³。将计算结果填入表 3-18 内。

(二)"步柱"综合单价分析

1. "综合单价分析表"的填写

(1) 步柱依"清单表"所列项目名称、项目编码、计量单位及工程量＝2.212m³、管理费和利润 12％等数据，依此填入表 3-20 中灰色所示。

综合单价分析表

表 3-20

工程名称：水榭建筑工程　　　标段：木作工程　　　第　页　共　页

项目编码	020501001002		项目名称		φ22 步柱		计量单位	m³	工程量	2.212

清单综合单价组成明细

定额编号	定额名称	定额单位	数量	单价			12%	合价			
				人工费	材料费	机械费	管理费和利润	人工费	材料费	机械费	管理费和利润
套 3-443	φ22 步柱	m³	1	1482.65	2171.33	237.22	466.94	3279.62	4802.98	524.73	1032.87
人工单价			小计					3279.62	4802.98	524.73	1032.87
65 元/工日			未计价材料费								
清单项目综合单价								4358.14			

材料费明细	主要材料名称、规格、型号				单位	数量	单价(元)	合价(元)	暂估单价	暂估合价(元)
	原木				m³	1.210	1755	2123.55		0.00
	样板料				m³	0.011	2990	32.89		0.00
	其他材料费				元	11.45	1.30	14.89		0.00
	材料费小计							2171.33		0.00

(2) 按项目清单所列，φ220mm 步柱，在《仿古定额基价表》第二册内没有此种规格，因此按《仿古定额基价表》第二册第四节，套用定额如表 3-19 所示，选用定额编号 3-443 项，定额单位 m³，人工费＝1482.65 元/m³；材料费＝2171.33 元/m³；机械费＝237.22 元/m³，依此填入表 3-20 中浅灰色所示。

2. "综合单价分析表"的计算

(1) 单价栏内"管理费和利润"＝(人工费＋材料费＋机械费)×(管理费和利润率)＝

$(1482.65 + 2171.33 + 237.22) \times 0.12 = 466.94$ 元/m³。

（2）合价栏内：

"人工费"＝"工程量"×单价栏人工费＝$2.212 \times 1482.65 = 3279.62$ 元；

"材料费"＝"工程量"×单价栏材料费＝$2.212 \times 2171.33 = 4802.98$ 元；

"机械费"＝"工程量"×单价栏材料费＝$2.212 \times 237.22 = 524.73$ 元；

"管理费和利润"＝"工程量"×单价栏（管理费和利润）＝$2.212 \times 466.94 = 1032.87$ 元。

（3）"清单项目综合单价"＝（∑人工费＋∑材料费＋∑机械费＋∑管理费和利润）÷"工程量"＝$(3279.62 + 4802.98 + 524.73 + 1032.87) \div 2.212 = 4358.14$ 元/m³。将计算结果填入表 3-20 内。

（三）"圆童柱"综合单价分析

1. "综合单价分析表"的填写

依"清单表"所列项目名称、项目编码、ϕ16 圆童柱＝0.155m³、管理费和利润 12%等数据，依此填入表 3-21 中深灰色所示。

按项目清单所列，童柱在《仿古定额基价表》第二册内没有此种规格，因此按《仿古定额基价表》第二册第四节，套用定额如表 3-19 所示，选用定额编号 3-454 项（此表未列全），定额单位 m³，人工费＝1570.40 元/m³；材料费＝2171.33 元/m³；机械费＝215.26 元/m³，依此填入表 3-21 中浅灰色所示。

综合单价分析表　　　　　　　　　　　　　　表 3-21

工程名称：水榭建筑工程　　　　标段：木作工程　　　　第　页　共　页

| 项目编码 | 020501004005 | | 项目名称 | | 圆童柱 | | 计量单位 | m³ | 工程量 | 0.155 |

清单综合单价组成明细

定额编号	定额名称	定额单位	数量	单价			12%	合价			
				人工费	材料费	机械费	管理费和利润	人工费	材料费	机械费	管理费和利润
套 3-454	圆童柱	m³	1	1570.40	2171.33	215.26	474.84	243.41	336.56	33.37	73.60
人工单价			小计					243.41	336.56	33.37	73.60
65 元/工日			未计价材料费								
清单项目综合单价								4431.87			

材料费明细	主要材料名称、规格、型号	单位	数量	单价（元）	合价（元）	暂估单价	暂估合价（元）
	原木	m³	1.210	1755	2123.55		0.00
	样板料	m³	0.011	2990	32.89		0.00
	其他材料费	元	11.45	1.30	14.89		0.00
	材料费小计				2171.33		0.00

2. "综合单价分析表"的计算

（1）单价栏内"管理费和利润"＝（人工费＋材料费＋机械费）×（管理费和利润率）＝$(1570.40 + 2171.33 + 215.26) \times 0.12 = 474.84$ 元/m³。

（2）合价栏内：

"人工费"＝"工程量"×单价栏人工费＝0.155×1570.40＝243.41元；

"材料费"＝"工程量"×单价栏材料费＝0.155×2171.33＝336.56元；

"机械费"＝"工程量"×单价栏材料费＝0.155×215.26＝33.37元；

"管理费和利润"＝"工程量"×单价栏（管理费和利润）＝0.155×474.84＝73.60元。

（3）"清单项目综合单价"＝（∑人工费＋∑材料费＋∑机械费＋∑管理费和利润）÷"工程量"＝（243.41＋336.56＋33.37＋73.60）÷0.155＝4431.87元/m³。将计算结果填入表3-21内。

（四）"梁类"综合单价分析

1. "综合单价分析表"的填写

依"清单表"所列项目名称、项目编码和特征，ϕ24 梁类＝1.734m³、管理费和利润12%等数据，依此填入表3-22中深灰色所示。

综合单价分析表   表 3-22

工程名称：　水榭建筑工程　　　　标段：　木作工程　　　　第　页　共　页

项目编码	020502001001		项目名称		梁类	计量单位	m³	工程量	1.734

清单综合单价组成明细

定额编号	定额名称	定额单位	数量	单价			12%	合计			
				人工费	材料费	机械费	管理费和利润	人工费	材料费	机械费	管理费和利润
套 2-399	梁类	m³	1	2078.05	2017.37	83.12	501.42	3603.34	3498.12	144.13	869.46
人工单价		小计						3603.34	3498.12	144.13	869.46
65 元/工日		未计价材料费									
清单项目综合单价								4679.96			

材料费明细	主要材料名称、规格、型号	单位	数量	单价（元）	合价（元）	暂估单价	暂估合价（元）
	原木	m³	1.142	1755.00	2004.21		0.00
	铁件	kg	0.50	6.24	3.12		0.00
	其他材料费	%	0.50%	材料费%	10.04		0.00
	材料费小计				2017.37		0.00

按项目清单所列，ϕ240mm 大梁按《仿古定额基价表》第二册第五节，套用定额摘录如表3-23所示，选用定额编号2-399项，定额单位 m³，人工费＝2078.05元/m³；材料费＝2017.37元/m³；机械费＝83.12元/m³，依此填入表3-22中浅灰色所示。

2. "综合单价分析表"的计算

（1）单价栏内"管理费和利润"＝（人工费＋材料费＋机械费）×（管理费和利润率）＝（2078.05＋2017.37＋83.12）×0.12＝501.42元/m³。

（2）合价栏内：

"人工费"＝"工程量"×单价栏人工费＝1.734×2078.05＝3603.34元；

3　圆梁、扁作梁、枋子、夹底、斗盘枋、桁条　　　　　　表 3-23

计量单位：1m³

编　号			2-399	2-400	2-401	2-402	2-403	2-404	2-405	2-406
项　　目			圆梁		扁作梁		枋子、夹底、斗盘枋		枋子	
			大梁、山界梁、双步、川、矮柱		大梁、承重、山界梁、轩梁、荷包梁、双步		厚8以内	厚12以内	厚15以内	厚15以外
			φ24以内	φ24以外	厚24以内	厚24以外				
	名称	单位	单价(元)		定额耗用量					
人工	综合工日	工日	65.00	31.970	35.270	20.760	17.910	15.890	12.420	10.690	7.870
材料	原木	m³	1755	1.142	1.217						
	枋材	m³	2990			1.090	1.083	1.170	1.162	1.172	1.092
	水柏油	kg	2.21			1.230	0.620	1.050	1.870		
	圆钉	kg	8.06			0.550	0.550				
	铁件	kg	6.24	0.500	0.500	0.500	0.500			1.530	0.820
	其他材料费	%	材料费%	0.50	0.50	0.50	0.50	0.50	0.50	0.50	0.50
机械	机械费	%	人工费%	4.00	4.00	4.00	4.00	4.00	4.00	4.00	4.00
基价表	人工费(元)			2078.05	2292.55	1349.40	1164.15	1032.85	807.30	694.85	511.55
	材料费(元)			2017.37	2149.65	3285.72	3263.33	3518.12	3495.91	3531.40	3286.55
	机械费(元)			83.12	91.70	53.98	46.57	41.31	32.29	27.79	20.46
	基价(元)			4178.54	4533.90	4689.09	4474.04	4592.29	4335.50	4254.04	3818.56

"材料费" = "工程量" ×单价栏材料费＝1.734×2017.37＝3498.12 元；

"机械费" = "工程量" ×单价栏材料费＝1.734×83.12＝144.13 元；

"管理费和利润" = "工程量" ×单价栏（管理费和利润）＝1.734×501.42＝869.46 元。

（3）"清单项目综合单价" ＝（Σ人工费＋Σ材料费＋Σ机械费＋Σ管理费和利润）÷ "工程量" ＝（3603.34＋3498.12＋144.13＋869.46）÷1.734＝4679.96 元/m³。将计算结果填入表 3-22 内。

（五）"老戗"综合单价分析

1．"综合单价分析表"的填写

（1）依"清单表"所列项目名称、项目编码、老戗＝0.146m³，其，管理费和利润 12%等数据，依此填入表 3-24 中深灰色所示。

（2）按项目清单所列，依《仿古定额基价表》第二册第五节，老戗规格 10cm× 12cm，截面周长为 44cm，采用定额摘录如表 3-25 所示，选用编号 2-464 项，定额单位 m³，人工费＝2438.80 元/m³；材料费＝3505.57 元/m³；机械费＝41.46 元/m³，依此填入表 3-24 中浅灰色所示。

2．"综合单价分析表"的计算

（1）单价栏内"管理费和利润"＝（人工费＋材料费＋机械费）×（管理费和利润率）＝（2438.80＋3505.57＋41.46）×0.129＝718.30 元/m³。

综合单价分析表　　　　　　　　　　　　　表 3-24

工程名称：水榭建筑工程　　　　标段：木作工程　　　　　　第　页　共　页

| 项目编码 | 020506001001 | 项目名称 | | 老戗 | 计量单位 | m³ | 工程量 | 0.146 |

清单综合单价组成明细

定额编号	定额名称	定额单位	数量	单价			12%	合价			
				人工费	材料费	机械费	管理费和利润	人工费	材料费	机械费	管理费和利润
套 2-464	老戗	m³	1	2438.80	3505.57	41.46	718.30	356.06	511.81	6.05	104.87
人工单价		小计						356.06	511.81	6.05	104.87
65 元/工日		未计价材料费									
清单项目综合单价								6704.19			

材料费明细	主要材料名称、规格、型号	单位	数量	单价（元）	合价（元）	暂估单价	暂估合价（元）
	枋材	m³	1.156	2990	3456.44		0.00
	铁件	kg	5.300	5.98	31.69		0.00
	其他材料费	%	0.50%	材料费%	17.44		0.00
	材料费小计				3505.57		0.00

11　戗角　　　　　　　　　　　　　　　　表 3-25

工作内容：1. 制作：放样、选料、运料、断料、錾剥、刨光、起线、凿眼、锯榫、汇榫。
　　　　　2. 安装：校正、固定、搭拆简易脚手架。　　　　　　　计量单位：1m³

编　号			2-464	2-465	2-466	2-467	2-468	2-469	2-470	2-471
项　目			老戗木(cm)				嫩戗木(cm)			
			周长60内	周长80内	周长110内	周长140内	周长55内	周长70内	周长100内	周长120内
名称	单位	单价(元)	定额耗用量							
人工 综合工日	工日	65.00	37.520	28.830	19.350	12.810	80.530	47.400	26.270	23.320
材料 枋材	m³	2990	1.156	1.167	1.089	1.080	1.129	1.084	1.073	1.091
铁件	kg	5.98	5.300	3.490	3.040	3.280				
其他材料费	%	材料费%	0.50	0.50	0.50	0.50	0.50	0.50	0.50	0.50
机械 机械费	%	人工费%	1.70	1.70	1.70	1.70	1.70	1.70	1.70	1.70
基价表 人工费(元)			2438.80	1873.95	1257.75	832.65	5234.45	3081.00	1707.55	1515.80
材料费(元)			3505.57	3527.75	3290.66	3265.06	3392.59	3257.37	3224.31	3278.40
机械费(元)			41.46	31.86	21.38	14.16	88.99	52.38	29.03	25.77
基价(元)			5985.83	5433.56	4569.79	4111.86	8716.02	6390.74	4960.89	4819.97

（2）合价栏内：

"人工费"＝"工程量"×单价栏人工费＝0.146×2438.80＝356.06 元；

"材料费"＝"工程量"×单价栏材料费＝0.146×3505.57＝511.81 元；

"机械费"＝"工程量"×单价栏材料费＝0.146×41.46＝6.05 元；

"管理费和利润"＝"工程量"×单价栏（管理费和利润）＝0.146×718.30＝104.87 元。

（3）"清单项目综合单价"＝（∑人工费＋∑材料费＋∑机械费＋∑管理费和利润）÷

"工程量"＝(356.06＋511.81＋6.05＋104.87)÷0.146＝6704.04 元/m³。将计算结果填入表 3-24 内。

(六)"嫩戗"综合单价分析

1. "综合单价分析表"的填写

依"清单表"所列项目名称、项目编码、嫩戗工程量及单位＝0.014m³、管理费和利润 12％等数据，依此填入表 3-26 中深灰色所示。

综合单价分析表

表 3-26

工程名称：　水榭建筑工程　　　　　标段：　木作工程　　　　第　页　共　页

项目编码	020506001002		项目名称			嫩戗		计量单位	m³	工程量	0.014

清单综合单价组成明细

定额编号	定额名称	定额单位	数量	单价			12%	合价			
				人工费	材料费	机械费	管理费和利润	人工费	材料费	机械费	管理费和利润
套 2-468	嫩戗	m³	1	5234.45	3392.59	88.99	1045.92	73.28	47.50	1.25	14.64
人工单价			小计					73.28	47.50	1.25	14.64
65 元/工日			未计价材料费								
清单项目综合单价								9762.14			

材料费明细	主要材料名称、规格、型号			单位	数量	单价（元）	合价（元）	暂估单价	暂估合价（元）
	枋材			m³	1.129	2990	3375.71		0.00
	其他材料费			%	0.50%	材料费%	16.88		0.00
	材料费小计						3392.59		0.00

按项目清单所列，依《仿古定额基价表》第二册第五节，嫩戗规格 10cm×8cm，截面周长为 36cm，采用定额如表 3-25 所示，选用定额编号 2-468 项，定额单位 m³，人工费＝5234.45 元/m³；材料费＝3392.59 元/m³；机械费＝88.99 元/m³，依此填入表 3-26 中浅灰色所示。

2. "综合单价分析表"的计算

单价栏内"管理费和利润"＝(人工费＋材料费＋机械费)×(管理费和利润率)＝(5234.45＋3392.59＋88.99)×0.12＝1045.92 元/m³。

合价栏内：

"人工费"＝"工程量"×单价栏人工费＝0.014×5234.45＝73.28 元；

"材料费"＝"工程量"×单价栏材料费＝0.014×3392.59＝47.50 元；

"机械费"＝"工程量"×单价栏材料费＝0.014×88.99＝1.25 元；

"管理费和利润"＝"工程量"×单价栏(管理费和利润)＝0.014×1045.92＝14.64 元。

"清单项目综合单价"＝(∑人工费＋∑材料费＋∑机械费＋∑管理费和利润)÷"工程量"＝(73.28＋47.50＋1.25＋14.64)÷0.014＝9762.14 元/m³。将计算结果填入表 3-26内。

（七）"圆桁类"综合单价分析

1. "综合单价分析表"的填写

（1）依"清单表"所列项目编码、项目名称、圆桁工程量及单位＝2.319m³、管理费和利润12％等数据，将此填入表3-27中深灰色所示。

综合单价分析表　　　　　　　　　　　　　　表3-27

工程名称：　水榭建筑工程　　　　标段：　木作工程　　　　第　页　共　页

| 项目编码 | 020503001001 | | 项目名称 | | 圆桁类 | | 计量单位 | m³ | 工程量 | 2.319 |

清单综合单价组成明细

定额编号	定额名称	定额单位	数量	单价			12%	合价			
				人工费	材料费	机械费	管理费和利润	人工费	材料费	机械费	管理费和利润
套 2-408	圆桁类	m³	1	879.45	2060.83	35.18	357.06	2039.44	4779.06	81.58	828.02
人工单价		小计						2039.44	4779.06	81.58	828.02
65 元/工日		未计价材料费									
清单项目综合单价								3332.51			

材料费明细	主要材料名称、规格、型号	单位	数量	单价（元）	合价（元）	暂估单价	暂估合价（元）
	原木	m³	1.166	1755	2046.33		0.00
	水柏油	kg	0.10	2.21	0.22		0.00
	圆钉	kg	0.50	8.06	4.03		0.00
	其他材料费	％	0.50%	材料费%	10.25		
	材料费小计				2060.83		0.00

（2）按项目清单所列，依《仿古定额基价表》第二册第五节，廊桁规格 φ160mm，采用定额摘录如表3-28所示，选用定额编号 2-408 项，定额单位 m³，人工费＝879.45 元/m³；材料费＝2060.83 元/m³；机械费＝35.18 元/m³，依此填入表3-27中浅灰色所示。

2. "综合单价分析表"的计算

（1）单价栏内"管理费和利润"＝（人工费＋材料费＋机械费）×（管理费和利润率）＝（879.45＋2060.83＋35.18）×0.12＝357.06 元/m³。

（2）合价栏内：

"人工费"＝"工程量"×单价栏人工费＝2.319×879.45＝2039.44 元；

"材料费"＝"工程量"×单价栏材料费＝2.319×2060.83＝4779.06 元；

"机械费"＝"工程量"×单价栏材料费＝2.319×35.18＝81.58 元；

"管理费和利润"＝"工程量"×单价栏（管理费和利润）＝2.319×357.06＝828.02 元。

（3）"清单项目综合单价"＝（Σ人工费＋Σ材料费＋Σ机械费＋Σ管理费和利润）÷"工程量"＝（2039.44＋4779.06＋81.58＋828.02）÷2.319＝3332.51 元/m³。将计算结果填入表3-27内。

圆桁条 表 3-28

计量单位：1m³

编　号			2-407	2-408	2-409	2-410	2-411	2-412	2-413	2-414
项　目			圆木桁条（直径：cm）							
			ϕ12 以内	ϕ16 以内	ϕ20 以内	ϕ24 以内	ϕ28 以内	ϕ32 以内	ϕ36 以内	ϕ40 以内
名称	单位	单价(元)	定额耗用量							
人工	综合工日	工日	65.00	19.980	13.530	8.830	7.150	5.680	5.070	4.390	3.590
材料	原木	m³	1755	1.204	1.166	1.143	1.131	1.120	1.111	1.108	1.095
	水柏油	kg	2.21	0.100	0.100	0.100	0.100	0.100	0.100	0.100	0.100
	圆钉	kg	8.06	0.50	0.50	0.50	0.50	0.50	0.50	0.50	0.50
	其他材料费	%	材料费%	0.50	0.50	0.50	0.50	0.50	0.50	0.50	0.50
机械	机械费	%	人工费%	4.00	4.00	4.00	4.00	4.00	4.00	4.00	4.00
基价表	人工费(元)			1298.70	879.45	573.95	464.75	369.20	329.55	285.35	233.35
	材料费(元)			2127.86	2060.83	2020.27	1999.10	1979.70	1963.83	1958.53	1935.61
	机械费(元)			51.95	35.18	22.96	18.59	14.77	13.18	11.41	9.33
	基价(元)			3478.51	2975.46	2617.18	2482.44	2363.67	2306.56	2255.30	2178.29

（八）"木机类"综合单价分析

1."综合单价分析表"的填写

（1）依"清单表"所列项目编码、项目名称、木机类工程量及单位＝0.318m³、管理费和利润 12％等数据，依此填入表 3-29 中深灰色所示。

综合单价分析表 表 3-29

工程名称：　水榭建筑工程　　　　标段：　木作工程　　　　第　页　共　页

项目编码	020503003001			项目名称			木机类	计量单位	m³	工程量	0.318

清单综合单价组成明细

定额编号	定额名称	定额单位	数量	单价			12%	合价			
				人工费	材料费	机械费	管理费和利润	人工费	材料费	机械费	管理费和利润
套 2-429	木机类	m³	1	1558.70	3506.37	62.35	615.29	495.67	1115.03	19.83	195.66
人工单价			小计					495.67	1115.03	19.83	195.66
65 元/工日			未计价材料费								
清单项目综合单价								5742.74			

材料费明细	主要材料名称、规格、型号	单位	数量	单价（元）	合价（元）	暂估单价	暂估合价（元）
	枋材	m³	1.15	2990.00	3426.54		0.00
	圆钉	kg	7.74	8.06	62.38		0.00
	其他材料费	%	0.50%	材料费%	17.44		0.00
	材料费小计				3506.37		0.00

(2) 按项目清单所列，依《仿古定额基价表》第二册第五节，木机规格 8cm×6.5cm；其厚度在 5cm 以外，采用定额摘录如表 3-30 所示，选用定额编号 2-429 项，定额单位 m³，人工费＝1558.70 元/m³；材料费＝3506.37 元/m³；机械费＝62.35 元/m³，依此填入表 3-29 中浅灰色所示。

4　方木桁条、轩桁、连机

表 3-30

计量单位：1m³

编　号			2-423	2-424	2-425	2-426	2-427	2-428	2-429	2-430
项　目			方木桁条(cm)			方木轩桁(cm)			方木连机(cm)	
			厚11以内	厚14以内	厚14以外	厚11以内	厚14以内	厚14以外	厚5以外	厚8以外
名称	单位	单价(元)	定额耗用量							
人工　综合工日	工日	65.00	7.380	5.740	5.130	12.530	10.260	8.550	23.980	10.300
材料　枋材	m³	2990	1.134	1.114	1.107	1.134	1.114	1.107	1.146	1.111
材料　水柏油	kg	2.21	0.100	0.100	0.100	0.100	0.100	0.100	0.100	0.100
材料　圆钉	kg	8.06	0.50	0.50	0.50	0.50	0.50	0.50	7.74	1.80
材料　其他材料费	%	材料费%	0.50	0.50	0.50	0.50	0.50	0.50	0.50	0.50
机械　机械费	%	人工费%	4.00	4.00	4.00	4.00	4.00	4.00	4.00	4.00
基价表　人工费(元)			479.70	373.10	333.45	814.45	666.90	555.75	1558.70	669.50
基价表　材料费(元)			3411.89	3351.79	3330.75	3411.89	3351.79	3330.75	3506.37	3353.08
基价表　机械费(元)			19.19	14.92	13.34	32.58	26.68	22.23	62.35	26.78
基价表　基价(元)			3910.77	3739.81	3677.54	4258.91	4045.36	3908.73	5127.42	4049.36

2. "综合单价分析表"的计算

(1) 单价栏内"管理费和利润"＝(人工费＋材料费＋机械费)×(管理费和利润率)＝(1558.70＋3506.37＋62.35)×0.12＝615.29 元/m³。

(2) 合价栏内：

"人工费"＝"工程量"×单价栏人工费＝0.318×1558.70＝495.67元；

"材料费"＝"工程量"×单价栏材料费＝0.318×3506.37＝1115.03元；

"机械费"＝"工程量"×单价栏材料费＝0.318×62.35＝19.83元；

"管理费和利润"＝"工程量"×单价栏(管理费和利润)＝0.318×615.29＝195.66元。

(3) "清单项目综合单价"＝(∑人工费＋∑材料费＋∑机械费＋∑管理费和利润)÷"工程量"＝(495.67＋1115.03＋19.83＋195.66)÷0.318＝5742.74元/m³。将计算结果填入表3-29内。

(九) "木枋类"综合单价分析

1. "综合单价分析表"的填写

(1) 依"清单表"所列项目名称、项目编码、木枋类工程量及单位＝2.119m³、管理费和利润 12% 等数据，依此填入表 3-31 中深灰色所示。

(2) 按项目清单所列，依《仿古定额基价表》第二册第五节，木机规格 54cm×8cm，其厚度在 8cm 以内，采用上述摘录定额表 3-23 所示，选用定额编号 2-403 项，定额单位 m³，人工费＝1032.85 元/m³；材料费＝3518.12 元/m³；机械费＝41.31 元/m³，依此填入表 3-31 中浅灰色所示。

综合单价分析表　　　　　　　　　表 3-31

工程名称：　水榭建筑工程　　　　　标段：　木作工程　　　　　第　页　共　页

| 项目编码 | 020503004001 | 项目名称 | | 木枋类 | | 计量单位 | m³ | 工程量 | 2.119 |

清单综合单价组成明细

定额编号	定额名称	定额单位	数量	单价			12%	合价			
				人工费	材料费	机械费	管理费和利润	人工费	材料费	机械费	管理费和利润
套 2-403	木枋类	m³	1	1032.85	3518.12	41.31	551.07	2188.61	7454.90	87.54	1167.72
人工单价			小计					2188.61	7454.90	87.54	1167.72
65 元/工日			未计价材料费								
清单项目综合单价								5143.36			

材料费明细	主要材料名称、规格、型号	单位	数量	单价（元）	合价（元）	暂估单价（元）	暂估合价（元）
	枋材	m³	1.17	2990.00	3498.30		0.00
	水柏油	kg	1.05	2.21	2.32		0.00
	其他材料费	%	0.50%	材料费%	17.50		0.00
	材料费小计				3518.12		0.00

2. "综合单价分析表"的计算

（1）单价栏内"管理费和利润"=（人工费+材料费+机械费）×（管理费和利润率）=（1032.85+3518.12+41.31）×0.12=551.07 元/m³。

（2）合价栏内：

"人工费"="工程量"×单价栏人工费=2.119×1032.85=2188.61元；

"材料费"="工程量"×单价栏材料费=2.119×3518.12=7454.90元；

"机械费"="工程量"×单价栏材料费=2.119×41.31=87.54元；

"管理费和利润"="工程量"×单价栏（管理费和利润）=2.119×551.07=1167.72元。

（3）"清单项目综合单价"=（∑人工费+∑材料费+∑机械费+∑管理费和利润）÷"工程量"=（2188.61+7454.90+87.54+1167.72）÷2.119=5143.36元/m³。将计算结果填入表3-31内。

（十）"直椽类"综合单价分析

1. "综合单价分析表"的填写

（1）依"清单表"所列，直椽包括：脊花架椽=1.164m³，其规格 7cm×5cm；出檐椽=1.044m³，其规格为 7cm×5cm，可合并直椽类=2.208m³，管理费和利润12%，依此填入表 3-32 中灰色所示。

（2）按项目清单所列，依《仿古定额基价表》第二册第五节，采用定额摘录如表 3-33 所示，矩形椽子周长为 24cm，应套用定额编号 2-438 项，定额单位 m³，人工费=553.80 元/m³；材料费=3598.84 元/m³；机械费=22.15 元/m³，依此填入表 3-32 中浅灰色所示。

综合单价分析表　　　　　　　　　　　　　　　　表 3-32

工程名称：水榭建筑工程　　　　标段：木作工程　　　　第　页 共　页

项目编码	020505002001	项目名称	直椽	计量单位	m³	工程量	2.208

清单综合单价组成明细

定额编号	定额名称	定额单位	数量	单价			12%	合价			
				人工费	材料费	机械费	管理费和利润	人工费	材料费	机械费	管理费和利润
套 2-438	直椽	m³	1	553.80	3598.84	22.15	500.97	1222.79	7946.24	48.91	1106.14
人工单价			小计					1222.79	7946.24	48.91	1106.14
65 元/工日			未计价材料费								
清单项目综合单价								4675.76			

材料费明细	主要材料名称、规格、型号	单位	数量	单价（元）	合价（元）	暂估单价	暂估合价（元）
	枋材	m³	1.20	2990.00	3573.05		0.00
	圆钉	kg	3.20	8.06	25.79		0.00
	其他材料费				0.00		0.00
	材料费小计				3598.84		0.00

6　帮脊木及矩、半圆形椽子　　　　　　　　　　　表 3-33

计量单位：1m³

编　号			2-437	2-438	2-439	2-440	2-441	2-442
项　目			帮脊木方圆多角形	矩形椽子(cm)			半圆荷包形椽(cm)	
				周长 30 以内	周长 40 以内	周长 40 以外	φ7 以内	φ10 以内
名称	单位	单价（元）	定额耗用量					
人工	综合工日	工日	65.00	8.590	8.520	4.570	3.550	10.500	9.450
材料	枋材	m³	2990		1.195	1.150	1.075	1.184	1.144
	原木	m³	1755	1.050					
	水柏油	kg	2.21	0.200					
	圆钉	kg	8.06	1.83	3.20	1.89	2.20	294.00	1.59
机械	机械费	%	人工费%	4.00	4.00	4.00	4.00	4.00	4.00
基价表	人工费（元）			558.35	553.80	297.05	230.75	682.50	614.25
	材料费（元）			1857.94	3598.84	3453.73	3231.98	5909.80	3433.38
	机械费（元）			22.33	22.15	11.88	9.23	27.30	24.57
	基价（元）			2438.63	4174.79	3762.67	3471.96	6619.60	4072.20

2. "综合单价分析表"的计算

(1) 单价栏内"管理费和利润"＝（人工费＋材料费＋机械费）×（管理费和利润率）＝（553.80＋3598.84＋22.15）×0.12＝500.97元/m³。

(2) 合价栏内：

"人工费"＝"工程量"×单价栏人工费＝2.208×553.80＝1222.79元；

"材料费"＝"工程量"×单价栏材料费＝2.208×3598.84＝7946.24元；

"机械费"＝"工程量"×单价栏材料费＝2.208×22.15＝48.91元；

"管理费和利润"＝"工程量"×单价栏（管理费和利润）＝2.208×500.97＝1106.14元。

(3) "清单项目综合单价"＝（Σ人工费＋Σ材料费＋Σ机械费＋Σ管理费和利润）÷

"工程量"=(1222.79+7946.24+48.91+1106.14)÷2.208=4675.76元/m³。将计算结果填入表3-32内。

(十一)"飞椽"综合单价分析

1. "综合单价分析表"的填写

(1) 依"清单表"所列项目名称、项目编码、飞椽工程量及其单位=0.513m³、管理费和利润12%等数据，依此填入表3-34中深灰色所示。

综合单价分析表　　　　　　　　　　　　　表3-34

工程名称：　水榭建筑工程　　　　　　　标段：　木作工程　　　　　第 页 共 页

项目编码	020505005001		项目名称		飞椽	计量单位	m³	工程量	0.513

清单综合单价组成明细

定额编号	定额名称	定额单位	数量	单价			12%	合价			
				人工费	材料费	机械费	管理费和利润	人工费	材料费	机械费	管理费和利润
套2-458	飞椽	m³	1	1673.10	3819.69	26.77	662.35	885.30	1959.50	13.73	339.79
人工单价			小计					885.30	1959.50	13.73	339.79
65元/工日			未计价材料费								
清单项目综合单价								6181.91			

材料费明细	主要材料名称、规格、型号	单位	数量	单价（元）	合价（元）	暂估单价	暂估合价（元）
	枋材	m³	1.26	2990.00	3758.43		0.00
	圆钉	kg	7.60	8.06	61.26		0.00
	其他材料费				0.00		0.00
	材料费小计				3819.69		0.00

(2) 按项目清单所列，依《仿古定额基价表》第二册第五节，采用定额摘录如表3-35所示，依飞椽规格为7cm×5cm，得出其周长为24cm，应套用定额编号2-458项，定额单位m³，人工费=1673.10元/m³；材料费=3819.69元/m³；机械费=26.77元/m³，依此填入表3-34中浅灰色所示。

9　茶壶档轩椽、矩形飞椽　　　　　　　表3-35

工作内容：同上。　　　　　　　　　　　　　　　　　　　　计量单位：1m³

编　号			2-455	2-456	2-457	2-458	2-459	2-460
项　目			茶壶档轩椽(cm)			矩形飞椽(cm)		
			周长25以内	周长35以内	周长45以内	周长25以内	周长35以内	周长45以内
名称	单位	单价(元)	定额耗用量					
人工	综合工日	工日	65.00	35.180	22.410	17.140	25.740	11.860	8.050
材料	枋材	m³	2990	1.233	1.185	1.164	1.257	1.181	1.160
	圆钉	kg	8.06	3.63	2.48	1.86	7.60	3.38	3.37
机械	机械费	%	人工费%	1.60	1.60	1.60	1.60	1.60	1.60
基价表	人工费（元）			2286.70	1456.65	1114.10	1673.10	770.90	523.25
	材料费（元）			3715.93	3563.14	3495.35	3819.69	3558.43	3495.56
	机械费（元）			36.59	23.31	17.83	26.77	12.33	8.37
	基价（元）			6039.22	5043.10	4627.28	5519.56	4341.67	4027.18

2."综合单价分析表"的计算

（1）单价栏内"管理费和利润"＝（人工费＋材料费＋机械费）×（管理费和利润率）＝（1673.10＋3819.69＋26.77）×0.12＝662.35元/m³。

（2）合价栏内：

"人工费"＝"工程量"×单价栏人工费＝0.513×1673.10＝858.30元；

"材料费"＝"工程量"×单价栏材料费＝0.513×3819.69＝1959.50元；

"机械费"＝"工程量"×单价栏材料费＝0.513×26.77＝13.73元；

"管理费和利润"＝"工程量"×单价栏（管理费和利润）＝0.513×662.35＝339.79元。

（3）"清单项目综合单价"＝（∑人工费＋∑材料费＋∑机械费＋∑管理费和利润）÷"工程量"＝（858.30＋1959.50＋13.73＋339.79）÷0.513＝6181.91元/m³。将计算结果填入表3-34内。

（十二）"摔网椽"综合单价分析

1."综合单价分析表"的填写

（1）依"清单表"所列项目名称、项目编码、摔网椽工程量及单位＝0.266m³、管理费和利润12%等数据，依此填入表3-36中深灰色所示。

综合单价分析表   表 3-36

工程名称：水榭建筑工程   标段：木作工程   第 页 共 页

项目编码	020505008001		项目名称	摔网椽	计量单位	m³	工程量	0.266

清单综合单价组成明细

定额编号	定额名称	定额单位	数量	单价			12%	合价			
				人工费	材料费	机械费	管理费和利润	人工费	材料费	机械费	管理费和利润
套 2-480	摔网椽	m³	1	798.85	3367.62	13.58	501.61	212.49	895.79	3.61	133.43
人工单价		小计						212.49	895.79	3.61	133.43
65 元/工日		未计价材料费									
清单项目综合单价								4681.65			

	主要材料名称、规格、型号	单位	数量	单价（元）	合价（元）	暂估单价	暂估合价（元）
材料费明细	枋材	m³	1.12	2990.00	3333.85		0.00
	圆钉	kg	4.19	8.06	33.77		0.00
	其他材料费				0.00		0.00
	材料费小计				3367.62		0.00

（2）按项目清单所列，依《仿古定额基价表》第二册第五节，采用定额摘录如表3-37所示，摔网椽规格为5cm×7cm，可按相近截面在5.5cm×8cm以内，套用定额编号2-

480 项，定额单位 m³，人工费＝798.85 元/m³；材料费＝3367.62 元/m³；机械费＝13.58 元/m³，依此填入表 3-36 中浅灰色所示。

摔网椽、立脚飞椽　　　　　　　　　　　　　　　　　　表 3-37

工作内容：同上。　　　　　　　　　　　　　　　　　　　计量单位：1m³

编　号			2-480	2-481	2-482	2-483	2-484	2-485	2-486	2-487
项　目			矩形摔网椽（cm）				立脚飞椽（cm）			
			5.5×8 以内	6.5×8.5 以内	8×10 以内	9×12 以内	7×8.5 以内	9×12 以内	10×16 以内	12×18 以内
名称	单位	单价(元)	定额耗用量							
人工	综合工日	工日	65.00	12.290	10.180	8.210	6.490	30.640	23.180	17.420	13.310
材料	枋材	m³	2990	1.115	1.108	1.100	1.092	1.120	1.105	1.105	1.091
	圆钉	kg	8.06	4.190	5.000	3.930	3.240	4.660	2.730	2.510	2.230
机械	机械费	%	人工费%	1.70	1.70	1.70	1.70	1.70	1.70	1.70	1.70
基价表	人工费（元）			798.85	661.70	533.65	421.85	1991.60	1506.70	1132.30	865.15
	材料费（元）			3367.62	3353.22	3320.68	3291.19	3386.36	3325.95	3324.18	3280.06
	机械费（元）			13.58	11.25	9.07	7.17	33.86	25.61	19.25	14.71
	基价（元）			4180.05	4026.17	3863.40	3720.22	5411.82	4858.27	4475.73	4159.92

2."综合单价分析表"的计算

（1）单价栏内"管理费和利润"＝（人工费＋材料费＋机械费）×（管理费和利润率）＝（798.85＋3367.62＋13.58）×0.12＝501.61元/m³。

（2）合价栏内：

"人工费"＝"工程量"×单价栏人工费＝0.266×798.85＝212.49元；

"材料费"＝"工程量"×单价栏材料费＝0.266×3367.62＝895.79元；

"机械费"＝"工程量"×单价栏材料费＝0.266×13.58＝3.61元；

"管理费和利润"＝"工程量"×单价栏（管理费和利润）＝0.266×501.61＝133.43 元。

（3）"清单项目综合单价"＝（∑人工费＋∑材料费＋∑机械费＋∑管理费和利润）÷"工程量"＝（212.49＋895.79＋3.61＋133.43）÷0.266＝4681.65 元/m³。将计算结果填入表 3-36 内。

(十三)"摔网飞椽"综合单价分析

1."综合单价分析表"的填写

（1）依"清单表"所列项目名称、项目编码、摔网飞椽工程量及单位＝0.131m³、管理费和利润 12％等数据，依此填入表 3-38 中深灰色所示。

（2）按项目清单所列，依《仿古定额基价表》第二册第五节，采用定额如表 3-37 所示，按摔网飞椽规格 5cm×7cm，应套用定额编号 2-484 项，定额单位 m³，人工费＝1991.60 元/m³；材料费＝3386.36 元/m³；机械费＝33.86 元/m³，依此填入表 3-38 中浅灰色所示。

综合单价分析表 表 3-38

工程名称：<u>水榭建筑工程</u>　　　标段：<u>木作工程</u>　　　第　页 共　页

项目编码	020505008002	项目名称	摔网飞缘	计量单位	m³	工程量	0.131

清单综合单价组成明细

定额编号	定额名称	定额单位	数量	单价			12%	合价			
				人工费	材料费	机械费	管理费和利润	人工费	材料费	机械费	管理费和利润
套 2-484	摔网飞椽	m³	1	1991.60	3386.36	33.86	649.42	260.50	442.94	4.43	84.94
人工单价			小计					260.50	442.94	4.43	84.94
65 元/工日			未计价材料费								
清单项目综合单价								6061.20			

材料费明细	主要材料名称、规格、型号	单位	数量	单价（元）	合价（元）	暂估单价	暂估合价（元）
	枋材	m³	1.12	2990.00	3348.80		0.00
	圆钉	kg	4.66	8.06	37.56		0.00
	其他材料费				0.00		0.00
	材料费小计				3386.36		0.00

2. "综合单价分析表"的计算

(1) 单价栏内"管理费和利润"＝(人工费＋材料费＋机械费)×(管理费和利润率)＝(1991.60＋3386.36＋33.86)×0.12＝649.42元/m³。

(2) 合价栏内：

"人工费"＝"工程量"×单价栏人工费＝0.131×1991.60＝260.50元；

"材料费"＝"工程量"×单价栏材料费＝0.131×3386.36＝442.94元；

"机械费"＝"工程量"×单价栏材料费＝0.131×33.86＝4.43元；

"管理费和利润"＝"工程量"×单价栏(管理费和利润)＝0.131×649.42＝84.94元。

(3) "清单项目综合单价"＝(∑人工费＋∑材料费＋∑机械费＋∑管理费和利润)÷"工程量"＝(260.50＋442.94＋4.43＋84.94)÷0.131＝6061.24元/m³。将计算结果填入表 3-38 内。

(十四)"菱角木"综合单价分析

1. "综合单价分析表"的填写

(1) 依"清单表"所列项目名称、项目编码、菱角木工程量及单位＝0.014m³、管理费和利润 12%等数据，依此填入表 3-39 中深灰色所示。

(2) 按项目清单所列，依《仿古定额基价表》第二册第五节，菱角木龙径木采用定额摘录如表 3-40 所示，菱角木规格为 10cm×13cm，按相近规格，应套用定额编号 2-507 项，定额单位 m³，人工费＝1250.60 元/m³；材料费＝3172.49 元/m³；机械费＝50.02 元/m³，依此填入表 3-39 中浅灰色所示。

综合单价分析表　　　　　　表 3-39

工程名称：**水榭建筑工程**　　　　　标段：**木作工程**　　　　　第　页　共　页

| 项目编码 | 020506005001 | 项目名称 | 菱角木 | 计量单位 | m³ | 工程量 | 0.014 |

清单综合单价组成明细

定额编号	定额名称	定额单位	数量	单价			12%	合价			
				人工费	材料费	机械费	管理费和利润	人工费	材料费	机械费	管理费和利润
套 2-507	菱角木	m³	1	1250.60	3172.49	50.02	536.77	17.51	44.41	0.70	7.51
人工单价		小计						17.51	44.41	0.70	7.51
65 元/工日		未计价材料费									
清单项目综合单价								5009.29			

材料费明细	主要材料名称、规格、型号	单位	数量	单价（元）	合价（元）	暂估单价	暂估合价（元）
	枋材	m³	1.05	2990.00	3148.47		0.00
	圆钉	kg	2.98	8.06	24.02		0.00
	其他材料费				0.00		0.00
	材料费小计				3172.49		0.00

鳖壳板、菱角木、千斤销　　　　　　表 3-40

工作内容：同上。　　　　　　　　　　　计量单位：m²、m³、个

编　号			2-504	2-505	2-506	2-507	2-508	2-509	2-510	2-511
项　目			鳖角壳板		菱角木、龙径木				硬木千斤销	
			每 1m²（尺寸：cm）		每 1m³（尺寸：cm）				每个（尺寸：cm）	
			厚 3.5 以内	厚 5.5 以内	8×18 以内	10×25 以内	14×30 以内	18×46 以内	7×7 以内	12×12 以内
名称		单位	单价（元）			定额耗用量				
人工	综合工日	工日	65.00	0.515	0.672	37.170	19.240	12.310	7.610	1.680	2.800
材料	枋材	m³	2990	0.0370	0.0580	1.0890	1.0530	1.0480	1.0520		
	硬木	m³	2282							0.0040	0.0230
	圆钉	kg	8.06	0.436	0.887	3.100	2.980	2.240	1.720		
机械	机械费	%	人工费%	4.00	4.00	4.00	4.00	4.00	4.00	4.00	4.00
基价表	人　工　费（元）			33.48	43.68	2416.05	1250.60	800.15	494.65	109.20	182.00
	材　料　费（元）			114.14	180.57	3281.10	3172.49	3151.57	3159.34	9.13	52.47
	机　械　费（元）			1.34	1.75	96.64	50.02	32.01	19.79	4.37	7.28
	基　　价（元）			148.96	226.00	5793.79	4473.11	3983.73	3673.78	122.69	241.75

2. "综合单价分析表"的计算

(1) 单价栏内"管理费和利润"=（人工费＋材料费＋机械费）×（管理费和利润率）=（1250.60＋3172.49＋50.02）×0.12＝536.77元/m³。

(2) 合价栏内：

"人工费"="工程量"×单价栏人工费=0.014×1250.60=17.51元；

"材料费"="工程量"×单价栏材料费=0.014×3172.49=44.41元；

"机械费"="工程量"×单价栏材料费=0.014×50.02=0.70元；

"管理费和利润"="工程量"×单价栏(管理费和利润)=0.014×536.77=7.51元。

（3）"清单项目综合单价"=(∑人工费+∑材料费+∑机械费+∑管理费和利润)÷"工程量"=(17.51+44.41+0.70+7.51)÷0.014=5009.29元/m³。将计算结果填入表3-39内。

（十五）"戗山木"综合单价分析

1. "综合单价分析表"的填写

（1）依"清单表"所列项目名称、项目编码、戗山木工程量=0.06m³、管理费和利润12%等数据，依此填入表3-41中深灰色所示。

综合单价分析表　　　　　　　　　　　　　　　　表3-41

工程名称：水榭建筑工程　　　　标段：木作工程　　　　第　页　共　页

项目编码	020506006001		项目名称	戗山木	计量单位	m³	工程量	0.060
清单综合单价组成明细								

定额编号	定额名称	定额单位	数量	单价			12%	合价			管理费和利润
				人工费	材料费	机械费	管理费和利润	人工费	材料费	机械费	管理费和利润
套2-473	戗山木	m³	1	1428.70	3389.28	24.29	581.07	85.72	203.36	1.46	34.86
人工单价				小计				85.72	203.36	1.46	34.86
65元/工日				未计价材料费							
清单项目综合单价								5423.33			

材料费明细	主要材料名称、规格、型号	单位	数量	单价(元)	合价(元)	暂估单价	暂估合价(元)
	枋材	m³	1.11	2990.00	3318.90		0.00
	圆钉	kg	6.64	8.06	53.52		0.00
	其他材料费	%	0.50%	材料费%	16.86		0.00
	材料费小计				3389.28		0.00

（2）按项目清单所列，依《仿古定额基价表》第二册第五节，采用定额摘录如表3-42所示，戗山木规格为116cm×13cm×10cm，按相近规格，套用定额编号2-473项，定额单位m³，人工费=1428.70元/m³；材料费=3389.28元/m³；机械费=24.29元/m³，依此填入表3-41中浅灰色所示。

2. "综合单价分析表"的计算

（1）单价栏内"管理费和利润"=(人工费+材料费+机械费)×(管理费和利润率)=(1428.70+3389.28+24.29)×0.12=581.07元/m³。

（2）合价栏内：

"人工费"="工程量"×单价栏人工费=0.06×1428.70=85.72元；

戗山木、半圆形摔网椽 表 3-42

工作内容：同上。　　　　　　　　　　　　　　　　　　　　　　　计量单位：1m³

编　号			2-472	2-473	2-474	2-475	2-476	2-477	2-478	2-479
项　目			戗 山 木（cm）				半圆荷包形摔网椽（cm）			
			120×11× 7 以内	150×14× 8 以内	170×16× 10 以内	220×18× 12 以内	φ7 以内	φ8 以内	φ10 以内	φ12 以内
名称	单位	单价（元）	定额耗用量							
人工	综合工日	工日	65.00	31.590	21.980	15.800	10.770	33.460	19.250	15.930	14.320
材料	枋材	m³	2990	1.119	1.110	1.100	1.092				
	原木	m³	1755					1.050	1.050	1.219	1.207
	圆钉	kg	8.06	9.570	6.640	5.230	3.670	2.830	2.800	3.130	2.810
	其他材料费	%	材料费%	0.50	0.50	0.50	0.50				
机械	机械费	%	人工费%	1.70	1.70	1.70	1.70	1.70	1.70	1.70	1.70
基价表	人　工　费（元）			2053.35	1428.70	1027.00	700.05	2174.90	1251.25	1035.45	930.80
	材　料　费（元）			3440.06	3389.28	3347.81	3311.13	22.81	22.57	25.23	22.65
	机　械　费（元）			34.91	24.29	17.46	11.90	36.97	21.27	17.60	15.82
	基　　价（元）			5528.32	4842.27	4392.27	4023.08	2234.68	1295.09	1078.28	969.27

"材料费"＝"工程量"×单价栏材料费＝0.06×3389.28＝203.36元；

"机械费"＝"工程量"×单价栏材料费＝0.06×24.29＝1.46元；

"管理费和利润"＝"工程量"×单价栏（管理费和利润）＝0.06×581.07＝34.86元。

（3）"清单项目综合单价"＝（∑人工费＋∑材料费＋∑机械费＋∑管理费和利润）÷"工程量"＝（85.72＋203.36＋1.46＋34.86）÷0.06＝5423.33元/m³。将计算结果填入表3-41内。

（十六）"千斤销"综合单价分析

1. "综合单价分析表"的填写

依"清单表"所列千斤销＝4 只，其截面规格为 7cm×7cm，管理费和利润 12%，依此填入表 3-43 中深灰色所示。

综合单价分析表 表 3-43

工程名称：　水榭建筑工程　　　　　　标段：　木作工程　　　　　　第　页 共　页

项目编码	020506007001		项目名称		千斤销		计量单位	只	工程量	4.00
清单综合单价组成明细										
定额编号	定额名称	定额单位	数量	单价			12%	合价		
				人工费	材料费	机械费	管理费和利润	人工费	材料费	机械费	管理费和利润
套2-510	千斤销	个	1	109.20	9.13	4.37	14.72	436.80	36.52	17.48	58.88
人工单价		小计						436.80	36.52	17.48	58.88
65元/工日		未计价材料费									
清单项目综合单价								137.42			
材料费明细	主要材料名称、规格、型号			单位	数量	单价（元）	合价（元）	暂估单价	暂估合价（元）		
	硬木			m³	0.004	2282.00	9.13		0.00		
									0.00		
									0.00		
	其他材料费						0.00		0.00		
	材料费小计						9.13		0.00		

按项目清单所列，依《仿古定额基价表》第二册第五节，采用定额如表 3-40 所示，按千斤销规格，套用定额编号 2-510 项，定额单位个，人工费＝109.20 元/个；材料费＝9.13 元/个；机械费＝4.37 元/个，依此填入表 3-43 中浅灰色所示。

2. "综合单价分析表"的计算

（1）单价栏内"管理费和利润"＝（人工费＋材料费＋机械费）×（管理费和利润率）＝（109.20＋9.13＋4.37）×0.12＝14.72元/个。

（2）合价栏内：

"人工费"＝"工程量"×单价栏人工费＝4×109.20＝436.80元；

"材料费"＝"工程量"×单价栏材料费＝4×9.13＝36.52元；

"机械费"＝"工程量"×单价栏材料费＝4×4.37＝17.48元；

"管理费和利润"＝"工程量"×单价栏（管理费和利润）＝4×14.72＝58.88元。

（3）"清单项目综合单价"＝（Σ人工费＋Σ材料费＋Σ机械费＋Σ管理费和利润）÷"工程量"＝（436.80＋36.52＋17.48＋58.88）÷4＝137.42元/个。将计算结果填入表 3-43 内。

（十七）"夹堂板"综合单价分析

1. "综合单价分析表"的填写

依"清单表"所列，夹堂板＝31.60m，管理费和利润12%，依此填入表 3-44 中深灰色所示。

综合单价分析表　　　　　　　　　　　　　　　　表 3-44

工程名称：　水榭建筑工程　　　　　　　标段：　木作工程　　　　第　页　共　页

项目编码	020508022001		项目名称		夹堂板	计量单位	m	工程量	31.60
清单综合单价组成明细									
定额编号	定额名称	定额单位	数量	单价			12%	合价			

定额编号	定额名称	定额单位	数量	人工费	材料费	机械费	管理费和利润	人工费	材料费	机械费	管理费和利润
套 2-543	夹堂板	m	1	14.56	9.65	0.58	2.97	460.10	304.94	18.33	93.85
人工单价		小计						460.10	304.94	18.33	93.85
65 元/工日		未计价材料费									
清单项目综合单价								27.76			

材料费明细	主要材料名称、规格、型号	单位	数量	单价（元）	合价（元）	暂估单价	暂估合价（元）
	枋材	m³	0.00321	2990.00	9.60		0.00
	其他材料费		0.50%	材料费%	0.05		0.00
	其他材料费				0.00		0.00
	材料费小计				9.65		0.00

按项目清单所列，依《仿古定额基价表》第二册第五节，采用定额摘录如表 3-45 所示，套用定额编号 2-543 项，定额单位 m，人工费＝14.56 元/m；材料费＝9.65 元/m；机械费＝0.58 元/m，依此填入表 3-44 中浅灰色所示。

2. "综合单价分析表"的计算

（1）单价栏内"管理费和利润"＝（人工费＋材料费＋机械费）×（管理费和利润率）＝（14.56＋9.65＋0.58）×0.12＝2.97元/m。

垫拱板、夹堂板、望板　　　　表 3-45

计量单位：1m²

编　号			2-540	2-541	2-542	2-543	2-544	2-545
项　目			垫拱板	山镇板	排山板	夹堂板(每 m)	清水望板	裙板
名称	单位	单价(元)	定额耗用量					
人工　综合工日	工日	65.00	5.040	0.672	0.896	0.224	0.224	0.392
材料　枋材	m³	2990	0.0260	0.0157	0.0379	0.00321	0.0187	0.0210
铁件	kg	6.24	0.0440	0.0420	0.2310		0.1920	0.1280
其他材料费	%	材料费%	0.50	0.50	0.50	0.50	0.50	0.50
机械　机械费	%	人工费%	4.00	4.00	4.00	4.00	4.00	4.00
基价表　人工费(元)			327.60	43.68	58.24	14.56	14.56	25.48
材料费(元)			78.40	47.44	115.34	9.65	57.40	63.91
机械费(元)			13.10	1.75	2.33	0.58	0.58	1.02
基价(元)			419.11	92.87	175.91	24.79	72.54	90.41

（2）合价栏内：

"人工费"="工程量"×单价栏人工费=31.60×14.56=460.10元；

"材料费"="工程量"×单价栏材料费=31.60×9.65=304.94元；

"机械费"="工程量"×单价栏材料费=31.60×0.58=18.33元；

"管理费和利润"="工程量"×单价栏(管理费和利润)=31.60×2.97=93.85元。

（3）"清单项目综合单价"=(∑人工费＋∑材料费＋∑机械费＋∑管理费和利润)÷"工程量"=(460.10＋304.94＋18.33＋93.85)÷31.60=27.76元/m。将计算结果填入表3-44内。

（十八）"山花板"综合单价分析

1. "综合单价分析表"的填写

依"清单表"所列，山花板（山镇板）=8.40m²，管理费和利润12%，依此填入表3-46中深灰色所示。

综合单价分析表　　　　表 3-46

工程名称：水榭建筑工程　　　标段：木作工程　　　第　页 共　页

项目编码	020508023001		项目名称		山花板	计量单位	m²	工程量	8.40
清单综合单价组成明细									

定额编号	定额名称	定额单位	数量	单价			12%	合价			
				人工费	材料费	机械费	管理费和利润	人工费	材料费	机械费	管理费和利润
套 2-541	山花板	m²	1	43.68	47.44	1.75	11.14	366.91	398.50	14.70	93.58
人工单价		小计						366.91	398.50	14.70	93.58
65 元/工日		未计价材料费									
清单项目综合单价								104.01			

材料费明细	主要材料名称、规格、型号	单位	数量	单价(元)	合价(元)	暂估单价	暂估合价(元)
	枋材	m³	0.01570	2990.00	46.94		0.00
	铁件	kg	0.04200	6.24	0.26		
	其他材料费	0.50%	材料费%	0.23			0.00
	其他材料费				0.00		0.00
	材料费小计				47.44		0.00

按项目清单所列，依《仿古定额基价表》第二册第五节，采用定额如表 3-45 所示，套用定额编号 2-541 项，定额单位 m^2，人工费＝43.68 元/m^2；材料费＝47.44 元/m^2；机械费＝1.75 元/m^2，依此填入表 3-46 中浅灰色所示。

2. "综合单价分析表"的计算

（1）单价栏内"管理费和利润"＝（人工费＋材料费＋机械费）×（管理费和利润率）＝（43.68＋47.44＋1.75）×0.12＝11.14 元/m^2。

（2）合价栏内：

"人工费"＝"工程量"×单价栏人工费＝8.40×43.68＝366.91元；

"材料费"＝"工程量"×单价栏材料费＝8.40×47.44＝398.50元；

"机械费"＝"工程量"×单价栏材料费＝8.40×1.75＝14.70元；

"管理费和利润"＝"工程量"×单价栏（管理费和利润）＝8.40×11.14＝93.58 元。

（3）"清单项目综合单价"＝（∑人工费＋∑材料费＋∑机械费＋∑管理费和利润）÷"工程量"＝（366.91＋398.50＋14.70＋93.58）÷8.40＝104.01元/m^2。将计算结果填入表 3-46内。

（十九）"隔扇"综合单价分析

1. "综合单价分析表"的填写

隔扇包括门扇与槛框，依"清单表"所列，隔扇＝62.76m^2，槛框＝47.31m，管理费和利润 12%，依此填入表 3-47 中深灰色所示。

综合单价分析表　　　　　　　　表 3-47

工程名称：**水榭建筑工程**　　　　　　标段：**木作工程**　　　第　页　共　页

项目编码	020509001001		项目名称	隔扇	计量单位	m^2	工程量	62.76
				槛框制作		m		47.31
				槛框安装		m^2		62.76

清单综合单价组成明细

定额编号	定额名称	定额单位	数量	单价			12%	合价			
				人工费	材料费	机械费	管理费和利润	人工费	材料费	机械费	管理费和利润
套 2-547	隔扇	m^2	1	764.40	171.33	12.23	113.76	47973.74	10752.67	767.55	7139.58
套 2-567	槛框制作	m	1	24.05	52.99	0.38	9.29	1137.81	2506.96	17.98	439.51
套 2-572	槛框安装	m^2	1	30.55	0.40	1.22	3.86	1917.32	25.10	76.57	242.25
人工单价		小计						51028.87	13284.73	862.10	7821.34
65 元/工日		未计价材料费									
清单项目综合单价								1163.11			

材料费明细	主要材料名称、规格、型号	单位	数量	单价（元）	合价（元）	暂估单价	暂估合价（元）
	枋材	m^3	0.06	2990.00	170.13		0.00
	圆钉	kg	0.00	8.06	0.01		0.00
	其他材料费		0.70%	材料费%	1.19		0.00
	材料费小计				171.33		0.00

按项目清单所列，依《仿古定额基价表》第二册第五节，将其相关定额摘录如表 3-48 所示，隔扇与槛框是分开列项的，因此，隔扇葵式芯屉，应套用定额编号 2-547，定额单位 m²，人工费＝764.40 元/m²；材料费＝171.33 元/m²；机械费＝12.33 元/m²。槛框制作应套用定额编号 2-567，定额单位 m，人工费＝24.05 元/m；材料费＝52.99 元/m；机械费＝0.38 元/m。槛框安装应套用定额编号 2-572，定额单位 m²，人工费＝30.55 元/m²；材料费＝0.40 元/m²；机械费＝1.22 元/m²，将此填入表 3-47 中浅灰色所示。

15 古式木窗 表 3-48

工作内容：1. 制作窗扇、窗框、窗槛、抱槛、摇梗、楣子、窗闩、伸入墙内部分刷水柏油。
2. 安装窗扇、窗框、窗槛、抱槛、摇梗、窗装配五金、玻璃及嵌油灰。

计量单位：m、m²

编 号			2-546	2-547	2-548	2-549	2-566	2-567	2-571	2-572
项 目			古式木长窗制作（每 m²）				长窗框制作（每 m）		长窗框扇安装（每 m²）	
			宫式	葵式	万字式	乱纹式	包括摇梗楣子	不包括摇梗楣子	包括摇梗楣子	不包括摇梗楣子
名称	单位	单价(元)	定额耗用量							
人工 综合工日	工日	65.00	9.632	11.760	13.496	16.128	0.493	0.370	0.940	0.470
材料 枋材	m³	2990	0.0569	0.0569	0.0569	0.0647	0.0210	0.0176		
圆钉	kg	8.06	0.001	0.001	0.001	0.001			0.135	0.050
玻璃	m²	18.70							0.562	0.562
其他材料费	%	材料费%	0.70	0.70	0.70	0.70	0.70	0.70	0.40	0.40
机械 机械费	%	人工费%	1.60	1.60	1.60	1.60	1.60	1.60	4.00	4.00
基价表 人工费（元）			626.08	764.40	877.24	1048.32	32.05	24.05	61.10	30.55
材料费（元）			171.33	171.33	171.33	194.82	63.23	52.99	1.09	0.40
机械费（元）			10.02	12.23	14.04	16.77	0.51	0.38	2.44	1.22
基价（元）			807.43	847.96	1062.61	1259.91	95.79	77.43	64.64	32.18

2. "综合单价分析表"的计算

（1）隔扇制安单价栏内"管理费和利润"＝（人工费＋材料费＋机械费）×（管理费和利润率）＝（764.40＋171.33＋12.33）×0.12＝113.76元/m²。

合价栏内：

"人工费"＝"工程量"×单价栏人工费＝62.76×764.40＝47973.74元；

"材料费"＝"工程量"×单价栏材料费＝62.76×171.33＝10752.67元；

"机械费"＝"工程量"×单价栏材料费＝62.76×12.33＝767.55元；

"管理费和利润"＝"工程量"×单价栏（管理费和利润）＝62.76×113.76＝7139.58元。

（2）槛框制作单价栏内"管理费和利润"＝（人工费＋材料费＋机械费）×（管理费和利润率）＝（24.05＋52.99＋0.38）×0.12＝9.29元/m。

合价栏内：

"人工费"＝"工程量"×单价栏人工费＝47.31×24.05＝1137.81元；

"材料费"="工程量"×单价栏材料费＝47.31×52.99＝2506.96元；

"机械费"="工程量"×单价栏材料费＝47.31×0.38＝17.98元；

"管理费和利润"="工程量"×单价栏（管理费和利润）＝47.31×9.29＝439.51元。

（3）隔扇安装单价栏内"管理费和利润"＝（人工费＋材料费＋机械费）×（管理费和利润率）＝（30.55＋0.40＋1.22）×0.12＝3.86元/m²。

合价栏内：

"人工费"="工程量"×单价栏人工费＝62.76×30.55＝1917.23元；

"材料费"="工程量"×单价栏材料费＝62.76×0.40＝25.10元；

"机械费"="工程量"×单价栏材料费＝62.76×1.22＝76.57元；

"管理费和利润"="工程量"×单价栏（管理费和利润）＝62.76×3.86＝242.25元。

（4）合计"人工费"＝47973.74＋1137.81＋1917.32＝51028.87元；

合计"材料费"＝10752.67＋2506.96＋25.10＝13284.73元；

合计"机械费"＝767.55＋17.98＋76.57＝862.10元；

合计"管理费和利润"＝7139.58＋439.51＋242.25＝7821.34元；

"清单项目综合单价"＝（∑人工费＋∑材料费＋∑机械费＋∑（管理费和利润））÷"数量"＝（51028.87＋13284.73＋862.10＋7821.34）÷62.76＝1163.11元/m²。将计算结果填入表3-47内。

（二十）"挂落"综合单价分析

1. "综合单价分析表"的填写

依"清单表"所列项目编码和名称、挂落制作和安装工程量＝27.75m、管理费和利润12%等数据，依此填入表3-49中深灰色所示。

综合单价分析表　　　　　　　　　　　　表3-49

工程名称：　水榭建筑工程　　　　　　　　标段：　木作工程　　　　第　页　共　页

项目编码	020511002001		项目名称	挂落	计量单位	m	工程量	27.75
				挂落安装		0		27.75

清单综合单价组成明细											
定额编号	定额名称	定额单位	数量	单价			12%	合价			
				人工费	材料费	机械费	管理费和利润	人工费	材料费	机械费	管理费和利润
套2-597	挂落	m	1	203.84	31.01	0.00	28.18	5656.56	860.53	0.00	782.00
套2-605	挂落安装	m	1	21.84	0.11	0.00	2.63	606.06	3.05	0.00	73.09
人工单价		小计						6262.62	863.58	0.00	855.09
65元/工日		未计价材料费									
清单项目综合单价								287.61			

材料费明细	主要材料名称、规格、型号	单位	数量	单价（元）	合价（元）	暂估单价（元）	暂估合价（元）
	枋材	m³	0.01	2990.00	30.80		0.00
	其他材料费		0.70%	材料费%	0.22		0.00
	其他材料费				0.00		0.00
	材料费小计				31.01		0.00

按项目清单所列，依《仿古定额基价表》第二册第五节，挂落制作与安装是分开列项，摘录定额如表 3-50 所示，挂落制作五纹头宫式芯屉，套用定额编号 2-597 项，定额单位 m，人工费＝203.84 元/m；材料费＝31.01 元/m。挂落安装套用定额编号 2-605 项，定额单位 m，人工费＝21.84 元/m；材料费＝0.11 元/m。依此填入表 3-49 中浅灰色所示。

吴王靠、挂落及其他装饰 表 3-50

工作内容：1. 制作扇、抱槛。2. 安装扇、抱槛、装配铁件。

计量单位：m

编　　号			2-594	2-595	2-596	2-597	2-598	2-599	2-600	2-605
项　　目			吴王靠制作			挂落制作			飞罩制作	挂落安装
			竖芯式	宫万式	葵式	五纹头、宫万式	五纹头、宫万式弯脚头	七纹头句子头嵌桔子	宫万式	
名称	单位	单价(元)	定额耗用量							
人工	综合工日	工日	65.00	4.704	6.048	7.280	3.136	3.920	6.048	3.584	0.336
材料	枋材	m³	2990	0.0269	0.0301	0.0364	0.0103	0.0131	0.0213	0.0137	
	圆钉	kg	8.06								0.0140
	其他材料费	%	材料费%	0.70	0.70	0.70	0.70	0.70	0.70	0.70	
基价表	人　工　费（元）			305.76	393.12	473.20	203.84	254.80	393.12	232.96	21.84
	材　料　费（元）			80.99	90.63	109.60	31.01	39.44	64.13	41.25	0.11
	机　械　费（元）			0.00	0.00	0.00	0.00	0.00	0.00	0.00	0.00
	基　　价（元）			386.75	483.75	582.80	234.85	294.24	457.25	274.21	21.95

2. "综合单价分析表" 的计算

（1）挂落制作单价栏内 "管理费和利润"＝（人工费＋材料费＋机械费）×（管理费和利润率）＝（203.84＋31.01）×0.12＝28.18元/m。

合价栏内：

"人工费"＝"工程量"×单价栏人工费＝27.75×203.84＝5656.56元；

"材料费"＝"工程量"×单价栏材料费＝27.75×31.01＝860.53元；

"管理费和利润"＝"工程量"×单价栏（管理费和利润）＝27.75×28.18＝782.00元。

（2）挂落安装单价栏内 "管理费和利润"＝（人工费＋材料费＋机械费）×（管理费和利润率）＝（21.84＋0.11）×0.12＝2.63元/m。

合价栏内：

"人工费"＝"工程量"×单价栏人工费＝27.75×21.84＝606.06元；

"材料费"＝"工程量"×单价栏材料费＝27.75×0.11＝3.05元；

"管理费和利润"＝"工程量"×单价栏（管理费和利润）＝27.75×2.63＝73.09元。

（3）合计 "人工费"＝5656.56＋606.06＝6262.62元；

合计 "材料费"＝860.53＋3.05＝863.58 元；

合计 "管理费和利润"＝782.00＋73.09＝855.09元；

"清单项目综合单价"＝（∑人工费＋∑材料费＋∑机械费＋∑管理费和利润）÷"工程量"＝（6262.62＋863.58＋855.09）÷27.75＝287.61元/m。将计算结果填入表3-49内。

(二十一) 填写"清单表"内木作项目的计价内容

根据"清单表"所列，木作项目的综合单价计算全部完成，然后将各项综合单价填入到"清单表"中的相应栏内，并随即计算出相应的"合价"，即合价＝工程量×综合单价，同时计算出木作工程小计金额，即木作工程＝∑合价＝146923.44元，如表3-51所示。

分部分项工程和单价措施项目清单与计价表　　　　表 3-51

工程名称：水榭建筑工程　　　　　　　　标段：　　　　　　第1页　共1页

序号	项目编码	项目名称	项目特征描述	计量单位	工程量	金额（元）		
						综合单价	合价	其中暂估价
	B	石作工程					10065.50	
1	0202001002001	毛石踏跺	毛石台阶，M5 水泥砂浆砌筑	m³	0.44	346.27	153.02	
2	020206001001	鼓蹬石	φ300×200mm，达到二遍剁斧等级	只	24.00	413.02	9912.48	
	E	木作工程					146923.44	
	020501001001	φ20 廊柱	12 根 φ20，高 3.47m，一等材、刨光	m³	1.623	4749.99	7709.23	
	020501001002	φ22 步柱	12 根 φ22，高 3.875m，一等材、刨光	m³	2.212	4358.14	9640.21	
2	020501004005	圆童柱	4 根 φ16 脊童，8 根 φ18 金童，一等材、刨光	m³	0.155	4431.87	686.73	
3	020502001001	梁类	4 根 φ22 大梁，4 根 φ20 山界梁，一等材、刨光	m³	1.734	4679.96	8115.05	
6	020506001001	老戗	4 根 截面 10cm×12cm，一等材、刨光	m³	0.146	6704.19	978.79	
7	020506001002	嫩戗	4 根 截面 10cm×8cm，一等材、刨光	m³	0.014	9762.14	136.67	
8	020503001001	圆桁类	廊步搭交桁各 2 根 φ16cm，一等材、刨光	m³	2.319	3332.51	7728.09	
15	020503003001	木机类	连、金、脊机，截面 8cm×5cm，一等材、刨光	m³	0.318	5742.74	1826.19	
	020503004001	木枋类	柏口枋、步枋，厚在 8cm 内，一等材、刨光	m³	2.119	5143.36	10898.78	
	020505002001	直椽	截面 7cm×5cm，一等材、刨光	m³	2.208	4675.76	10324.08	
1	020505005001	飞椽	截面 7cm×5cm，中距 23cm，一等材、刨光	m³	0.513	6181.91	3171.32	
2	020505008001	摔网椽	截面 7cm×5cm，中距 23cm，一等材、刨光	m³	0.266	4681.65	1245.32	
3	020505008002	摔网飞椽	截面 7cm×5cm，中距 23cm，一等材、刨光	m³	0.131	6061.20	792.81	
4	020506005001	菱角木	4 块，厚 10cm	m³	0.014	5009.29	70.13	
5	020506006001	戗山木	8 块，截面 10cm×13cm，一等材、刨光	m³	0.060	5423.33	325.40	
6	020506007001	千斤销	4 个，截面 7cm×7cm	只	4.00	137.42	549.68	
7	020508022001	夹堂板	阔面山面各 1 块，截面 35cm×1cm	m	31.60	27.76	877.22	
8	020508023001	山花板	2 块，厚 2.5cm，一等材、刨光	m²	8.40	104.01	873.27	
9	020509001001	隔扇	仿古式长窗，葵式芯屉。槛框 47.31m	m²	62.76	1163.11	72993.29	
12	020511002001	挂落	五纹头宫万式，一等材、刨光	m	27.75	287.61	7981.18	

五、屋面工程项目清单计价

屋面工程"清单表"所列项目有：屋面铺瓦、铺望砖、花砖正脊和脊头、赶宕脊、竖带、戗脊、檐口花边瓦及滴水瓦等。

(一)"屋面铺瓦"综合单价分析

1."综合单价分析表"的填写

依"清单表"所列，项目编码、项目名称、屋面铺瓦工程量及其单位＝169.49m²、管理费和利润 12％等数据，依此填入表 3-52 中深灰色所示。

综合单价分析表 表 3-52

工程名称：水榭建筑工程　　　　　标段：　屋面工程　　　　第　页　共　页

项目编码	020601003001		项目名称		屋面铺瓦	计量单位	m²	工程量	169.49

清单综合单价组成明细

定额编号	定额名称	定额单位	数量	单价			12%	合价			
				人工费	材料费	机械费	管理费和利润	人工费	材料费	机械费	管理费和利润
套 2-288	屋面铺瓦	m²	1	21.00	60.61	1.30	9.95	3559.29	10272.79	220.34	1686.43
人工单价			小计					3559.29	10272.79	220.34	1686.43
元/工日			未计价材料费								
清单项目综合单价								92.86			

材料费明细	主要材料名称、规格、型号		单位	数量	单价（元）	合价（元）	暂估单价	暂估合价（元）
	省略					0.00		0.00
	省略					0.00		0.00
	其他材料费					0.00		0.00
	材料费小计					0.00		0.00

按项目清单所列，依《仿古定额基价表》第二册第三节，采用定额摘录如表 3-53 所示，蝴蝶瓦屋面，水榭为一般房屋，应套用定额编号 2-288 项，定额单位 m²，人工费＝21.00 元/m²；材料费＝60.61 元/m²；机械费＝1.30 元/m²。依此填入表 3-52 中浅灰色所示。因"材料费明细"项目较多，为减少表中篇幅，我们将此处进行了省略。

2　盖瓦 表 3-53

工作内容：运瓦、调运砂浆、搭拆软梯脚手架、部分铺底灰、轧塄、铺瓦。　　计量单位：1m²

编号				2-288	2-289	2-290	2-291	2-292
项目				蝴 蝶 瓦 屋 面				
				走廊平房	厅堂	大殿	四方亭	多角亭
名称		单位	单价（元）	定额耗用量				
人工	综合工日	工日	65.00	0.323	0.429	0.563	0.479	0.485
材料	蝴蝶盖瓦 160×160	块	0.33	94.100	134.300		134.300	134.300
	蝴蝶底瓦 200×200	块	0.39	72.800	72.800	139.900	72.800	72.800
	蝴蝶斜沟瓦 240×240	块	0.65			60.900		
	1∶3 石灰砂浆	m³	136.66	0.0061	0.0153	0.0245	0.0245	0.0245
	纸筋灰浆	m³	153.00	0.0003	0.0003	0.0003	0.0003	0.0003
	煤胶	kg	10.76	0.006	0.006	0.006	0.006	0.006
	软梯脚手架费	元	1.30	0.26	0.26	0.26	0.26	0.26
	其他材料费	元	1.30	0.27	0.33	0.42	0.33	0.33
机械	机械费	元	1.30	1.00	1.33	1.74	1.48	1.50
基价表	人工费（元）			21.00	27.89	36.60	31.14	31.53
	材料费（元）			60.61	75.01	98.49	76.27	76.27
	机械费（元）			1.30	1.73	2.26	1.92	1.95
	基价（元）			82.90	104.62	137.35	109.32	109.74

2. "综合单价分析表"的计算

（1）单价栏内"管理费和利润"＝（人工费＋材料费＋机械费）×（管理费和利润率）＝（21.00＋60.61＋1.30）×0.12＝9.95元/m²。

（2）合价栏内：

"人工费"＝"工程量"×单价栏人工费＝169.49×21.00＝3559.29元；

"材料费"＝"工程量"×单价栏材料费＝169.49×60.61＝10272.79元；

"机械费"＝"工程量"×单价栏材料费＝169.49×1.30＝220.34元；

"管理费和利润"＝"工程量"×单价栏（管理费和利润）＝169.49×9.95＝1686.43元。

（3）"清单项目综合单价"＝（∑人工费＋∑材料费＋∑机械费＋∑管理费和利润）÷"工程量"＝（3559.29＋10272.79＋220.34＋1686.43）÷169.49＝92.86元/m²。将计算结果填入表3-52内。

（二）"铺望砖"综合单价分析

1. "综合单价分析表"的填写

依"清单表"所列，项目编码、项目名称、铺望砖工程量及其单位＝169.49m²、管理费和利润12%，依此填入表3-54中深灰色所示。

综合单价分析表　　　　　　　　　　　　　　　表3-54

工程名称：　水榭建筑工程　　　　　　　标段：　屋面工程　　　　第　页　共　页

项目编码		020601001001		项目名称		铺望砖		计量单位	m²	工程量	169.49

清单综合单价组成明细

定额编号	定额名称	定额单位	数量	单价			12%	合价			
				人工费	材料费	机械费	管理费和利润	人工费	材料费	机械费	管理费和利润
套2-285	铺望砖	m²	1	16.32	44.24	0.00	7.27	2766.08	7498.24	0.00	1232.19
人工单价			小计					2766.08	7498.24	0.00	1232.19
65元/工日			未计价材料费								
清单项目综合单价								67.83			

	主要材料名称、规格、型号	单位	数量	单价（元）	合价（元）	暂估单价	暂估合价（元）
材料费明细	望砖	块	50.30	0.78	39.23		0.00
	油毡	m²	1.10	4.29	4.72		0.00
	其他材料费	元	0.22	1.30	0.29		0.00
	材料费小计				44.24		0.00

按项目清单所列，依《仿古定额基价表》第二册第三节，采用定额摘录如表3-55所示，做细平望，套用定额编号2-285项，定额单位m²，人工费＝16.32元/m²；材料费＝44.24元/m²。依此填入表3-54中浅灰色所示。

2. "综合单价分析表"的计算

（1）单价栏内"管理费和利润"＝（人工费＋材料费＋机械费）×（管理费和利润率）＝（16.32＋44.24）×0.12＝7.27元/m²。

1 铺望砖

表 3-55

工作内容：劈望、运输、浇刷、披线、铺设。

计量单位：1m²

编　　号			2-283	2-284	2-285	2-286	2-287
项　　目			铺望砖				
			糙望	浇刷披线	做细平望	做细船篷轩望	做细双弯轩望
名称	单位	单价(元)	定额耗用量				
人工 综合工日	工日	65.00	0.123	0.284	0.251	0.260	0.271
材料 望砖 210×105×17	块	0.27	50.100				
望砖(糙直缝)	块	0.52		50.100			
望砖(做细平望)	块	0.78			50.300		
望砖(做细船篷轩望)	块	0.91				50.300	
望砖(做细双弯轩望)	块	0.91					50.300
油毡	m²	4.29			1.100	1.100	1.100
生石灰	kg	0.26		0.375			
煤胶	kg	10.76		0.150			
其他材料费	元	1.30	0.11	0.26	0.22	0.24	0.25
基价表 人 工 费(元)			8.00	18.46	16.32	16.90	17.62
材 料 费(元)			13.82	28.10	44.24	50.80	50.82
机 械 费(元)			0.00	0.00	0.00	0.00	0.00
基 价(元)			21.82	46.56	60.55	67.70	68.43

（2）合价栏内：

"人工费"＝"工程量"×单价栏人工费＝169.49×16.32＝2766.08元；

"材料费"＝"工程量"×单价栏材料费＝169.49×44.24＝7498.24元；

"管理费和利润"＝"工程量"×单价栏（管理费和利润）＝169.49×7.27＝1232.19元。

（3）"清单项目综合单价"＝（∑人工费＋∑材料费＋∑机械费＋∑管理费和利润）÷"工程量"＝（2766.08＋7498.24＋1232.19）÷169.49＝67.83 元/m²。将计算结果填入表3-54 内。

（三）"花砖正脊"综合单价分析

1. "综合单价分析表"的填写

依"清单表"所列，项目编码和名称、花砖正脊工程量及其单位＝11.65m、管理费和利润12％等数据，依此填入表 3-56 中深灰色所示。

按项目清单所列，依《仿古定额基价表》第二册第三节，采用定额摘录如表 3-57 所示，一花砖二线脚，套用定额编号 2-320 项，定额单位 m，人工费＝33.74 元/m；材料费＝292.30 元/m；机械费＝2.09 元/m。依此填入表 3-56 中浅灰色所示。表中"材料费明细"因项目太多，为减少该表篇幅，对"材料费明细"部分进行了省略。

2. "综合单价分析表"的计算

（1）单价栏内"管理费和利润"＝（人工费＋材料费＋机械费）×（管理费和利润率）＝（33.74＋292.30＋2.09）×0.12＝39.38 元/m。

综合单价分析表　　　　　　　　　　　　表 3-56

工程名称：水榭建筑工程　　　　　　标段：屋面工程　　　　第　页　共　页

项目编码	020602002001		项目名称		花砖正脊	计量单位	m	工程量	11.65

清单综合单价组成明细

定额编号	定额名称	定额单位	数量	单价			12%	合价			
				人工费	材料费	机械费	管理费和利润	人工费	材料费	机械费	管理费和利润
套 2-320	花砖正脊	m	1	33.74	292.30	2.09	39.38	393.07	3405.30	24.35	458.78
人工单价				小计				393.07	3405.30	24.35	458.78
65 元/工日				未计价材料费							
清单项目综合单价								367.51			

材料费明细	主要材料名称、规格、型号				单位	数量	单价（元）	合价（元）	暂估单价	暂估合价（元）
	省略							0.00		0.00
	省略							0.00		0.00
	其他材料费							0.00		0.00
	材料费小计							0.00		0.00

（2）合价栏内：

"人工费"＝"工程量"×单价栏人工费＝11.65×33.74＝393.07元；

"材料费"＝"工程量"×单价栏材料费＝11.65×292.30＝3405.30元；

"机械费"＝"工程量"×单价栏材料费＝11.65×2.09＝24.35元；

"管理费和利润"＝"工程量"×单价栏（管理费和利润）＝11.65×39.38＝458.78元。

（3）"清单项目综合单价"＝（∑人工费＋∑材料费＋∑机械费＋∑管理费和利润）÷"工程量"＝（393.07＋3405.30＋24.35＋458.78）÷11.65＝367.51元/m²。将计算结果填入表3-57内。

花　砖　脊　　　　　　　　　　　表 3-57

工作内容：运砖瓦、调运砂浆、砌筑、刷黑水二度。　　　　　　　　　　计量单位：1m

编　号				2-320	2-321	2-322	2-323	2-324	2-325	2-326
项　目				花砖脊					单面花砖博脊	
				高 35cm 内	高 49cm 内	高 66cm 内	高 80cm 内	高 95cm 内	高 35cm 内	高 49cm 内
				一皮花砖二线脚正垂戗脊	二皮花砖二线脚正垂戗脊	三皮花砖三线脚正垂戗脊	四皮花砖三线脚正垂戗脊	五皮花砖三线脚正垂戗脊	一皮花砖二线脚博脊	二皮花砖二线脚博脊
	名称	单位	单价（元）	定额耗用量						
人工	综合工日	工日	65.00	0.519	0.648	0.789	0.899	1.019	0.368	0.479
材料	蝴蝶盖瓦 160×160	块	0.33	30.90	30.90	30.90	30.90	30.90	15.40	15.40
	三开砖	块	1.13	8.60	8.60	8.60	8.60	8.60	8.60	8.60
	定型砖	块	10.95	4.10	4.10	4.10	4.10	4.10	4.10	4.10
	万字脊花砖	块	10.67	6.80	13.50	20.30	27.00	33.80	3.40	6.80
	望砖 210×105×17	块	0.27	3.40	6.80	10.10	13.50	16.90	3.40	6.80
	鼓钉砖	块	10.95	7.10	7.10	10.70	10.70	10.70	7.10	7.10
	披水砖	块	10.67	3.30	3.30	3.30	3.30	3.30	3.30	3.30
	压脊砖	块	10.67	3.30	3.30	3.30	3.30	3.30	3.30	3.30
	1：2.5 石灰砂浆	m³	143.86	0.0266	0.0359	0.0471	0.0564	0.0657	0.0138	0.0184
	煤胶	kg	10.76	0.150	0.192	0.243	0.285	0.441	0.172	0.199
	其他材料费	元	1.30	0.42	0.53	0.70	0.80	0.91	0.36	0.41

续表

编　号			2-320	2-321	2-322	2-323	2-324	2-325	2-326
项　目			花砖脊					单面花砖博脊	
			高35cm内	高49cm内	高66cm内	高80cm内	高95cm内	高35cm内	高49cm内
			一皮花砖二线脚正垂戗脊	二皮花砖二线脚正垂戗脊	三皮花砖三线脚正垂戗脊	四皮花砖三线脚正垂戗脊	五皮花砖三线脚正垂戗脊	一皮花砖二线脚博脊	二皮花砖二线脚博脊
	名称	单位 单价(元)	定额耗用量						
机械	机械费	元　1.30	1.61	2.00	2.44	2.78	3.15	1.14	1.48
基价表	人工费(元)		33.74	42.12	51.29	58.44	66.24	23.92	31.14
	材料费(元)		292.30	366.67	481.93	556.29	632.95	249.29	287.52
	机械费(元)		2.09	2.60	3.17	3.61	4.10	1.48	1.92
	基价(元)		328.13	411.39	536.39	618.34	703.28	274.69	320.58

(四)"正脊脊头"综合单价分析

1. "综合单价分析表"的填写

依"清单表"所列项目编码和名称、正脊头工程量＝2只、管理费和利润12%等数据，依此填入表 3-58 中深灰色所示。

综合单价分析表　　　　表 3-58

工程名称：　水榭建筑工程　　　　标段：　屋面工程　　　第　页　共　页

项目编码	020602011001		项目名称		哺龙骨头		计量单位	只	工程量	2.00
清单综合单价组成明细										
定额编号	定额名称	定额单位	数量	单价			12%	合价		
				人工费	材料费	机械费	管理费和利润	人工费	材料费	机械费 管理费和利润
套 2-344	哺龙脊头	只	1	514.15	158.89	0.00	80.76	1028.30	317.78	0.00　161.52
人工单价		小计						1028.30	317.78	0.00　161.52
65 元/工日		未计价材料费								
		清单项目综合单价							753.80	
材料费明细	主要材料名称、规格、型号			单位	数量	单价(元)	合价(元)	暂估单价	暂估合价(元)	
							0.00		0.00	
							0.00		0.00	
	其他材料费						0.00		0.00	
	材料费小计						0.00		0.00	

按项目清单所列，依《仿古定额基价表》第二册第三节，采用定额摘录如表 3-59 所示，哺龙脊头，套用定额编号 2-344 项，定额单位只，人工费＝514.15 元/只；材料费＝158.89 元/只。依此填入表 3-58 中浅灰色所示。

屋脊头　　　　　　　　　　　　　　　　　　　　　　　　表 3-59

工作内容：放样、运砖瓦、调运砂浆、钢筋制安、砌筑、安铁丝网、抹面、雕塑、刷黑水二度、桐油一度。

编　号			2-341	2-342	2-343	2-344	2-345	2-346	2-347
项　目			屋脊头（雕塑）（尺寸:cm）				计量单位:只		
			38×195高	33×150高	30×120高	长 70	长 55		
			九套龙吻	七套龙吻	五套龙吻	哺龙	哺鸡	预制留孔纹头	纹头
名称	单位	单价(元)	定额耗用量						
人工 综合工日	工日	65.00	31.960	26.020	22.040	7.910	5.350	3.350	2.760
蝴蝶盖瓦 160×160	块	0.33				9.00	33.00	8.00	8.00
蝴蝶瓦小号花边	块	1.43				1.00	1.00	1.00	1.00
7 寸筒瓦	块	1.12				8.00	6.00		
12 寸筒瓦	块	2.11		3.00	2.00				
14 寸筒瓦	块	2.29	3.00						
尺八方砖	块	19.50	2.00	2.00	2.00				
望砖 210×105×17	块	0.27	15.00	13.00	12.00	30.00	23.00	12.00	36.00
机砖	块	0.31	15.00	13.00	12.00	30.00	23.00		
M5 水泥石灰砂浆	m³	218.06	0.7100	0.3700	0.2300				
1:2.5 石灰砂浆	m³	143.86	0.0340	0.0200	0.0140			0.017	0.024
1:1.5 水泥砂浆	m³	1018.33				0.0300	0.0280		
水泥石灰纸筋浆	m³	246.56	0.1310	0.1000	0.0810				
1:2.5 水泥砂浆	m³	348.45						0.0150	
纸筋灰浆	m³	153.00	0.1170	0.0890	0.0720	0.0560	0.0220	0.0060	0.0190
钢筋 φ5 内	t	4030						0.0020	
钢筋 φ10 内	t	4030	0.0260	0.0180	0.0130	0.0190	0.0150		
钢筋 φ10 内	t	4030	0.0070	0.0050	0.0400				
镀锌铁丝 20♯	kg	8.32	0.0320	0.0200	0.0130				
镀锌铁丝 16♯	kg	7.54	0.3900	0.2600	0.1700			0.0600	
钢丝网	m²	14.04	1.5600	1.2100	0.9800				
铁件	kg	6.24	9.440	7.260	5.810				
锯材	m³	2369						0.003	
煤胶	kg	10.76	1.990	1.410	0.960	0.630	2.830	0.090	0.130
清桐油	kg	22.49	0.940	0.690	0.540	0.230	0.150		
其他材料费	元	1.30	3.32	2.42	2.63	0.31	0.34	0.19	0.14
基价表　人工费（元）			2077.40	1691.30	1432.60	514.15	347.75	217.75	179.40
材料费（元）			528.44	365.70	424.28	158.89	158.92	32.73	21.80
机械费（元）			0.00	0.00	0.00	0.00	0.00	0.00	0.00
基价（元）			2605.84	2057.00	1856.88	673.04	506.67	250.48	201.20

材料（栏标注）

2. "综合单价分析表"的计算

（1）单价栏内"管理费和利润"＝（人工费＋材料费＋机械费）×（管理费和利润率）＝（514.15＋158.89）×0.12＝80.76元/只。

（2）合价栏内：

"人工费"＝"工程量"×单价栏人工费＝2×514.15＝1028.30元；

"材料费"＝"工程量"×单价栏材料费＝2×158.89＝317.78元；

"管理费和利润"＝"工程量"×单价栏（管理费和利润）＝2×80.76＝161.52元。

（3）"清单项目综合单价"＝（∑人工费＋∑材料费＋∑机械费＋∑（管理费和利润））÷"工程量"＝（1028.30＋317.78＋161.52）÷2＝753.80元/只。将计算结果填入表3-58内。

（五）"赶宕脊"综合单价分析

1. "综合单价分析表"的填写

依"清单表"所列编码和名称、赶宕脊工程量＝10.94m、管理费和利润12%等数据，依此填入表3-60中深灰色所示。

综合单价分析表　　　　　　　　　表3-60

工程名称：　水榭建筑工程　　　　　标段：　屋面工程　　　　　第　页　共　页

项目编码	020602004001		项目名称		赶宕脊		计量单位	m	工程量	10.94
清单综合单价组成明细										
定额编号	定额名称	定额单位	数量	单价			12%	合价			
				人工费	材料费	机械费	管理费和利润	人工费	材料费	机械费	管理费和利润
套2-310	赶宕脊	m	1	201.50	65.55	3.74	32.49	2204.41	717.12	40.92	355.44
人工单价			小计					2204.41	717.12	40.92	355.44
65元/工日			未计价材料费								
清单项目综合单价								303.28			
材料费明细	主要材料名称、规格、型号				单位	数量	单价（元）	合价（元）	暂估单价	暂估合价（元）	
								0.00		0.00	
								0.00		0.00	
	其他材料费							0.00		0.00	
	材料费小计							0.00		0.00	

按项目清单所列，依《仿古定额基价表》第二册第三节，采用定额摘录如表3-61所示，三瓦条赶宕脊，套用定额编号2-310项，定额单位m，人工费＝201.50元/m；材料费＝65.55元/m；机械费＝3.74元/m。依此填入表3-60中浅灰色所示。

2. "综合单价分析表"的计算

（1）单价栏内"管理费和利润"＝（人工费＋材料费＋机械费）×（管理费和利润率）＝（201.50＋65.55＋3.74）×0.12＝32.49元/m。

筒瓦脊　　　　　　　　　　　　　　　　　　　　表 3-61

计量单位：1m

编　号			2-306	2-307	2-308	2-309	2-310	2-311
项　目			筒瓦脊					
			高 120cm 五瓦条暗亮花筒	高 150cm 七瓦条暗亮花筒	高 195cm 九瓦条暗亮花筒	高 80cm 四瓦条竖带	高 54cm 三瓦条干塘	增减高 10cm 竖带干塘花筒脊
名称	单位	单价(元)	定额耗用量					
人工	综合工日	工日	65.00	5.737	7.028	8.575	4.032	3.100	2.050
材料	蝴蝶盖瓦 160×160	块	0.33	13.10	13.10	13.10			
	5 寸筒瓦	块	0.69	33.20	33.20	33.20	15.80	10.00	
	7 寸筒瓦	块	1.12				20.90	20.90	
	12 寸筒瓦	块	1.55	11.40	11.40				
	14 寸筒瓦	块	1.79			10.80			
	望砖 210×105×17	块	0.27	48.00	105.70	163.30	57.70	48.00	
	机砖	块	0.31	40.00	51.80	77.40	40.50	16.00	6.90
	M5 混合砂浆	m³	218.06	0.0208	0.0328	0.0498	0.0221	0.0123	0.0023
	水泥纸筋灰浆	m³	246.56	0.0236	0.0236	0.0308	0.0173	0.0173	
	纸筋灰浆	m³	153.00	0.0484	0.0613	0.0704	0.0376	0.0286	0.0024
	铁件	kg	6.24	2.6190	4.2000	7.3990			
	煤胶	kg	10.76	0.5020	0.6400	0.7290	0.3680	0.2600	0.0300
	清桐油	kg	22.49	0.148	0.193	0.229	0.145	0.113	
	其他材料费	元	1.30	0.73	0.97	1.31	0.55	0.41	0.02
机械	机械费	元	1.30	5.32	6.53	7.96	3.75	2.88	0.19
基价表	人工费（元）			372.91	456.82	557.38	262.08	201.50	133.25
	材料费（元）			114.14	150.83	205.33	85.42	65.55	3.37
	机械费（元）			6.92	8.49	10.35	4.88	3.74	0.25
	基价（元）			493.96	616.14	773.05	352.37	270.79	136.87

（2）合价栏内：

"人工费"＝"工程量"×单价栏人工费＝10.94×201.50＝2204.41元；

"材料费"＝"工程量"×单价栏材料费＝10.94×65.55＝717.12元；

"机械费"＝"工程量"×单价栏材料费＝10.94×3.74＝40.92元；

"管理费和利润"＝"工程量"×单价栏(管理费和利润)＝10.94×32.49＝355.44 元。

（3）"清单项目综合单价"＝（∑人工费＋∑材料费＋∑机械费＋∑管理费和利润）÷"工程量"＝（2204.41＋717.12＋40.92＋355.44）÷10.94＝303.28 元/m。将计算结果填入表 3-60 内。

（六）"竖带"综合单价分析

1. "综合单价分析表"的填写

依"清单表"所列项目编码和名称、竖带工程量＝12.83m、管理费和利润 12％等数据，依此填入表 3-62 中深灰色所示。

综合单价分析表　　　　　　　　　　　　表 3-62

工程名称：　水榭建筑工程　　　　标段：　屋面工程　　　第 页 共 页

项目编码	020602004002		项目名称		竖带	计量单位	m	工程量	12.83

清单综合单价组成明细

定额编号	定额名称	定额单位	数量	单价			12%	合价			
				人工费	材料费	机械费	管理费和利润	人工费	材料费	机械费	管理费和利润
套 2-309	竖带	m	1	262.08	85.42	4.88	42.29	3362.49	1095.94	62.61	542.58
人工单价			小计					3362.49	1095.94	62.61	542.58
65 元/工日			未计价材料费								
			清单项目综合单价					394.67			

材料费明细	主要材料名称、规格、型号	单位	数量	单价（元）	合价（元）	暂估单价	暂估合价（元）
					0.00		0.00
					0.00		0.00
	其他材料费						
	材料费小计				0.00		0.00

　　按项目清单所列，依《仿古定额基价表》第二册第三节，采用定额如表 3-61 所示，四瓦条竖带，套用定额编号 2-309 项，定额单位 m，人工费＝262.08 元/m；材料费＝85.42 元/m；机械费＝4.88 元/m。依此填入表 3-62 中浅灰色所示。

　　2."综合单价分析表"的计算

　　（1）单价栏内"管理费和利润"＝（人工费＋材料费＋机械费）×（管理费和利润率）＝（262.08＋85.42＋4.88）×0.12＝42.29 元/m。

　　（2）合价栏内：

　　"人工费"＝"工程量"×单价栏人工费＝12.83×262.08＝3362.49元；

　　"材料费"＝"工程量"×单价栏材料费＝12.83×85.42＝1095.94元；

　　"机械费"＝"工程量"×单价栏材料费＝12.83×4.88＝62.61元；

　　"管理费和利润"＝"工程量"×单价栏（管理费和利润）＝12.83×42.29＝542.58 元。

　　（3）"清单项目综合单价"＝（∑人工费＋∑材料费＋∑机械费＋∑管理费和利润）÷"工程量"＝（3362.49＋1095.94＋62.61＋542.58）÷12.83＝394.67元/m。将计算结果填入表3-62内。

（七）"戗脊"综合单价分析

1."综合单价分析表"的填写

　　依"清单表"所列项目编码、项目名称、戗脊工程量＝4 条、管理费和利润 12% 等数据，依此填入表 3-63 中深灰色所示。

　　按项目清单所列，依《仿古定额基价表》第二册第三节，滚筒 7 寸筒瓦，采用定额摘录如表 3-64 所示，单个戗脊长 3.84m，套用定额编号 2-313 项，定额单位条，人工费＝69.03 元/条；材料费＝25.76 元/条；机械费＝1.29 元/条。依此填入表 3-63 中浅灰色所示。

综合单价分析表　　　　　　　　　　表 3-63

工程名称：水榭建筑工程　　　　标段：屋面工程　　　　第 页 共 页

项目编码	020602005001		项目名称		戗脊		计量单位	条	工程量	4.00

清单综合单价组成明细

定额编号	定额名称	定额单位	数量	单价			12%	合价			
				人工费	材料费	机械费	管理费和利润	人工费	材料费	机械费	管理费和利润
套 2-313	戗脊	条	1	69.03	25.76	1.29	11.53	276.12	103.04	5.16	46.12
人工单价			小计					276.12	103.04	5.16	46.12
65 元/工日			未计价材料费								
清单项目综合单价								107.60			

	主要材料名称、规格、型号			单位	数量	单价（元）	合价（元）	暂估单价	暂估合价（元）
材料费明细							0.00		0.00
							0.00		0.00
							0.00		0.00
	其他材料费						0.00		0.00
	材料费小计						0.00		0.00

戗脊、环包脊、叠脊　　　　　　　　表 3-64

计量单位：条、m

编　　号			2-312	2-313	2-314	2-315	2-316	2-317	2-318	2-319
项　　目			滚筒戗脊（每 1 条）					环包脊	小青瓦叠脊（每 1m）	
			3m 以内	4m 以内	5m 以内	6m 以内	7m 以内	每 1m	五层为准	每增减一层
名称	单位	单价（元）	定额耗用量							
人工	综合工日	工日	65.00	0.801	1.062	1.316	1.577	1.840	2.173	1.997	0.379
材料	7 寸筒瓦	块	1.12	5.30	7.20	9.20	11.10	13.10	20.90		
	10 寸沟头	块	1.92	0.20	0.20	0.20	0.20	0.20			
	望砖 210×105×17	块	0.27	10.00	13.50	16.70	20.30	23.80	38.40		
	机砖	块	0.31	4.80	6.40	8.30	10.00	11.80	20.00		
	M5 混合砂浆	m³	218.06	0.0061	0.0085	0.0107	0.0131	0.0154	0.0258		
	水泥纸筋灰浆	m³	246.56	0.0044	0.0060	0.0077	0.0092	0.0108	0.0173		
	纸筋灰浆	m³	153.00	0.0062	0.0085	0.0107	0.0130	0.0153	0.0247	0.0021	0.0004
	铁件	kg	6.24	0.747	0.826	0.970	1.433	1.567			
	煤胶	kg	10.76	0.053	0.072	0.091	0.110	0.130	0.209		
	清桐油	kg	22.49	0.028	0.039	0.048	0.059	0.069	0.112		
	大号板瓦 256×224	块	0.64							20.000	4.000
	其他材料费	元	1.30	0.12	0.16	0.19	0.25	0.28	0.36	0.34	0.07
机械	机械费	元	1.30	0.74	0.99	1.22	1.48	1.71	2.02	6.18	1.17
基价表	人工费（元）			52.07	69.03	85.54	102.51	119.60	141.25	129.81	24.64
	材料费（元）			19.92	25.76	32.05	40.35	46.66	59.00	13.50	2.70
	机械费（元）			0.96	1.29	1.59	1.92	2.22	2.63	8.03	1.52
	基价（元）			72.95	96.08	119.17	144.78	168.49	202.87	151.34	28.86

2. "综合单价分析表"的计算

（1）单价栏内"管理费和利润"＝（人工费＋材料费＋机械费）×（管理费和利润率）＝（69.03＋25.76＋1.29）×0.12＝11.53元/条。

（2）合价栏内：

"人工费"＝"工程量"×单价栏人工费＝4×69.03＝276.12元；

"材料费"＝"工程量"×单价栏材料费＝4×25.76＝103.04元；

"机械费"＝"工程量"×单价栏材料费＝4×1.29＝5.16元；

"管理费和利润"＝"工程量"×单价栏（管理费和利润）＝4×11.53＝46.12元。

（3）"清单项目综合单价"＝（∑人工费＋∑材料费＋∑机械费＋∑管理费和利润）÷"工程量"＝（276.12＋103.04＋5.16＋46.12）÷4＝107.61元/条。将计算结果填入表3-63内。

（八）"花边瓦"综合单价分析

1. "综合单价分析表"的填写

依"清单表"所列项目编码、项目名称、檐口花边瓦工程量＝25.28m、管理费和利润12%等数据，依此填入表3-65中深灰色所示。

综合单价分析表　　　　　　　　　　　　　　　　表3-65

工程名称： 水榭建筑工程　　　　　　标段： 屋面工程　　　　　第 页 共 页

项目编码	020602009001		项目名称		檐口花边瓦	计量单位	m	工程量	25.28

清单综合单价组成明细

定额编号	定额名称	定额单位	数量	单价			12%	合价			
				人工费	材料费	机械费	管理费和利润	人工费	材料费	机械费	管理费和利润
套2-336	檐口花边瓦	m	1	2.15	6.79	1.35	1.23	54.35	171.65	34.13	31.09
人工单价			小计					54.35	171.65	34.13	31.09
65元/工日			未计价材料费								
清单项目综合单价								11.52			

	主要材料名称、规格、型号	单位	数量	单价（元）	合价（元）	暂估单价	暂估合价（元）
材料费明细	蝴蝶小号花边	块	4.70	1.43	6.72		0.00
	其他材料费	元	0.05	1.30	0.07		0.00
	材料费小计				6.79		0.00

按项目清单所列，依《仿古定额基价表》第二册第三节，采用定额摘录如表3-66所示，檐口花边瓦，套用定额编号2-336项，定额单位m，人工费＝2.15元/m；材料费＝6.79元/m；机械费＝1.23元/m。依此填入表3-65中浅灰色所示。

2. "综合单价分析表"的计算

（1）单价栏内"管理费和利润"＝（人工费＋材料费＋机械费）×（管理费和利润率）＝（2.15＋6.79＋1.23）×0.12＝1.23元/m。

5 排山、沟头、花边、滴水、泛水、斜沟   表 3-66

工作内容：1. 运瓦、调运砂浆、筒瓦沟头打眼、滴水锯口、铺瓦抹面、刷黑水二度、桐油一度。

2. 砖泛水、瓦斜沟、运砖瓦、调运砂浆、砌筑、铺底灰、铺瓦、抹面、刷黑水二度。

3. 白铁泛水、放样、画线、截料、卷边、接缝、安装。   计量单位：1m

编　号			2-333	2-334	2-335	2-336	2-337	2-338	2-339	2-340
项　目			筒瓦排山	筒瓦檐口沟头滴水		蝴蝶瓦檐口花边滴水		砖砌泛水	斜沟(阴沟)	
				大号筒瓦	二号筒瓦	花边	滴水		蝴蝶瓦	宽60cm白铁皮
名称	单位	单价(元)				定额耗用量				
人工 综合工日	工日	65.00	0.881	0.377	0.363	0.033	0.108	0.199	0.231	0.060
蝴蝶底瓦 200×200	块	0.23	18.300							
蝴蝶瓦小号花边	块	1.43				4.700				
蝴蝶瓦大号花边	块	1.94								
蝴蝶瓦大号滴水	块	2.12	4.700		4.700		4.700			
蝴蝶瓦斜沟滴水	块	0.33			4.000					
蝴蝶斜沟瓦	块	0.31							15.300	
7 寸筒瓦	块	1.12	4.70							
10 寸沟头	块	1.92	4.70							
12 寸沟头	块	2.11			4.70					
14 寸沟头	块	2.29		4.00						
1∶3 石灰砂浆	m³	136.66	0.0263	0.0148	0.0126		0.0031			
纸筋灰浆	m³	153.00	0.0082	0.0023	0.0023		0.0023		0.0041	
铁件	kg	6.24		0.221	0.149					
煤胶	kg	10.76	0.057					0.072	0.030	
镀锌钢板 26#	m²	37.44								0.636
锡焊	kg	93.34								0.026
清桐油	kg	22.49	0.031							
机砖	块	0.31						4.100		
M5 水泥石灰砂浆	m³	218.06						0.0014		
水泥石灰纸筋浆	m³	246.56						0.0073		
圆钉	kg	8.06								0.006
其他材料费	元	1.30	0.22	0.10	0.15	0.05	0.07	0.03	0.04	0.14
机械 机械费	元	1.30	2.73	1.17	1.14	1.04	3.35	0.62	0.72	0.19
基价表 人工费(元)			57.27	24.51	23.60	2.15	7.02	12.94	15.02	3.90
材料费(元)			34.98	14.34	23.06	6.79	10.83	4.20	5.78	26.47
机械费(元)			3.55	1.52	1.48	1.35	4.36	0.81	0.94	0.25
基价(元)			95.80	40.36	48.13	10.28	22.20	17.94	21.73	30.62

（2）合价栏内：

"人工费"="工程量"×单价栏人工费=25.28×2.15=54.35元；

"材料费"="工程量"×单价栏材料费=25.28×6.79=171.65元；

"机械费"="工程量"×单价栏材料费=25.28×1.23=34.13元；

"管理费和利润"="工程量"×单价栏（管理费和利润）=25.28×1.23=31.09元。

（3）"清单项目综合单价"=（∑人工费+∑材料费+∑机械费+∑管理费和利润）÷"工程量"=（54.35+171.65+34.13+31.09）÷25.28=11.52元/m。将计算结果填入表3-65内。

（九）"滴水瓦"综合单价分析

1."综合单价分析表"的填写

依"清单表"所列项目编码和名称、檐口滴水瓦工程量=25.28m、管理费和利润12%等数据，依此填入表3-67中深灰色所示。

综合单价分析表　　　　　　　　表 3-67

工程名称：　水榭建筑工程　　　　　标段：　屋面工程　　　　　第　页　共　页

项目编码		020602009002		项目名称	檐口滴水瓦	计量单位	m	工程量	25.28
清单综合单价组成明细									
定额编号	定额名称	定额单位	数量	单价			12%	合价			
				人工费	材料费	机械费	管理费和利润	人工费	材料费	机械费	管理费和利润
套2-337	檐口滴水瓦	m	1	7.02	10.83	4.36	2.67	177.47	273.78	110.22	67.50
人工单价			小计					177.47	273.78	110.22	67.50
65元/工日			未计价材料费								
清单项目综合单价								24.88			
材料费明细	主要材料名称、规格、型号				单位	数量	单价（元）	合价（元）	暂估单价	暂估合价（元）	
								0.00		0.00	
								0.00		0.00	
	其他材料费							0.00		0.00	
	材料费小计							0.00		0.00	

按项目清单所列，依《仿古定额基价表》第二册第三节，采用定额如表3-66所示，檐口滴水瓦，套用定额编号2-337项，定额单位m，人工费=7.02元/m；材料费=10.83元/m；机械费=4.36元/m。依此填入表3-67中浅灰色所示。

2."综合单价分析表"的计算

（1）单价栏内"管理费和利润"=（人工费+材料费+机械费）×（管理费和利润率）=（7.02+10.83+4.36）×0.12=2.67元/m。

（2）合价栏内：

"人工费"="工程量"×单价栏人工费=25.28×7.02=177.47元；

"材料费"="工程量"×单价栏材料费=25.28×10.83=273.78元；

"机械费"＝"工程量"×单价栏材料费＝25.28×4.36＝110.22元；

"管理费和利润"＝"工程量"×单价栏(管理费和利润)＝25.28×2.67＝67.50元。

(3)"清单项目综合单价"＝(∑人工费＋∑材料费＋∑机械费＋∑管理费和利润)÷"工程量"＝(177.47＋273.78＋110.22＋67.50)÷25.28＝24.88元/m。将计算结果填入表3-67内。

(十) 填写"清单表"内屋面项目的计价内容

至此，屋面项目的综合单价计算完成，再将各项综合单价填入到"清单表"中的相应栏内，并随即计算出相应的"合价"，即合价＝工程量×综合单价，同时计算出屋面工程小计金额，即屋面工程＝∑合价＝42782.34元，如表3-68所示。

分部分项工程和单价措施项目清单与计价表　　　　　　　　　　　表3-68

工程名称：水榭建筑工程　　　　　　　　标段：　　　　　　　　第1页　共1页

序号	项目编码	项目名称	项目特征描述	计量单位	工程量	金额(元)		
						综合单价	合价	其中暂估价
	E	木作工程					146923.44	
1	020501001001	φ20廊柱	12根φ20,高3.47m,一等材、刨光	m³	1.623	4749.99	7709.23	
2	020501001002	φ22步柱	12根φ22,高3.875m,一等材、刨光	m³	2.212	4358.14	9640.21	
3	020501004005	圆童柱	4根φ16脊童,8根φ18金童,一等材、刨光	m³	0.155	4431.87	686.73	
4	020502001001	梁类	4根φ22大梁,4根φ20山界梁,一等材、刨光	m³	1.734	4679.96	8115.05	
5	020506001001	老戗	4根 截面10cm×12cm,一等材、刨光	m³	0.146	6704.19	978.79	
6	020506001002	嫩戗	4根 截面10cm×8cm,一等材、刨光	m³	0.014	9762.14	136.67	
7	020503001001	圆桁类	廊步搭交桁各2根φ16cm,一等材、刨光	m³	2.319	3332.51	7728.09	
8	020503003001	木机类	连、金、脊机,截面8cm×5cm,一等材、刨光	m³	0.318	5742.74	1826.19	
9	020503004001	木枋类	栢口枋、步枋,厚在8cm内,一等材、刨光	m³	2.119	5143.36	10898.78	
10	020505002001	直椽	截面7cm×5cm,一等材、刨光	m³	2.208	4675.76	10324.08	
11	020505005001	飞椽	截面7cm×5cm,中距23cm,一等材、刨光	m³	0.153	6181.91	3171.32	
12	020505008001	摔网椽	截面7cm×5cm,中距23cm,一等材、刨光	m³	0.266	4681.65	1245.32	
13	020505008002	摔网飞椽	截面7cm×5cm,中距23cm,一等材、刨光	m³	0.131	6061.20	792.81	
14	020506005001	菱角木	4块,厚10cm	m³	0.014	5009.29	70.13	
15	020506006001	戗山木	8块,截面10cm×13cm,一等材、刨光	m³	0.060	5423.33	325.40	
16	020506007001	千斤销	4个,截面7cm×7cm	只	4.00	137.42	549.68	
17	020508022001	夹堂板	阔面山面各1块,截面35cm×1cm	m	31.60	27.76	877.22	
18	020508023001	山花板	2块,厚2.5cm,一等材、刨光	m²	8.40	104.01	873.27	
19	020509001001	隔扇	仿古式长窗,葵式芯屉。槛框47.31m	m²	62.76	1163.11	72993.29	
20	020511002001	挂落	五纹头宫万式,一等材、刨光	m	27.75	287.61	7981.18	
	F	屋面工程		0	0.00		42757.36	
1	020601003001	屋面铺瓦	蝴蝶瓦屋面,1:3白灰砂浆坐浆,地方瓦材	m²	169.49	92.86	15739.30	
2	020601001001	铺望砖	做砖细平面望,上铺油毡	m²	169.49	67.83	11496.84	
3	020602002001	花砖正脊	一皮花砖二线脚,1:2.5白灰砂浆砌筑	m	11.65	367.51	4281.49	

续表

序号	项目编码	项目名称	项目特征描述	计量单位	工程量	综合单价	合价	其中暂估价
						金额（元）		
4	020602011001	哺龙脊头	窑制哺龙，1：2.5水泥砂浆砌筑，纸筋灰抹缝	只	2.00	753.80	1507.60	
5	020602004001	赶宕脊	7寸筒瓦，M5混合砂浆砌筑，水泥纸筋灰抹缝	m	10.94	303.28	3317.88	
6	020602004002	竖带	四路瓦条，7寸筒瓦，M5混合砂浆，水泥纸筋灰抹缝	m	12.83	394.67	5063.62	
7	020602005001	戗脊	滚筒7寸筒瓦，戗脊长15.36m	条	4.00	107.61	430.44	
8	020602009001	檐口花边瓦	蝴蝶瓦花边滴水，1：3白灰砂浆坐浆，地方瓦材	m	25.28	11.52	291.23	
9	020602009002	檐口滴水瓦	蝴蝶瓦花边滴水，1：3白灰砂浆坐浆，地方瓦材	m	25.28	24.88	628.97	

六、地面工程项目清单计价

地面工程项目清单所列项目为：方砖地面及其碎石垫层。

（一）"方砖地面"综合单价分析

1."综合单价分析表"的填写

依"清单表"所列项目编码和名称、方砖地面工程量＝122.25m²、管理费和利润12％等数据，依此填入表3-69中深灰色所示。

综合单价分析表　　　　　　　　　　表 3-69

工程名称：　水榭建筑工程　　　　　　　标段：　地面工程　　　　　第　页　共　页

项目编码	020701001001	项目名称		方砖地面	计量单位	m²	工程量	122.25

清单综合单价组成明细

定额编号	定额名称	定额单位	数量	人工费	材料费	机械费	管理费和利润	人工费	材料费	机械费	管理费和利润
				单价			12%	合价			
套 2-82	方砖地面	m²	1	258.38	101.30	0.00	43.16	31586.96	12383.93	0.00	5276.31

人工单价		小计			31586.96	12383.93	0.00	5276.31
65元/工日		未计价材料费						
		清单项目综合单价						402.84

材料费明细	主要材料名称、规格、型号	单位	数量	单价（元）	合价（元）	暂估单价	暂估合价（元）
					0.00		0.00
					0.00		0.00
					0.00		0.00
	其他材料费				0.00		0.00
	材料费小计				0.00		0.00

按项目清单所列，方砖地面为砖细方砖，依《仿古定额基价表》第二册第一节，采用定额摘录如表3-70所示，40cm×40cm砖细方砖，套用定额编号2-82项，定额单位m²，人工费＝258.38元/m²；材料费＝101.30元/m²。依此填入表3-69中浅灰色所示。

9 砖细方砖铺地

表 3-70

工作内容：选料、场内运输、刨面、刨缝、补磨、油灰加工、铺砂、铺砖、清洗。

计量单位：1m²

编号			2—79	2—80	2—81	2—82	2—83	2—84
项　目			地面铺方砖（规格：cm）					
			50×50	47×47	42×42	40×40	35×35	28×28
名称	单位	单价（元）	定额耗用量					
人工	综合工日	工日	65.00	3.846	3.966	4.205	3.975	4.212	4.873
材料	方砖 530×530×70	块	32.11	4.80					
	方砖 500×500×70	块	28.60		5.40				
	方砖 450×450×60	块	12.87			6.80			
	方砖 430×430×45	块	11.70				7.40		
	方砖 380×380×40	块	9.88					9.70	
	方砖 310×310×35	块	6.37						15.10
	砂	t	132.60	0.0758	0.0758	0.0758	0.0758	0.0758	0.0758
	生桐油	kg	15.21	0.160	0.170	0.190	0.200	0.229	0.286
	细灰	kg	1.82	0.400	0.426	0.476	0.500	0.571	0.714
	其他材料费	元	1.30	0.48	0.52	0.50	0.55	0.54	0.80
基价表	人工费（元）			249.99	257.79	273.33	258.38	273.78	316.75
	材料费（元）			167.96	168.53	101.97	101.30	111.11	112.93
	机械费（元）			0.00	0.00	0.00	0.00	0.00	0.00
	基价（元）			417.95	426.32	375.30	359.67	384.89	429.67

2. "综合单价分析表"的计算

（1）单价栏内"管理费和利润"＝（人工费＋材料费＋机械费）×（管理费和利润率）＝（258.38＋101.30）×0.12＝43.16元/m。

（2）合价栏内：

"人工费"＝"工程量"×单价栏人工费＝122.25×258.38＝31586.96元；

"材料费"＝"工程量"×单价栏材料费＝122.25×101.30＝12383.93元；

"管理费和利润"＝"工程量"×单价栏（管理费和利润）＝122.25×43.16＝5276.31元。

（3）"清单项目综合单价"＝（∑人工费＋∑材料费＋∑机械费＋∑管理费和利润）÷"工程量"＝（31586.96＋12383.93＋5276.31）÷122.25＝402.84元/m²。将计算结果填入表 3-69 内。

（二）"地面碎石垫层"综合单价分析

1. "综合单价分析表"的填写

依"清单表"所列项目编码和名称、碎石垫层工程量＝24.45m³、管理费和利润12%等数据，依此填入表 3-71 中深灰色所示。

综合单价分析表

表 3-71

工程名称：水榭建筑工程　　　　标段：地面工程　　　　第　页　共　页

项目编码	010404001001		项目名称	地面碎石垫层	计量单位	m³	工程量	24.45

清单综合单价组成明细

定额编号	定额名称	定额单位	数量	单价			12%	合价			
				人工费	材料费	机械费	管理费和利润	人工费	材料费	机械费	管理费和利润
套1-392	地面碎石垫层	m³	1	66.30	116.52	6.32	22.70	1621.04	2848.91	154.52	555.02
人工单价			小计					1621.04	2848.91	154.52	555.02
65元/工日			未计价材料费								
清单项目综合单价								211.84			

材料费明细	主要材料名称、规格、型号			单位	数量	单价（元）	合价（元）	暂估单价	暂估合价（元）
							0.00		0.00
							0.00		0.00
							0.00		0.00
	其他材料费						0.00		0.000
	材料费小计						0.00		0.00

　　按项目清单所列，该垫层为灌浆碎石垫层，应按《仿古定额基价表》第一册第五节，采用定额摘录如表 3-72 所示，灌浆碎石垫层，套用定额编号 1-392 项，定额单位 m³，人工费=66.30 元/m³；材料费=116.52 元/m³；机械费=6.32 元/m³。依此填入表 3-71 中浅灰色所示。

1　楼地面垫层

表 3-72

工作内容：炉渣过筛、闷灰、铺设垫层、拌和、找平夯实。

计量单位：1m³

定额编号			1—390	1—391	1—392	1—393	1—394
项目			砂	人工级配砂石1:1.5	碎石(碎砖)灌浆	干铺碎石(碎砖)	水泥石灰炉渣
名称	单位	单价(元)	定额耗用量				
人工	综合工日	工日	65.00	0.460	0.750	1.020	0.660	1.220
材料	中粗砂	m³	80.60	1.1700	0.4700			
	碎(砾)石	m³	85.80		0.9000	1.1000	1.1000	
	碎砖	m³				(1.32)	(1.32)	
	水泥石灰炉渣	m³	162.83					1.02
	生石灰	kg	0.26			49.0000		
	黏土	m³	46.80			0.1800		
	水	m³	3.25	0.3000	0.2000	0.3000		0.62
机械	机械费	元	1.00	2.85	4.63	6.32	4.08	7.56
基价表	人工费(元)			29.90	48.75	66.30	42.90	79.30
	材料费(元)			95.28	115.75	116.52	94.38	168.10
	机械费(元)			2.85	4.63	6.32	4.08	7.56
	基价(元)			128.03	169.13	189.14	141.36	254.96

2. "综合单价分析表"的计算

（1）单价栏内"管理费和利润"＝（人工费＋材料费＋机械费）×（管理费和利润率）＝（66.30＋116.52＋6.32）×0.12＝22.70元/m³。

（2）合价栏内：

"人工费"＝"工程量"×单价栏人工费＝24.45×66.30＝1621.04元；

"材料费"＝"工程量"×单价栏材料费＝24.45×116.52＝2848.91元；

"机械费"＝"工程量"×单价栏材料费＝24.45×6.32＝154.52元；

"管理费和利润"＝"工程量"×单价栏（管理费和利润）＝24.45×22.70＝555.02元。

（3）"清单项目综合单价"＝（∑人工费＋∑材料费＋∑机械费＋∑管理费和利润）÷"工程量"＝（1621.04＋2848.91＋154.52＋555.02）÷24.45＝211.84元/m³。将计算结果填入表3-71内。

（三）填写"清单表"内地面工程项目的计价内容

地面工程项目的综合单价计算完成后，将其填入到"清单表"的相应栏内，并计算出相应合价，即合价＝工程量×综合单价，同时计算出地面工程小计金额，即地面工程＝49247.97＋5179.57＝54427.54元。为减少篇幅，这里只显示屋面工程以后部分内容，如表3-73所示。

分部分项工程和单价措施项目清单与计价表　　　　表3-73

工程名称：水榭建筑工程　　　　　　　标段：　　　　　　　　　　第1页　共1页

序号	项目编码	项目名称	项目特征描述	计量单位	工程量	金额（元）		
						综合单价	合价	其中暂估价
	F	屋面工程		0	0.00		42757.36	
1	020601003001	屋面铺瓦	蝴蝶瓦屋面，1:3白灰砂浆坐浆，地方瓦材	m²	169.65	92.86	15739.30	
2	020601001001	铺望砖	做砖细平面望，上铺油毡	m²	169.65	67.83	11496.84	
3	020602002001	花砖正脊	一皮花砖二线脚，1:2.5白灰砂浆砌筑	m	11.65	367.51	4281.49	
4	020602011001	哺龙脊头	窑制哺龙，1:2.5水泥砂浆砌筑，纸筋灰抹缝	只	2.00	753.80	1507.60	
5	020602004001	赶宕脊	7寸筒瓦，M5混合砂浆砌筑，水泥纸筋灰抹缝	m	10.94	303.28	3317.88	
6	020602004002	竖带	四路瓦条，7寸筒瓦，M5混合砂浆，水泥纸筋灰抹缝	m	12.83	394.67	5063.62	
7	020602005001	戗脊	滚筒7寸筒瓦，戗脊长15.36m	条	4.00	107.61	430.44	
8	020602009001	檐口花边瓦	蝴蝶瓦花边滴水，1:3白灰砂浆坐浆，地方瓦材	m	25.28	11.52	291.23	
9	020602009002	檐口滴水瓦	蝴蝶瓦花边滴水，1:3白灰砂浆坐浆，地方瓦材	m	25.28	24.88	628.97	
	G	地面工程		0	0.00		54427.54	
1	020701001001	方砖地面	砖细方砖400×400mm	m²	122.25	402.84	49247.97	
2	010404001001	地面碎石垫层	200厚碎石垫层	m³	24.45	211.84	5179.57	

七、抹灰工程项目清单计价

抹灰工程项目清单所列的项目有：墙面抹灰、窗框抹灰、墙裙抹灰等。

（一）"墙面抹灰"综合单价分析

1. "综合单价分析表"的填写

依"清单表"所列项目编码和名称、墙面抹灰工程量＝60.47m²、抹灰后随即刷大白浆、管理费和利润 12％等数据，依此填入表 3-74 中深灰色所示。

综合单价分析表　　　　　　　　　　　　　表 3-74

工程名称：水榭建筑工程　　　　　　　标段：抹灰工程　　　　　　　第　页　共　页

项目编码		011201001001		项目名称		墙面抹灰	计量单位	m²	工程量	60.47
						刷大白浆		m²		60.47
定额编号	额定名称	定额单位	数量	单价清单综合单价组成明细 12％				合价		
				人工费	材料费	机械费	管理费和利润	人工费	材料费	机械费	管理费和利润
套 1-474	墙面抹灰	m²	1	10.21	4.44	1.26	1.91	617.47	268.49	76.19	115.50
套 2-680	刷大白浆	m²	1	1.30	0.73	0.00	0.24	78.61	44.14	0.00	14.51
人工单价			小计					696.01	312.63	76.19	130.01
65 元/工日			未计价材料费								
清单项目综合单价								20.09			

材料费明细	主要材料名称、规格、型号		单位	数量	单价（元）	合价（元）	暂估单价	暂估合价（元）
						0.00		0.00
						0.00		0.00
	其他材料费					0.00		0.00
	材料费小计					0.00		0.00

按项目清单所列，应按《仿古定额基价表》第一册第三节，采用定额摘录如表 3-75 所示，混合砂浆底，纸筋灰面的抹灰，套用定额编号 1-474 项，定额单位 m²，人工费＝10.21 元/m²；材料费＝4.44 元/m²；机械费＝1.26 元/m²。刷大白浆，另套用定额编号 2-680 项（此表未予摘录），定额单位 m²，人工费＝1.30 元/m²；材料费＝0.73 元/m²。依此填入表 3-74 中浅灰色所示。

2. "综合单价分析表"的计算

（1）抹灰单价栏内"管理费和利润"＝（人工费＋材料费＋机械费）×（管理费和利润率）＝（10.21＋4.44＋1.26）×0.12＝1.91元/m²。

合价栏内：

"人工费"＝"工程量"×单价栏人工费＝60.47×10.21＝617.47元；

"材料费"＝"工程量"×单价栏材料费＝60.47×4.44＝268.49元；

"机械费"＝"工程量"×单价栏材料费＝60.47×1.26＝76.19元；

墙面抹灰 表3-75

工作内容：1.清理基层、堵墙眼、调运砂浆。2.抹灰、找平、罩面及压光。3.粉洞口侧角、护角线。4.搭拆3.6m以内脚手架。 计量单位：1m²

项目			1—471	1—472	1—473	1—474	1—475	1—476	1—477
			天棚面		墙面、砖内墙面				
			三道线内	五道线内	纸筋灰浆面			水泥砂浆面	混合砂浆面
			每1m长		石灰砂浆底	混合砂浆底	纸筋灰浆底	混合砂浆底	石灰砂浆底
名称	单位	单价(元)	定额耗用量						
人工 综合工日	工日	65.00	0.1150	0.2060	0.1380	0.1570	0.0720	0.1750	0.1750
材料 水泥石灰麻刀灰浆	m³	256.10	0.0021	0.0064					
石灰纸筋浆	m³	153.00	0.0003	0.0006	0.0021	0.0021	0.0081		
1:3石灰砂浆	m³	136.66			0.0180				0.0140
1:3:9水泥石灰砂浆	m³	206.23				0.0186			
1:1:6水泥石灰砂浆	m³	221.36						0.0142	0.0075
1:2.5水泥砂浆	m³	348.45			0.0002	0.0002	0.0002	0.0075	
水	m³	3.25	0.0020	0.0020	0.0020	0.0020	0.0020	0.0020	0.0020
其他材料费	元	1.30	0.24	0.24	0.16	0.16	0.16	0.16	0.16
机械 机械费	元	1.30	0.71	1.27	0.85	0.97	0.45	1.08	1.08
基价表 人工费(元)			7.48	13.39	8.97	10.21	4.68	11.38	11.38
材料费(元)			0.90	2.05	3.07	4.44	1.52	5.97	3.79
机械费(元)			0.92	1.65	1.11	1.26	0.59	1.40	1.40
基价(元)			9.30	17.09	13.14	15.91	6.79	18.75	16.57

"管理费和利润"="工程量"×单价栏(管理费和利润)=60.47×1.91=115.50元。

（2）刷浆单价栏内"管理费和利润"=（人工费＋材料费＋机械费）×（管理费和利润率）=(1.30＋0.73)×0.12=0.24元/m²。

合价栏内：

"人工费"="工程量"×单价栏人工费=60.47×1.30=78.61元；

"材料费"="工程量"×单价栏材料费=696.01×0.73=44.14元；

"管理费和利润"="工程量"×单价栏(管理费和利润)=60.47×0.24=14.51元。

（3）合计"人工费"=617.47＋78.61=696.01元；

合计"材料费"=268.49＋44.14=312.63元；

合计"机械费"=76.19元；

合计"管理费和利润"=115.50＋14.51=130.01元；

"清单项目综合单价"=（∑人工费＋∑材料费＋∑机械费＋∑管理费和利润）÷"工程量"=(696.01＋312.63＋76.19＋130.01)÷60.47=20.09元/m²。将计算结果填入表3-74内。

（二）"窗框抹灰"综合单价分析

1."综合单价分析表"的填写

依"清单表"所列项目编码和名称，窗洞边框抹灰工程量=6.90m²、抹灰后随即刷大白浆、管理费和利润 12％等数据，依此填入表 3-76 中深灰色所示。

综合单价分析表　　　　　　　　　　　表 3-76

工程名称：水榭建筑工程　　　　　标段：抹灰工程　　　　　第　页　共　页

项目编码	011201001002	项目名称	窗框抹灰	计量单位	m²	工程量	6.90
			刷大白浆		m²		6.90

清单综合单价组成明细

定额编号	定额名称	定额单位	数量	单价			12％	合价			
				人工费	材料费	机械费	管理费和利润	人工费	材料费	机械费	管理费和利润
套 1-474	窗框抹灰	m²	1	10.21	4.44	1.26	1.91	70.45	30.64	8.69	13.18
套 2-680	刷大白浆	m²	2	1.30	0.73	0.00	0.24	8.97	5.04	0.00	1.66
人工单价			小计					79.42	35.68	8.69	14.84
65 元/工日			未计价材料费								
清单项目综合单价								20.09			

	主要材料名称、规格、型号		单位	数量	单价（元）	合价（元）	暂估单价	暂估合价（元）
材料费明细						0.00		0.00
						0.00		0.00
	其他材料费					0.00		0.00
	材料费小计					0.00		0.00

按项目清单所列，依《仿古定额基价表》第一册第三节，采用定额如表 3-75 所示，混合砂浆底，纸筋灰面，套用定额编号 1-474 项，定额单位 m²，人工费＝10.21 元/m²；材料费＝4.44 元/m²；机械费＝1.26 元/m²。刷大白浆，套用定额编号 2-680 项（此表未予摘录），定额单位 m²，人工费＝1.30 元/m²；材料费＝0.73 元/m²。依此填入表 3-76 中浅灰色所示。

2. "综合单价分析表"的计算

（1）抹灰单价栏内"管理费和利润"＝（人工费＋材料费＋机械费）×（管理费和利润率）＝（10.21＋4.44＋1.26）×0.12＝1.91元/m²。

合价栏内：

"人工费"＝"工程量"×单价栏人工费＝6.90×10.21＝70.45元；

"材料费"＝"工程量"×单价栏材料费＝6.90×4.44＝30.64元；

"机械费"＝"工程量"×单价栏材料费＝6.90×1.26＝8.69元；

"管理费和利润"＝"工程量"×单价栏（管理费和利润）＝6.90×1.91＝13.18元。

（2）刷浆单价栏内"管理费和利润"＝（人工费＋材料费＋机械费）×（管理费和利润率）＝（1.30＋0.73）×0.12＝0.24元/m²。

合价栏内：

"人工费"＝"工程量"×单价栏人工费＝6.90×1.30＝8.97元；

"材料费"＝"工程量"×单价栏材料费＝6.90×0.73＝5.04元；

"管理费和利润"="工程量"×单价栏(管理费和利润)=6.90×0.24=1.66元。

(3) 合计"人工费"=70.45+8.97=79.42元;

合计"材料费"=30.64+5.04=35.68元;

合计"机械费"=8.69元;

合计"管理费和利润"=13.18+1.66=14.84元;

"清单项目综合单价"=(∑人工费+∑材料费+∑机械费+∑管理费和利润)÷"工程量"=(79.42+35.68+8.69+14.84)÷6.90=20.09元/m²。将计算结果填入表3-76内。

(三)"墙裙抹灰"综合单价分析

1."综合单价分析表"的填写

依"清单表"所列项目编码和名称,墙裙抹灰工程量=21.39m²、管理费和利润12%等数据,依此填入表3-77中深灰色所示。

按项目清单所列,应按《仿古定额基价表》第一册第三节,采用定额如表3-75所示,混合砂浆底,水泥砂浆面的抹灰,套用定额编号1-476项,定额单位m²,人工费=11.38元/m²;材料费=5.97元/m²;机械费=1.40元/m²。依此填入表3-77中浅灰色所示。

综合单价分析表　　　　　　　　　　　　表3-77

工程名称:水榭建筑工程　　　　标段:抹灰工程　　　　第　页　共　页

项目编码	011201001003		项目名称		墙裙抹灰	计量单位		m²	工程量	21.39
清单综合单价组成明细										
定额编号	额定名称	定额单位	数量	单价			12%	合价		
				人工费	材料费	机械费	管理费和利润	人工费	材料费	机械费	管理费和利润
套1-476	墙裙抹灰	m²	1	11.38	5.97	1.40	2.25	243.42	127.70	29.95	48.13
人工单价			小计					243.42	127.70	29.95	48.13
65元/工日			未计价材料费							
清单项目综合单价								21.00		
材料费明细	主要材料名称、规格、型号				单位	数量	单价(元)	合价(元)	暂估单价	暂估合价(元)
								0.00		0.00
								0.00		0.00
	其他材料费							0.00		0.00
	材料费小计							0.00		0.00

2."综合单价分析表"的计算

(1) 单价栏内"管理费和利润"=(人工费+材料费+机械费)×(管理费和利润率)=(11.38+5.97+1.40)×0.12=2.25元/m²。

(2) 合价栏内:

"人工费"="工程量"×单价栏人工费=21.39×11.38=243.42元;

"材料费"＝"工程量"×单价栏材料费＝21.39×5.97＝127.70元；

"机械费"＝"工程量"×单价栏材料费＝21.39×1.40＝29.95元；

"管理费和利润"＝"工程量"×单价栏（管理费和利润）＝21.39×2.25＝48.13元。

（3）"清单项目综合单价"＝（∑人工费＋∑材料费＋∑机械费＋∑管理费和利润）÷"工程量"＝（243.42＋127.70＋29.95＋48.13）÷21.39＝21.00元/m²。将计算结果填入表3-77内。

（四）填写"清单表"内抹灰项目的计价内容

以上抹灰工程项目的综合单价计算完成后，将其"综合单价"填入到"清单表"的相应栏内，并计算出相应合价，即合价＝工程量×综合单价，同时计算出抹灰工程小计金额，即抹灰工程＝1214.84＋138.62＋449.19＝1802.65元。为减少篇幅，这里只显示地面工程以后的部分内容，如表3-78所示。

分部分项工程和单价措施项目清单与计价表　　　　表3-78

工程名称：水榭建筑工程　　　　　　　　标段：　　　　　　第1页　共1页

序号	项目编码	项目名称	项目特征描述	计量单位	工程量	金额（元）		
						综合单价	合价	其中暂估价
	G	地面工程		0	0.00		54427.54	
1	020701001001	方砖地面	砖细方砖 400×400mm	m²	122.25	402.84	49247.97	
2	0104040001001	地面碎石垫层	200 厚碎石垫层	m³	24.45	211.84	5179.57	
	H	抹灰工程		0	0.00		1802.65	
1	011201001001	墙面抹灰	混合砂浆、纸筋灰浆面、刷大白浆	m²	60.47	20.09	1214.84	
2	011201001002	窗框抹灰	混合砂浆、纸筋灰浆面、刷大白浆	m²	6.90	20.09	138.62	
3	011201001003	墙裙抹灰	水泥砂浆底、水泥砂浆面	m²	21.39	21.00	449.19	

八、油漆工程项目清单计价

油漆工程项目清单所有木构件油漆项目，包括：山花板油漆、木挂落油漆、木橡子油漆、木上架构件油漆、木下架构件油漆、夹堂板油漆、木隔扇油漆等项目。

（一）"山花板油漆"综合单价分析

1. "综合单价分析表"的填写

依"清单表"所列项目编码和名称、山花板（山填板）油漆工程量＝6.97m²（该工程量已在清单中考虑了油漆工程量计算规则的系数）、管理费和利润12％等数据，依此填入表3-79中深灰色所示。

综合单价分析表　　　　　　　　　　　　　　**表 3-79**

工程名称：水榭建筑工程　　　　　标段：油漆彩画　　　　　第　页　共　页

项目编码	020901001001	项目名称	山花板	计量单位	m²	工程量	6.97

清单综合单价组成明细

定额编号	定额名称	定额单位	数量	单价			12%	合价			
				人工费	材料费	机械费	管理费和利润	人工费	材料费	机械费	管理费和利润
套 2-638	山花板	m²	1	10.53	6.83	0.00	2.08	73.39	47.61	0.00	14.50

人工单价			小计				73.39	47.61	0.00	14.50
65 元/工日			未计价材料费							
		清单项目综合单价					19.44			

主要材料名称、规格、型号				单位	数量	单价（元）	合价（元）	暂估单价	暂估合价（元）
材料费明细							0.00		0.00
							0.00		0.00
	其他材料费						0.00		0.00
	材料费小计						0.00		0.00

　　按项目清单所列，依《仿古定额基价表》第二册第六节，采用定额摘录如表 3-80 所示，对底油一遍调和漆二遍，应套用定额编号 2-638 项，定额单位 1m²，人工费＝10.50 元/m²；材料费＝6.83 元/m²。依此填入表 3-79 中浅灰色所示。

木材面油漆　　　　　　　　　　　　　　**表 3-80**

计量单位：1m²

编号			2—638	2—639	2—640	2—641	2—642	2—643	2—644
项　　目			底油一遍调和漆二遍		底油一遍、调和漆三遍				
			其他木材面	柱、梁、枋、架、桁、古式木构件	单层木门窗	单层组合窗	木扶手（不带托板）（每 m）	其他木材面	柱、梁、枋、架、桁、古式木构件
名称	单位	单价（元）	定额耗用量						
人工	综合工日	工日	65.00	0.162	0.234	0.277	0.347	0.064	0.190	0.250
材料	调和漆	kg	15.34	0.111	0.092	0.202	0.151	0.021	0.111	0.092
	无光调和漆	kg	20.41	0.126	0.104	0.458	0.343	0.048	0.025	0.208
	熟桐油	kg	22.49	0.021	0.018	0.039	0.029	0.004	0.021	0.018
	清油	kg	19.63	0.090	0.070	0.016	0.012	0.002	0.009	0.007
	油漆溶剂油	kg	4.42	0.041	0.034	0.075	0.056	0.008	0.041	0.034
	石膏粉	kg	0.91	0.025	0.021	0.046	0.035	0.005	0.025	0.021
	其他材料费	%	材料费%	1.70	1.70	1.70	1.70	1.70	1.70	1.70
基价表	人工费（元）			10.53	15.21	18.01	22.56	4.16	12.35	16.25
	材料费（元）			6.83	5.58	14.25	10.66	1.50	3.12	6.48
	机械费（元）			0.00	0.00	0.00	0.00	0.00	0.00	0.00
	基价（元）			17.36	20.79	32.25	33.22	5.66	15.47	22.73

2. "综合单价分析表"的计算

（1）单价栏内"管理费和利润"＝（人工费＋材料费＋机械费）×（管理费和利润率）＝（10.53＋6.83）×0.12＝2.08元/m²。

（2）合价栏内：

"人工费"＝"工程量"×单价栏人工费＝6.97×10.53＝73.39元；

"材料费"＝"工程量"×单价栏材料费＝6.97×6.83＝47.61元；

"管理费和利润"＝"工程量"×单价栏（管理费和利润）＝6.97×2.08＝14.50元。

（3）"清单项目综合单价"＝（∑人工费＋∑材料费＋∑机械费＋∑管理费和利润）÷"工程量"＝（73.39＋47.61＋14.50）÷6.97＝19.44元/m²。将计算结果填入表3-79内。

（二）"木挂落板油漆"综合单价分析

1. "综合单价分析表"的填写

依"清单表"所列项目编码和名称、木挂落板油漆工程量＝12.49m²（该工程量已考虑了油漆工程量计算规则的系数）、管理费和利润12%等数据，依此填入表3-81中深灰色所示。

综合单价分析表　　　　　　　　表3-81

工程名称：水榭建筑工程　　　　　标段：油漆彩画　　　　　第　页　共　页

项目编码	020901003001		项目名称		木挂落	计量单位	m²	工程量	12.49
清单综合单价组成明细									
定额编号	定额名称	定额单位	数量	单价			12%	合价			
				人工费	材料费	机械费	管理费和利润	人工费	材料费	机械费	管理费和利润
套2-635	木挂落	m²	1	14.89	9.50	0.00	2.93	185.98	118.66	0.00	36.60
人工单价			小计					185.98	118.66	0.00	36.60
65元/工日			未计价材料费								
清单项目综合单价								27.32			
材料费明细	主要材料名称、规格、型号			单位	数量	单价（元）	合价（元）	暂估单价	暂估合价（元）		
							0.00		0.00		
							0.00		0.00		
	其他材料费							0.00		0.00	
	材料费小计							0.00		0.00	

按项目清单所列，依《仿古定额基价表》第二册第六节，采用定额摘录如表3-82所示，对底油一遍调和漆二遍的油漆，应套用定额编号2-635项，定额单位为1m²，人工费＝14.89元/m²；材料费＝9.50元/m²。依此填入表3-81中浅灰色所示。

木材面油漆　　　　　　　　　　　　　　　　　　**表 3-82**

计量单位：1m²

编号			2—630	2—631	2—632	2—633	2—634	2—635	2—636	2—637
项　目			调和漆二扁					底油一遍、调和漆二遍		
			单层木门窗	单层组合窗	木扶手(不带托板)(每 m)	其他木材面	柱、梁、枋架、桁、古式木构件	单层木门窗	单层组合窗	木扶手(不带托板)(每 m)
名称	单位	单价(元)	定额耗用量							
人工　综合	工日	100.00	0.199	0.249	0.053	0.146	0.209	0.229	0.287	0.059
材料　调和漆	kg	12.98	0.202	0.151	0.021	0.111	0.092	0.202	0.151	0.021
无光调和漆	kg	17.27	0.257	0.192	0.027	0.114	0.116	0.229	0.172	0.024
熟桐油	kg	19.03	0.023	0.017	0.002	0.013	0.010	0.039	0.029	0.004
清油	kg	16.61						0.016	0.012	0.002
油漆溶剂油	kg	3.74						0.075	0.056	0.008
石膏粉	kg	0.77	0.046	0.035	0.005	0.025	0.021	0.046	0.035	0.005
其他材料费	%	材料费%	1.70	1.70	1.70	1.70	1.70	1.70	1.70	1.70
基价表　人工费(元)			12.94	16.19	3.45	9.49	13.59	14.89	18.66	3.84
材料费(元)			9.05	6.76	0.94	4.42	4.09	18.66	7.11	1.00
机械费(元)			0.00	0.00	0.00	0.00	0.00	0.00	0.00	0.00
基价(元)			21.99	22.95	4.38	13.91	17.68	24.38	25.77	4.83

注：平拱、牌料、云头、戗角、出檐及椽子等零星木构件二遍调和漆，每平方米增加 0.042 日；底油一遍调和漆二遍，每平方米增加 0.047 工日。

2."综合单价分析表"的计算

单价栏内"管理费和利润"＝(人工费＋材料费＋机械费)×(管理费和利润率)＝(14.89＋9.50)×0.12＝2.93元/m²。

合价栏内：

"人工费"＝"工程量"×单价栏人工费＝12.49×14.89＝185.98元；

"材料费"＝"工程量"×单价栏材料费＝12.49×9.05＝118.66元；

"管理费和利润"＝"工程量"×单价栏(管理费和利润)＝12.49×2.93＝36.60元。

"清单项目综合单价"＝(∑人工费＋∑材料费＋∑机械费＋∑管理费和利润)÷"工程量"＝(185.98＋118.66＋36.60)÷12.49＝27.32元/m²。将计算结果填入表 3-81 内。

(三)"椽子油漆"综合单价分析

1."综合单价分析表"的填写

依"清单表"所列项目编码和名称、椽子油漆工程量＝151.44m²、管理费和利润 12%等数据，依此填入表 3-82 中深灰色所示。

按项目清单所列，依《仿古定额基价表》第二册第六节规则第一、5 条规定："5、柱、梁、架、桁、枋、古式木构件，按展开面积计算工程量；斗拱、牌科、云头、戗角出檐及椽子等零星木构件，按古式构件定额的人工（合计）乘以系数 1.2 计算，其余不变。零星构件工程量按展开面积计算"。采用定额如表 3-80 所示，底油一遍调和漆二遍，套用定额编号 2-639 项，将人工乘系数 1.2，即人工费＝15.21 元/m² ×1.2＝18.25 元/m²；材料费＝5.58 元/m²。依此填入表 3-83 中浅灰色所示。

综合单价分析表　　　　　　　　　　　　　　　　　表 3-83

工程名称：水榭建筑工程　　　　　　　　标段：油漆彩画　　　　　　第 页 共 页

项目编码	020902003001		项目名称	椽子类	计量单位	m²	工程量	151.44

清单综合单价组成明细

定额编号	额定名称	定额单位	数量	单价			12%	合价			
				人工费	材料费	机械费	管理费和利润	人工费	材料费	机械费	管理费和利润
套 2-639	椽子类	m²	1	18.25	5.58	0.00	2.86	2763.78	845.04	0.00	433.12
人工单价			小计					2763.78	845.04	0.00	433.12
65 元/工日			未计价材料费								
清单项目综合单价								26.69			

	主要材料名称、规格、型号		单位	数量	单价（元）	合价（元）	暂估单价	暂估合价（元）
材料费明细						0.00		0.00
						0.00		0.00
	其他材料费					0.00		0.00
	材料费小计					0.00		0.00

2."综合单价分析表"的计算

（1）单价栏内"管理费和利润"＝（人工费＋材料费＋机械费）×（管理费和利润率）＝（18.25＋5.58）×0.12＝2.86 元/m²。

（2）合价栏内：

"人工费"＝"工程量"×单价栏人工费＝151.44×18.25＝2763.78 元；

"材料费"＝"工程量"×单价栏材料费＝151.44×5.58＝845.04 元；

"管理费和利润"＝"工程量"×单价栏（管理费和利润）＝151.44×2.86＝433.12 元。

（3）"清单项目综合单价"＝（∑人工费＋∑材料费＋∑机械费＋∑管理费和利润）÷"工程量"＝（2763.78＋845.04＋433.12）÷151.44＝26.69 元/m²。将计算结果填入表 3-83 内。

（四）"上架构件油漆"综合单价分析

1."综合单价分析表"的填写

依"清单表"所列，上架构件包括梁、桁、机和戗木等，构件油漆＝117.83m²，管理费和利润 12%，依此填入表 3-84 中深灰色所示。

按项目清单所列，依《仿古定额基价表》第二册第六节，采用定额如表 3-80 所示，底油一遍、调和漆二遍，套用定额编号 2-639 项，人工费＝15.21 元/m²；材料费＝5.58 元/m²。依此填入表 3-84 中浅灰色所示。

综合单价分析表　　　　　　　　　　　　　　　　　表 3-84

工程名称：水榭建筑工程　　　　　　　标段：油漆彩画　　　　　　　　第　页　共　页

项目编码		020903001001		项目名称		上架构件	计量单位	m²	工程量	117.83

清单综合单价组成明细

定额编号	定额名称	定额单位	数量	单价			12%	合价			
				人工费	材料费	机械费	管理费和利润	人工费	材料费	机械费	管理费和利润
套 2-639	上架构件	m²	1	15.21	5.58	0.00	2.49	1792.19	657.49	0.00	293.40
人工单价			小计					1792.19	657.49	0.00	293.40
65 元/工日			未计价材料费								
清单项目综合单价								23.28			
材料费明细	主要材料名称、规格、型号				单位	数量	单价（元）	合价（元）	暂估单价	暂估合价（元）	
								0.00		0.00	
								0.00		0.00	
	其他材料费							0.00		0.00	
	材料费小计							0.00		0.00	

2. "综合单价分析表"的计算

（1）单价栏内"管理费和利润"＝（人工费＋材料费＋机械费）×（管理费和利润率）＝（15.21＋5.58）×0.12＝2.49元/m²。

（2）合价栏内：

"人工费"＝"工程量"×单价栏人工费＝117.83×15.21＝1792.19元；

"材料费"＝"工程量"×单价栏材料费＝117.83×5.58＝657.49元；

"管理费和利润"＝"工程量"×单价栏（管理费和利润）＝117.83×2.49＝293.40元。

（3）"清单项目综合单价"＝（Σ人工费＋Σ材料费＋Σ机械费＋Σ管理费和利润）÷"工程量"＝（1792.19＋657.49＋293.40）÷117.83＝23.28元/m²。将计算结果填入表 3-84 内。

（五）"下架构件油漆"综合单价分析

1. "综合单价分析表"的填写

依"清单表"所列项目名称、项目编码，下架构件包括：柱、枋等，构件油漆工程量＝148.99m²，管理费和利润 12% 等，依此填入表 3-85 中深灰色所示。

按项目清单所列，依《仿古定额基价表》第二册第六节，采用定额如表 3-80 所示，底油一遍、调和漆二遍，套用定额编号 2-639 项，人工费＝15.21 元/m²；材料费＝5.58 元/m²。依此填入表 3-85 中浅灰色所示。

综合单价分析表　　　　　　　　　　　　　　　　表 3-85

工程名称：水榭建筑工程　　　　标段：油漆彩画　　　　　　第　页　共　页

项目编码	020903002001		项目名称	下架构件	计量单位	m²	工程量	148.99

清单综合单价组成明细

定额编号	定额名称	定额单位	数量	单价			12%	合价			
				人工费	材料费	机械费	管理费和利润	人工费	材料费	机械费	管理费和利润
套 2-639	下架构件	m²	1	15.21	5.58	0.00	2.49	2266.14	831.36	0.00	370.99
人工单价			小计					2266.14	831.36	0.00	370.99
65 元/工日			未计价材料费								
清单项目综合单价								23.28			

材料费明细	主要材料名称、规格、型号		单位	数量	单价（元）	合价（元）	暂估单价	暂估合价（元）
						0.00		0.00
						0.00		0.00
	其他材料费					0.00		0.00
	材料费小计					0.00		0.00

2. "综合单价分析表"的计算

（1）单价栏内"管理费和利润"＝（人工费＋材料费＋机械费）×（管理费和利润率）＝（15.21＋5.58）×0.12＝2.49元/m²。

（2）合价栏内：

"人工费"＝"工程量"×单价栏人工费＝148.99×15.21＝2266.14元；

"材料费"＝"工程量"×单价栏材料费＝148.99×5.58＝831.36元；

"管理费和利润"＝"工程量"×单价栏（管理费和利润）＝148.99×2.49＝370.99元。

（3）"清单项目综合单价"＝（∑人工费＋∑材料费＋∑机械费＋∑（管理费和利润））÷"工程量"＝（2266.14＋831.36＋370.99）÷148.99＝23.28元/m²。将计算结果填入表 3-85 内。

（六）"夹堂板油漆"综合单价分析

1. "综合单价分析表"的填写

依"清单表"所列项目编码和名称，夹堂板油漆工程量＝69.52m，管理费和利润 12%等数据，依此填入表 3-86 中深灰色所示。

按项目清单所列，依《仿古定额基价表》第二册第六节，采用定额如表 3-82 所示，底油一遍、调和漆二遍，套用定额编号 2-637 项，人工费＝5.90 元/m；材料费＝0.84元/m。依此填入表 3-86 中浅灰色所示。

综合单价分析表   表 3-86

工程名称：水榭建筑工程   标段：油漆彩画   第 页 共 页

项目编码	020903002002	项目名称	夹堂板	计量单位	m	工程量	69.52

清单综合单价组成明细

定额编号	额定名称	定额单位	数量	单价			12%	合价			
				人工费	材料费	机械费	管理费和利润	人工费	材料费	机械费	管理费和利润
套 2-637	夹堂板	m²	1	3.84	1.00	0.00	0.81	266.96	69.52	0.00	40.32
人工单价			小计					266.96	69.52	0.00	40.32
65 元/工日			未计价材料费								
清单项目综合单价								7.55			

	主要材料名称、规格、型号		单位	数量	单价（元）	合价（元）	暂估单价	暂估合价（元）
材料费明细						0.00		0.00
						0.00		0.00
						0.00		0.00
	其他材料费					0.00		0.00
	材料费小计					0.00		0.00

2. "综合单价分析表"的计算

(1) 单价栏内"管理费和利润"＝（人工费＋材料费＋机械费）×（管理费和利润率）＝（3.84＋1.00）×0.12＝0.58元/m。

(2) 合价栏内：

"人工费"＝"工程量"×单价栏人工费＝69.52×3.84＝266.96元；

"材料费"＝"工程量"×单价栏材料费＝69.52×1.00＝69.52元；

"管理费和利润"＝"工程量"×单价栏（管理费和利润）＝69.52×0.58＝40.32元。

(3) "清单项目综合单价"＝（∑人工费＋∑材料费＋∑机械费＋∑管理费和利润）÷"工程量"＝（266.96＋69.52＋40.32）÷69.52＝5.42元/m。将计算结果填入表3-86内。

(七) "木隔扇油漆"综合单价分析

1. "综合单价分析表"的填写

依"清单表"所列项目编码和名称，木隔扇油漆工程量＝89.74m²，管理费和利润12%等数据，依此填入表3-87中深灰色所示。

按项目清单所列，依《仿古定额基价表》第二册第六节，采用定额如表3-82所示，底油一遍、调和漆二遍，套用定额编号2-635项，人工费＝14.89元/m²；材料费＝9.50元/m²。依此填入表3-87中浅灰色所示。

综合单价分析表

表 3-87

工程名称：水榭建筑工程　　　　标段：油漆彩画

第　页　共　页

| 项目编码 | 020905001001 | 项目名称 | 木隔扇 | 计量单位 | m² | 工程量 | 89.74 |

清单综合单价组成明细

定额编号	定额名称	定额单位	数量	单价			12%	合价			
				人工费	材料费	机械费	管理费和利润	人工费	材料费	机械费	管理费和利润
套2-635	木隔扇	m²	1	14.89	9.50	0.00	2.93	1336.23	852.53	0.00	262.94
人工单价			小计					1336.23	852.53	0.00	262.94
65元/工日			未计价材料费								
清单项目综合单价								34.64			

材料费明细	主要材料名称、规格、型号	单位	数量	单价（元）	合价（元）	暂估单价	暂估合价（元）
					0.00		0.00
					0.00		0.00
	其他材料费				0.00		0.00
	材料费小计				0.00		0.00

2. "综合单价分析表"的计算

(1) 单价栏内"管理费和利润"＝(人工费＋材料费＋机械费)×(管理费和利润率)＝(14.89＋9.50)×0.12＝2.93元/m²。

(2) 合价栏内：

"人工费"＝"工程量"×单价栏人工费＝89.74×14.89＝1336.23元；

"材料费"＝"工程量"×单价栏材料费＝89.74×9.50＝852.53元；

"管理费和利润"＝"工程量"×单价栏(管理费和利润)＝89.74×2.93＝262.94元。

(3) "清单项目综合单价"＝(∑人工费＋∑材料费＋∑机械费＋∑管理费和利润)÷"工程量"＝(1336.23＋852.53＋262.94)÷89.74＝27.32元/m。将计算结果填入表3-87内。

(八) 填写"清单表"内油漆项目的计价内容

以上油漆工程项目的综合单价计算完成后，将其填入到"清单表"的相应栏内，并计算出相应合价，即合价＝工程量×综合单价，同时计算出油漆工程小计金额，即油漆工程＝13650.15元，如表3-88所示。

九、可计量措施项目清单计价

按《仿古规范附录K》，措施项目的内容，从K.1脚手架工程至K.7安全文明施工及其他措施项目等7项。其中前6项，我们在"清单编制"中简称为"可计量措施项目"，采用"分部分项工程和单价措施项目清单与计价表"进行编制，在这里，它也是通过"综合单价分析表"计算出综合单价。而后一项，我们简称为"不可计量措施项目"，将它列入下一节内容。根据"清单表"，该项列有：外墙砌筑脚手架、内檐满堂脚手架等两个项目。

分部分项工程和单价措施项目清单与计价表   表 3-88

工程名称：水榭建筑工程   标段：   第 1 页 共 1 页

序号	项目编码	项目名称	项目特征描述	计量单位	工程量	金额(元)		
						综合单价	合价	其中暂估价
F		屋面工程		0	0.00		42757.36	
1	020601003001	屋面铺瓦	蝴蝶瓦屋面，1：3 白灰砂浆坐浆，地方瓦材	m²	169.49	92.86	15739.30	
2	020601001001	铺望砖	做砖细平面望，上铺油毡	m²	169.49	67.83	11496.84	
3	020602002001	花砖正脊	一皮花砖二线脚，1：2.5 白灰砂浆砌筑	m	11.65	367.51	4281.49	
4	020602011001	哺龙脊头	窑制哺龙，1：2.5 水泥砂浆砌筑，纸筋灰抹缝	只	2.00	753.80	1507.60	
5	020602004001	赶宕脊	7 寸筒瓦，M5 混合砂浆砌筑，水泥纸筋灰抹缝	m	10.94	303.28	3317.88	
6	020602004002	竖带	四路瓦条，7 寸筒瓦，M5 混合砂浆，水泥纸筋灰抹缝	m	12.83	394.67	5063.62	
7	020602005001	戗脊	滚筒 7 寸筒瓦，戗脊长 15.36m	条	4.00	107.61	430.44	
8	020602009001	檐口花边瓦	蝴蝶瓦花边滴水，1：3 白灰砂浆坐浆，地方瓦材	m²	25.28	36.40	920.19	
G		地面工程					54427.54	
1	020701001001	方砖地面	砖细方砖 400mm×400mm	m²	122.25	402.84	49247.97	
2	010404001001	地面碎石垫层	200 厚碎石垫层	m³	24.45	211.84	5179.57	
H		抹灰工程					1759.66	
1	011201001001	墙面抹灰	混合砂浆、纸筋灰浆面、刷大白浆	m²	58.33	20.09	1171.85	
2	011201001002	窗框抹灰	混合砂浆、纸筋灰浆面、刷大白浆	m²	6.90	20.09	138.62	
3	011201001003	墙裙抹灰	水泥砂浆底，水泥砂浆面	m²	21.39	21.00	449.19	
I		油漆彩画		0	0.00		13650.15	
1	020901001001	山花板	底油一遍，刮腻子，调和漆二遍	m²	6.97	19.44	135.50	
2	020901003001	木挂落	底油一遍，刮腻子，调和漆二遍	m²	12.49	34.64	432.65	
3	020902003001	椽子类	油漆同上，含脊花架檐椽，飞椽，摔网及飞椽	m²	151.44	26.69	4041.93	
4	020903001001	上架构件	油漆同上，含梁桁机木，戗梁，菱角木，戗山木	m²	117.83	23.28	2743.08	
5	020903002001	下架构件	油漆同上，含柱、枋、夹堂板	m²	148.99	23.28	3468.49	
6	020903002002	夹堂板	底油一遍，刮腻子，调和漆二遍	m	69.52	5.42	376.80	
7	020905001001	木隔扇	底油一遍，刮腻子，调和漆二遍	m²	89.74	27.32	2451.70	

（一）"外墙砌筑脚手架"综合单价分析

1.　"综合单价分析表"的填写

依"清单表"所列项目编码，项目名称、外墙砌筑脚手架＝46.66m²，管理费和利润12％等数据，依此填入表3-89中深灰色所示。

综合单价分析表　　　　　　　　表3-89

工程名称：水榭建筑工程　　　　标段：措施项目　　　　　　　第　页　共　页

项目编码	021001002001		项目名称	外墙砌筑脚手架	计量单位	m²	工程量	46.66

清单综合单价组成明细

定额编号	定额名称	定额单位	数量	单价			12%	合价			
				人工费	材料费	机械费	管理费和利润	人工费	材料费	机械费	管理费和利润
套2-711	外墙砌筑脚手架	m²	1	3.97	7.97	0.00	1.43	185.24	371.88	0.00	66.72
人工单价			小计					185.24	371.88	0.00	66.72
65元/工日			未计价材料费								
		清单项目综合单价						13.37			

材料费明细	主要材料名称、规格、型号		单位	数量	单价（元）	合价（元）	暂估单价	暂估合价（元）
						0.00		0.00
						0.00		0.00
	其他材料费					0.00		0.00
	材料费小计					0.00		0.00

按项目清单所列，砌墙脚手架，依《仿古定额基价表》第二册第六节，采用定额摘录如表3-90所示，墙高3.34m，单排木制脚手架，套用定额编号2-711项，人工费＝3.97元/m²；材料费＝7.97元/m²。依此填入表3-89中浅灰色所示。

2.　"综合单价分析表"的计算

（1）表中单价栏内"管理费和利润"＝（人工费＋材料费＋机械费）×（管理费和利润率）＝（3.97＋7.97）×0.12＝1.43元/m²。

（2）合价栏内：

"人工费"＝"工程量"×单价栏人工费＝46.66×3.97＝185.24元；

"材料费"＝"工程量"×单价栏材料费＝46.66×7.97＝371.88元；

"管理费和利润"＝"工程量"×单价栏（管理费和利润）＝46.66×1.43＝66.72元。

（3）"清单项目综合单价"＝（∑人工费＋∑材料费＋∑机械费＋∑管理费和利润）÷"工程量"＝（185.24＋371.88＋66.72）÷46.66＝13.37元/m²。将计算结果填入表3-89内。

1 砌墙脚手架 表 3-90

工作内容：1. 搭拆脚手架、安全网、护身栏杆及铺扩脚手架、搭拆斜道

2. 拆除后材料场内堆放整齐和场外运输。 计量单位：1m²

编 号			2—710	2—711	2—712	2—713	2—714	2—715
项 目			外脚手 高在 12m 以内					
			单排外脚手架			双排外脚手架		
			竹脚手	木脚手	钢管脚手	竹脚手	木脚手	钢管脚手
名 称	单位	单价(元)	定额耗用量					
人工 综合工日	工日	65.00	0.045	0.061	0.054	0.059	0.079	0.070
材料 一等厚板	m³	2366	0.0007	0.0010	0.0010	0.0007	0.0010	0.0010
钢管 φ50	kg	4.29			0.159			0.368
木脚手杆	m³	1931		0.0018			0.0024	
毛竹 φ75×6000	根	14.95	0.060			0.080		
毛竹 φ90×6000	根	23.92	0.065			0.087		
竹脚手板	m²	26.65	0.018			0.018		
竹篾	百根	10.14	0.087			0.087		
直角扣件	个	8.19			0.015			0.047
对接扣件	个	8.19			0.003			0.010
回转扣件	个	8.19			0.002			0.002
底座	个	28.08			0.001			0.003
铁丝 8#	kg	6.63		0.204			0.323	
圆钉	kg	8.06		0.003			0.003	
安全网	m²	31.20		0.013	0.013		0.013	0.013
场外运输费	元	1.30	0.15	0.15	0.15	0.21	0.21	0.21
其他材料费	%	材料费%	2.00	2.00	2.00	2.00	2.00	2.00
基价表 人工费(元)			2.93	3.97	3.51	3.84	5.14	4.55
材料费(元)			5.78	7.97	3.92	6.70	10.04	5.29
机械费(元)			0.00	0.00	0.68	0.00	0.00	1.58
基价(元)			8.70	11.94	8.11	10.53	15.18	11.42

（二）"内檐满堂脚手架"综合单价分析

1. "综合单价分析表"的填写

依"清单表"所列项目编码，项目名称、内檐满堂脚手架＝150.22m²，管理费和利润 12％等数据，依此填入表 3-91 中深灰色所示。

按项目清单所列，檐高 3.6m 内，满堂木制脚手架，依《仿古定额基价表》第二册第六节，采用定额摘录如表 3-92 所示，套用定额编号 2-728 项，人工费＝6.57 元/m²；材料费＝3.45 元/m²。依此填入表 3-91 中浅灰色所示。

综合单价分析表　　　　　表 3-91

工程名称：水榭建筑工程　　　　标段：措施项目　　　　第　页　共　页

项目编码	021001007001		项目名称	内檐满堂脚手架	计量单位	m²	工程量	150.22

清单综合单价组成明细

定额编号	定额名称	定额单位	数量	单价			12%	合价			
				人工费	材料费	机械费	管理费和利润	人工费	材料费	机械费	管理费和利润
套 2-728	内檐满堂脚手架	m²	1	6.57	3.45	0.00	1.20	986.95	518.26	0.00	180.26
人工单价			小计					986.95	518.26	0.00	180.26
65 元/工日			未计价材料费								
清单项目综合单价								11.22			

材料费明细	主要材料名称、规格、型号	单位	数量	单价（元）	合价（元）	暂估单价	暂估合价（元）
					0.00		0.00
					0.00		0.00
	其他材料费				0.00		0.00
	材料费小计				0.00		0.00

3　满堂脚手架、斜道　　　　　表 3-92

工作内容：1. 搭拆脚手架、铺拆脚手板。2. 脚手架拆除后材料场内堆放整齐和场外运输。

计量单位：1m²、座

编　号			2—728	2—729	2—730	2—731	2—732	2—733	2—734	2—735
项　目			满堂脚手架（每 m²）				斜道（高度）（每座）			
			基本层		增加层		12m 以内			20m 以内
			木制	竹制	木制	竹制	竹制	木制	钢管制	钢管制
名称	单位	单价(元)	定额耗用量							
人工 综合工日	工日	65.00	0.101	0.100	0.034	0.023	12.580	14.220	8.160	19.960
木脚手杆	m³	1931	0.0004		0.000			0.605		
一等厚板	m³	2366	0.0004	0.0004						
铁丝 8#	kg	6.63	0.183		0.080			65.3000		
毛竹 φ75×6000	根	14.95		0.013		0.004	9.360			
毛竹 φ90×6000	根	23.92		0.027		0.006	14.040			
竹篾	百根	10.14		0.078		0.034	3.710			
钢管 φ50	kg	4.29							25.810	78.9
木脚手板	m³	2366						0.320		
原木	m³	1755						0.225		
竹脚手板	m²	26.65					4.800			
直角扣件	个	8.19							6.830	20.16
对接扣件	个	8.19							0.740	2.40
回转扣件	个	8.19							0.300	0.49
底座	个	28.08							0.240	0.41
钢筋网片	kg	6.24							35.310	107.84
木撬棍	根	5.20					31.100			
铁丝 18#	kg	7.93						0.440		
圆钉	kg	8.06						3.160		

2. "综合单价分析表"的计算

（1）表中单价栏内"管理费和利润"＝（人工费＋材料费＋机械费）×（管理费和利润率）＝（6.57＋3.45）×0.12＝1.20元/m²。

（2）合价栏内：

"人工费"＝"工程量"×单价栏人工费＝150.22×6.57＝986.95元；

"材料费"＝"工程量"×单价栏材料费＝150.22×3.45＝518.26元；

"管理费和利润"＝"工程量"×单价栏（管理费和利润）＝150.22×1.20＝180.26元。

（3）"清单项目综合单价"＝（∑人工费＋∑材料费＋∑机械费＋∑管理费和利润）÷"工程量"＝（715.01＋375.46＋130.60）÷150.22＝11.22元/m²。将计算结果填入表3-91内。

（三）填写"清单表"内脚手架项目的计价内容

上述措施项目脚手架工程计算完成后，将其计算结果，填入到"清单表"的相应栏内，并计算出合计金额，即：外墙砌筑脚手架金额＝46.66×13.37＝623.84元，内檐满堂脚手架金额＝150.22×11.22＝1685.47元。合计＝623.84＋1685.47＝2309.31元。

至此，"分部分项工程和单价措施项目清单与计价表"的各项内容计算完成，最后计算出"清单表"内所有分部工程小计金额的合计值，即表3-93所示。

分部分项工程合计金额＝土方工程小计金额＋砖作工程小计金额＋石作工程小计金额＋木作工程小计金额＋屋面工程小计金额＋地面工程小计金额＋抹灰工程小计金额＋油漆工程小计金额＋措施项目小计金额。即：

合计金额＝938.82＋16514.00＋10065.50＋146923.44＋42757.36＋54427.54

＋1802.65＋13650.15＋2309.31＝289487.32元。

分部分项工程和单价措施项目清单与计价表　　　表 3-93

工程名称：水榭建筑工程　　　　　　标段：　　　　　　第 1 页　共 1 页

序号	项目编码	项目名称	项目特征描述	计量单位	工程量	综合单价	合价	其中暂估价
	房 A	土方工程					938.82	
1	010101001001	平整场地	本场地内 30cm 以内挖填找平	m²	122.25	4.08	498.78	
2	010101003001	挖地槽	挖地槽深 0.5m，槽宽 0.5m，三类土	m³	10.99	40.04	440.04	
	A	砖作工程					16612.54	
1	020101003001	台明糙砖墙基	M5 水泥砂浆砌筑，露明部分清水勾缝 12.06m²	m³	17.57	357.37	6278.99	
2	020101003002	后檐砖墙	M5 石灰水泥砂浆砌筑。做牖窗 3.72m²	m³	9.82	502.10	4930.62	
3	020101003003	砖坐槛空花矮墙	M5 水泥石灰砂浆，坐槛面无线脚无榫簧 20.06m	m³	2.17	2489.83	5402.93	

续表

序号	项目编码	项目名称	项目特征描述	计量单位	工程量	金额（元）		
						综合单价	合价	其中暂估价
	B	石作工程					10065.50	
1	0202001002001	毛石踏跺	毛石台阶，M5 水泥砂浆砌筑	m³	0.44	346.27	153.02	
2	020206001001	鼓蹬石	φ300×200mm，达到二遍剁斧等级	只	24.00	413.02	9912.48	
	E	木作工程					146923.44	
1	020501001001	φ20 廊柱	12 根 φ20，高 3.47m，一等材、刨光	m³	1.623	4749.99	7709.23	
2	020501001002	φ22 步柱	12 根 φ22，高 3.875m，一等材、刨光	m³	2.212	4358.14	9640.21	
3	020501004005	圆童柱	4 根 φ16 脊童，8 根 φ18 金童，一等材、刨光	m³	0.155	4431.87	686.73	
4	020502001001	梁类	4 根 φ22 大梁，4 根 φ20 山界梁，一等材、刨光	m³	1.734	4679.96	8115.05	
5	020506001001	老戗	4 根 截面 10cm×12cm，一等材、刨光	m³	0.146	6704.04	978.79	
6	020506001002	嫩戗	4 根 截面 10cm×8cm，一等材、刨光	m³	0.014	9762.14	136.67	
7	020503001001	圆桁类	廊步搭交桁各 2 根 φ16，一等材、刨光	m³	2.319	3332.51	7728.09	
8	020503003001	木机类	连、金、脊机，截面 8cm×5cm，一等材、刨光	m³	0.318	5742.74	1826.19	
9	020503004001	木枋类	柏口枋、步枋，厚在 8cm 内，一等材、刨光	m³	2.119	5143.36	10898.78	
10	020505002001	直椽	截面 7cm×5cm，一等材、刨光	m³	2.208	4675.76	10324.08	
11	020505005001	飞椽	截面 7cm×5cm，中距 23cm，一等材、刨光	m³	0.513	6181.91	3171.32	
12	020505008001	摔网椽	截面 7cm×5cm，中距 23cm，一等材、刨光	m³	0.266	4681.65	1245.32	
13	020505008002	摔网飞椽	截面 7cm×5cm，中距 23cm，一等材、刨光	m³	0.131	6061.24	792.81	
14	020506005001	菱角木	4 块，厚 10cm	m³	0.014	5009.29	70.13	
15	020506006001	戗山木	8 块，截面 10cm×13cm，一等材、刨光	m³	0.060	5423.33	325.40	
16	020506007001	千斤销	4 个，截面 7cm×7cm	只	4.00	137.42	549.68	
17	020508022001	夹堂板	阔面山面各 1 块，截面 35cm×1cm	m	31.60	27.76	877.22	

续表

序号	项目编码	项目名称	项目特征描述	计量单位	工程量	金额(元)		
						综合单价	合价	其中暂估价
	E	木作工程					146963.83	
18	020508023001	山花板	2块,厚2.5cm,一等材、刨光	m²	8.40	104.01	873.27	
19	020509001001	隔扇	仿古式长窗,葵式芯屉。槛框47.31m	m²	62.76	1163.11	72993.29	
20	020511002001	挂落	五纹头宫万式,一等材、刨光	m	27.75	287.61	7981.18	
	F	屋面工程					42757.36	
1	020601003001	屋面铺瓦	蝴蝶瓦屋面,1:3白灰砂浆坐浆,地方瓦材	m²	169.49	92.86	15739.30	
2	020601001001	铺望砖	做砖细平面望,上铺油毡	m²	169.49	67.83	11496.84	
3	020602002001	花砖正脊	一皮花砖二线脚,1:2.5白灰砂浆砌筑	m	11.65	367.51	4281.49	
4	020602011001	哺龙脊头	窑制哺龙,1:2.5水泥砂浆砌筑,纸筋灰抹缝	只	2.00	753.80	1507.60	
5	020602004001	赶宕脊	7寸筒瓦,M5混合砂浆砌筑,水泥纸筋灰抹缝	m	10.94	303.28	3317.88	
6	020602004002	竖带	四路瓦条,7寸筒瓦,M5混合砂浆,水泥纸筋灰抹缝	m	12.83	394.67	5063.62	
7	020602005001	戗脊	滚筒7寸筒瓦,戗脊长15.36m	条	4.00	107.61	430.44	
8	020602009001	檐口花边瓦	蝴蝶瓦花边滴水,1:3白灰砂浆坐浆,地方瓦材	m	25.28	36.40	920.19	
	G	地面工程					54427.54	
1	020701001001	方砖地面	砖细方砖400mm×400mm	m²	122.25	402.84	49246.97	
2	010404001001	地面碎石垫层	200厚碎石垫层	m³	24.45	211.84	5179.57	
	H	抹灰工程					1802.65	
1	011201001001	墙面抹灰	混合砂浆、纸筋灰浆面、刷大白浆	m²	60.47	20.09	1214.84	
2	011201001002	窗框抹灰	混合砂浆、纸筋灰浆面、刷大白浆	m²	6.90	20.09	138.62	
3	011201001003	墙裙抹灰	水泥砂浆底,水泥砂浆面	m²	21.39	21.00	449.19	
	J	油漆彩画					13650.15	
1	020901001001	山花板	底油一遍,刮腻子,调和漆二遍	m²	6.97	19.44	135.50	
2	020901003001	木挂落	底油一遍,刮腻子,调和漆二遍	m²	12.49	34.64	432.65	
3	020902003001	椽子类	油漆同上,含脊花架檐椽,飞椽,摔网及飞椽	m²	151.44	26.69	4041.93	
4	020903001001	上架构件	油漆同上,含梁桁机木,戗梁,菱角木,戗山木	m²	117.83	23.28	2743.08	
5	020903002001	下架构件	油漆同上,含柱、枋,夹堂板	m²	148.99	23.28	3468.49	
6	020903002002	夹堂板	底油一遍,刮腻子,调和漆二遍	m	69.52	5.42	376.80	
7	020905001001	木隔扇	底油一遍,刮腻子,调和漆二遍	m²	89.74	27.32	2451.70	
	K	措施项目					2309.31	
	021001002001	外墙砌筑脚手架	单排木制脚手架,墙高3.34m	m²	46.66	13.37	623.84	
	021001007001	内檐满堂脚手架	3.6m内木制脚手架	m²	150.22	11.22	1685.47	
		小计						
		合计					289487.32	

第二节　后续其他清单项目的计价

在完成"分部分项工程和单价措施项目清单与计价表"之后的后续工作，包括："总价措施项目清单与计价表"、"其他项目清单与计价汇总表"、"单位工程招标控制价/投标报价汇总表"、"单项工程招标控制价/投标报价汇总表"、"总说明"、"封面、扉页"等的计算与填写。

一、"总价措施项目清单与计价表"

"总价措施项目清单与计价表"，是用于"不可计量措施项目"，按《仿古规范附录》K.7，其项目内容包括：安全文明施工、夜间施工、非夜间施工照明、二次搬运、冬雨季施工、地上地下设施建筑物的临时保护设施、已完工程及设备保护等。根据本例水榭工程"清单表"所列，只有：安全文明施工费一项，另按湖北省原规定，增加工具用具使用费和工程定位费，如表 3-94 所示。

总价措施项目清单与计价表　　　　　　　　　　表 3-94

工程名称：水榭建筑工程　　　　　　　标段：　　　　　　　　　　　第　页　共　页

序号	项目名称	计算基础	费率(%)	金额(元)	调整费率(%)	调整后金额(元)	备注
1	安全文明施工费	289487.32	0.95%	2750.13			
2	夜间施工增加费	289487.32		0.00			
3	二次搬运费	289487.32		0.00			
4	冬雨季施工增加费	289487.32		0.00			
5	地上、地下设施，建筑物的临时保护设施	289487.32		0.00			
6	已完工程及设备保护	289487.32		0.00			
7	工具用具使用费(按湖北省规定)	289487.32	0.50%	1447.44			
8	工程定位费(按湖北省规定)	289487.32	0.10%	289.49			
9							
	合计			4487.05			

编制人（造价人员）　　　　　复核人员（造价工程师）

注：1. "计算基数"中安全文明施工费可为"定额基价"、"定额人工费"或"定额人工费＋定额机械费"，其他项目可为"定额人工费"或"定额人工费＋定额机械费"。

2. 按施工方案计算的措施费，若无"计算基数"和"费率"的数值，也可只填"金额"数值，但应在备注栏说明施工方案出处或计算方法。

（一）"不可计量措施项目"计算基数

根据"08 规范"规定，以"项"计价的措施项目，根据建设部、财政部发布的《建筑安装工程费用组成》（〔2003〕206 号）的规定，"计算基数"可为"直接费"、"人工费"

或"人工费＋机械费"。而"13 规范"在"总价措施项目清单与计价表"下修改为：**"计算基础"中安全文明施工费可为"定额基价"、"定额人工费"或"定额人工费＋定额机械费"，其他项目可为"定额人工费"或"定额人工费＋定额机械费"。**因此原《湖北省建设工程计价管理办法》规定，措施项目的各项取费"计算基数"，不分安全文明施工费和其他项目，均按：直接工程费＋专业措施项目费。即：

措施项目取费＝（直接工程费＋专业措施项目费）×费率
　　　　　　＝"分部分项工程和单价措施项目清单与计价表"合计金额

（二）"不可计量措施项目"金额计算

依措施项目清单表所列项目和费率，其计算内容如表 3-94 所示，其中：

安全文明施工费＝289487.32×0.95％＝2750.13 元；

工具用具使用费＝289487.32×0.5％＝1447.44 元；

工程定位费＝289487.32×0.1％＝289.49 元。

由此得出不可计量措施项目金额＝2750.13＋1447.44＋289.49＝4487.05 元。

二、"其他项目清单与计价汇总表"

"其他项目清单与计价汇总表"由 5 个分表（即：暂列金额明细表、材料暂单估价表、工程设备暂估价表、专业工程暂估价表、计日工表、总承包服务费计价表）汇总而成，在第二章"其他项目清单"编制中，已经编列有"暂列金额明细表"、"计日工表"和"其他项目清单与计价汇总表"。现在的任务就是要对它们进行金额计算。

（一）其他项目清单分表的计价计算

1. "暂列金额明细表"的计算

在清单项目中，"暂列金额明细表"已按湖北省计价规定，列有"按直接费 5％或约 14000 元预留金额"，因此，这里就直接按其填写即可，如表 3-95 所示。

暂列金额明细表

表 3-95

工程名称：水榭建筑工程　　　　　　标段：　　　　　　　　　　　第　页　共　页

序号	项目名称	计量单位	暂定金额（元）	备注
1	地面散水、甬道等增补工程	1项	14000.00	
2				
3				
	合　计		14000.00	

注：此表由招标人填写，如不能详列，也可只列暂定金额总额，投标人应将上述暂金额计入投标总价中。

2. "计日工表"的计算

在清单项目中，"计日工表"填写有零星用工 50 工日，按综合单价 65 元/工日计算，金额为 3250 元，填写如表 3-96 所示。

计日工表　　　　　　　　　　　　　　　**表 3-96**

工程名称：水榭建筑工程　　　　标段：　　　　　　　　　第　页　共　页

序号	项目名称	单位	暂定数量	实际数量	综合单价（元）	合价（元）	
						暂定	实际
一	人工						
1	零星用工	工是	50		65.00	3250.00	
2						0.00	
		人工费小计				3250.00	
二	材料						
1						0.00	
2						0.00	
		材料费小计				0.00	
三	施工机械						
1						0.00	
2						0.00	
		施工机械费小计				0.00	
四		企业管理费和利润			12.00%	390.00	
		合计				3640.00	

注：此表项目名称、暂定数量由招标人填写，编制招标控制价时，单价由招标人按有关计价规定确定；投标时，单价由投标人自主报价，按暂定数量计算合价计入投标总价中。结算时，按发承包双方确认的实际数量计算合价。

（二）"其他项目清单与计价汇总表"的填写

上述各个分表的金额计算填写完成后，进行逐项填写"其他项目清单与计价汇总表"中，如表 3-97 所示，其汇总金额的合计值为：

其他项目费用合计＝暂列金额＋暂估价金额＋计日工金额＋总承包服务费金额
＝14000.00＋3640.00＝17640.00 元

其他项目清单与计价汇总表　　　　　　　**表 3-97**

工程名称：水榭建筑工程　　　　标段：　　　　　　　　　第　页　共　页

序号	项目名称	金额（元）	结算金额（元）	备注
1	暂列金额	14000.00		见暂列金额明细表
2	暂估价	0.00		
2.1	材料(工程设备)暂估价/结算价	0.00		见材料(工程设备)暂估单价及调整表
2.2	专业工程暂估价/结算价	0.00		见专业工程暂估价及结算表
3	计日工	3640.00		见计日工表
4	总承包服务费	0.00		见总承包服务费计价表
5	索赔与现场签证			
合计		17640.00		

注：材料（工程设备）暂估单价进入清单项目综合单价，此处不汇总。

三、"规费、税金项目清单与计价表"

规费和税金是指按政府和有关部门规定所必须交纳的费用，这些费用，都按各个省市政府主管部门制定出具体费率执行。

(一) 规费计算分析

规费是按政府有关部门规定，所必须交纳的费用，由社会保险费、住房公积金、工程排污费组成，其中社会保险费包括：养老保险费、失业保险费、医疗保险费、工伤保险费、生育保险费等。这些费用的计算标准，均由各省市，根据地区情况制定出具体执行办法。按湖北省原来规定，对工伤保险费、生育保险费没有纳入，另加工程定额测定费。即：

湖北省原规定的费率为：养老保险统筹基金 3.5%，失业保险基金 0.5%，医疗保险费为 1.8%，工程排污费为 0.05%，工程定额测定费 0.15%。合计为 6%，计算基数规定为：

规费＝(分部分项工程费＋措施费)×费率

规费＝(289487.32＋4487.05)×6%＝17638.46 元。

将其计算值填入表 3-98 中所示。

(二) 税金计算分析

税金是指国家规定的营业税、城市建设维护税和教育费附加。湖北省原规定：

纳税人所在地在城市市区内的按 3.41%；在县城、镇内的按 3.35%；不在市区、县城、镇的按 3.22%。计算式如下：

税金＝(分部分项工程费＋措施项目费＋其他项目费＋规费)×税率。

设纳税人所在地在城市市区，税率＝3.41%，则：

税金＝(289487.32＋4487.05＋17640.00＋17638.46)×3.41%＝11227.52 元

将其计算值填入表 3-98 中所示。

规费、税金项目清单与计价表　　　　　　　　　　表 3-98

工程名称：水榭建筑工程　　　　　　　标段：　　　　　　　　　第　页　共　页

序号	项目名称	计算基础	计算基数			费率 (%)	金额(元)
			分部分项工程费	措施费	其他费		
1	规费	直接费＋措施费＋其他费	289487.32	4487.05		6.00%	17638.46
1.1	社会保险费		289487.32	4487.05		5.80%	17050.51
(1)	养老保险费		289487.32	4487.05		3.50%	10289.10
(2)	失业保险费		289487.32	4487.05		0.50%	1469.87
(3)	医疗保险费		289487.32	4487.05		1.80%	5291.54
(4)	工伤保险费						0.00
(5)	生育保险费						0.00
1.2	住房公积金						0.00
1.3	工程排污费		289487.32	4487.05		0.05%	146.99
1.4	工程定额测定费(按湖北省规定)		289487.32	4487.05		0.15%	440.96
2	税金	直接费＋措施费＋其他费＋规费	289487.32	4487.05	17640.00	3.41%	11227.52
	合计						28865.98

编制人 (造价员)：　　　　　　　复核人 (造价工程师)：

四、"主要材料和工程设备一览表"

在已编制的"工程量清单"中，因无特殊材料和工程设备需要采购，因此招标人只填写有"承包人提供主要材料和工程设备一览表"。在编制招标控制价中，可以根据该表，进行审核确认相关单价（若是编制投标报价，可由投标人按本企业计价标准自主确定单价）。填写如表3-99所示，表中"发包人确认单价"是按《仿古定额基价表》中的材料单价，也可按当地定额管理部门发布的信息价格。

承包人提供主要材料和工程设备一览表　　表 3-99
（适用于造价信息差额调整法）

工程名称：水榭建筑工程　　　　　标段：　　　　　　　　　　　第　页　共　页

序号	名称、规格、型号	单位	数量	风险系数（%）	基准单价（元）	投标单价（元）	发承包人确认单价(元)	备注
1	机砖 240×115×53	百块	180	≤5%	32.00		31.59	
2	方砖 450×450×60	块	2100	≤5%	13.00		12.87	
3	望砖 210×105×17	块	11000	≤5%	0.27		0.27	
4	蝴蝶筒瓦 160×160	块	18000	≤5%	0.33		0.33	
5	蝴蝶底瓦 200×200	块	14000	≤5%	0.39		0.39	
6	原木	m³	11	≤5%	1800.00		1755.00	
7	枋材	m³	12	≤5%	3000.00		2990.00	
8	水泥 42.5	kg	1200	≤5%	0.60		0.65	
9	中砂	t	17	≤5%	80.60		80.60	
10	白灰	kg	1300	≤5%	0.20		0.91	
11	调和漆	kg	150	≤5%	15.50		15.34	
12	生桐油	kg	16	≤5%	16.00		15.21	
13	单排木脚手架	m²	200	≤5%	12.00		11.94	
	合计							

注：1. 此表由招标人填写除"投标单价"栏的内容，供投标人在投标时自主确定投标单价。
　　2. 招标人优先采用工程造价管理机构发布的单价作为基准单价，未发布的，通过市场调查确定其建筑单价。

五、"单位工程招标控制价/投标报价汇总表"

"单位工程招标控制价/投标报价汇总表"（下面我们简称"价格汇总表"），它是反应单位工程（如水榭建筑工程）项目的工程费用汇总表，也就是常说的单位工程造价。新旧规范规定的表格形式基本一致，现按"13规范"规定的统一表格填写。

（一）汇总表的填写

"价格汇总表"是将以上所计价的"分部分项工程和单价措施项目清单与计价表"、"总价措施项目清单与计价表"、"其他项目清单与计价汇总表"、"规费、税金项目计价表"等计算的数据结果，按分部工程的各个相应名称填入表中即可，表3-100所示。

单位工程招标控制价/投标报价汇总表

表 3-100

工程名称：水榭建筑工程　　　　　　标段：　　　　　　　　　　　　第 1 页 共 　页

序号	汇总内容	金额(元)	其中：暂估价
1	分部工程	289487.32	
1.1	土方工程	938.82	
1.2	砖作工程	16514.00	
1.3	石作工程	10065.50	
1.4	木作工程	146963.83	
1.5	屋面工程	42782.34	
1.6	地面工程	54426.38	
1.7	抹灰工程	1759.66	
1.8	油漆彩画	12598.59	
1.9	措施项目	1844.92	
1.10			
1.11			
1.12			
1.13			
2	措施项目	4487.05	
2.1	其中:安全文明施工费	2734.99	
3	其他项目费	17640.00	
3.1	其中:暂列金额	14000.00	
3.2	其中:专业工程暂估价	0.00	
3.3	其中:计日工	3640.00	
3.4	其中:总承包服务费	0.00	
4	规费	17638.46	
5	税金	11227.52	
	合计	340480.36	

(二) 表内金额计算

该表的计算工作仅是一种金额汇总小计计算，最后得出各项费用的总和，即：

单位工程的工程费＝分部分项工程费＋措施项目费＋其他项目费＋规费＋税金

依此计算式，则：

水榭建筑工程的工程费＝289487.32＋4487.05＋17640.00＋17638.45＋11227.52＝340480.36 元

将计算结果填入表 3-100 的最后一行，即可完成清单计价的全部计算工作。

六、"封面、扉页、总说明"

清单计价的封面、扉页和总说明的格式，与编制工程量清单文件的格式基本相同，只是签字人为本文件相关的人员。

（一）封面和扉页的填写

清单计价的封面和扉页，按“招标控制价”（或“投标报价”）填写。本例编制人为招标单位自行编制，因此即按该例方签字盖章和填写编制年月日。如图 3-2 所示。

水榭建筑工程 工程

招标控制价

招标人 长青小区
（单位盖章）

工程造价
咨 询 人
（单位盖章）

2007 年 9月13日

(a) 封面

水榭建筑工程 工程

招标控制价

招标控制价（小写） 340480.36 元

（大写）叁拾肆万零肆佰捌拾零元叁角陆分

招标人 长青小区
（单位盖章）

工程造价
咨 询 人
（单位资质专用章）

法定代表人
或其授权人 刘 项
（签字或盖章）

法定代表人
或其授权人
（签字或盖章）

编制人 王晓青
（造价人员 签字盖专用章）

复核人 张深诚
（造价工程 师签字盖专用章）

编制时间 2007年9月13日

复核时间2007年11月8日

(b) 扉页

图 3-2 工程量清单的封面

（二）总说明的填写

清单计价的总说明，可以在工程量清单编制文件的基础上，进行修改和补充，特别要补充交代对计价文件方面的编制依据。

根据水榭工程的情况，所述内容具体填写如图 3-3 所示。

总说明

1. 工程概况：该水榭工程是小区庭园工程中建筑项目之一，供美化环境，游人休闲。

工程地处园内，施工不受干扰。交通水电畅通。

要求施工期 间无环境污染、无污秽排放、无噪声、无交通阻塞 。

2. 工程招标范围：水榭建 筑工程项 目的全部内容。

3. 招标控制价编制依据：建设工程工程量清单计价规 范、 仿古建筑工程工程量计算规范、湖 北省仿古建筑定额基价表、湖北省建筑 按照工程费用定额、水榭工程设计图纸。

4. 工程量质量要求：质量优良、材 料污染辐射不得超过标准 。

按分部分项 工 程进行初验，对凡不符合质量要求坚决反工。

5. 计划工期：要求4个月完成

6. 计价风险：在综合单价中均包括≤5%的价格波动风险。

图 3-3 工程量清单的总说明

（三）清单计价文件的装订

1. 清单计价文件装订顺序

以本例一个单位工程为对象，对编制完成的文件装订顺序由前至后为：（1）封面；（2）扉页；（3）总说明；（4）单位工程招标控制价/投标报价汇总表；（5）分项工程和单价措施项目清单与计价表；（6）综合单价分析表；（7）总价措施项目清单与计价表；

（8）其他项目清单与计价汇总表，及其附属分表；（9）规费税金项目计价表；（10）主要材料工程设备一览表。

2. 清单计价文件的发送

清单计价文件完成并经内部审核定案后，应依发送单位的数量复制多份。一般发送的单位有：

（1）编制人留档 1~2 份；

（2）建设单位：基建、财会、供销、办公室等各 1 份；

（3）招标单位：按招标书的份数列入；

（4）贷款银行：1 份；

（5）监理单位：1~2 份。

第四章 《营造法原做法项目》名词通解

　　《营造法原》是江南营造世家"姚承祖（字汉亭）先生晚年根据家藏秘笈和图册，在（1935 年）前苏州工专建筑工程系所编的讲稿"基础上，经原南京工学院张至刚教授整理改编而成的民间著作，该书是以苏州、无锡、浙江等地区（即三国时代的吴国）为代表的江南民间古建筑形式的代表作。《仿古定额基价表》中的第二册《营造法原作法项目》就是以此为基础，按江南仿古建筑形式所做的营造项目，其中列有 700 多个项目名称，在编制工程量清单及计价时，会在《仿古规范附录》和《仿古定额基价表》中，碰到这些古建项目名词，为了便于读者能够鉴别其结构形状和位置用途，以便顺利按《仿古规范附录》，准确选择项目编码、项目名称和计算工程量，我们将按照《仿古定额基价表》的编制顺序，对项目名称进行逐个解释，以帮助读者鉴别查用。

第一节 "砖细工程" 项目词解

　　"砖细"一词来自于《营造法原》著本第十三章"做细清水砖作"。它将砖砌体中对所需用的砖料，根据不同的要求进行锯、截、砍、磨等加工，并对施工项目进行放线、砌筑、安装、洁面等施工工艺的高要求做法称为"做细"。所以在《仿古定额基价表》对砖细工程的项目列有：1. 做细望砖；2. 砖细抛方、台口；3. 砖细贴墙面；4. 砖细镶边、月洞、地穴及门窗套；5. 砖细半墙坐槛面、坐槛栏杆面；6. 砖细及其他小配件；7. 砖细漏窗；8. 一般漏窗；9. 砖细方砖铺地；10. 挂落三飞砖、砖细墙门；11. 砖细加工；12. 砖浮雕等 12 类项目。

一、做细望砖

　　"望砖"是用于屋面基层代替望板的薄片型砖料，它的厚度只有普通标准砖的 1/3～1/2，一般规格均在：长×宽×厚＝201mm×105mm×17mm 左右。"做细望砖"是指对望砖的一种加工工艺，包括选料、运输、开砖、刨面、刨边、补磨等加工。

　　望砖加工项目分为：粗直缝、平面望、船篷轩弯望、茶壶档圆口望、鹤颈轩弯望等。其工程量计算统一按"块数"计量。

（一）平面形望砖
1. 粗直缝
　　"粗直缝"是指对望砖的拼缝面（砖侧面）进行砍平取直，使其能拼拢合缝即可。使用这种加工的望砖称为"粗直缝望砖"。
2. 平面望
　　"平面望"是指将望砖的侧面和底面都要求加工平整，不仅要求使拼缝合拢，而且还要求底面（即朝室内的一面）高低平整一致。

（二）弯弧形望砖

1. 船篷轩弯望

南方厅堂房屋多布置成"前轩后廊"结构，即进门就是轩厅，再进为正厅。轩厅的结构主要在屋顶造型，船篷轩是轩屋顶的一种。"船篷轩弯望"是指铺在船篷轩椽弯曲部分的望砖，即砖加工成弯弧面。弯弧面以外部分用平面望，如图4-1所示。

2. 茶壶档圆口望

茶壶轩是比较简单的一种轩屋顶形式，其椽木弯曲突起部分与茶壶盖口相似，多用于廊道结构的屋顶。

"茶壶档圆口望"是指用于茶壶轩上，茶壶档椽拐角处的望砖，因为茶壶档椽所用的望砖多为平面望，但拐角处的望砖有一面加工成圆弧口面，如图4-2中所示。

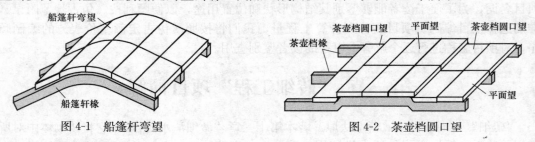

图 4-1　船篷杆弯望　　　　　　　　　图 4-2　茶壶档圆口望

3. 鹤颈轩弯望

"鹤颈轩弯望"如图4-3所示，是指铺在鹤颈轩椽弯颈部分的望砖，加工成曲面形，弯曲面以外的部分铺砌平面望。

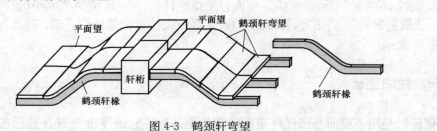

图 4-3　鹤颈轩弯望

二、砖细抛方、台口

"抛方"即指刨枋或刨方，它是指将墙体露明部分的装饰砖，进行加工成所需要的枋面形或方口形，分为砖细抛方和台口抛方。

（一）砖细抛方

砖细抛方是指用于各种平台的台面和边缘所进行的加工砖，其项目分为：平面抛方和平面带枭混线脚抛方。砖细抛方工程量分别按方砖大面尺寸25cm内和40cm内规格，以加工面的长度计算。

1. 平面抛方

"平面抛方"是指将用于作为装饰方口砖的砖面,进行截锯、刨光、劣迹补灰、打磨洁面等加工,使之成为大面平整光洁,侧边方正平整的砖件,如图4-4中平面砖所示。

2. 平面带枭混线脚抛方

"平面带枭混线脚抛方"是指将砖的平面刨平,侧边加工成带有弧形状的线脚形式,线脚以凸或凹各为一道线脚,如图4-4中所示的半混、圆混、炉口等均为一道线脚,枭形为二道线脚。《仿古定额基价表》中的"平面带枭混线脚抛方"均按一道线脚计算,若超过一道线脚者,另按"砖细加工"项目进行增加。

(二) 台口抛方

"台口抛方"是专指对砖露台、砖驳岸等砖砌平台的边缘砖所进行的加工,分为:一般台口抛方、圆线台口,如图4-5所示,分别按方砖边长30cm内和40cm内规格列项,其工程量以加工面的长度计算。

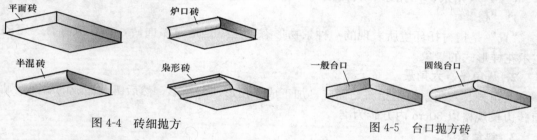

图4-4 砖细抛方 　　　　　　　　　　图4-5 台口抛方砖

1. 一般台口抛方

"一般台口抛方"简称"台口抛方",它是指用于露台、驳岸台口的平面抛方砖。

2. 圆线台口

"圆线台口"即指将砖侧加工成圆弧线脚形式,多用于露台、驳岸等顶面的加工砖。

三、砖细贴墙面

"砖细贴墙面"是指将砖加工成所需要的形式,用于镶贴墙面的施工工艺。它分为:勒脚细;八角景、六角景、斜角景等,如图4-6所示。其工程量按镶贴面积计算,扣除门窗洞口及空圈所占面积,不扣除小于0.3m² 的孔洞。如墙面四周有镶边者,其镶边工程量应另行计算。

(一) 勒脚细

1. 勒脚

"勒脚"是指墙高的下1/3部分,这部分墙体厚度要比上部墙体较厚,并且面砖要求砌缝细小而平直,施工质量要求较高。

2. 勒脚细

"勒脚细"就是指对墙体勒脚部位的贴面,这个部位的贴面砖要经过锯切、刨平、磨光等加过工。按贴面砖边长规格分为:41cm内、35cm内、30cm内等三种方砖列项。

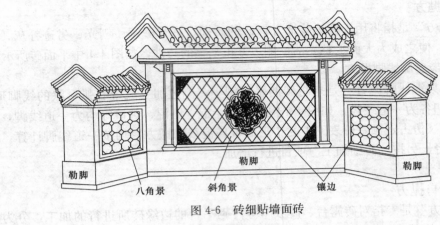

图 4-6　砖细贴墙面砖

（二）八角景、六角景、斜角景

1. "景"

"景"是指衬托环境所表现的一种景物形态，这里是指对墙面砖，加工成具有一定的艺术花样形式的景象。

2. 八角景、六角景

八角景、六角景，是指将贴面砖，加工成八角形、六角形，然后镶贴而成的墙面。贴面砖边长规格以 30cm 内方砖为准。

3. 斜角景

斜角景是指将贴面砖，加工成方形或菱形，再镶贴成斜角形的墙面。按贴面砖边长规格 40cm 内和 30cm 内等的方砖列项。

四、砖细镶边、月洞、地穴及门窗樘套

这都是对门窗洞口的装饰项目，它包括：砖细月洞、地穴及门窗樘套，砖细窗台板，砖细镶边等。它们的工程量均按镶贴长度计算。

（一）砖细月洞、地穴、门窗樘套

"砖细月洞、地穴及门窗樘套"是指采用经锯切、刨面、刨缝、起线等的加工砖，进行镶砌或贴边而成门窗洞口。按洞口形式分为：直折线形和曲弧线形，如图 4-7（a）、（b）所示。其工程量按镶贴长度计算，镶贴砖采用边长 35cm 规格，超过此规格者可以换算。

1. 砖细月洞和地穴

"月洞"是指在院墙或围墙上，开有不装窗扇的空洞。"地穴"是指在院墙或围墙上，不装门扇的门洞。采用加工方砖砌筑而成的称为"砖细月洞和地穴"。

2. 砖细门窗樘套

"门窗樘套"是指对门窗洞口周边或内侧，用贴面砖进行镶贴的一种装饰工艺，用加工方砖镶贴而成的称为"砖细门窗樘套"。

"砖细月洞、地穴及门窗樘套"起线和安装要求，分为：双线双出口、双线单出口、

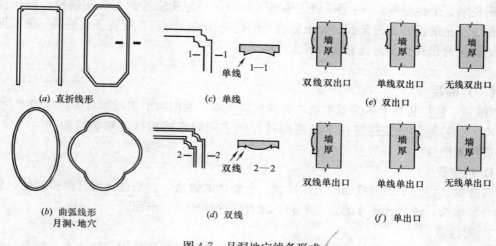

图 4-7 月洞地穴线条形式

单线双出口、单线单出口、无线单出口、无线单出口等。

3. 单、双线和单、双出口

"单双线"是指在镶贴砖边缘按门窗洞口周边,用锤钻錾凿出具有凸凹线条的道数,当线条边棱是一个棱角的称为单线,如图 4-7(c)所示;当线条边有两个棱角的称为双线,如图 4-7(d)所示。

"单双出口"是指在门窗洞口边上,于墙的一面镶贴有线条砖的称为单出口,如图 4-7(f)所示;在墙的两面都镶贴有线条砖的称为双出口,如图 4-7(e)所示。

(二)砖细窗台板和镶边

1. 砖细窗台板

"窗台板"是指窗洞口底边所铺平板,在室外的一边挑出墙面,称为"出口";在室内的一边与墙面齐平。"砖细窗台板"用经锯、切、刨、磨加工后的砖料所做的平板砖,出口一边可剔凿线条,分为双线、单线和无线等单出口。其工程量按台板长度计算。

2. 砖细镶边

"砖细镶边"是指对墙面装饰部分,用砖加工成带有凸凹线形的装饰边框,如图 4-6 中所示的六、八、斜角景的四周边框。边框线脚的形式多为一道枭混线脚,即将一块枭砖和一块半混砖组拼而成,如图 4-8 所示。其工程量按线脚长度计算。

图 4-8 一道枭混线脚

五、砖细半墙坐槛面

"半墙"即指矮墙,北方称为槛墙,《营造法原》对所有矮墙都统称为半墙,如亭廊周边的围栏墙、坐槛墙等。"砖细半墙坐槛面"是指用经锯切刨磨加工后的砖料，铺在矮墙上面作为座凳的面砖。砖坐槛面，根据有无固定锁扣件分为：有榫簧和无榫簧。又根据是否将面砖剔凿出线条分为：有线脚和无线脚。

（一）榫簧

"榫簧"是指相当于木榫或木销之类的连接企木，是由两个雀尾形对接而成的木企块，如图 4-9 (a) 所示。这里是用于坐槛面砖与砖之间的连接构件，对坐槛面而言，分为：有榫黄和无榫黄。

1. 有榫黄

有榫黄是将若干块坐槛面砖，连接成一个整体的做法，它是在砖板背面拼接处，剔凿榫槽安装榫簧，使两者相互固定在一起，这种做法比较安全牢固。

2. 无榫黄

无榫黄是指坐槛面砖的背面不剔凿卡槽，直接将坐槛面砖放置在矮墙上，这是一种简易做法，不安全，易损坏。

（二）线脚

这里的线脚是针对坐槛面的两个侧边而言，分为有线脚和无线脚。

1. 有线脚

有线脚是指在坐槛面砖的两个侧边，所剔凿的弧形线脚，一般为一道圆弧形线脚。

2. 无线脚

无线脚是指在坐槛面砖的两个侧边，不作另行加工，只保持平整光滑即可。

六、砖细坐槛栏杆

砖细坐槛栏杆是指用砖砌成带有坐槛面的砖栏杆，一般多用于凉亭、游廊廊柱之间。砖细坐槛栏杆由坐槛面、栏杆身、托泥等三部分组成，如图 4-9 (b) 所示。

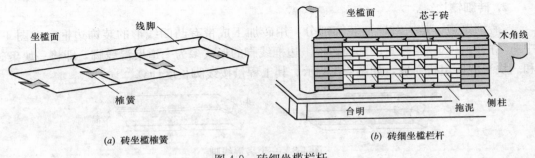

(a) 砖坐槛榫簧　　　　　　　　(b) 砖细坐槛栏杆

图 4-9　砖细坐槛栏杆

（一）砖细坐槛面

"砖细坐槛面"是砖细坐槛栏杆顶面上平面砖，它的四角起木角线，即在坐槛面砖的上下两面的四个角，每个角加工成木角线形（即凹弧角形式）的线脚。其工程量按坐槛面长度计算。

（二）砖细栏杆身

"砖细栏杆身"是指砖细坐槛栏杆之下，拖泥之上的部分。它由栏杆槛身侧柱和栏杆槛身芯子砖所组成。

1. 栏杆槛身侧柱

"栏杆槛身侧柱"是指在坐槛面之下，矮墙端头的所做的栏杆柱，是砖栏杆的受力构件，其工程量按柱高度计算。

2. 栏杆槛身芯子砖

"栏杆槛身芯子砖"即指栏杆墙的墙身空花砖，因它处在上顶、下脚、左右柱之间，故称为芯子。其工程量按墙身水平长度计算。

（三）拖泥

"拖泥"又称为"托泥"，是指墙脚接触地面上的铺垫砖，在砖细栏杆中称为"双面起木角线拖泥"，即指将其上面两个角加工成木角线形，其工程量按拖泥水平长度计算。

七、砖细及其他小配件

砖细及其他小配件包括：砖细包檐；砖细屋脊头；砖细跺头；砖细戗头板虎头牌；砖细博风板头；砖细牌科；桁橡、梁垫等。

（一）砖细包檐和屋脊头

1. 砖细包檐

"包檐"是指屋檐之下砖墙顶部的砖檐，在仿古建筑房屋中，将砖墙砌到檐口，用加工好的线砖，拼砌成不同形式的砖檐，将檐口封闭起来，此称为"砖细包檐"，一般做成三层檐，可以根据需要增加层数，如图4-10所示。砖细包檐的工程量按砖檐长度计算。

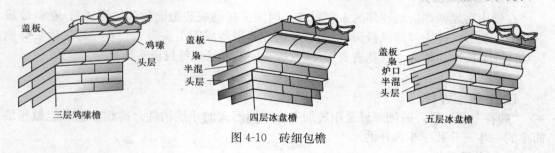

图4-10 砖细包檐

2. 砖细屋脊头

"砖细屋脊头"是指用砖剔凿成回纹头、花纹头、拐纹头等雕空形式，故又称为"雕空纹头"，如图4-11所示。其工程量按每件屋脊头计算。

（二）砖细跺头、戗头板和博风板头

1. 砖细跺头

"跺头"是指房屋两端山墙伸出廊柱之外的墙跺上面挑出部分，"砖细跺头"是用方砖

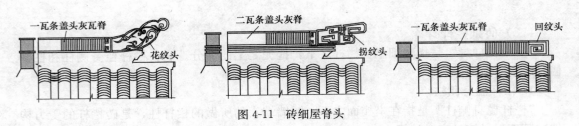

图 4-11　砖细屋脊头

剔凿成不同形式的线脚，进行层层迭砌挑出，其上镶贴兜肚板而成，如图 4-12 所示。其工程量按每只踠头计算。

2. 砖细戗头板虎头牌

"戗头板"是指踠头上部向前倾斜的立板，又称为"虎头牌"，用加工好的方砖砌筑而成的称为"砖细戗头板虎头牌"，北方称它为"墀头梢子"，如图 4-13 所示。在戗头板表面可雕刻花纹图案，雕花宽度分为 10cm 内和 15cm 内，其工程量按块计算。

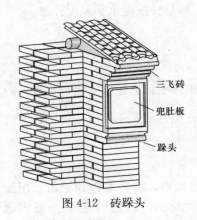

图 4-12　砖踠头

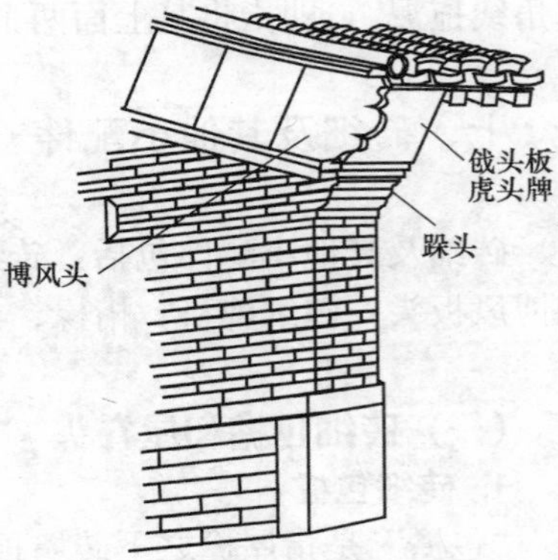

图 4-13　戗头板、博风头

3. 砖细博风板头

在硬山房屋两端山墙顶部的人字斜坡，用加工砖砌成装饰面称为"博风"，在斜坡最下端的一块板，称为"博风板头"，它一般用方砖剔凿成霸王头形式，若在博风板头外侧面雕琢花卉图案，称为"雕花腾头"。博风板头的工程量按每只板头计算。

（三）砖细牌科

"牌科"即斗拱，砖细牌科是用砖加工成不同形式的斗拱构件。砖细斗拱只能做些最简单的一斗三升和一斗六升拱。

1. 一斗三升拱

"一斗三升拱"是斗拱中最简单的一种斗拱，它由一个坐斗和拱脚上的三个升所组成。依装饰形式分为：一字形拱、丁字形带云头拱，如图 4-14（a）、（c）所示。

一字形拱是因为斗上只有一根横拱，为与其他形式斗拱相区别，特取名为"一字形拱"。丁字形带云头拱是在一字形斗拱的基础上，在一字拱前面安装与其垂直（丁头）的半拱，用它来承托雕刻有云状的梁头，故取名为"丁字形带云头拱"。

2. 一斗六升拱

"一斗六升拱"是在一斗三升的基础上，重叠一套拱升构件而成。同样也分为：一字

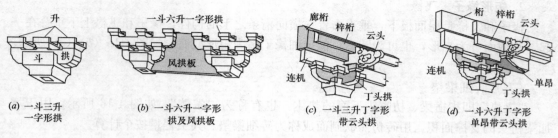

(a) 一斗三升
一字形拱

(b) 一斗六升一字形
拱及风拱板

(c) 一斗三升丁字形
带云头拱

(d) 一斗六升丁字形
单昂带云头拱

图 4-14 砖细牌科

形拱、丁字形带云头拱、丁字形单昂带云头拱等,如图 4-14(b)(d)所示。其中昂是相似于丁字拱的构件,但它不是半拱,而是与横拱十字交叉的构件。单昂是指一层昂,除此外还可再在其上叠加一层昂,称为重昂。斗拱的工程量按组(或座)计算。

3. 风拱板

"风拱板"即挡风填空板,它是填补两组斗拱之间空挡的遮挡板,又称垫拱板,如图 4-14(b)所示。它是将若干斗拱连接成整,增添美观,防止雀鸟进入的作用。为了增添风拱板的美观,还可在其上雕刻花纹图案。风拱板的工程量按块计算。

(四)砖细桁、椽

"砖细桁椽"是仿照屋顶木基层中的矩形木桁和矩形木椽而加工的砖件,砖构件一般为矩形截面桁条、梓桁;矩形截面的椽子、飞椽,但也有圆形截面的,如图 4-15 所示。

1. 矩形桁条、梓桁

"桁条"是指所有位置上的桁条总称呼,但砖细桁条一般指屋檐处最外边的一根桁条,因为它是一种仿造构件,多为矩形截面,仅作装饰之用,如图 4-15(b)所示。

"梓桁"又称"挑檐桁",是屋檐处最外边的一根桁条,它由斗拱直接支撑,也就是说,只有斗拱时才安置梓桁,没有斗拱的称为"廊桁或檐桁"。木制梓桁和廊桁位置如图 4-15(a)所示。砖细桁条和梓桁的工程量按其长度计算。

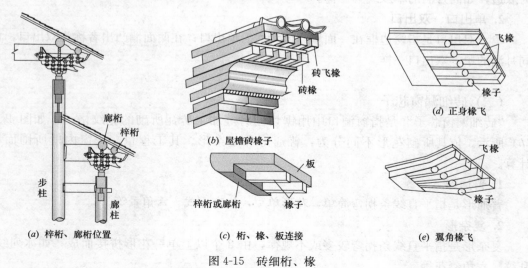

(a) 梓桁、廊桁位置

(b) 屋檐砖椽子

(c) 桁、椽、板连接

(d) 正身椽飞

(e) 翼角椽飞

图 4-15 砖细桁、椽

2. 矩形椽子、飞椽

椽子和飞椽是屋面板下，垂直布置在横向桁条之上的构件，椽子和飞椽上下重叠在一起，其截面可为矩形，也可为圆形，但砖细椽子多为矩形截面，如图 4-15 (b)(c) 所示。

（五）砖细梁垫

"梁垫"即指横梁、枋端头下面的垫木，也有称为"雀替"，如图 4-16 所示，用于增加梁枋头的支撑面积，用砖仿照砍制而成称为砖细梁垫。其工程量按个计算。

图 4-16　雀替

八、砖细漏窗

漏窗与月洞都是指没有窗扇的窗洞，但月洞是空洞，而漏窗是带有窗框和遮挡空洞的砖瓦芯子，因此分为：砖细漏窗边框；砖细漏窗芯子。

（一）砖细漏窗边框

"砖细漏窗边框"是指用经锯切刨磨等加工砖，砌筑而成的窗框，可为矩形也可为异形，如图 4-17 (a) 中所示。依加工安装要求不同分为：单边双出口、单边单出口、双边双出口、双边单出口等四种情况。砖细漏窗边框的工程量，按窗框外围周长计算。

1. 单边、双边

单、双边是指边框凸出墙面的起线边框线为一条者称为单边；起线边框线为两条者称为双边，如同月洞的单双线脚一样。

2. 单出口、双出口

单、双出口是指窗边框在一面墙凸出者称为单出口；在两面墙凸出者称为双出口，如同月洞的单、双出口一样。

（二）砖细漏窗芯子

"砖细漏窗芯子"是指窗洞口中用锯切刨磨等加工砖瓦所砌的花纹格子，如图 4-17 (b) 所示。依其所砌花形不同分为：普通形和复杂形。其工程量，按窗内框所围面积计算。

1. 普通形

普通形是指平直线条拐弯简单，花形单一，如宫万式、六角景等。

2. 复杂形

复杂形是指平直线条拐弯较多或不规律，由 2 个以上单一花形拼接而成，如冰列纹、乱纹、六角菱花等。

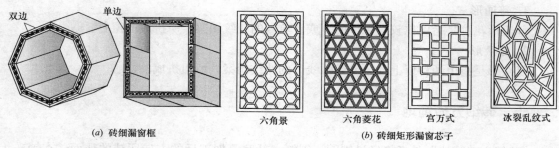

图 4-17　砖细漏窗

（a）砖细漏窗框

（b）砖细矩形漏窗芯子

六角景　　六角菱花　　宫万式　　冰裂乱纹式

双边　　单边

九、一般漏窗

一般漏窗是指用未加工的普通砖，随砖墙砌筑时所留出的窗洞，并用石灰砂浆和纸筋灰抹面，但洞内仍砌窗芯子所形成的漏窗。窗芯子用普通砖瓦拼成各种花形。按窗芯的结构分为：全张瓦片；软景式条纹；平直式条纹。其工程量，按漏窗洞口面积计算。

（一）全张瓦片

"全张瓦片"是指在窗洞内用整张瓦片（一般为蝴蝶瓦），组拼成不同花纹图案芯，如图 4-18（a）所示。

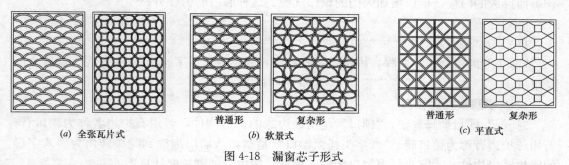

（a）全张瓦片式

（b）软景式　　普通形　　复杂形

（c）平直式　　普通形　　复杂形

图 4-18　漏窗芯子形式

（二）软景式条纹

"软景式条纹"是指以瓦片为主要材料，辅以部分望砖，经过适当裁减后所组拼成的带弧线花纹图案芯屉，依花纹图案分为：普通形和复杂形。如图 4-18（b）所示。

1. 普通形

普通形花纹是指由单一种花纹图案，或带少量辅助线所拼成的窗芯。

2. 复杂形

复杂形是指由两种以上的花纹图案，所组拼成的窗芯。

（三）平直式条纹

"平直式条纹"是指以望砖为主要材料，适当添加少许瓦片后所组拼成的，带直线花纹图案的芯子，依花纹图案分为：普通形和复杂形。如图 4-18（c）所示。

1. 普通形

普通形花纹是指由比较有规律的、或者单一的花纹图案，所拼成的窗芯。

2. 复杂形

复杂形是指由两种以上的、或带弧线形的花纹图案，所组拼成的窗芯。

十、砖细方砖铺地

"砖细方砖铺地"是指将经过刨面、刨缝、补磨等加工后的方砖所铺的地面。在铺砖之前，先用粗砂铺一层找平层，然后按质量要求干铺拼缝，并用桐油磨蹭光亮而成。

根据方砖的规格，分为：500mm×500mm×70mm、470mm×470mm×70mm、420mm×420mm×60mm、400mm×400mm×45mm、350mm×350mm×40mm、280mm×280mm×35mm 等。

砖细方砖铺地的工程量，按实铺面积计算，柱礅石所占面积不予扣除。

十一、挂落三飞砖、砖细墙门

"挂落三飞砖、砖细墙门"，是指一种比较豪华的砖砌墙门名，如图 4-19 所示。它是将大门顶上施加层层装饰砖构件或斗拱形"砖挂落"，并复以带"三飞砖"檐口的屋面瓦作等而形成的门楼，借以增加大门的雄伟气魄。这种墙门的构件有：

（一）八字跺头

"跺头"即指凸出的墙跺，因由里向外斜砌，故称为"八字跺头"。由托泥、勒脚、墙身组成。

1. 八字跺头托泥锁口

"托泥"即指勒脚底垫，"锁口"是指最边缘的护边构件，若用石护边者称为锁口石；若用砖护边者称为锁口砖。"八字头托泥锁口"是指，从墙门抱框到跺头转角为斜八字形的底垫锁口构件。八字头托泥锁口砖的工程量，按边缘铺砌长度计算。

2. 八字跺头勒脚墙身

"八字跺头勒脚"是指斜八字跺头的下半身（勒脚），"八字跺头墙身"是指斜八字跺头的上半身（墙身）。其工程量按跺头部分的立面面积计算。

（二）下枋、托混线脚、宿塞

这些是墙门跺头以上，起横置梁枋作用的构件。由下枋、上下托混线脚、宿塞砖等组成。

1. 下枋

此处"下枋"是指门顶上槛之上的砖过梁，位于门上槛和抱框之上。其工程量，按砖枋的横向长度计算。

2. 上下托混线脚

在仿古建筑中，对圆弧形截面称为"浑面"或"混面"。而 1/4 圆弧称为"托混"，对

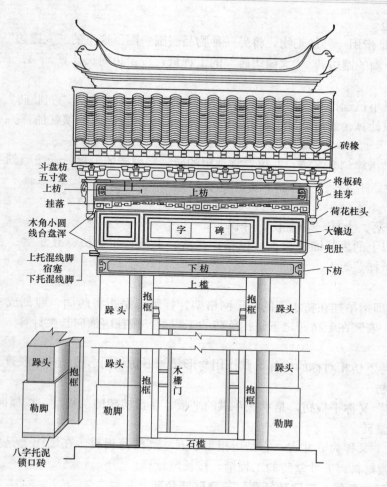

图 4-19 墙门

凸弧居上者 ▭ 称为上托混，对凸弧居下者 ▭ 称为下托混。托混线脚的工程量，按长度计算。

3. 宿塞

"宿塞"即收缩之意，"宿塞砖"是在上下托混之间的一种缩腰过渡砖，成矩形截面。其工程量，按横向长度计算。

（三）小圆线、镶边、兜肚、字碑

它们是在上托混线之上，属标牌性的构件。

1. 木角小圆线台盘浑

"木角小圆线"即指图 4-9 中所示的木角线，"台盘浑"是指窄条长方形的四角为弧形角。"木角小圆线台盘浑砖"是指大镶边框的四角砖，要加工成木角线。木角小圆线台盘浑砖的工程量，按圆弧长度计算。如图 4-20 所示，设圆弧段长为 a，则：一个转角的圆弧长＝1.57a。

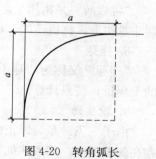

图 4-20 转角弧长

2. 大镶边

"镶边"是指用一种加工物，将另一种物品嵌围一圈。这里的"大镶边"是指将兜肚、字碑等嵌围一圈的镶边砖。"大镶边砖"的工程量，按镶边周长计算。

3. 兜肚

兜肚是指小孩遮挡肚皮的方巾，此处将刻有线条的方砖称为"兜肚砖"。兜肚砖的工程量，按块数计算。如果兜肚上雕刻有花纹图案时，另按砖浮雕项就加算。

4. 字碑

字碑砖是指雕刻有字迹，并供鉴赏观望的砖。字碑砖的工程量，按雕刻字文方向的碑长度计算。

(四) 挂落、上枋、斗盘枋、斗栱

在字碑以上的为装饰性构件，包括：挂落、上枋、斗盘枋、五寸堂、飞砖、荷花柱头、将板砖、挂芽等。

1. 挂落

"挂落"即指吊挂在枋木下的花形网格架。挂落砖是指将砖面，雕刻成木挂落花形图案的装饰砖，安装在上枋砖之下。挂落砖的工程量，按挂落横向长度计算。

2. 上枋

上枋是与下枋相对称的构件，其作用与形状与下枋相同。按枋砖的长度计算工程量。

3. 斗盘枋

"斗盘枋"又称平板枋，是承托斗拱的平板。斗盘枋砖的工程量，按横向长度计算。

4. 五寸堂砖

"五寸堂"又称为五寸宕，它是指相当于五寸高的薄板料。在墙门上是指上枋与斗盘枋之间的过渡材料。五寸堂砖的工程量，按长度计算。

5. 一飞砖木角线、二飞砖托浑、三飞砖晓色砖

一飞砖木角线、二飞砖托浑、三飞砖晓色，统称为"三飞砖"，由下而上，层层向外伸（即飞）出一段距离，如图 4-12 中所示。每层做有不同线脚，一层为木角线、二层为拖浑、三层为与二层圆弧相适应（晓色）的弧形面。三飞砖的工程量，按横向长度计算，

6. 荷花柱头

悬挂在枋木之下的柱称为"垂柱"，垂柱下端称为垂柱头或垂头，垂头雕刻莲花瓣形式的称为莲瓣头或荷花头。荷花柱头砖的工程量，按个数计算。

7. 将板砖

"将板砖"是指用于悬挂荷花柱的柱座，它与斗盘枋紧密连接，由它将吊挂荷重传递到斗盘枋上。将板砖的工程量，按块数计算。

8. 挂芽

"挂芽"又称为"耳子"，其形象有似耳朵轮廓，是挂在柱顶侧边的装饰构件。挂芽砖的工程量，按只计算。

9. 靴头砖

由于三飞砖是装饰正面墙的横向弧形线脚，为了美化三飞砖的两个端头，就用靴头砖砌在侧墙面上。其形式如图 4-21 所示。靴头砖的工程量，按块数计算。

十二、砖细加工

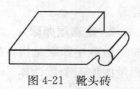

图 4-21　靴头砖

《仿古定额基价表》为考虑因不符合现场施工要求或临时更改，需要重新进行加工的砖，就采用"砖细加工"项目，它只包括所需人工和辅助材料。而前面所述（一）～（十）项的各种用砖，均是按照使用部位和形状要求，专门在施工场地或加工厂所做的加工产品，包括材料、运输、人工等在内。而这里不包括原材料，仅只包括加工所需人工和辅助材料。

（一）刨望砖、方砖

刨望砖、刨方砖是指铁刨子对其上下大面和侧边进行加工的刨面和刨边（缝）。

1. 刨面

刨面是指刨望（方）砖的上面、下面或上下两面，分为刨平面和刨弧形面。通过刨面要求达到砖的表面平整无痕。工程量按所刨面积计算。

2. 刨边（缝）

刨边（缝）是指刨望（方）砖的侧面，分为刨平口、刨斜口和刨圆口。其中：刨平口是指将砖侧面刨成垂直平面，刨斜口是指将砖侧面刨成倾斜平面，刨圆口是指将砖侧面刨成凹弧或凸弧面。工程量按所刨长度计算。

（二）方砖刨线脚、做榫眼

方砖刨线脚是指在方砖刨面基础上，对表面周边作起线加工的工序。线脚形式分为：刨直折线脚和刨曲弧线脚。

1. 刨直折线脚

刨直折线脚是指将线脚刨成为直条形或折条形，依线条道数分为：一道线、二道线、三道线。如前面所述的单线和双线等。工程量按所刨长度计算。

2. 刨曲弧线脚

刨曲弧线脚是指将线脚刨成为圆弧形，依线条道数分为：一道线、二道线、三道线。如前面所述的木角线、混线脚等。工程量按所刨长度计算。

（三）方砖做榫眼

方砖做榫眼是指将砖的一面剔凿榫卯，分为：做燕尾榫头、做燕尾卯眼，如图 4-22 所示。

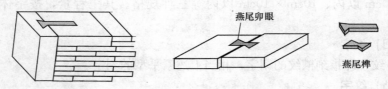

图 4-22　燕尾榫卯

1. 做燕尾榫头

做燕尾榫头是指将方砖某一端，通过锯切、剔凿成燕尾形榫头，其工程量按加工个数计算。

2. 做燕尾卯眼

做燕尾卯眼是指在砖背上，剔凿成燕尾形榫槽，以便安装燕尾榫头的连接构件，其工程量按加工个数计算。

十三、砖浮雕

砖浮雕是指在方砖面上所进行的雕刻工艺或字碑上的镌字。分为：方砖雕刻和字碑镌字。

（一）方砖雕刻

方砖雕刻仅只指雕刻加工，不包括砖的刨面和刨边，依雕刻深浅要求不同，分为：素平（阴线刻）、减地平钑（平浮雕）、压地隐起（浅浮雕）、剔地起突（高浮雕）等。均分为简单雕刻和复杂雕刻，其中简单雕刻是指雕刻单一直线形或单一花形，复杂雕刻是指雕刻带弧线形或多种花形。方砖雕刻的工程量，按雕刻最外端所围成的矩形面积计算。

1. 素平（阴线刻）

素平是指在表面作简单刻线；阴线刻即指刻凹线，刻线深度不超过 0.3mm。

2. 减地平钑（平浮雕）

减地平钑是指在表面上雕刻凸起花纹。"减地"即指将凸花以外的部分减低一层，让花纹凸起。"平钑"即指雕刻不带造型的面平花纹，即平面型浮雕，简称平浮雕。

3. 压地隐起（浅浮雕）

压地隐起是指带有部分立体感的雕刻。"压地"顾名思义为用力下压，即比减地更深一些；"隐起"即指让雕刻的花纹有深浅不同阴影感，是指稍有凸凹的浮雕，称为浅浮雕。

4. 剔地起突（高浮雕）

剔地起突是指雕刻的花纹具有很强的立体感觉，即近似于实物的真实感。"剔地"是指剔剥、切削一层，即比压地再深一些。"起突"即指花纹图案该凸的地方应凸起来，该凹的地方应凹下去，使其能显示出图案的真实面貌。体现立体感的高精度浮雕，称为高浮雕。

（二）字碑镌字

字碑镌字分为：阴（凹）、阳（凸）、圆面阳等纹字。字体规格分为：50cm×50cm 以内、30cm×30cm 以内、10cm×10cm 以内等三种规格。其工程量，按字体大小以个数计算。

1. 阴（凹）纹字

阴（凹）纹字即指刻槽纹的刻字，相当上述素平型的刻字。

2. 阳（凸）纹字

阳（凸）纹字是指将字体雕刻成凸起形，相当上述减地平钑型的刻字。

3. 圆面阳纹字

圆面阳纹字是指凸起字体的表面，带有圆弧形修饰，使字体呈现出立体感，相当上述压地隐起型的刻字。

第二节 "石作工程"项目词解

《营造法原作法项目》的石作工程，是指对料石进行加工、砌筑、安装等的施工工作。其项目内容包括：石料加工；石浮雕；石柱、梁、枋；石门框、窗框；须弥座、花坛石、栏杆、石凳；石座配件等。

一、石料加工

石料加工是指将采石场开采出来的石料，先进行打荒成毛料石、再按需要尺寸放线砍凿成一定轮廓形状、再对石面进行面部加工、然后按设计要求做线脚加工、按饰面要求做浮雕加工等。石料加工项目分为：石表面的平面加工；石表面的曲弧线加工；筑方加工（快口）；斜坡加工（披势）；线脚加工等。

（一）表面加工（平面）

它是指在料石表面，采用打荒、画线、做糙、剁细、扁光等加工工艺，使其加工成一定形式的平面。按加工精度分为：打荒、一步做糙、二步做糙、一遍剁斧、二遍剁斧、三遍剁斧、扁光等 7 个等级。它们的工程量，均按加工面积计算。

1. 打荒

"打荒"是将采出来的石料，选择合适的料形，用铁锤和铁凿，将棱角和高低不平之处，打剥到基本均匀一致的轮廓形式，对此加工品可称为"荒料"。

2. 一步做糙

"一步做糙"是将荒料，按设计规格增加预留尺寸后，进行放线打剥，使其达到设计要求的基本形式，以此加工而成的称为"毛坯"。

3. 二步做糙

"二步做糙"是在一步做糙的基础上，用锤凿进一步进行錾凿，使毛坯表面粗糙纹路变浅，凸凹深浅均匀一致，尺寸规格基本符合设计要求，以此加工而成的称为"料石"。

4. 一遍剁斧

"剁斧"是指专门用于砍剁石料的钝口铁斧，经过剁錾可以消除石料表面的凸凹痕迹。"一遍剁斧"就是消除凸凹痕迹，使石料表面平整的加工，要求剁斧的剁痕间隙小于3mm。以此加工而成的称为"石材"。

5. 二遍剁斧

"二遍剁斧"是在一遍剁斧的基础上再加细剁，要求剁痕间隙小于 1mm，使石料表面更趋平整的加工。

6. 三遍剁斧

"三遍剁斧"是在二遍剁斧的基础上，作更精密的细剁，要求剁痕间隙小于 0.5mm，使肉眼基本看不出剁痕，手摸感觉平整无迹。

7. 扁光

"扁光"是指将三遍剁斧的石面,用磨头(如砂石、金刚石、油石等)加水磨蹭,使石材表面细腻光滑。

(二)表面加工(曲弧线)

曲弧线加工是指将荒料,按曲弧线的要求,加工成曲弧面的形状。按加工精度分为:一步做糙、二步做糙、一遍剁斧、二遍剁斧、三遍剁斧、扁光等6个等级。其工程量,按加工面积计算。

(三)筑方(快口)、斜坡(披势)加工

1. 筑方加工(快口)

"筑方加工(快口)"是指将石料边缘剔凿成平口线角,使相邻两个面形成垂直角的加工。其中,"筑方"即指剔凿成方而平的形式,"快口"是指将边缘沿口,加工成方角形的线角。按加工精度分为:一步做糙、二步做糙、一遍剁斧、二遍剁斧、三遍剁斧等5个等级。其工程量,按加工长度计算。

2. 斜坡加工(披势)

"斜坡加工(披势)"是指将矩形截面的直角去掉,剔凿成斜角面的加工,其中"披势"即指斜向剔凿。其加工面称为披势快口。按加工精度分为:一步做糙、二步做糙、一遍剁斧、二遍剁斧、三遍剁斧等5个等级。其工程量,按加工长度计算。

(四)线脚加工

"线脚加工"是指用尖嘴錾子或刻刀等工具,将石料表面雕刻出凸凹刻线的加工。按刻线形式分为:直折线形、曲弧线形两种。每种刻线按加工线条的道数分为:一道线、二道线、三道线等。线脚加工的工程量,按道数类型的刻线长度计算。

1. 直折线形

"直折线形"是指加工的线角,按延长方向为直线形或折线形。

2. 曲弧线形

"曲弧线形"是指加工的线角,按延长方向为弯弧状的形式。

二、石浮雕、台明石

"浮雕"是指将所需图案,浮起凸显在雕刻面上的一种雕刻工艺。按照浮雕加工的内容分为:石浮雕;石碑镌字。

台明石是指台明上所用的踏步、阶沿石、侧塘石、锁口石、菱角石、地坪石等。

(一)石浮雕、石碑镌字

1. 石浮雕

石浮雕同方砖雕刻一样,按雕刻深浅类型不同,分为:素平(阴线刻)、减地平钑(平浮雕)、压地隐起(浅浮雕)、剔地起突(高浮雕)等。各种雕刻类型的含义见方砖雕

刻所述，但石浮雕的深浅规格有明确的要求，即：

素平（阴线刻），刻线深度不超过 0.3mm。

减地平钑（平浮雕），浮雕凸起面不超过 60mm。

压地隐起（浅浮雕），浮雕凸起面为 60～200mm。

剔地起突（高浮雕），浮雕凸起面超过 200mm 以上。

石浮雕的工程量，按加工面的面积计算。

2. 石碑镌字

石碑镌字与砖碑镌字一样，也分为：阴（凹）纹字、阳（凸）纹字。不过字体规格分为：50cm×50cm 以内、30cm×30cm 以内、15cm×15cm 以内、10cm×10cm 以内、5cm×5cm 以内等五种规格。字碑镌字的工程量，按字体大小以个数计算。

（二）台明石

台明石包括：踏步、阶沿石、侧塘石、锁口石、菱角石、地坪石等。其加工精度根据不同要求分为：一步做糙、二步做糙、一遍剁斧、二遍剁斧。在《仿古定额基价表》中，对这些石构件要按制作和安装分别列项，因此计价时要作两次计价。

1. 踏步石、阶沿石

"踏步石"是指砌筑台阶的阶梯石，"阶沿石"是指台明周边的边缘石，如图 4-23 所示，制作加工要求达到二遍剁斧的等级，常用料石规格（长×厚）为：2m 以内×0.15m；3m 以内×0.18m。宽度按设计要求配制。

踏步石、阶沿石的工程量，按加工面的面积计算。

2. 侧塘石

"侧塘石"是指台明四周阶沿石之下的侧立面石，北方称为"陡板石"，如图 4-23 中所示。制作加工要求达到二步做糙等级即可，料石长短规格不限，厚度分为 13cm、16cm 两种。侧塘石的工程量，按加工面的面积计算。

3. 锁口石

"锁口石"是指石栏杆下面承托石，它是稳固石栏杆的基础，在其上剔凿有栏板、望柱的嵌固槽，如图 4-24 所示。锁口石的加工，要求达到二步做糙等级即可，料石长短规格不限，厚度分为 13cm、16cm 两种。锁口石的工程量，按加工面的面积计算。

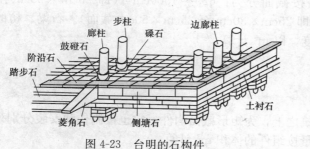

图 4-23 台明的石构件

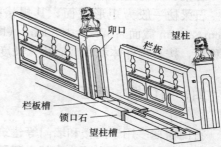

图 4-24 石栏杆锁口

4. 菱角石

"菱角石"是指台阶两边侧立面的侧边石，其形状为直角三角形，如图 4-23 中所示。

上表面宽度不超过 30cm，长度不限，制作加工要求达到二遍剁斧等级。其工程量，按顶面投影和两侧的面积之和计算。

5. 地坪石

"地坪石"是指用于室内和室外铺做地面的块料石，制作加工要求，应达到二步做糙等级。地坪石的规格在《仿古定额基价表》中是以每 m^2 所含块数分为：每 m^2 为 3 块以内、每 m^2 为 5 块以内、每 m^2 为 13 块以内等 3 种规格。其中：

3 块/m^2 以内是指边长尺寸大于 500mm 的方块料石；

5 块/m^2 以内是指边长尺寸在 450～300mm 的方块料石；

13 块/m^2 以内是指边长尺寸小于 300mm 的方块料石；

地坪石的工程量，按加工面的面积计算。

三、石柱、梁、枋

石柱、梁、枋同上述台明石构件一样，也按制作和安装分别列项，在计价时要作两次计价。

（一）石柱

石柱依其截面形式分为圆柱和方柱，其加工精度要求达到二步做糙等级。石柱工程量，按加工石构件的体积以 m^3 计算。

1. 圆柱

圆柱规格是以 ϕ25cm 进行编制的，在实际工作中，无论规格大小，其工程量均按加工体积计算。其计算式为：圆柱体＝0.7854×柱径^2×长度。

2. 方柱

方柱规格分为：25cm×25cm、30cm×30cm、35cm×35cm、40cm×40cm、45cm×45cm、50cm×50cm、55cm×55cm、60cm×60cm 等八个截面规格。其工程量按：方柱体积＝截面积×长度，以 m^3 计算。

（二）石梁、枋

石梁、石枋是指用于房屋建筑上的石构件，制作加工精度要求达到二步做糙等级。

石梁枋一般为矩形截面，其规格按截面分为：625～1500cm^2（即 25cm×25cm 至 30cm×50cm 截面）；750～1750cm^2（即 25cm×30cm 至 35cm×50cm 截面）。石梁、枋的工程量，按石构件体积＝截面积×长度，以 m^3 计算。

四、石门框、窗框

石门窗框多用于门楼和墙门等建筑之上，为矩形截面构件，它也按制作和安装分别列项，在计价时要作两次计价。其工程量按组件的体积 m^3 计算。

（一）石门框

石门框是指由上槛、下槛和左框、右框所构成的门框，石门框分为矩形框和圆形框，其加工精度要求达到二扁剁斧等级。

1. 矩形门框

矩形门框按内框洞口宽度分为：净宽1.5m和净宽3m以内的两种规格。净宽1.5m的构件截面约为：35cm×36cm＝1260cm² 以内，净宽3m的构件截面约为：39cm×40cm＝1560cm² 以内。

2. 圆形门框

圆形门框按内框洞口直径为 ϕ2.2m 以内为准。构件截面约为：25cm×28cm＝700cm² 以内，常用形式如图4-25所示。

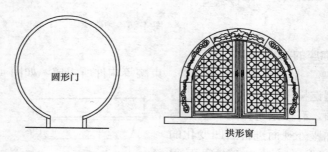

圆形门

拱形窗

图4-25 石门窗

（二）石窗框

石窗框是指由上帽头、下帽头和左右边挺所构成的窗框。分为矩形框和曲弧形框，其加工精度要求达到二扁剁斧等级。其工程量按组件的体积 m³ 计算。

1. 矩形窗框

矩形石窗框的形式与普通木窗框基本相同，其周长约在 1m×2.5m＝5m 以内，构件截面约为 18cm×22.5cm＝305cm² 以内。

2. 曲弧形窗框

曲弧形石窗框是指圆形、拱形等窗框，如图4-25所示，构件截面规格与矩形相同。

五、须弥座、花坛石、栏杆、石凳

须弥座、花坛石、石栏杆、石凳等是园林小品是常用的构件，它们也分为制作和安装两个项目分部列项，计价时要作两次计价。

（一）石须弥座

1. 须弥座

"须弥座"一词来源于佛教，须弥是古印度传说中的一个山名，即"须弥山"，据说它雄伟高大，是世人活动住所的中心制高点，日月环绕它回旋出没，三界诸天也依之层层建立。因此用"须弥山"作为佛的基座，以能显示出他的神圣、威严和崇高，故以后将佛像下的基座都敬称为须弥座，实际上，它不过是将台座的外观构件，雕刻成各种规定形状的块料，再层层垒砌而成。须弥座的用材可为砖雕、石雕和木刻等结构，大至房屋建筑平台，小至神像台座，都可使用，如图4-26所示。

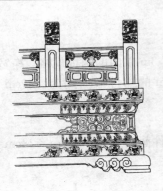

图 4-26　须弥座

2. 须弥座的构件

"须弥座"是由上下枋、上下枭、束腰等构件所组成，如图 4-27 所示。上枋与下枋是须弥座的起讫构件，简称为"石枋"，

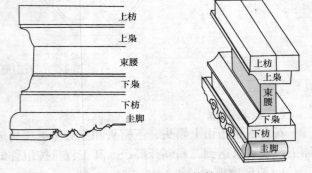

为矩形截面，有似梁枋作用。上枭与下枭是须弥座外观面进行凸凹变化的构件，因凹凸比较急速凶猛而得枭名。

束腰是使须弥座的中腰紧束直立的构件，一般都做得比较高，当高度较大时，为了显示其气氛，常在转角处设置角柱，称为"金刚柱"。圭脚是须弥座的底座，外侧面雕刻有云状花纹，正面为圆弧形。各构件加工精

图 4-27　须弥座的构件

度要求达到二遍跺斧等级。须弥座的工程量，按构件截面大小的加工长度计算。

（二）花坛石

花坛石是指围砌成花坛池的构件石，如图 4-28 所示。按组砌形式分为：直折形和曲弧形。其加工精度要求达到二步做糙等级。花坛高以 1.25m 以内为准。花坛石的工程量，按石构件的体积以 m³ 计算。

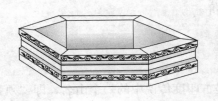

图 4-28　花坛石

（三）石栏杆

石栏杆分为石栏杆柱和石栏板两部分，其加工精度：低等级，要求达到二步做糙；高

等级，要求达到二扁剁斧。

1. 石栏杆柱

栏杆柱称为望柱，柱身为方形截面，柱头分为：平头式、简式、繁式、兽头式等四类，如图 4-29 所示。其中：

平头式又称为幞头式，即柱头方正顶平。是最简单最素雅的形式。

简式是指具有简单雕刻花纹的柱头形式，花纹图案类型一般不超过两种。

繁式是指雕刻有两种以上花纹图案的柱头形式。

石柱的工程量，按柱的加工等级以体积计算。

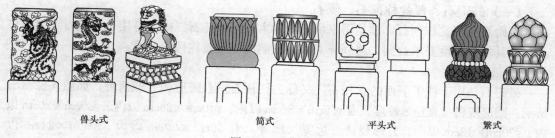

兽头式　　　　　　　简式　　　　　平头式　　　　　繁式

图 4-29　石栏杆柱

2. 石栏板

石栏板包括扶手、花栏、绦环板三部分，根据简繁程度分为：直形、弧形、简式镂空、繁式镂空。其中：

直形是指扶手及其花板，均为平直线形式，弧形是指扶手及其花板带弯弧线形式，这两种形式都不带镂空工艺。

镂空是指将花栏或绦环板进行透空型雕刻，简式镂空是指花栏部分的花形较简单，繁式镂空是指花栏部分的花形比较复杂，如图 4-30 所示。

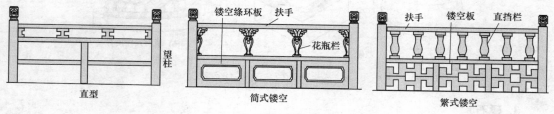

直型　　　　　　　　简式镂空　　　　　　　繁式镂空

图 4-30　石栏板

石栏板的工程量，按石构件加工等级的体积计算。

（四）石凳

石凳是指长条形石凳，由凳面和凳脚组成。依凳面长向分为：平直形和曲弧形，如图 4-31 所示。凳面宽度 25～30cm，凳脚高度 50cm。其工程量，按凳面、凳脚所需加工等级

图 4-31　石凳

的体积计算。

六、石作配件

石作配件是指台明、栏杆上所需配套的石构件，其项目分为：鼓磴石、覆盆柱顶石、礤石；抱鼓石、砷石等。这些石构件的加工精度，都要求达到二遍剁斧等级。各个石作配件的工程量，均按个数计算。

（一）鼓磴石、覆盆柱顶石、礤石

鼓磴石和覆盆柱顶石，都是用来承托房屋木柱的承托石。礤石是用于鼓磴石下面的垫基石。其加工精度要求达到二遍剁斧等级。它们的工程量均按个计算。

1. 鼓磴石

鼓磴石是用于柱子下面的承托石，又称为柱顶石，有圆形和方形两种，如图 4-32（a）所示。圆形规格（直径×厚度）有 $\phi56cm\times36cm$ 以内、$\phi40cm\times26cm$ 以内、$\phi30cm\times20cm$ 以内、$\phi20cm\times13cm$ 以内、方形规格（边宽×厚度）有 $50cm\times29cm$ 以内、$36cm\times21cm$ 以内、$26cm\times15cm$ 以内、$20cm\times12cm$ 以内等。

2. 覆盆柱顶石

覆盆柱顶石是较高级的柱顶石，它的轮廓形状相似于倒盆轮廓形式，表面雕刻有莲花瓣花纹，多用于装饰程度较高的建筑，如图 4-32（b）所示。

覆盆柱顶石一般为圆形，其规格（直径×厚度）有 $\phi56cm\times27cm$ 以内、$\phi40cm\times22cm$ 以内、$\phi30cm\times20cm$ 以内等。

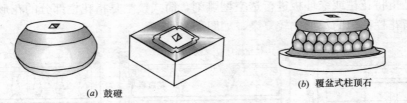

(a) 鼓磴   (b) 覆盆式柱顶石

图 4-32 鼓磴石、覆盆柱顶石

3. 礤石

礤石是指置于鼓磴石下面的垫基石，一般用于方砖地面，以代替鼓磴下的地面砖，如图 4-23 中所示，平面见方，尺寸略大于鼓磴即可，常用规格（边宽×厚度）有 $150cm\times30cm$ 以内、$100cm\times20cm$ 以内、$80cm\times16cm$ 以内、$60cm\times15cm$ 以内等。

（二）抱鼓石、砷石

抱鼓石、砷石是石栏杆两端进口或大门进口门框两边的装饰石，加工精度要求达到二遍剁斧等级。其工程量按个计算。

1. 抱鼓石

抱鼓石多用于为石栏杆配套的首尾栏板石，因其中间雕刻有圆鼓形而得名，一般高宽厚约为 $1m\times1.25\times0.12m=0.15m^3$ 以内，如图 4-33（a）所示。

2. 砷石

砷石多用于大门两旁的装饰门面石，又称为门鼓石，一般高宽厚约为 1m×1m× 0.12m＝0.12m³ 以内，如图 4-33（b）所示。

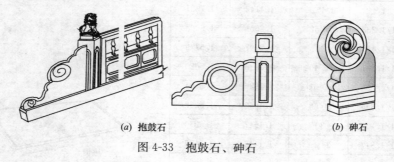

(a) 抱鼓石　　　　　　　　　　　(b) 砷石

图 4-33　抱鼓石、砷石

第三节　"屋面工程"项目词解

屋面工程是指屋面木基层桁条椽子以上的瓦作部分，它包括：铺望砖；盖瓦；屋脊；围墙瓦顶；排山、沟头、花边、滴水、泛、水斜沟；屋脊头等。

一、铺望砖

"望砖"即指仰望屋顶所看见的基底面砖，用于代替木望板的作用。在第一节砖细工程中，已对"做细望砖"加工作了全面介绍，现在所述及的是对望砖的安装铺设工作。铺望砖项目分为：糙望；浇刷披线；做细平望；做细船篷轩望；做细双弯轩望等。其工程量，按屋面檐口的水平投影面积乘坡屋面系数计算，即：

$$屋面面积＝屋面檐口长×屋面檐口宽×坡屋面系数 C \tag{4-1}$$

其中坡屋面系数 C 如表 4-1 所示。

（一）铺糙望、平望

糙、平望是指按坡屋面平铺的望砖，根据施工要求分为：糙望、浇刷披线、做细平望。

1. 糙望

"糙望"即指铺筑粗糙型望砖，它是指用加工的粗直缝望砖，直接铺筑在椽子上所进行的安装工作，一般只用于最简陋的屋面望砖。

2. 洗刷披线

"浇刷"是指在望砖铺筑前，将望砖露明底面，涂刷一层白灰浆；"披线"是指在望砖铺筑好后，用灰浆或建筑油膏，将望砖之间缝隙填补起来。"浇刷披线"是对糙望进行进一步加工的装饰工序，是较高一级的糙望。

3. 做细平望

"做细平望"是指用加工的平面望砖进行铺筑，要求铺面平整、缝密，并在其上铺一层油毡隔水层，如图 4-34 所示，这是一种较高要求的铺望工作。

屋面坡度系数表

表 4-1

坡屋面			坡屋面系数	斜脊系数	屋面图示
坡度值	坡度比	坡度角 α	C	D	
1.000	1/1	45°	1.4142	1.7321	
0.750	1/1.333	36°52′	1.2500	1.6008	
0.700	1/1.428	35°	1.2207	1.5779	
0.666	1/1.501	33°40′	1.2015	1.5620	
0.650	1/1.539	33°01′	1.1926	1.5564	
0.600	1/1.666	30°58′	1.1662	1.5362	
0.577	1/1.732	30°	1.1547	1.5270	
0.550	1/1.817	28°49′	1.1413	1.5170	
0.500	1/2	26°34′	1.1180	1.5000	
0.450	1/2.222	24°14′	1.0966	1.4839	
0.400	1/2.5	21°48′	1.0770	1.4697	
0.350	1/2.858	19°17′	1.0594	1.4569	
0.333	1/3	18°26′	1.0541	1.4530	
0.300	1/3.333	16°42′	1.0440	1.4457	
0.250	1/4	14°02′	1.0308	1.4362	
0.200	1/4.997	11°19′	1.0198	1.4283	
0.150	1/6.662	8°32′	1.0112	1.4221	
0.125	1/7.987	7°08′	1.0078	1.4191	
0.100	1/10.02	5°42′	1.0500	1.4177	
0.083	1/12.03	4°45′	1.0035	1.4166	
0.066	1/14.99	3°49′	1.0022	1.4157	

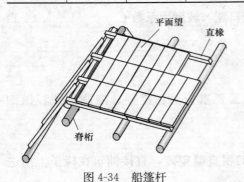

图 4-34　船篷杆

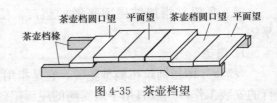

图 4-35　茶壶档望

（二）铺弯弧形望砖

铺筑弯弧形望砖是指在弯弧形椽子上，用加工过的弧形望砖进行铺筑的工艺，分为做细船篷轩弯望、做细双弯轩望。

1. 做细船篷轩望

"细船篷轩望"是指在船篷轩弯椽上，用加工的"船篷轩望砖"进行施工的工艺，如图 4-36 所示。

2. 做细双弯轩望

"双弯"即指由两种弧型所组成的弯椽，因鹤颈轩椽和茶壶档椽都有两个弯角，故称此处为双弯。"做细双弯轩望"是指对在鹤颈轩、茶壶档轩的弯椽上，进行铺筑弯望或圆口望的施工工艺。鹤颈轩如图 4-37 所示，茶壶档椽如图 4-35 所示。

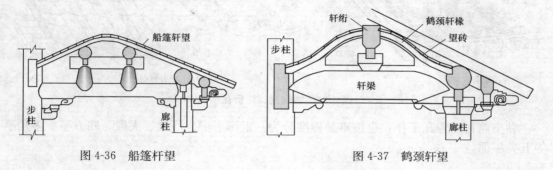

图 4-36　船篷杆望　　　　　　　　　　图 4-37　鹤颈轩望

二、盖瓦

"盖瓦"即指铺盖屋面瓦，它是在望砖之上，进行铺底灰，轧塎（即放"瓦垄"线，或用芦材轧龙条摆成瓦塎），然后按线铺瓦。根据瓦的种类分为：蝴蝶瓦屋面；黏土筒瓦屋面。盖瓦的工程量，按式（4-1）的面积计算，不扣除屋脊所占面积。

（一）蝴蝶瓦屋面

"蝴蝶瓦"有称它为"合瓦"或"阴阳瓦"，是一种小青瓦。蝴蝶瓦屋面由盖瓦和底瓦组成，如图 4-38（a）中所示。蝴蝶瓦屋面，依其屋面铺盖难易程度分为：走廊平房、厅堂、大殿、四方亭、多角亭等五类屋面。

1. 走廊、平房

走廊和平房是指木结构最简单，规模较小的房屋，木屋架一般为四界，若带前廊为五界，若带前后廊为六界，只为人字坡屋顶，是铺盖屋面瓦中最简单的一种。

2. 厅堂

厅堂是指带有轩顶结构的房屋，这种房屋一般前面设轩，后面设廊。木屋架为六界至九界，屋顶除人字屋顶外，还可做成庑殿、歇山等屋顶，其铺盖屋面瓦的工序较平房繁杂一些。

3. 大殿

大殿是指规模更大的房屋，一般都设有前厅后房，木屋架多为六界至十二界，开间也多至五间至九间，多为庑殿、歇山等屋顶，是铺盖屋面瓦工作量最大的一种屋面。

4. 四方亭、多角亭

亭子建筑是园林中最常用的一种建筑，它的屋面盖瓦面积小，但它是盖瓦工作较烦琐的一种屋面。

（二）黏土筒瓦屋面

"黏土筒瓦"是指无釉筒瓦，黏土筒瓦屋面是用筒瓦作盖瓦，用蝴蝶瓦作底瓦相配合使用。筒瓦因搭接面积较少，需要用石灰砂浆嵌缝抹面，即北方称为的"捉节裹垄"，如图 4-38 (b) 中所示。

(a) 蝴蝶瓦屋面　　　　　　　　　　(b) 筒瓦屋面

图 4-38　蝴蝶瓦、筒板瓦屋面

黏土筒瓦的盖瓦工作，也按难易程度分为：走廊平房、厅堂、大殿、四方亭、多角亭等五类屋面。

三、屋脊

屋脊是指屋顶相临两坡屋面交界处的压顶结构，分为：蝴蝶瓦脊；滚筒脊；筒瓦脊；滚筒戗脊；环包脊；花砖脊；单面花砖博脊；小青瓦叠脊等。屋脊的工程量，按脊身长度计算，不包含屋脊头的长度。

(一) 蝴蝶瓦脊

"蝴蝶瓦脊"是以蝴蝶瓦为主要材料所筑的屋脊，按脊的等级分为：釉脊、黄瓜环、一瓦条筑脊盖头灰、二瓦条筑脊盖头灰等。

1. 釉脊

"釉脊"是蝴蝶瓦脊中最简单的一种屋脊，也有称为"游脊"，它是用蝴蝶瓦斜向平铺，上下错缝相叠砌筑而成，如图 4-39 所示，一般只用于不太重要的偏房之类屋顶。

2. 黄瓜环

"黄瓜环"是指用黄瓜环盖瓦和黄瓜环底瓦，所铺筑的屋脊。黄瓜环瓦与北方的罗锅瓦相似，将黄瓜环盖瓦和黄瓜环底瓦，分别铺盖在盖瓦楞和底瓦楞的脊背上，其脊身与瓦楞的凸凹起伏一致，如图 4-40 所示。

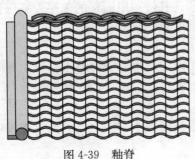

图 4-39　釉脊　　　　　　　　　　　图 4-40　黄瓜环

3. 一瓦条、二瓦条筑脊盖头灰

"瓦条"是指用望砖或平瓦做成挑出脊身外的线条。"一瓦条筑脊盖头灰"和"二瓦条

筑脊盖头灰"是指先在脊上用砂浆和普通砖砌筑脊垫,再砌一层或二层挑出望砖作为起线(称为瓦条),然后一块紧贴一块的立砌蝴蝶瓦作为脊身,最后用石灰纸筋灰抹顶(称为盖头灰),如图4-41所示。

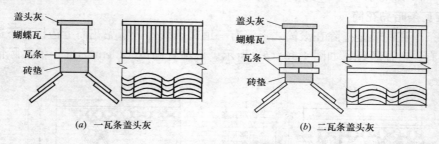

(a) 一瓦条盖头灰   (b) 二瓦条盖头灰

图4-41 瓦条筑脊盖头灰

(二)滚筒脊

"滚筒脊"是用筒瓦合抱成圆鼓(滚)形作为脊底,而脊顶仍为蝴蝶瓦和盖头灰,如图4-42所示。它是以筒瓦为主要材料,辅以望砖做出线条的屋脊。根据起线道数分为:二瓦条滚筒脊、三瓦条滚筒脊。

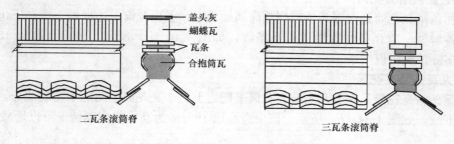

二瓦条滚筒脊   三瓦条滚筒脊

图4-42 滚筒脊

1. 二瓦条滚筒脊

"二瓦条滚筒脊"是指在滚筒之上用望砖,先平砌一道挑出的瓦条线,再在其上平砌一层望砖作间隔,称为"交子缝",然后再铺砌挑出的二道瓦条线,最后侧立并砌蝴蝶瓦,抹盖头而成。

2. 三瓦条滚筒脊

"三瓦条滚筒脊"是指在二瓦条滚筒脊基础上,增加一道挑出的瓦条线而成,其做法与二瓦条滚筒脊相同。

(三)筒瓦脊

"筒瓦脊"是一种脊身较高屋脊,它的脊身分两部分,在脊长两端的屋脊头内侧,用普通砖砌筑脊身,用望砖铺砌瓦条线,使脊端结实不透空,此称为"暗筒";在两端暗筒之间的部分,用瓦片摆成花纹做成框边,芯子用砖实砌,此部分称为"亮花筒",由这种暗筒和亮花筒结构组成的屋脊称为"暗亮花筒"脊。分有:四、五、七、九等瓦条暗亮花筒;四瓦条竖带、三瓦条干塘。

1. 四瓦条暗亮花筒

四瓦条暗亮花筒是指在滚筒之上，于亮花筒上下筑有四道瓦条线的屋脊，如图 4-43（a）所示，该项脊高以 80cm 为准，依实际情况可以增减。

2. 五瓦条暗亮花筒

五瓦条暗亮花筒是指除在滚筒之上筑有一道瓦条线外，于亮花筒上边框和下边框的上下，各筑有一道瓦条线，如图 4-43（b）所示。该项脊高以 120cm 为准，依实际情况可以增减。

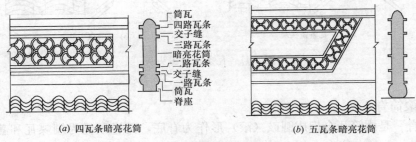

(a) 四瓦条暗亮花筒　　　　　(b) 五瓦条暗亮花筒

图 4-43　四五瓦条暗亮花筒脊

3. 七瓦条暗亮花筒

七瓦条暗亮花筒是在五瓦条暗亮花筒基础之上，于亮花筒上边框的上线和下边框的下线处，各增加一道瓦条线即做成双瓦条线，如图 4-44（a）所示。该项脊高以 150cm 为准，依实际情况可以增减。

4. 九瓦条暗亮花筒

九瓦条暗亮花筒是在七瓦条暗亮花筒基础之上，于亮花筒中间芯子实砌部分，再增加两道上下线，如图 4-44（b）所示。该项脊高以 195cm 为准，依实际情况可以增减。

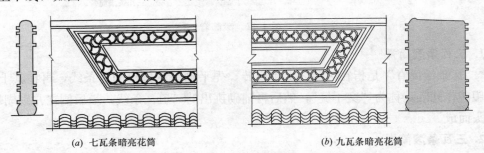

(a) 七瓦条暗亮花筒　　　　　(b) 九瓦条暗亮花筒

图 4-44　七九瓦条暗亮花筒脊

5. 四瓦条竖带

竖带是指庑殿或歇山屋顶两端顺坡而下的边脊，北方称为垂脊。"四瓦条竖带"是在滚筒之上作有三道瓦条线间隔二交子缝，脊顶作一道瓦条线，如图 4-45 所示，该项脊高以 80cm 为准，依实际情况可以增减。

6. 三瓦条干塘

"干塘"是指歇山屋顶，两端三角形山面底下的屋脊，有称为"赶宕脊"，北方称为博脊。"三瓦条干塘"是在四瓦条竖带基础上，减掉一道瓦条线而成，如图 4-46 中所示，该项脊高以 54cm 为准，依实际情况可以增减。

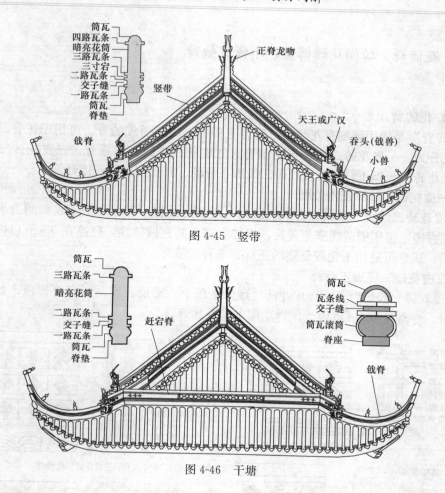

图 4-45 竖带

图 4-46 干塘

（四）滚筒戗脊、环抱脊

1. 滚筒戗脊

"戗脊"又称角脊，滚筒戗脊是指重檐庑殿、歇山屋顶四角的斜脊，它是一种为弯曲上翘的二瓦条滚筒脊，如图 4-47 中戗脊所示。其结构由下而上为：脊垫、滚筒、一路瓦条、交子缝、二路瓦条、盖筒瓦。其工程量按每条计算，按戗脊长度列有：3m 以内、4m 以内、5m 以内、6m 以内、7m 以内等五项。

2. 环抱脊

"环抱脊"是用筒瓦作盖顶的二瓦条脊，其构造为：脊垫、一路瓦条、交子缝、二路瓦条、筒瓦盖顶，如图 4-47 所示。其工程量按长度计算。

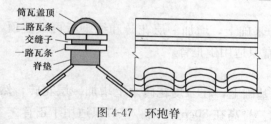

图 4-47 环抱脊

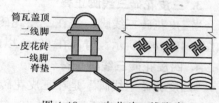

图 4-48 一皮花砖二线脚脊

四、花砖脊、单面花砖博脊、小青瓦叠脊

（一）花砖脊

"花砖脊"是指用雕刻有花纹的方砖为主要材料砌筑而成的脊，可用于正脊、垂脊和戗脊，它分为：一皮花砖二线脚正垂戗脊、二皮花砖二线脚正垂脊、三皮花砖三线脚正脊、四皮花砖三线脚正脊、五皮花砖三线脚正脊等。其工程量按长度计算。

1. 一皮花砖二线脚正垂戗脊

"一皮花砖二线脚"是指在脊垫上铺砌一道望砖线脚，再在其上于线脚两边平行侧立二块雕花方砖，再用望砖线脚覆盖后，用披水砖和筒瓦做盖顶，脊高在35cm 以内，如图4-48 所示。该脊可适用于比较低矮的正脊、垂脊和戗脊。

2. 二皮花砖二线脚正垂脊

"二皮花砖二线脚"是在一皮花砖二线脚基础上，增加一层花砖后再盖顶，如图 4-49 (a) 所示，脊高在49cm 以内。该脊适用于正脊和垂脊。

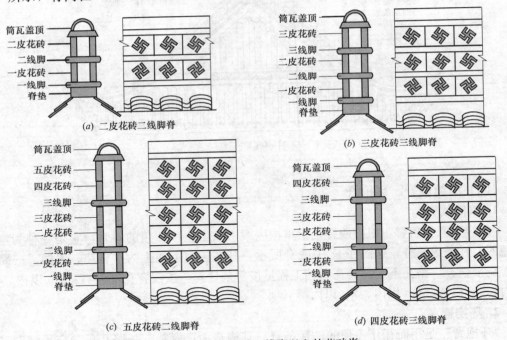

(a) 二皮花砖二线脚脊

(b) 三皮花砖三线脚脊

(c) 五皮花砖二线脚脊

(d) 四皮花砖三线脚脊

图 4-49　二皮花砖二线脚以上的花砖脊

3. 三皮花砖三线脚正脊

"三皮花砖三线脚"是在二皮花砖二线脚基础上，增加一层花砖和线脚后再做盖顶，如图 4-49 (b) 所示。脊高在66cm 以内。该脊只适用于正脊。

4. 四皮花砖三线脚正脊

"四皮花砖三线脚"是在三皮花砖三线脚基础上，在二皮花砖之上增加一层花砖，然后覆盖线脚后再做盖顶，如图 4-49 (d) 所示。脊高在80cm 以内。该脊只适用于正脊。

5. 五皮花砖三线脚正脊

"五皮花砖三线脚"是在四皮花砖三线脚基础上，在四皮花砖之上增加一层花砖，然后覆盖线脚后再做盖顶，如图 4-49（c）所示。脊高在 94cm 以内。该脊只适用于正脊。

（二）单面花砖博脊

"单面花砖博脊"就是指歇山屋顶山花板下的屋脊，又称为赶宕脊。它是一种半边脊，因为它朝里一边是紧贴山花板，所以称为"单面花砖脊"。分为：一皮花砖二线脚博脊、二皮花砖二线脚博脊。其构造与图 4-50 所示基本相同，只是只有朝外向面为花砖，而朝里向面没有花砖。其工程量按长度计算。

1. 一皮花砖二线脚博脊

"一皮花砖二线脚"是在一皮花砖二线脚基础上，去掉一面花砖，将线脚和盖顶的一半伸入山花板即可，如图 4-50（a）所示，脊高在 35cm 以内。该脊只适用于博脊。

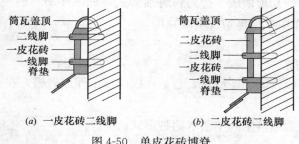

图 4-50　单皮花砖博脊

2. 二皮花砖二线脚博脊

"二皮花砖二线脚"是在一皮花砖二线脚基础上，加一层花砖而成，如图 4-50（b）所示，脊高在 49cm 以内。该脊只适用于博脊。

（三）小青瓦叠脊

"小青瓦叠脊"是用蝴蝶瓦层层平叠砌筑而成，一般为五层左右，垒叠好后上面扣盖脊瓦，两侧用纸筋灰抹平。在实际工作中可根据需要增减层数。其工程量按长度计算。

五、围墙瓦顶

仿古建筑中的围墙，大多用瓦做有各种图案的瓦顶，以增加装饰效果。一般分为：蝴蝶瓦围墙顶、筒瓦围墙顶。围墙瓦顶的工程量，按围墙长度计算，屋脊头长度包含在内。

（一）蝴蝶瓦围墙顶

蝴蝶瓦围墙顶是指在围墙顶上做成砖檐，在砖檐上用蝴蝶瓦做成屋顶形，如图 4-51（a）所示。根据围墙瓦顶坡形分为：双落水和单落水两种形式。

1. 双落水

双落水是指围墙瓦顶做成两边为斜坡顶形式，如图 4-51（a）所示。瓦顶屋檐宽度按 85cm，在实际工作中可根据情况增减宽度。

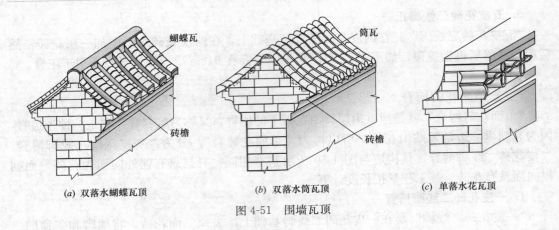

(a) 双落水蝴蝶瓦顶　　　　　(b) 双落水筒瓦顶　　　　　(c) 单落水花瓦顶

图 4-51　围墙瓦顶

2. 单落水

单双落水是指围墙瓦顶做成一边为斜坡顶形式，如图 4-51（c）所示。瓦顶屋檐宽度按 56cm，在实际工作中可根据情况增减宽度。

（二）筒瓦围墙顶

筒瓦围墙顶是等级较高的围墙顶，它是在围墙顶上作成砖檐，在砖檐上用筒瓦作成屋顶形，如图 4-51（b）所示。

筒瓦围墙顶也分为双落水和单落水两种形式。

六、排山沟头、花边滴水、泛水斜沟

（一）排山沟滴

1. 筒瓦排山

"排山"即指山墙顶檐排水措施。"筒瓦排山"是指在山尖檐口部分用筒瓦做排水垄，用底瓦做淌水垄，使屋顶边檐的雨水顺此而下，如图 4-52 所示。在歇山和硬山建筑中，其屋面边端与山墙尖顶连接处，如结合不好很容易漏水，所以应注意做好山尖部分的排

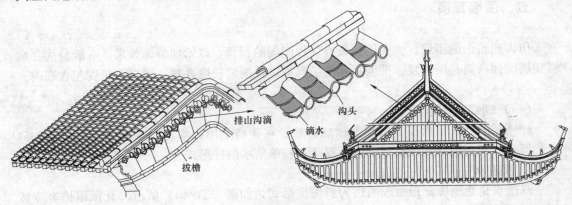

图 4-52　筒瓦排山

水,其中,装饰效果较好的做法,就是"筒瓦排山沟滴",简称"筒瓦排山"。其工程量按水平投影长度乘坡屋面系数 C 计算,坡屋面系数 C 见表 4-1。

2. 筒瓦檐口沟头滴水

"沟头"是指屋面盖瓦垄在檐口处的收头筒瓦,它是一种带有圆饼头的特殊筒瓦;"滴水"是指屋面底瓦垄在檐口处的收头底瓦,它是一种带有舌瓣滴水的特殊底瓦,如图 4-53(a)所示。其工程量按屋面檐口长度计算。

(二)蝴蝶瓦檐口花边滴水、泛水斜沟

1. 蝴蝶瓦檐口花边滴水

在蝴蝶瓦中特制一种带有挡头板的盖瓦,用于遮挡瓦穹不美观面,此瓦称为"花边瓦",也简称为"花边"。在底瓦中也特制一种带有下挡板的底瓦,称为"滴水瓦",如图 4-53(b)所示。其工程量按屋面檐口长度计算。

2. 砖砌泛水

"泛水"即使雨水顺着檐边流淌的水流,砖砌泛水是指当一屋面与比它高的山墙面连接时,沿山墙面的雨水,会穿过接缝口流到屋内,为此,可在山墙上沿屋面线高出 20cm 至 50cm 处,砌筑伸出墙面 1/4 砖宽的挑砖凸线,用以遮挡上面流水,使其沿挑砖落下而不流入屋内,这伸出的挑砖凸线称为泛水,相似图 4-52 中的山墙拔檐。其工程量按水平投影长度乘坡屋面系数 C 计算。

3. 斜沟

"斜沟"是指两个坡屋面相交时,会沿屋坡形成阴角,沿此角用蝴蝶底瓦或沟筒瓦或铁皮做成淌水沟,此淌水称为斜沟,如图 4-54 所示。其工程量按斜沟长度计算。

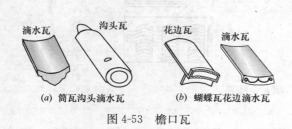

(a) 筒瓦沟头滴水瓦　　(b) 蝴蝶瓦花边滴水瓦

图 4-53 檐口瓦

图 4-54 斜沟

七、屋脊头

屋脊头是指正脊、垂脊、戗脊等端头装饰构件,包括:龙吻;哺龙、哺鸡;预制留孔纹头、纹头、方脚、云头、果子头、雌毛脊、甘蔗段;正脊吻座;竖带吞头、戗根吞头;宝顶等。这些屋脊头可以用砖细雕刻而成,称为"雕塑屋脊头";也可以为窑制品,称为"烧制品屋脊头"。其工程量均按每只计算。

(一)吻兽形屋脊头

吻兽形屋脊头是装饰效果比较好的一种屋脊头,分为:龙吻;哺龙、哺鸡等。

1. 龙吻

龙吻是用于正脊两端的龙形装饰脊头，它是屋脊头中体积最大、最豪华的一种装饰构件，所以常称它为"大吻"。由于体积庞大，一般分成若干块进行制作，根据规格大小分为：最大为九套龙吻高 195cm、七套龙吻高 150cm、最小为五套龙吻高 120cm。如图 4-55 所示。

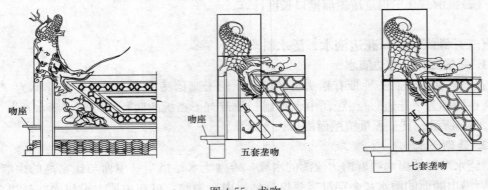

图 4-55　龙吻

2. 哺龙、哺鸡

哺龙、哺鸡即指较小的龙和鸡之形状的装饰构件，如图 4-56 所示。砖细雕塑的哺龙长为 70cm、哺鸡 55cm。窑烧制品的长均为哺鸡 55cm。

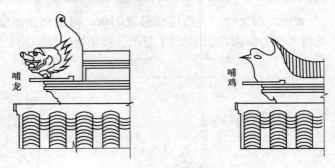

图 4-56　哺龙、哺鸡

（二）普通型屋脊头

普通型屋脊头包括：预制留孔纹头、纹头、方脚、云头、果子头、雌毛脊、甘蔗段等。雕塑品和烧制品的长均为 55cm。

1. 预制留孔纹头

预制留孔纹头，是用钢筋混凝土预制成的拐纹花形，并在其间留有孔隙的屋脊头，如图 4-57（a）所示。它只有雕塑品，没有烧制品。

2. 纹头

纹头是指将脊头雕刻出拐纹形的花纹图案，如图 4-57（a）所示。

3. 方脚头

方脚头是指将屋脊头外形做成矩形轮廓形式，如图 4-57（d）脊头所示。

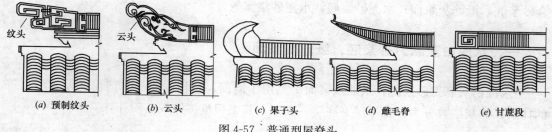

(a) 预制纹头　　(b) 云头　　(c) 果子头　　(d) 雌毛脊　　(e) 甘蔗段

图 4-57 普通型屋脊头

4. 云头

云头是指将屋脊头花纹雕刻成云朵形状图案的屋脊头，如图 4-57 (b) 所示。

5. 果子头

果子头是指将屋脊头做成水果轮廓形状的屋脊头，如图 4-57 (c) 所示。

6. 雌毛脊

雌毛脊是指将屋脊头制作成雌鸡毛轮廓的屋脊头，如图 4-57 (d) 所示。

7. 甘蔗段

甘蔗段是指将屋脊头做成与脊身截面一致，并雕刻简单回纹的屋脊头，如图 4-57 (e) 所示。

（三）吞头、宝顶

"吞头"是指旁脊端头咬住脊端的兽首形装饰构件，分为：竖带吞头和戗根吞头。宝顶是攒尖屋顶上的装饰构件。

1. 竖带吞头、戗根吞头

竖带吞头即指竖带尾端的装饰物，但南方一般做成人物轮廓形式，如广汉、天王等。戗根吞头是指戗脊与竖带分界处的装饰物，一般为龙形，如图 4-58 中所示。

2. 宝顶

宝顶是用于寺庙建筑屋顶正脊正中或攒尖屋顶及宝塔顶上，常用形式为：葫芦状、六角形、八角形等，如图 4-58 中所示。

戗根吞头　　　　广汉　　　　　六角状　　　　葫芦状　　　　多角状

图 4-58 吞头、宝顶

第四节 "抹灰工程"项目词解

抹灰工程是针对砖砌工程的装饰抹灰，包括：水泥白灰麻刀砂浆底，纸筋灰浆面；混合砂浆底，纸筋灰浆面；水泥砂浆底，水泥砂浆面等。

一、水泥白灰麻刀砂浆底，纸筋灰浆面

"水泥白灰麻刀砂浆底，纸筋灰浆面"是用于墙面、墙裙、踩头、门窗框及其洞口等的抹灰，抹灰层数分为：找平层、底层、面层。其工程量按抹灰面积计算。

（一）底层抹灰

1. 找平层抹灰

找平层是指填补砖砌基层面上凸凹不平的砂浆抹灰，一般采用水泥砂浆，其配合比为：水泥：中砂＝1：2.5，抹灰厚度为5mm。

2. 底层抹灰

底层抹灰是在找平层抹灰完成后，待稍干，再抹"水泥白灰麻刀砂浆底"，其配合比为：水泥：石灰膏：中砂：纸筋＝1：2：5：0.03，抹灰厚度为10mm。

（二）面层抹灰

面层抹灰是指在上述抹灰完成的基础上，待稍干后再抹"纸筋灰浆面"，其配合比为：纸筋：石灰膏＝1：1.8，根据面层情况，抹7～8mm厚面层。

二、混合砂浆底，纸筋灰浆面

"混合砂浆底，纸筋灰浆面"是用于接触经受风吹雨淋的结构部分，如山墙博风、平台抛方、字碑面层等。抹灰层数分为：底层、面层。其工程量按抹灰面积计算。

（一）底层抹灰

这里的底层抹灰是包含找平层在一起的抹灰，它是直接在砖砌基层面上抹"混合砂浆"，混合砂浆又称为水泥石灰砂浆，其配合比为：水泥：石灰：中砂＝1：1：2。水泥石灰砂浆的抹灰厚度为8mm。

（二）面层抹灰

在上述底层抹灰基础上，待稍干后用配比为：纸筋：石灰膏＝1：1.8的纸筋石灰浆，抹面层，抹灰厚度为10mm。

三、水泥砂浆底，水泥砂浆面

"水泥砂浆底，水泥砂浆面"是用于接触地面易受潮的部分一些结构，如坐槛墙、砖栏杆等。分为有线脚、无线脚。有线脚的抹灰用工，要比无线脚的用工多一些。抹灰层数分为：底层、面层。其工程量按抹灰面积计算。

（一）水泥砂浆底

"水泥砂浆底"是指在抹灰面的基层面上，用配比为：水泥：中砂＝1：2.5 的砂浆，抹 10mm 厚找平层，再用 1：1：2 混合砂浆抹 10mm 厚底层。

（二）水泥砂浆面

"水泥砂浆面"是指在上述抹灰底层面上，用配比为：水泥：中砂＝1：3 水泥砂浆，抹面层，抹灰厚度为 10mm。

第五节 "木作工程"项目词解

木作工程是指对包括木屋架和木装修中，各种木构件的制作和安装工作，具体项目包括：立帖式屋架；柱、梁、枋、桁及其装饰构件等 18 个项目。

一、立帖式屋架

（一）"帖"

"帖"即"贴"，《营造法原》第二章述"**在一纵线上，即横剖面部分，梁桁所构成之木架谓之贴，营造法式称为缝。其式样称为贴式**"，在叙述一开间深六界的平房贴式歌诀中述曰："**一间二贴二脊柱，四步四廊四矮柱**"（如图 4-59 所示），此句是说：一个开间有二贴屋架，一个屋架有一根脊柱，则二贴就有二根脊柱，四根步柱，四根廊柱，四根矮柱。从这句话中就说明立帖式屋架是指由梁柱所构成的屋架。一栋房屋除两端山墙位置上的屋架称为"边帖"外，其他轴线上的屋架都称为"正帖"，

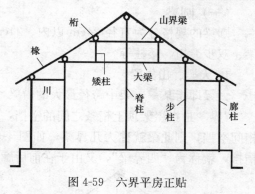

图 4-59 六界平房正贴

（二）立帖式屋架

立帖式屋架"**可分为三部：其立支重者为柱；其横者为梁、桁、椽；其介乎二者之间，以传布重量者为牌科（北方称谓斗栱）**"，即架立一副屋架，由柱、梁、枋、桁、椽和斗栱等构件组成。按柱子截面分为：立帖式圆柱和立帖式方柱。在《仿古定额基价表》中，只要按柱径或柱截面查用项目即可。立帖式屋架的工程量，按组成一个屋架的所有木构件材积之和计算。但在实际工程中，屋架因房屋形式规格不同，按这种方法进行计算，并不方便，所用这个项目一般很少使用。

二、立柱

立柱是指垂立木柱。根据柱截面形式分为：圆柱、方柱、多角形柱。

（一）圆柱

圆柱按设计直径表示，这里只定为 14cm 至 18cm。一般都以柱头直径为准，而一般柱子都有收分，即柱子是一个上小下大的截锥体，因此，其体积（即材积）应按下式计算：

$$圆柱体积 = 0.262 \times (顶径^2 + 底径^2 + 顶底径乘积) \times 柱高 \qquad (4\text{-}2)$$

其中，圆柱设计如果没有明确收分，可以按设计柱头直径查《原木材积表》。

柱高，因柱子上下都要做榫，下榫插入鼓蹬石卯眼内，所以计算时，为简便计算可以不扣除鼓蹬厚度，如图 4-60 所示。

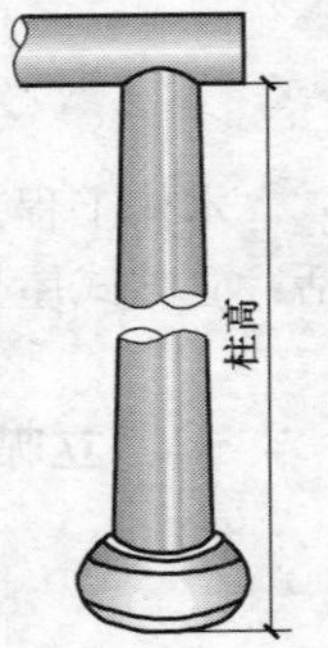

（二）方柱、多角形柱

方柱以截面边长表示，这里边长只定为 14～22cm。方柱和多角形柱的体积（即材积）应按下式计算：

$$方（角）柱体积 = 0.3333 \times (顶截面积 + 底截面积 +$$
$$\sqrt{顶底截面乘积}) \times 柱高 \qquad (4\text{-}3)$$

图 4-60　圆柱

三、圆梁、扁作梁、枋子、桁条

《营造法原》将圆梁、扁梁定制称为"圆作堂，扁作厅"。就是说大堂、殿堂一般用圆形截面梁，而厅房、厅间一般用矩形截面梁，称为"扁作梁"。

（一）圆梁

圆梁的规格分为直径 24cm 以内、24cm 以外。用圆形梁的木构件包括：大梁、山界梁、双步、川、矮柱等。

1. 大梁、山界梁

大梁即指某一屋架中跨径最大的横梁，也是"界梁"中最大的一根梁。

"界"是指屋架顶上桁条之间的空挡，屋架上的正梁一般以界命名，一根梁上有几个桁间空挡，则此梁就称为几界梁，如图 4-61 所示，正间屋架最下面的大梁，因其上有 4 桁挡，就称为"四界梁"，又由于在前后廊之内，故又称为"内四界"。

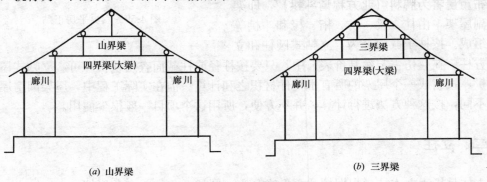

(a) 山界梁　　　　　　　　　　(b) 三界梁

图 4-61　屋架梁

山界梁是处于山尖脊顶的横梁,如图 4-61(a)所示,它实质上只有二界梁,一般为避免混淆视听,不以二界称呼。但三界梁与山界梁有本质区别。山界梁必须是承托有山脊柱的梁,而三界梁必须是承托有二根脊桁的梁(有称月梁),如图 4-61(b)所示。

界梁的工程量计算,一般界梁两端都是伸出立柱之外,如图 4-60 所示,因此其体积(即材积)按下式计算:

$$界梁体积=梁截面积×(梁跨长+2梁径) \tag{4-4}$$

其中,梁跨长是指两立柱中心之距离。

2. 双步、川

双步即指双步梁,"步"即指桁条间的水平投影距离。双步梁多是用于前、后廊上的梁。当廊步有二挡桁距时就称为双步,三挡桁距时就称为三步,一般廊步上的梁最多只三步梁;最少一步,但不称呼为一步梁,而改称为"川"。

"川"是指界梁以外,将廊柱与步柱穿连起来的横梁,如图 4-61 中所示的廊川。而对双步、三步梁上面的一步梁,称为"川步"。

双步、川的工程量计算,因这两种梁有一端做榫插入柱内,另一端伸出柱外,因此,其体积(即材积)按下式计算:

$$双步、川的体积=梁截面积×(梁跨长+1梁径) \tag{4-5}$$

其中,梁跨长为两立柱中心之距离。

3. 矮柱

屋架中的矮柱是承托桁条的支撑柱,又称为"童柱",它是指矮小不落地的支撑柱,它落脚于界梁上,承托相应的桁条。根据其位置不同有脊童柱、上金童柱、下金童柱等,为圆形截面。

矮柱的工程量计算,因矮柱是上下做榫插入上下界梁内,因此,其体积(即材积)按式(4-1)计算,其中柱高按上下梁之间的中心距离。

(二)扁作梁

扁作梁的规格按厚度分为 24cm 以内、24cm 以外。用扁作梁的木构件包括:大梁、承重、山界梁、轩梁、荷包梁、双步等。其中大梁、山界梁、双步等同上述圆梁所述。

1. 承重

承重是承重梁的简称,它是楼房结构中承重楼面荷重的大梁,一般为矩形截面,因它要与支梁连接,很少为圆形截面。

承重的工程量计算,因承重两端是做榫插入立柱中,其体积(即材积)按下式计算:

$$承重的体积=梁截面积×梁跨长 \tag{4-6}$$

其中,梁跨长为两立柱中心之距离。

2. 轩梁

轩梁为扁作梁,"轩"是指带有弯弧形的顶篷,是美化厅前顶篷的一种结构,承托该篷顶的梁称为"轩梁",如图 4-62(a)所示。

3. 荷包梁

荷包梁是在轩顶结构中用于美化,以代替月梁作为承托桁条的弧面梁,如图 4-62(b)所示,它多用于圆弧形轩顶和脊尖下的回顶,一般为扁作梁矩形截面。

轩梁、荷包梁的工程量按下式计算,

$$轩梁的体积＝梁截面积×（梁跨长＋蒲鞋头长＋云头长）\qquad(4\text{-}7)$$

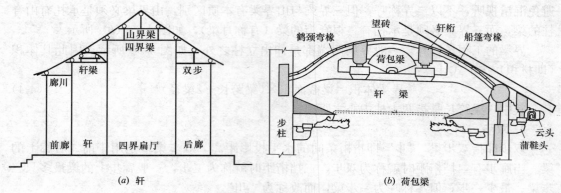

图 4-62　轩梁、荷包梁

其中，轩梁截面按梁中间截面计算，梁的削圆弧肩、削拔亥，削云头的体积不扣减。蒲鞋头长一般为 8 寸约 22cm。云头长为 8.5 寸约 23cm。

$$荷包梁的体积＝梁截面积×（梁跨长＋1轩桁径）\qquad(4\text{-}8)$$

其中，荷包梁的截面按最大截面，梁的削圆弧肩、削拔亥、挖底的体积不扣减。

（三）枋子、夹底、斗盘枋

枋子、夹底、斗盘枋都是矩形截面，按其厚度分为 8cm 以内，12cm 以内。

1. 枋子

枋子是起拉结稳固作用的横构件，有称枋木，它一般不直接承受重量。因其位置不同，有不同称呼。如廊枋、步枋、梁枋等。

枋木的工程量按下式计算：

$$枋木的体积＝枋截面积×枋跨长\qquad(4\text{-}9)$$

2. 夹底

夹底是指加强双步或三步梁的横向拉结木，用于廊步安置在双步梁或三步梁之下，也可以说是一种较短的梁枋，矩形截面。

夹底的工程量按夹底木截面依式（4-8）计算。

3. 斗盘枋

斗盘枋又称为"平板枋"，是指承托斗拱座斗的枋木，是一种厚板形的枋木。

斗盘枋的工程量按下式计算：

$$斗盘枋的体积＝枋截面积×跨长\qquad(4\text{-}10)$$

其中，跨长按开间面阔，最边端的伸出加 1 柱径。

四、桁条、连机

（一）桁条

1. 圆、方木桁条

桁条又称檩条，它是指承托屋顶椽子的木构件，按其位置分为：脊桁、上金桁、金桁、步桁、廊桁、梓桁等。一般为圆形截面,称为圆木桁条,也有矩形截面,称为方木桁条。

2. 轩桁

轩桁是专指轩顶篷上的桁条,一般为矩形截面的方轩桁,也有用圆木轩桁的,但其顶面应根据所使用的轩椽形式切削成斜面,如图 4-62 (b) 中所示。

(二)连机

"机"是指较枋木为小的枋子,它是用于桁条下面的辅助枋木。它一方面对界梁或矮柱起横撑木作用,另一方面陪衬桁条起美观作用。依其位置不同有不同称呼,在廊步桁下的称为连机,在脊桁下的称为脊机,在金桁下的称为金机。也可以统称为连机,当机木不伸到头不起横撑作用的称为短机。

以上机木构件的工程量,均按其截面积乘长度的体积(材积)计算。

五、木搁栅、帮脊木

(一)木搁栅

木搁栅在这里是指楼房中两承重梁之间的次梁,是作为楼板的承托木,如图 4-63 所示,有圆形和矩形截面,其工程量按截面积乘跨长的体积(材积)计算。

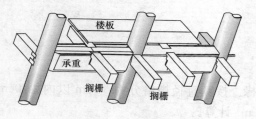

图 4-63 承重、搁栅

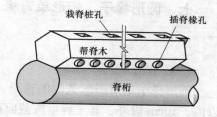

图 4-64 帮脊木

(二)帮脊木

帮脊木又称扶脊木,是钉在脊桁上面的条木,用来作为栽立木脊桩的根基。因为有些屋脊比较高大,为加固屋脊的稳定,常每间隔一定距离栽立一根脊桩。帮脊木的截面形式有矩形、圆形、六角形等,如图 4-64 所示。

帮脊木的工程量,按其截面积乘长度的体积(材积)计算,栽桩卯口不扣减。

六、矩形椽子、半圆形椽子

"椽子"是指承托望板或望砖、挂瓦条的木条,顺屋顶坡度方向,垂直铺钉在桁条上,如图 4-65 所示。

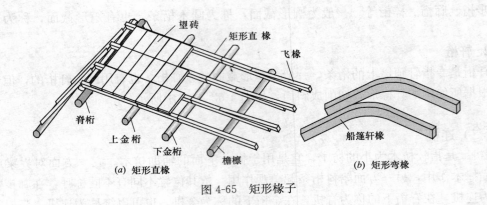

图 4-65 矩形椽子

(一) 矩形椽子

矩形椽子的常用截面约 0.15 尺×0.22 尺 (约 4cm×6cm),或 0.18 尺×0.25 尺 (约 5cm×7cm),矩形椽子规格分为周长 30cm 以内、40cm 以内、40cm 以外。其工程量按其截面积乘长度以 m³ 计算。

(二) 半圆形椽子

半圆形椽子又称"荷包形椽子",其截面为半圆形。其规格分为直径 7cm 以内、10cm 以内。椽子的工程量按其截面积乘长度以 m³ 计算。

七、圆形椽子、矩形单弯椽

(一) 圆形椽子

圆形椽子是指圆形截面的椽子,一般为直椽。按其直径规格分为:7cm 以内、10cm 以内、10cm 以外。其工程量按截面积乘长度以 m³ 计算。

(二) 矩形单弯椽

矩形弯椽子是指矩形截面,长度方向带弧形的椽子,如图 4-65 (b) 所示。其规格分为周长 25cm 以内、35cm 以内、45cm 以内。椽子工程量按其截面积乘弧形长度以 m³ 计算。

八、半圆单弯、矩形双弯轩椽

(一) 半圆形单弯轩椽

半圆单弯轩椽是指半圆形截面的单弯椽,包括船篷轩椽、弓形轩椽等的弧形椽子。弯形如图 4-65 (b) 所示,只是截面为半圆形而已。其规格分为周长 25cm 以内、35cm 以内、45cm 以内。半圆形单弯椽子工程量按其截面积乘长度以 m³ 计算。

（二）矩形双弯轩椽

矩形双弯轩椽是指包括鹤颈轩、菱角轩等的弧形椽子，如图 4-66 所示。其规格分为周长 25cm 以内、35cm 以内、45cm 以内。工程量按截面积乘长度计算。

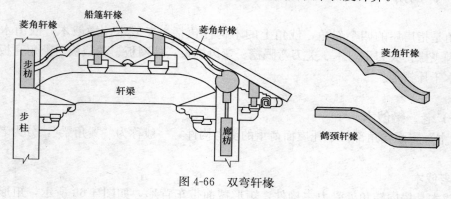

图 4-66 双弯轩椽

九、茶壶档轩椽、矩形飞椽

（一）茶壶档轩椽

"茶壶档轩椽"是指茶壶档轩顶篷上的矩形截面椽子，其椽子轮廓形式相似于茶壶盖口形式，两端搁置在步枋和廊桁上，按一定挡距矩形排列形成篷顶，如图 4-67 所示。椽子规格分为周长 25cm 以内、35cm 以内、45cm 以内。其工程量按截面积乘长度以 m³ 计算。

（二）矩形飞椽

"矩形飞椽"是指在屋面檐口处，迭置在出檐椽上，并挑出而形成屋面檐口的矩形截面椽子，如图 4-68 中所示。飞椽规格分为周长 25cm 以内、35cm 以内、45cm 以内。其工程量按设计尺寸的竣工材积以 m³ 计算。

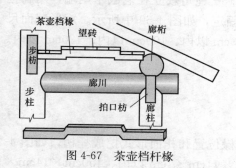

图 4-67 茶壶档杆椽

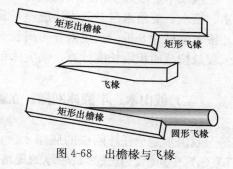

图 4-68 出檐椽与飞椽

十、圆形飞椽

圆形飞椽即指截面为圆形的飞椽，如图 4-68 中所示，它可以与矩形出檐椽配套，也可与圆形出檐椽配套。圆径分为 7cm 以内、10cm 以内、10cm 以外。其工程量按设计尺寸的竣工材积以 m³ 计算。

十一、戗角

戗角是指房屋的四个斜角，戗角上的木构件包括：老戗木、嫩戗木；戗山木、摔网椽、立脚飞椽；关刀里口木、关刀弯眠檐、弯风檐板；摔网板、卷戗板、鳖角壳板；菱角木、硬木千斤销等。

(一) 老、嫩戗木

"戗木" 屋面转角部位承托屋面荷重的受力构件，一般称为"翼角梁"，分为老戗木和嫩戗木。

1. 老戗木

老戗木是房屋转角处受力主构件，矩形截面带车背形，如图 4-69 所示，矩形截面的基本尺寸宽 6 寸（约 16.5cm），高 4 寸加车背 1.5 寸（15cm），具体大小依房屋规模而定。其规格分为周长 60cm 以内、80cm 以内、110cm 以内、140cm 以内。工程量按截面积乘长度计算。

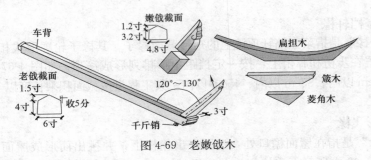

图 4-69　老嫩戗木

2. 嫩戗木

嫩戗木是形成屋顶翘角的支撑木，它以 120°～130°钝角栽立在老戗木尾端，用扁担木、篾木、菱角木与老戗连接成整，其下用硬木销固定，如图 4-69 中所示。矩形截面尺寸按老戗尺寸 8 折。其规格分为周长 55cm 以内、70cm 以内、100cm 以内、120cm 以内。工程量按截面积乘长度计算，削尖体积不扣减。

(二) 戗山木、半圆摔网椽、立脚飞椽

1. 戗山木

戗山木是承托摔网椽的底座木，它是按照摔网椽位置和托面形式挖成托槽，如图 4-70 (a) 中所示。其长×高×厚的规格分为：120cm×11cm×7cm 以内、150cm×14cm×8cm 以内、170cm×16cm×10cm 以内、220cm×18cm×12cm 以内。工程量按设计三角形的体积计算，挖槽口不扣减尺寸。

2. 半圆摔网椽

摔网椽是形容像撒网辐线一样，逐渐斜出的椽子，如图 4-70 (b) 所示。它是戗角部

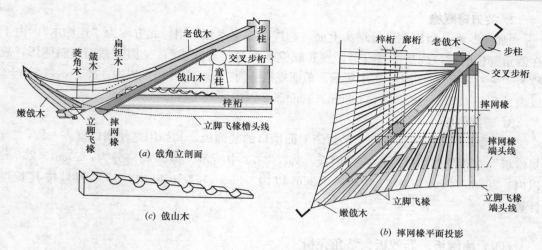

图 4-70 戗角构件

分的出檐椽，其形式和作用与普通椽子相同，有矩形截面和半圆形截面，半圆形截面椽子又称为"半圆荷包形椽子"。半圆摔网椽规格按直径分为 7cm 以内、8cm 以内、10cm 以内。矩形摔网椽截面规格分为 5.5cm×8cm 以内、6.5cm×8.5cm 以内、8cm×10cm 以内、9cm×12cm 以内。其工程量按最大截面积乘长度以 m³ 计算。

3. 立脚飞椽

立脚飞椽是戗角部分的飞椽，因要与嫩戗配套形成上翘，所以飞椽也根据摔网椽的排列，做成逐渐倾斜立式形，如图 4-70 中所示。其规格分为：7cm×8.5cm 以内、9cm×12cm 以内、10cm×16cm 以内、12cm×18cm 以内。其工程量可按平均截面积乘长度以 m³ 计算。

（三）关刀里口木、关刀弯眠檐、弯风檐板

1. 关刀里口木

"里口木"是指填补檐口飞椽之间空隙，防止雀鸟作巢的填空构件，如图 4-71 所示，在戗角部位，因其挡板做成带弧尖形，并随立脚飞椽逐渐上斜，故其命名为"关刀里口木"。按截面规格分为：16cm×24cm÷2 以内、20cm×26cm÷2 以内、21cm×29cm÷2 以内、24cm×32cm÷2 以内。其工程量按实体积计算，关刀口的切削不扣减。

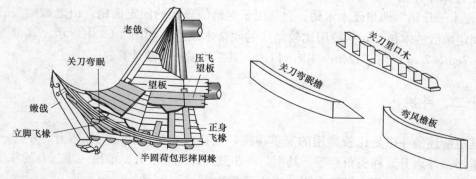

图 4-71 戗角里口木、眠檐木、风檐板

2. 关刀弯眠檐

"眠檐"木是指钉在飞椽端头上面，起连接固定飞椽作用，北方称为"连檐木"。由于在戗角部位的檐口线是带弧线形，故其眠檐板称为"弯眠檐"；又因其截面呈斜体形，故称为"关刀弯眠"，如图 4-71 中所示。截面规格分为：3cm×7cm÷2 以内、3.5cm×14cm÷2 以内、4cm×27cm÷2 以内、4.5cm×30cm÷2 以内。其工程量按其长度计算。

3. 弯风檐板

"风檐板"即指封檐板，它是封闭屋面檐口的装饰板，其作用是使檐口整齐一致，"弯封檐板"是指随戗角弧线形的封檐板，如图 4-71 中所示。截面规格分为：20cm×2.5cm 以内、28cm×3cm 以内、30cm×3.5cm 以内、35cm×4cm 以内。其工程量按其长度计算。

（四）摔网板、卷戗板、鳖角壳板

1. 摔网板

"摔网板"是指戗角部位的望板，因它是随摔网椽进行铺钉的，故名摔网板。按厚度规格分为：1.5cm 以内和 2cm 以内。其工程量按其面积计算。

2. 卷戗板

"卷戗板"是指戗角部位的弯遮檐板，遮檐板也有称为"摘檐板"，钉在飞椽下端用以遮隐椽头。其工程量按其面积计算。

3. 鳖壳

"鳖壳"是指屋顶脊尖处装有弧形弯椽（又称回顶）的结构，此部分结构由钉在双脊桁上的弯椽所形成，在弯椽上所钉之望板称为鳖角壳板。按厚度规格分为：2cm 以内、3.5cm 以内、5.5cm 以内。其工程量按其面积计算。

（五）菱角木龙径木、硬木千斤销

1. 菱角木龙径木

"菱角木、龙径木"是指用于填补老嫩戗的夹角木，它是指包括扁担木、箴木和菱角木的拉扯连接木，如图 4-69 中所示。其截面规格分为：8cm×18cm 以内、10cm×25cm 以内、14cm×30cm 以内、18cm×40cm 以内。其工程量按三者体积计算。

2. 硬木千斤销

"硬木千斤销"即指硬木木销，它是用于老嫩戗连接的固定插销，由老嫩端头底下穿入，固定嫩戗的木销子，一般用比较结实的硬杂木制作，如图 4-69 中所示。其截面规格分为：7cm×7cm 以内、12cm×12cm 以内。其工程量按个数计算。

十二、斗拱

这里所述的斗拱是比较常用的简单斗拱，包括：一斗三升、一斗六升、单昂一斗三升、重昂一斗六升、柱头角斗等。其中，一斗三升、一斗六升、单昂一斗三升的斗拱，已在本章第一节砖细工程中做了介绍，此处不再重复。

（一）重昂一斗六升

重昂一斗六升斗拱是指具有两层昂的斗拱，分为：丁字形和十字形两种，斗拱的工程量按每座计算。

1. 重昂丁字形

这种斗栱的横向是由两层横拱叠加，纵向为两个半边昂（即昂头部分）叠加而成，如图 4-72（a）所示。

2. 重昂十字形

这种斗栱的横向是由两层横拱叠加，纵向为两个昂（包括昂头和昂尾）叠加而成，如图 4-72（b）所示。

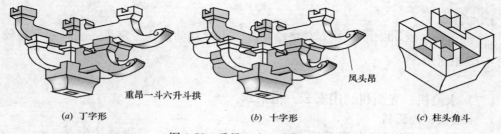

重昂一斗六升斗拱

（a）丁字形　　　　　　　　　　（b）十字形　　　　凤头昂　　　（c）柱头角斗

图 4-72　重昂一斗六升拱及角斗

（二）柱头角斗

"角斗"是指角柱上的座斗，"柱头角斗"即角柱顶上的座斗，它与其他斗拱的座斗不同之处，是要在三个方向开口，如图 4-72（c）所示。座斗的工程量按每座计算。

十三、枕头木、山雾云、蒲鞋头

该项目都是属于界梁上的装饰构件，包括：枕头木、梁垫、山雾云、棹木、水浪机、光面机、蒲鞋头、抱梁云等。

（一）枕头木、梁垫、棹木、蒲鞋头

1. 枕头木

此处枕头木与北方称呼的枕头木是完全不同的构件，这里的枕头木是指屋脊回顶上的鳖壳弯椽，它是支持鳖角壳板的弧形木，矩形截面。而北方称呼的枕头木即指本部分的戗山木。枕头木的工程量按其截面积乘长的体积计算。

2. 梁垫

梁垫是指界梁两端梁头下的垫木，如图 4-73 中所示，有的雕刻有繁华的花饰。其工程量按只数计算。

3. 棹木

棹木是大梁两端梁头底部的装饰木板，斜插在蒲鞋头（即丁字拱）的升口上，好像丁字拱的两翼。如图 4-73 中所示。其工程量按每付计算。

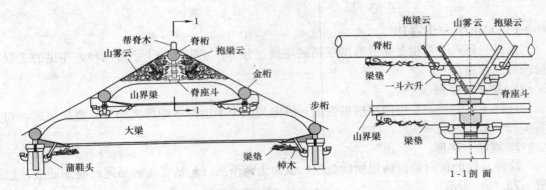

图 4-73　山雾云、梁垫、抱梁云、棹木

4. 蒲鞋头

蒲鞋头即为半个拱件，是指在柱梁接头处，由柱端伸出的丁字拱，在轩中用得较多，如图 4-73 中所示。

（二）水浪机、光面机、山雾云、抱梁云

1. 水浪机、光面机

水浪机和光面机都是脊桁下约 80cm 长的一种短连机，其规格约为 5.5cm×7cm×80cm，因这种连机都像厚木板一样，在板面上，有的雕刻有花纹图案，有的无雕刻花纹图案。无雕刻花纹图案者称为"光面机"，雕刻有花纹的可依花纹图案内容而命名，如水浪机、幅云机、金钱如意机等。其工程量按根数计算。

2. 山雾云

山雾云是指屋架山尖部分，置于山界梁之上的装饰板，这种装饰一般用于比较豪华的大厅房屋，它的脊桁是由座在山界梁上一斗六升拱作为支撑，然后用三角形的木板斜插在座斗上，其规格在 200cm×80cm÷2 以内。该板的观赏面雕刻流云飞鹤等图案，如图 4-73 中所示。其工程量按每付计算，两边对称 2 块为一付。

3. 抱梁云

抱梁云是山雾云的陪衬装饰板，它与山雾云同向，其规格在 80cm×34cm×4cm 以内。斜插在一斗六升的最上面一个升口中，板上雕刻有行云图案，陪衬山雾云的立体感。如图 4-73 所示。其工程量按付计算。

十四、里口木及其他配件

里口木及其板类包括：里口木；封檐板；瓦口板；眠檐勒望；椽碗板、闸椽安椽头；垫拱板；山填板、排山板；夹堂板；清水望板、裙板等。

（一）里口木；封檐板；瓦口板

1. 里口木

里口木即为飞椽空洞填补板，与上述关刀里口木同形，只是为直线形式，如图 4-74 (a) 所示。其规格在 6cm×8cm÷2 以内。其工程量按长度计算。

2. 封檐板

封檐板是与上述弯风檐同类构件，是指屋面檐口正身部位的檐口板。其规格在 2.5cm× cm 以内。其工程量按长度计算。

3. 瓦口板

瓦口板是指遮挡檐口瓦的瓦穹遮挡板，如图 4-74 (b) 所示。其规格在 2.5cm×15cm÷2 以内。其工程量按长度计算。

(a) 里口木   (b) 瓦口板   (c) 橡碗板   (d) 闸橡板

图 4-74　里口木、橡碗板、瓦口板

（二）眠檐勒望、橡碗板、闸橡安橡头

1. 眠檐勒望

"勒望"即指横勒拦望条，它是横钉在椽子上用以阻止望砖下滑的木条，由脊至檐口，按每一界距钉一条，最檐口一条称为眠檐勒望，但该项目是指包括所有勒望。其规格在 2cm×6cm 以内。其工程量按总长度计算。

2. 橡碗板、闸橡安橡头

"橡碗板"又称"橡稳板"，它是用木板按椽子间距挖成椽洞，钉在桁条背上，稳定椽子并堵塞椽子空挡的木构件，如图 4-74 (c) 所示，其规格在 1cm×8cm 以内。

有的为了节省，只钉单块形的堵塞椽挡板，此板称为闸椽。在椽子的起端（即脊桁上）钉闸椽板称为闸椽安椽头，如图 4-74 (d) 所示。

（三）垫栱板、山填板、排山板

1. 垫栱板

垫栱板是用于填补斗栱之间空挡的遮挡板，又称"风栱板"，如图 4-75 (a) 所示。其工程量按板的面积计算。

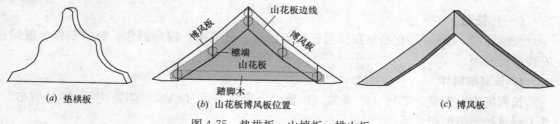

(a) 垫栱板   (b) 山花板博风板位置   (c) 博风板

山花板边线
博风板
博风板
檩端
山花板
踏脚木

图 4-75　垫栱板、山填板、排山板

2. 山填板

山填板是指歇山屋顶两端山墙的封山板，一般称为山花板，是处在两竖带与赶宕之间的三角形板，如图 4-75 (b) 所示。其工程量按板面积计算。

3. 排山板

排山板即指博风板。它是指当歇山和悬山屋顶两端伸出山墙后，封闭桁条端头的装饰板，沿屋面前后坡，钉成人子形板条，如图 4-75 (c) 所示，其工程量按板的面积计算。

（四）夹堂板、清水望板、裙板

1. 夹堂板

夹堂板是指夹在方木之间的木板，如廊桁连机下与廊枋之间的木板、木门窗扇横撑之间的木板等。这里是指连机与廊枋之间的木板，其工程量按长度计算。

2. 清水望板、裙板

清水望板即指椽子上所铺的木望板（即普通望板），为与上述摔网板相区别而取名。其工程量按所铺面积计算。

裙板是指木门窗扇下段木框之间，芯仔之下的木板。其工程量按板的面积计算。

十五、古式木窗

古式木窗包括古式和仿古式，它们的区别主要在于窗芯仔花纹图案不同。古式木窗的芯仔是专指：宫式、葵式、万字、乱纹式等花纹图案。而仿古式木窗的芯仔是指：方槟式、六八角槟式、满天星、冰裂纹等花纹图案，如图 4-76 所示。古式木窗，分别按制作和安装列项，依其结构分为：长窗、短窗、古式纱窗。

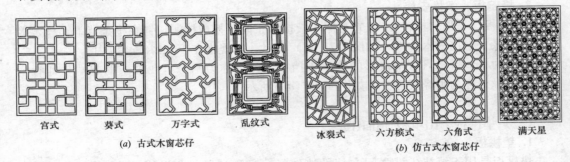

宫式　　　葵式　　　万字式　　　乱纹式　　　　　　冰裂式　　六方槟式　　六角式　　满天星
(a) 古式木窗芯仔　　　　　　　　　　　　　　　　(b) 仿古式木窗芯仔

图 4-76　古式与仿古式芯仔

（一）长窗

长窗即指"隔扇"，它是指高度通长的落地窗。分别按：窗扇制作、窗框制作、框扇安装进行列项。

1. 长窗扇制作

长窗扇由上夹堂、芯仔、中夹堂、裙板、下夹堂等部分组成，如图 4-77（a）所示。其工程量按窗扇面积计算。

2. 长窗框制作

长窗框即指隔扇框，在木枋之下和两柱之间，由上槛、中槛、下槛，长抱框、短抱框等组成，如图 4-77（b）所示。分为带摇梗槛子和不带摇梗槛子。其中，"摇梗"是指窗扇的上下旋转轴；槛子是指套住摇梗的轴窝，又称为槛木。带摇梗槛子的窗扇可以旋转关闭，不带摇梗槛子的窗扇是在中下槛之间推拉。各种窗框制作工程量按框长计算。

3. 长窗框扇安装

长窗框扇安装是指将窗框各个构件组合而成后，再将窗扇和横风窗安装就位，如图

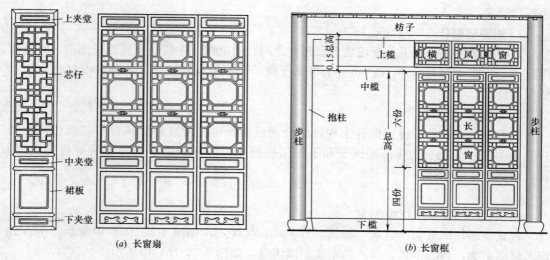

图 4-77 长窗框扇

4-77（b）所示。也分为带摇梗楹子和不带摇梗楹子。带摇梗楹子的要安装好摇梗楹子。其工程量按扇面积计算。

4. 古式纱窗

古式纱窗又称为"纱隔"，它是在长窗的基础上，将芯仔部分钉以青纱，或钉木板糊裱书画。

（二）短窗

短窗又称为半窗，即指安装在矮墙上的木窗。即窗下砌矮墙，墙高约一尺半，上设坐槛，以装半窗。如图 4-78 所示。分别按：窗扇制作、窗框制作、框扇安装进行列项。

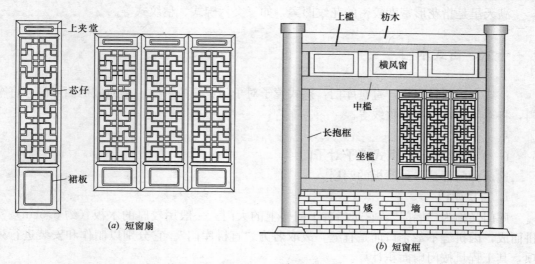

图 4-78 短窗框扇

1. 短窗扇制作

短窗扇它由上夹堂、芯仔、裙板等部分组成，如图 4-78（a）所示。其工程量按窗扇面积计算。

2. 短窗框制作

短窗框是在木枋之下，矮墙之上和两柱之间，由上槛、中槛、坐槛，长抱框、短抱框等组成，如图 4-78（b）所示。也分为带摇梗槏子和不带摇梗槏子。各种窗框制作工程量按框长计算。

3. 短窗框扇安装

短窗框扇安装是指将窗框各个构件组合而成后，再将窗扇和横风窗安装就位，如图 4-78（b）所示。也分为带摇梗槏子和不带摇梗槏子。带摇梗槏子的要安装好摇梗槏子。其工程量按扇面积计算。

（三）长短窗芯仔花纹图案

古式窗芯仔图案为：宫式、葵式、万字式、乱纹式，如图 4-76（a）中所示。仿古式窗芯仔图案为：各方槟式、六八角槟式、满天星，如图 4-76（b）中所示。

1. 宫式与葵式

宫式是指花纹图案以直线加直角形拐弯的花饰。

葵式是指在宫式基础上，花纹的头尾，都带有勾形装饰头的花饰。

2. 万字式与乱纹式

万字式是指花纹图案是以卐形连接而成的图案。

乱纹式即自由式，它或者是带有弯曲线条的葵式图案，或间断线条的花纹，或多种花形组合的图案。

3. 各方槟式、六八角槟式、满天星

槟即指拼，六八角槟式是指以六角形或八角形为主所拼成的花纹图案。

各方槟式 是指除六八角以外的带角形图案拼接而成花纹，如冰裂纹、步步锦等。

满天星是指花形密度较密的花纹图案，如三交六碗式、毯纹式等。

十六、古式木门

古式木门项目包括：直拼库门，拱式樘子对子门，直拼屏门，单面敲框档屏门，将军门，将军门刺，门上钉竹线等。

（一）直拼库门，拱式樘子对子门

这两种门都是一种厚板的门扇。

1. 直拼库门

库门又称为"墙门"，它是指装于门楼上的大门。一般用较厚的木板（约 5.5cm）实拼而成，因拼缝不裁企口而是直缝，故取名为"直拼库门"。它分别以制作和安装进行列项，其工程量按门扇面积计算。

2. 拱式樘子对子门

"贡式"即拱式，贡式樘子对子门是一种窗形门，因安装在大门两侧成对安装，故取名为对子门，平时一般不予加锁，板厚约 4cm。据说它是元朝遗习规定"禁人掩户"，为便于随时检查而做的方便门。它分别以制作和安装进行列项，其工程量按门扇面积计算。

（二）直拼屏门、单面敲框档屏门

这两种门都是一种薄板的门扇。

1. 直拼屏门

"屏门"是一种门扇，它是先做门扇格子框，再在格子框的上下做成裁口，然后用1.5cm厚木板直拼钉在框的裁口上形成门扇，如图4-79（a）所示。直拼屏门制作的工程量按扇面积计算。

2. 单面敲框档屏门

单面敲框档屏门是一种简单直拼门的门扇，即先将门扇做成扇框厚，直接在框的一面（即单面敲框档）钉直拼薄木板（约1.5cm厚）。单面敲框档屏门的工程量按门扇面积计算。

3. 屏门框档

"屏门框档"即指安装屏门的门框，称为"框宕子"，框宕子由枋木以下的抱框、上槛、中槛、下槛等组成，若房屋过高，其顶加装横风窗，其结构与长窗框相似，只是采用屏门门扇。其工程量门框制作按其框长计算，安装按外框面积计算。

（三）将军门、门上钉竹线

1. 将军门

将军门是指显贵门户所做的大门，因它体积大、门板厚，气势威武而取名，其形式如图4-79（b）所示。

2. 将军门刺

将军门刺即指"门簪"，有称"阀阅"、"门刺"，装于门扇上方的额枋上，如图4-79（c）所示。其工程量按个计算。

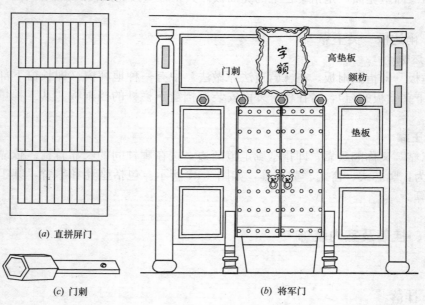

(a) 直拼屏门

(c) 门刺

(b) 将军门

图 4-79 屏门、将军门

3. 门上钉竹线

当直拼门用于做大门时，在外门板面上，钉以竹条镶成万字或回纹等"福、禄、寿、喜"图案，此作称为门上钉竹线。其工程量按镶钉面积计算。

十七、古式栏杆

古式栏杆项目分为：古式栏杆；雨达板；座槛、吴王靠等。

（一）古式栏杆

古式栏杆是指带有宫葵万式花纹图案的木栏杆，一般有高矮两种，高的作为藩屏。矮的称为半栏，上设座槛供游人休息。栏杆常用的花纹图案有：灯景式、葵式万川、葵式乱纹等。栏杆工程量均按框外所围面积计算。

1. 栏杆花纹图案

灯景式是指花纹为宫灯造型的图案，如图 4-80（a）所示。

葵式万川是指用横直线连接成万字并带结点头的图案，如图 4-80（b）所示。

葵式乱纹是指在葵式线纹基础上带有弯折线条的图案，如图 4-80（c）所示。

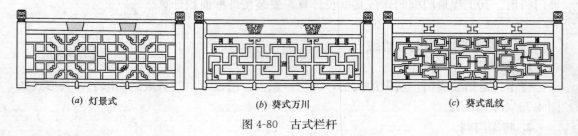

（a）灯景式　　　　　　（b）葵式万川　　　　　　（c）葵式乱纹

图 4-80　古式栏杆

2. 座槛

"座槛"即坐凳面，是指半栏上的凳面板。其工程量按凳面板的面积计算。

（二）雨达板、吴王靠

1. 雨达板

"雨达板"即指挡雨板。在《营造法原做法》中有一种地坪窗（即长窗下部用栏杆代替裙板和下夹堂板的窗），需在栏杆外面安装遮挡窗下栏杆的挡雨板。其工程量按框外面积计算。

2. 吴王靠

"吴王靠"又称鹅颈靠，即指亭廊走道两边，按在廊柱间的长靠背椅。依靠背所做花纹图案分为：竖芯式、宫式、葵式等，如图 4-81 所示。包括坐凳和靠背，其工程量按靠背长度计算。

十八、挂落及室内装饰

（一）挂落

"挂落"是指悬挂于廊枋下面的花形网格装饰架，如图 4-82 所示。根据其花纹图案归

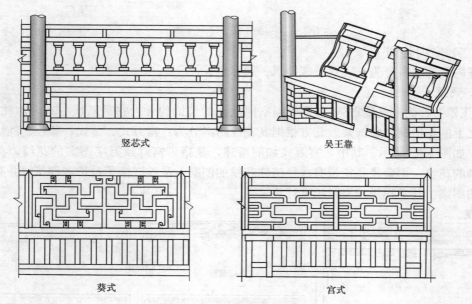

竖芯式　　　　　　　　吴王靠

葵式　　　　　　　　宫式

图 4-81　吴王靠

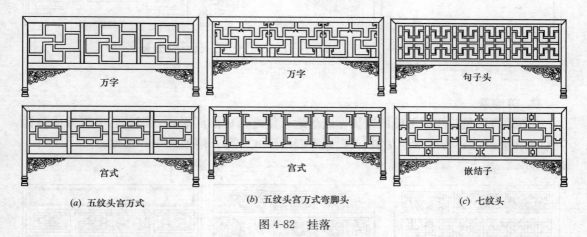

万字　　　　　　　万字　　　　　　句子头

宫式　　　　　　　宫式　　　　　　嵌结子

(a) 五纹头宫万式　　(b) 五纹头宫万式弯脚头　　(c) 七纹头

图 4-82　挂落

纳为三类：五纹头宫万式、五纹头宫万式弯脚头、七纹头句子头嵌结子。其工程量按挂落长度计算。

1. 五纹头宫万式

五纹头宫万式是指用横直五种纹（即五个）线头以内的宫式、万字等的花纹图案，如图 4-82（a）所示。

2. 五纹头宫万式弯脚头

五纹头宫万式弯脚头是指在五种纹线头以内的宫式、万字基础上带有弯脚的花纹图案，如图 4-82（b）所示。

3. 七纹头句子头嵌结子

七纹头是指用七种纹（七个）线头以内的花纹图案；如图 4-82（c）所示。

句子头是指以一个完整花形为单位所构成的图案，嵌结子即指在花形内安装点缀性的花结。

（二）室内装饰

室内装饰项目分为：飞罩、落地罩、须弥座等。

1. 飞罩

"飞罩"称为"几腿罩"，它是分割室内空间的装饰构件。它是悬挂在室内木柱之间，枋木之下的花形网格装饰架。北方根据其花纹图案分为：宫万式、葵式、藤径、乱纹嵌桔子等，如图4-83所示。其中，宫万式如前所述，是指带宫灯或万字图案的花纹，葵式为带弯脚的花纹，而藤径是指带有藤径植物花纹的图案，乱纹嵌桔子是指多种花纹并有点缀花结的图案。其工程量按飞罩长度计算。

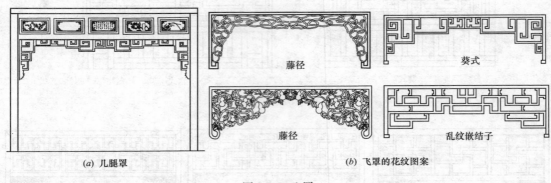

(a) 几腿罩   (b) 飞罩的花纹图案

图4-83 飞罩

2. 落地罩

"落地罩"是将飞罩两端的罩脚做成落地，使之形成圈洞形式。因其芯子可做成各种花纹图案，故又称为"落地花罩"。根据圈洞的形式分为：落地圆罩和落地方罩，如图4-84所示。

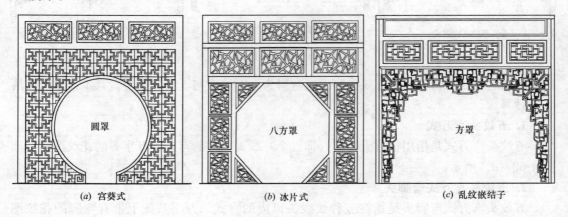

(a) 宫葵式   (b) 冰片式   (c) 乱纹嵌结子

图4-84 落地罩

落地罩的花纹图案分为两大类：一类为宫葵式、菱角、海棠、冰片、梅花等，这类花纹都是有规律性和一致性的单一图案；另一类为乱纹嵌结子，这是指没有规律性的花纹，并嵌有点缀花结的图案。其工程量按落地罩长度计算。

3. 须弥座

须弥座的构造与形式,已在本章第二节《石作工程》中作了介绍,本节为木制须弥座,分为:普通直叠和漏空乱纹两种类型。其工程量按每座计算。

普通直叠型须弥座是指须弥座的各个构件为刨光面,逐级叠合而成。

漏空乱纹型须弥座是指其中一些构件雕刻有花纹图案,束腰部分采用漏空的金刚角柱作支撑而成的一种形式。

第六节 "油漆工程"项目词解

油漆工程分为:木材面油漆;混凝土构件油漆;抹灰面油漆及壁纸;水质涂料;金属面油漆等。

一、木材面油漆

(一) 木材面油漆的工程量计算

木材面油漆工程量计算,可以分为按油漆面积计算,和按油漆长度计算两大类,但要根据具体油漆对象进行计算时,涉及的尺寸范围非常广泛,为了简化计算工作,《仿古定额基价表》将油漆对象分为五大项,即:单层木门窗、木扶手(不带托板)、其他木材面、古式木构件、木地板。则所有木材油漆的工程量计算,均按下式计算即可:

$$木材油漆工程量 = 刷油部位面积或长度 × 系数 \qquad (4-11)$$

其中系数按五大项分别制定列入表 4-2~表 4-6,计算时分别查用。

1. 按单层木门窗项目的计算系数

油漆多面涂刷,均按单面计算工程量,其系数如表 4-2 所示。

按单层木门窗项目的系数   表 4-2

项　　目	系数	备　　注
单层木门窗	1.00	
双层木门窗	1.36	
三层木门窗	2.40	
百叶木门窗	1.40	
古式长窗(宫、葵、万、海棠、书条)	1.43	
古式短窗(宫、葵、万、海棠、书条)	1.45	
圆形、多角形窗(宫、葵、万、海棠、书条)	1.44	
古式长窗(冰、乱纹、龟六角)	1.55	
古式短窗(冰、乱纹、龟六角)	1.58	框(扇)外围面积
圆形、多角形窗(冰、乱纹、龟六角)	1.56	
厂库大门	1.20	
石库门	1.15	
屏门	1.26	
拱式橖子队子门	1.26	

续表

项　　目	系数	备　注
间壁、隔断	1.10	长×宽(满外量、不展开)
木栅栏、木栏杆(带扶手)	1.00	
古式木栏杆(带碰槛)	1.32	
吴王靠(美人靠)	1.46	
木挂落	0.45	延长米
飞罩	0.50	
地罩	0.54	框外围长度

2. 按木扶手（不带托板）项目计算的系数

油漆工程量均按长度计算，其系数如表 4-3 所示。

按木扶手（不带托板）项目的系数 表 4-3

项　　目	系数	备　注
木扶手(不带托板)	1.00	延长米
木扶手(带托板)	2.50	
窗帘盒	2.00	
夹堂板、封檐板、博风板	2.20	
挂衣板、黑板框、生活园地框	0.50	
挂镜线、窗帘棍、顶棚压条	0.40	
瓦口板、眼沿、勒望、里口木	0.45	
木座槛	2.39	

3. 按其他木材面项目计算的系数

油漆多面涂刷，均按单面计算工程量，其系数如表 4-4 所示。

按其他木材项目的系数 表 4-4

项　　目	系数	备　注
木板、胶合板顶棚	1.00	长×宽
屋面板带桁条	1.10	斜长×宽
清水板条檐口顶棚	1.10	长×宽
吸音板(墙面或顶棚)	0.87	
鱼鳞板墙	2.40	
暖气罩	1.30	
出入口盖板、检查口	0.87	
筒子板	0.83	
木护墙、墙裙	0.90	
壁橱	0.83	投影面积之和,不展开
船篷轩(带压)	1.06	
竹片面	0.90	长×宽
竹结构	0.83	展开面积
望板	0.83	扣除椽面后的净面积
山填板	0.83	

4. 古式木构件的工程量计算

柱、梁、架、桁、枋、古式木构件，按展开面积计算工程量；斗拱、牌科、云头、戗角出檐及椽子等零星木构件，按古式构件定额的人工（合计）乘以系数1.2计算，其余不变。零星构件工程量按展开面积计算。展开面积按下式计算：

$$展开面积＝每\ m^3\ 材积×展开系数（如表4-5所示） \tag{4-12}$$

木构件油漆展开面积系数（单位：每 m³ 材积） 表 4-5

构件名称	断面规格(mm)	展开系数	构件名称	断面规格(mm)	展开系数	备注
圆形柱、梁、桁、梓桁	φ120	33.36	矩形椽子	40×40	65.00	
	φ140	28.55		40×60	58.33	
	φ160	25.00		50×70	48.57	
	φ180	24.00		60×80	41.67	
	φ200	22.00		100×100	30.00	
	φ220	21.00		120×150	25.00	
	φ250	20.00		150×150	20.00	凡不符合规格者，应按实际油漆涂刷展开面积计算工程量
	φ300	15.99	矩形梁、架、桁条、梓桁、枋子	120×120	21.67	
方形柱	边长100	38.10		200×300	13.33	
	边长120	33.33		240×300	11.67	
	边长140	28.57		240×400	10.83	
	边长160	25.00	半圆形椽子	φ60	67.29	
	边长180	22.22		φ80	50.04	
	边长200	20.00		φ100	40.26	
	边长250	16.00		φ120	33.35	
	边长300	13.33		φ150	26.67	

5. 按木地板项目计算的系数

木楼梯、木踢脚板的工程量按木地板项目乘系数计算，其系数如表4-6所示。

按木地板项目的系数 表 4-6

项 目	系数	备 注
木地板	1.00	长×宽
木楼梯	2.30	水平投影面积(不包括底面)
木踢脚板	0.16	延长米

（二）木材面油漆

木材面油漆依其品种分为：广漆（国漆）、调和漆、清漆（油）等。

1. 广漆（国漆）

广漆又称为配漆、熟漆、金漆等，它是由生漆加入一定比例的熟桐油（胚油）配制而成，一般都是在施工现场按气候情况，调节配制比例。

国漆又称为生漆、大漆、老漆等，它是我国有名的一种天然植物漆树的液汁，呈乳白色或米黄色。它是从漆树上割收下来后，经过精细过滤，除去杂质后而成的粘稠液体。如古代红木家具均是涂刷的这种生漆，它光泽艳丽、耐腐蚀耐高温、寿命长等特点。但生漆对皮肤过敏性强，操作时容易中毒，所以一般制成广漆。

广漆（国漆）依操作工艺分为：广漆（国漆）明光二遍、广漆（国漆）明光三遍、广漆（国漆）明光四遍、广漆（国漆）退光四遍等。

其中，"明光"是指木材油漆面带有一定半透明的光亮漆面；"退光"是指在油漆中加入一定的掺合物（如砖灰、血料、颜料等）调制成不透明的亚光漆面。

"二遍"是指一遍底漆，一遍罩面漆；"三、四遍"是在底漆与罩面之间增加中层色漆，是提高漆面牢固度、色彩度的高级油漆。

广漆（国漆）明光二遍的操作工艺见下面木地板漆所述。

2. 调和漆

调和漆是"油性调和漆"的简称，它由干性植物油（如桐油、亚麻籽油等）、着色颜料（如无机或有机化学颜料）、体质颜料（如滑石粉、碳酸钙、硫酸钡等）和辅助剂（如稀释溶剂、催干剂）等经混合研磨而成的带色油漆。

调和漆依操作工艺分为：调和漆二遍；底油一遍，调和漆二遍；底油一遍，调和漆三遍等。

其中，底油是以熟桐油、清油、溶剂油等按一定比例混合而成的涂刷液体，它能增加木材面和腻子的亲和力，使腻子与木材面结合得更为紧密，以加强油漆基层的强度。除不太重要的木材面，直接在刮好腻子后涂刷二遍调和漆外，一般要求较高的木材面调和漆，都应事先涂刷一遍底油。

3. 清漆、清油

清漆和清油都是一种透明的罩面油漆。

清油即指熟桐油，它是一种最简单最原始的油漆，一般用于防水防腐的木材面，如木盆、木桶等，一般涂刷二遍桐油后，可以保持很长时间不被腐蚀不变形。

清漆是指直接用成膜物质（如油料、树脂）为基料，加入适量辅助溶剂后的透明液体，它多用于需要保持木材原始纹路的木材面油漆，如常用的油基料类清漆有：酯胶清漆、酚醛清漆等；常用的树脂类有：醇酸清漆、氨基清漆、硝基清漆等。

清漆依操作工艺分为：（1）底油、油色、清漆二遍；（2）润粉、刮腻子、油色、清漆三遍等。其中：

油色是以熟桐油加入少量调和漆，调和成一定颜色后，再辅以油漆溶剂稀释而成。它是在做好底油、腻子后，作为打好油漆底色的涂刷剂，是稳固油漆颜色的底料。

润粉是用在高级木材油漆面中，代替底油的基层底料，它是以大白粉为主要原料，掺和一定颜料和胶油液体，经油漆溶剂稀释后调和而成的浆糊状体，用棉纱团或麻纱团沾其揩擦木材表面，既填塞木材裂纹，又增强腻子的结合力。

润粉根据掺和的液汁不同分为：润油粉和润水粉。润油粉是在大白粉、颜料粉中掺和熟桐油后，加入松香水稀释调和而成。润水粉是在大白粉、颜料粉中掺和水胶（骨胶）调和而成。

刮腻子一般称它为"刮灰"，它以石膏粉为主要原料，加入所需用的油漆液料和颜料，均匀调和而成的膏灰，刮在经过基层处理的木材面上作为找平层，干硬后就成为油漆的基壳底层，它是保证油漆面平整坚硬的基础。

（三）木地板油漆

木地板油漆依操作工艺项目分为：满刮腻子、地板漆二遍；底油、油色、清漆二遍；润油粉、刷漆片、擦蜡；广漆（国漆）明光二遍等。

1. 满刮腻子、地板漆二遍

满刮腻子是指用腻子将地板面，全面铺刮一遍，对有缝隙的地方将缝填满，对无缝面将板面刮平。

地板漆是一种硬度较大的耐摩擦油漆，其品种较多，如酯胶磁漆、钙酯地板漆、酯胶紫红地板漆、酚醛地板漆、聚氨基甲酸酯漆等，其中，以聚氨基甲酸酯漆最好。

2. 底油、油色、清漆二遍

该地板漆的操作工艺，与上述木材面清漆中的底油、油色、清漆二遍相同，它所用的地板漆常为酚醛清漆。

3. 润油粉、刷漆片、擦蜡

润油粉是用大白粉、清油、熟桐油，加入油漆溶剂油调和而成，用棉纱醮擦地板表面。

刷漆片是指涂刷虫胶漆。"漆片"是从寄生在热带树木上一种幼虫分泌的胶质物体，经收集干燥而成的片状胶片。当加入乙醛溶化后，混合少量调和漆着色，即成为"虫胶漆"，它附着力强、干燥快、隔绝封闭性好，一般称它为"洋干漆"。

擦蜡是指在虫胶漆干硬后，用砂布擦打地板蜡，使漆面更加光亮滑溜。地板蜡是将硬石蜡加入适量溶剂（如苯、松节油、橄榄油等）后炼制而成的市售成品，是地板打蜡中之骄品。

4. 广漆（国漆）明光二遍

广漆（国漆）明光二遍是指在满刮血料腻子（用血料、石膏粉、铁红颜料等调和而成）的基础上，先将银珠和熟桐油调和成胚油，然后依现场气候情况，将生漆和胚油按一定比例调配成明光漆，进行涂刷二遍。

二、混凝土构件油漆工程

（一）混凝土构件油漆工程量计算

混凝土仿古式构件油漆的工程量计算，分为按展开面积计算，和乘系数计算。

1. 按展开面积计算工程量

混凝土仿古式构件油漆，按构件刷油展开面积计算工程量，展开面积计算参考式（4-12），展开系数参考表4。

2. 按乘系数计算工程量

按混凝土仿古式构件油漆项目计算的系数（多面涂刷按单面计算工程量），计算式参考式（4-11），系数如表4-7所示。

按混凝土仿古构件油漆项目的系数　　　　　　表 4-7

项　　目	系数	备　　注
柱、梁、架、桁、枋、仿古构件	1.00	展开面积
古式栏杆	2.90	长×宽(满外量,不展开)
吴王靠	3.21	
挂落	1.00	延长米
封檐板、博封板	0.50	
混凝土座槛	0.55	

(二) 混凝土构件油漆

1. 混凝土面广漆 (国漆) 明光

它同木材面一样, 分为: 广漆 (国漆) 明光二遍、广漆 (国漆) 明光三遍、广漆 (国漆) 明光四遍。

广漆 (国漆) 明光的操作工艺, 与上述木地板广漆 (国漆) 明光二遍相同, 涂刷三、四遍的均属于高级油漆。

2. 混凝土面调和漆

混凝土面调和漆分为: (1) 批腻子、底油、调和漆二遍; (2) 批腻子、底油、无光调和漆、调和漆各一遍;

(1) 批腻子、底油、调和漆二遍

混凝土面要先经磨砂石打磨平整, 再对有凹缺之处进行批腻子 (因混凝土面较木材面坚硬, 所以一般不满刮腻子), 经干燥打磨平整后涂刷底油, 然后涂刷底漆和面漆。

(2) 批腻子、底油、无光调和漆、调和漆各一遍

该操作工艺与上相同, 只是改用一道无光调和漆。一般调和漆干燥后都具有一定的光泽和色彩, 而无光调和漆是在调和漆中加入溶剂油和二甲苯的混合溶剂, 使油漆色彩柔和而不产生反光, 但它漆膜更耐久耐洗, 一般用作底漆。

3. 混凝土面乳胶漆

混凝土面乳胶漆的工艺为批腻子、刷乳胶漆三遍。

乳胶漆所使用的腻子, 一般为纤维素大白石膏腻子 (由纤维素、大白粉、滑石粉、石膏粉, 加聚酯乙烯乳液等调配而成)。

乳胶漆是用烯类树脂 (如乙烯、丙烯) 为主要原料, 加入乳化剂 (常用烷基苯酚环氧乙炔缩合物), 保护液 (常用酪素), 酸碱度调节剂 (如氢氧化钠、碳酸氢钠等), 消泡剂 (如松香醇、辛醇等), 增韧剂 (如邻苯二甲酸二丁酯、磷酸三甲苯酯、磷酸三丁酯等) 等进行聚合后, 添加着色颜料 (多为钛白粉) 和体质颜料 (常为滑石粉), 加水研磨而成的水性涂料。

现代乳胶漆的品种较多, 较常用的有: 聚醋酸乙烯乳胶漆、丙烯酸乳胶漆、丁苯乳胶漆、油基乳胶漆等。

三、抹灰面油漆、壁纸

(一) 抹灰面油漆工程量计算

抹灰面油漆、涂料, 可利用相应的抹灰工程量, 也可按长×宽×系数计算。其系数如

表 4-8 所示。墙面贴壁纸，按图示尺寸的实铺面积计算。

抹灰面油漆项目的系数 表 4-8

项 目	系数	备 注
槽形底板、混凝土折瓦板	1.00	长×宽
有梁板底	1.10	
密肋、井字梁底板	1.50	
混凝土平板式楼梯底	1.30	水平投影面积

（二）抹灰面油漆

1. 抹灰面调和漆、乳胶漆

抹灰面调和漆、乳胶漆的工艺，同上述混凝土面调和漆乳胶漆一样，分为：（1）批腻子、底油、调和漆二遍；（2）批腻子、底油、无光调和漆、调和漆各一遍；（3）批腻子、乳胶漆三遍等。

2. 墙面 106 涂料

106 涂料是聚乙烯醇水玻璃涂料的简称，它是由聚乙烯醇水溶液为基料，加入中性水玻璃、轻质碳酸钠、立德粉、钛白粉、滑石粉、然后配以各种辅助剂（如分散剂、乳化剂、消泡剂）和颜料色浆，经高速搅拌研磨而成。它具有无毒、无臭、易干等特点，多用于室内墙面涂刷。

3. 地面 107 胶

107 胶是由聚乙烯醇、甲醇等反应而成粘胶液体。这里主要是用在做水泥地面时，作为水泥与氯偏酸乳液拌和的粘胶液。

4. 贴壁纸

贴壁纸是裱糊工艺的一种，它同做油漆一样，也是先刮腻子，然后粘贴壁纸。其中，腻子由纤维素、滑石粉、聚酯乙烯乳液等调配而成。当腻子干燥砂磨平整后，用 107 胶粘贴壁纸。

壁纸的品种有：塑料壁纸、纸质壁纸、金属壁纸等。

四、水质涂料

水质涂料是指砂浆抹灰面的刷浆工艺，分为：灰浆和水泥浆。

（一）刷灰浆

灰浆包括：白灰浆，大白浆，红土籽浆等。其工程量按刷浆面积计算。

1. 白灰浆

白灰浆即石灰浆，是用石灰膏加水和少量食盐拌和而成的白色灰浆，是一种最简单最价廉的涂料，一般只用于不太重要刷浆面。

2. 大白浆

大白浆是用大白粉掺入少量色粉加水拌和而成，它的反光度和纯白度要优于白灰浆。

3. 红土籽浆

红土籽浆是用红土籽粉掺入少量血料加水拌和而成，它的特点是不易褪色。

（二）刷水泥浆

水泥浆包括：水泥浆，白水泥浆。其工程量按刷浆面积计算。

1. 水泥浆

水泥浆是用普通水泥加水拌和而成，它具有比较高的凝固强度，一般与水泥砂浆和混凝土面配合使用。

2. 白水泥浆

白水泥浆是用白水泥掺入少量色粉和107胶，加水均匀拌和而成，它具有比较高的纯白度。

五、金属面油漆

（一）金属面油漆工程量计算

金属面油漆项目分为：单层钢门窗、其他油漆、平板屋面。

1. 按单层钢门窗项目

单层钢门窗的项目，多面涂刷按单面计算工程量，即：

$$油漆工程量＝单面面积×系数 \tag{4-13}$$

其中系数如表4-9所示。

按单层钢门窗项目的系数　　　　　　　　　　表4-9

项　　目	系数	备　　注
单层钢门窗	1.00	框(扇)外围面积
双层钢门窗	1.50	
半截百叶钢门	2.20	
铁百叶窗	2.70	
铁折叠门	2.30	
钢平开、推拉门	1.70	
钢丝网大门	0.80	
包镀锌薄钢板门	1.63	
满钢板门	1.60	
间壁	1.90	长×宽
平板屋面	0.74	斜长×宽
瓦垄板屋面	0.88	
排水、伸缩缝、盖板	0.78	展开面积
吸气罩	1.63	水平投影面积

2. 按其他油漆项目

除表4-9所列金属构件项目外的其他金属构件，均按其他金属油漆金属，其工程量按下式计算：

$$钢构件油漆工程量＝\Sigma（型钢长度或体积×单位质量）×系数 \qquad (4-14)$$

其中系数如表 4-10。

按其他金属油漆项目的系数   表 4-10

项　目	系数	备注
钢屋架、天窗架、挡风架、屋架梁、支撑、桁条	1.00	重量：t
墙架空腹式	0.50	
墙架格板式	0.80	
钢柱、梁、花式梁柱、空花构件	0.60	
操作台、走台	0.70	
钢栅栏门、栏杆、窗栅、兽笼	1.70	
钢爬梯	1.20	
轻型屋架	1.40	
踏步式钢扶梯	1.10	
零星铁件	1.30	

3. 按平板屋面及镀锌钢板面项目

按平板屋面（涂刷磷化锌黄底漆）的油漆项目，多面涂刷按单面计算工程量，即：

$$油漆工程量＝油漆面积×系数 \qquad (4-15)$$

其中系数如表 4-11。

按平板屋面及镀锌钢板面项目的系数   表 4-11

项　目	系数	备　注
平板屋面	1.00	斜长×宽
瓦垄板屋面	1.20	
排水伸缩缝、盖板	1.05	展开面积
吸气罩	2.20	水平投影面积
包镀锌薄钢板门	2.20	框外围面积

（二）金属面油漆

金属油漆按其品种分为：防锈漆、调和漆、醇酸磁漆、沥青漆、磷化锌黄底漆、过氯乙烯防腐漆等。

1. 防锈漆

防锈漆一般采用红丹漆，它具有干燥快、防锈性好、涂刷性好等特点。

2. 调和漆

与木材面调和漆相同。

3. 醇酸磁漆

醇酸磁漆是醇酸树脂漆中品种之一，它是以醇酸树脂与干性植物油（如桐油、亚麻仁油、脱水蓖麻油等）混合改性，再与着色颜料一起进行研磨后，加入适量催干剂和有机溶剂（如200♯汽油、松节油、二甲苯等）等配制而成。

4. 沥青漆

沥青漆是以石油沥青为主要材料，加入适量清油和油漆溶剂油改良而成，市售品种有：煤焦油沥青漆、沥青清漆、铝粉沥青磁漆、沥青耐酸漆等。

5. 磷化锌黄底漆

磷化锌黄底漆是指在金属面上先涂刷一层乙烯磷化底漆，然后再涂刷一层锌黄底漆。因为乙烯磷化底漆附着力强、能防锈，但不能代替一般底漆，需在其上涂刷一层防锈性能好的锌黄底漆，这样可以提高耐腐蚀、耐湿热、耐烟雾等性能。

6. 过氯乙烯防腐漆

过氯乙烯防腐漆是以过氯乙烯树脂为主要原料，根据不同需要加入其他树脂（如油改性醇酸树脂、顺丁烯二酸酐树脂等）、增韧剂（如邻苯二甲酸二丁酯、磷酸三甲苯酯、氯化石蜡等），并溶入酯、酮、苯等混合液中调制而成。

过氯乙烯防腐漆由：底漆、磁漆、清漆三者为一组，必须配套使用。它具有耐水、抗潮、防霉、防延烧等特点。

第七节　"脚手架工程"项目词解

一、砌墙脚手架

砌墙脚手架是用于砌筑砖墙和浇筑混凝土构件时，供施工人员工作所搭设的工作架子。根据常用材质分为：木制脚手架、钢管脚手架。

（一）脚手架的结构

脚手架的结构由立杆、大小横杆、斜撑等进行相互交叉，用紧固件或铁丝连接而成，分为：单排和双排。

1. 单排脚手架

单排脚手架是先竖立一排立杆，用大横杆连接成排，再用小横杆搭置在大横杆和墙上而成，如图4-85（a）所示。它一般只能限制在12m以内高的建筑物上使用。

2. 双排脚手架

双排脚手架是指平行竖立两排立杆，每排各用大横杆连接成排，再用小横杆搭置在两排大横杆上而成，如图4-85（b）所示。双排木脚手架可在建筑物高度在30m以内的工程上使用。

（二）脚手架的材质

脚手架按其材质分为：竹制脚手架、木制脚手架、钢管脚手架。

1. 竹制脚手架

竹制脚手架是采用$\phi 7.5$cm和$\phi 9$cm的毛竹做脚手杆，用竹篾绑扎而成。它只能用于

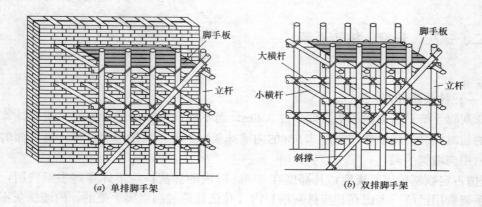

图 4-85 单双排脚手架

建筑物高度在 15m 以内的工程。由于毛竹试用期比较短,现在一般多不采用。

2. 木脚手架

木脚手架是用杉松原木条,8♯镀锌铁丝绑扎成的架子,上铺 50mm 厚木脚手板或竹脚手板而成。木脚手架可以搭设成单排或双排。

3. 钢管脚手架

钢管脚手架又称为扣件式钢管脚手架,它是采用 φ48mm×3.5mm 的焊接钢管、各种扣件、底座等装配而成。钢管脚手架高度在 12m 以内的,可采用单排或双排脚手,超过 15m 以上时应采用双排脚手。

(三)脚手架的使用

砌墙脚手架按其使用功能分为:外脚手架、里脚手架。

1. 外脚手架

外脚手架是指对外墙的砌筑和装饰所搭设的脚手架。但外墙檐高在 3.6m 以内的砖墙,要按里脚手架计算。外脚手架工程量按外墙外边线长度,乘以外墙砌筑高度以 m² 计算。突出墙外宽度在 24cm 以内的墙垛,附墙烟囱等不计算脚手架;宽度超过 24cm 以外时,按图示尺寸展开计算,并入外脚手架工程量之内。门窗和空圈洞口所占面积不扣减。

独立柱使用的脚手架,按图示柱结构外围周长另加 3.6m,乘以砌筑高度以 m² 计算,套用相应外脚手架项目。

钢筋混凝土框架所用的脚手架,框架柱按独立柱要求计算,框架梁和墙按双排外脚手架要求计算。

2. 里脚手架

里脚手架是指砌筑内墙所用的脚手架,一般称为"里脚手架",凡室内地坪至顶板下表面(或山墙尖 1/2 高处)的砌筑高度在 3.6m 以下的,按里脚手架计算;砌筑高度超过 3.6m 以上时,按外脚手架计算。内墙抹灰脚手架,室内净高在 3.6m 以内者,已包括在相应定额内,超过 3.6m 时计算一次抹灰脚手架费用。

里脚手架工程量按墙面垂直投影面积计算,不扣除门窗和空圈洞口所占面积。

二、抹灰、悬空、挑脚手架

（一）抹灰脚手架

抹灰脚手架是指墙面抹灰高度超过 3.6m，而不能利用砌墙脚手架时，所应计算脚手费用的临时简易性脚手架。超过 3.6m 的内墙抹灰脚手架，只按单面计算，另一面的抹灰可以利用砌墙脚手架。

《仿古定额基价表》规定，凡高度在 3.6m 以内的抹灰，均不计算脚手架费用，因为该脚手架费用已统一考虑在相应抹灰项目内。凡已计算过满堂脚手架的，内墙抹灰不再计算抹灰脚手架。

（二）悬空、挑脚手架

1. 悬空脚手架

悬空脚手架是通过支撑杆上的滑轮，使用吊索来悬挂吊栏进行操作的脚手架，如图 4-86 （a）中所示，它能够上下移动。一般用于外墙面的装饰工作。

悬空脚手架的工程量，按活动范围的抹灰面积计算。

2. 挑脚手架

挑脚手架是利用窗洞口，从室内搭设伸杆支架，在外伸部分安装脚手板的临时固架，如图 4-86 （b）所示，该种脚手架只能在固定范围活动。

挑脚手架的工程量，按搭设的水平长度计算。

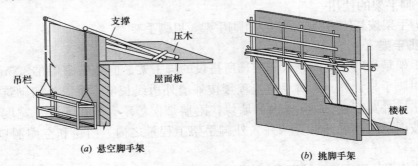

(a) 悬空脚手架   (b) 挑脚手架

图 4-86　悬空、挑脚手架

三、满堂脚手架、斜道

（一）满堂脚手架

满堂脚手架是将脚手立杆呈棋盘布置，立杆纵向间距 1.5～2m，横向间距 1.4～1.7m，满铺脚手板，如图 4-87 所示。它是用于装饰室内天棚高度超过 3.6m 时所用的脚手架，满堂脚手架的工程量按室内净长乘净宽的面积计算。

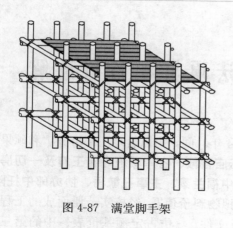

图 4-87　满堂脚手架

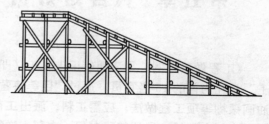

图 4-88　斜道

(二) 斜道

　　斜道是用于没有垂直提升设备，搭设于外脚手架旁，供人员和材料运输上下的坡道，脚手架不太高时（一般在四步以下），搭成一字形，如图 4-88 所示。若脚手架超过四步以上，搭成转弯"之"字形。斜道工程量，按座计算。

　　斜道项目只用于施工现场因特别需要，而单独搭设的斜道，一般情况，在外脚手架中已包括了斜道和上料平台内容，不得再计算斜道的费用。

第五章 《营造则例做法项目》名词通解

《工程做法则例》是清朝雍正十二年（即 1734 年）间，由以管理工部事务"和硕果亲王"允礼为首的 15 名官员，通过**"臣等将营建坛庙宫殿、仓库城垣寺庙王府及一切房屋油画裱糊等项工程做法，应需工料，派出工部郎中福兰泰、主事孔毓琇、协办郎中托隆、内务府郎中丁松、员外郎释迦保、吉葆、详细酌拟物料价值"**，经核实造册而成的工程条例，上报朝廷批准颁布作为官方营建工程的执行文件。《仿古定额基价表》中的第三册《营造则例作法项目》就是以此为基础，按明清仿古建筑形式所做的营造项目，其中列有近 2000 多个项目名称，为了便于读者能够鉴别其结构形状和位置用途，以利按《仿古规范附录》，准确选择项目编码、项目名称和计算工程量，我们将按照《仿古定额基价表》的编制顺序，对项目名称进行逐个解释，以帮助读者鉴别查用。

第一节 "脚手架工程"项目词解

《营造则例做法项目》中，脚手架工程项目内容有：外脚手架（如砌筑脚手架；苫背宽瓦齐檐双排脚手架；外檐椽望油漆双排脚手架）；里脚手架（如内檐装饰满堂红脚手架；内檐及廊步椽望油漆脚手架）；其他脚手架（如油画活瓦活歇山脚手架；护头棚；木构架安装起重架及屋面脚手架）等。

一、外脚手架

外脚手架即指在建筑物室外搭设的脚手架，分为：砌筑脚手架；苫背宽瓦齐檐双排脚手架；外檐椽望油漆双排脚手架等。

（一）砌筑脚手架

砌筑脚手架是指为砌筑砖墙所提供的脚手架，它与第二章所述的脚手架基本相同，依材质分为：木质和钢管的单排脚手架，木质和钢管的双排脚手架。

1. 单排脚手架

单排脚手架是指沿房屋长度方向，栽立一排脚手架立柱，由大横杆和斜杆连接成排，再将脚手架小横杆一端插入砖墙上，另一端连接立柱，形成墙与单排柱为支撑点的工作脚手架。

2. 双排脚手架

双排脚手架是指脚手架沿房屋长度方向栽立两排立柱，由大小横杆连接成工作脚手架。

本章脚手架工程，对单、双排脚手架的执行高度，没有作硬性规定，均分为 6m 以下和 12m 以下两个分项，根据工地实际搭设脚手情况采用。因为，有些仿古建筑的砖墙，要求采用较高级的干摆墙和撕缝墙，对这两种砖墙是不能采取留脚手洞而后补缺的，所以即使砌筑高度不高，也不能采用单排脚手架。

本章脚手架的工程量按搭设墙面的高度乘外墙宽以 m² 计算，其中，山墙高度要算至山尖，而不是折半。不扣除门窗洞口及空圈所占面积，凸出山墙的墀头列入山墙内一并计算。

（二）苫背宽瓦齐檐双排脚手架

苫背宽瓦齐檐双排脚手架，是指在墙体砌筑、木构架安装及屋面木基层完成后，要在屋面进行抹泥背、抹灰背、宽瓦等施工时，所需上下运料及操作的脚手架。该脚手架的顶端一般搭至檐口，如图 5-1 所示，所以称为"齐檐脚手架"。

苫背宽瓦齐檐双排脚手架的工程量，按檐口（即大连檐）长乘檐高以 m² 计算，檐高从脚手架地面算至最上一层檐的梁头下皮。该脚手架已考虑了单层及多层建筑的出檐和铺板情况，实际工程中不论何种建筑形式，均不作调整。

（三）外檐椽望油漆双排脚手架

外檐椽望油漆双排脚手架是指对外檐部分的椽头、飞椽头、额枋、斗拱、板类等进行油漆彩画所搭设的脚手架，它与苫背宽瓦齐檐双排脚手架相同，只是使用位置在檐口以下，是专为涂刷油漆用脚手架。因此，如果可以利用苫背宽瓦齐檐双排脚手架者，不得再行计算外檐椽望油漆双排脚手架。

外檐椽望油漆双排脚手架的工程量，同上一

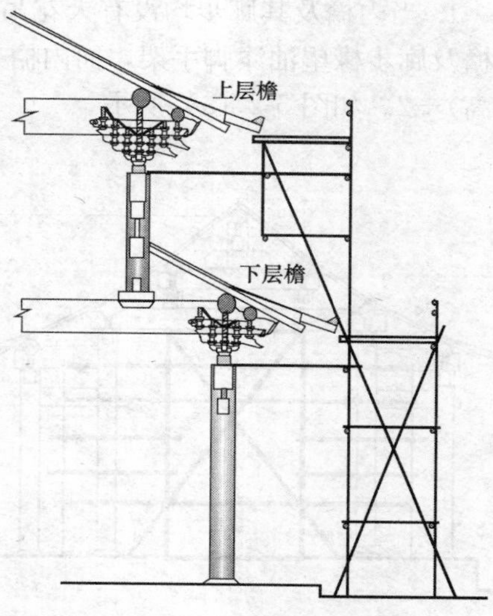

图 5-1 苫背铺瓦齐檐双排脚手架

样，按檐口（即大连檐）长乘檐高以 m² 计算，檐高从脚手架地面算至最上一层檐的梁头下皮。该脚手架已考虑了单层及多层建筑的出檐和铺板情况，实际工程中不论何种建筑形式，均不作调整。

二、里脚手架

里脚手架即指在建筑物室内搭设的脚手架，分为：内檐装饰满堂红脚手架；内檐及廊步椽望油漆脚手架内檐；廊步椽望油漆脚手架等。

（一）内檐装饰满堂红脚手架

内檐装饰满堂红脚手架是指装饰室内天棚、墙柱面、木装修等（如室内的天花、藻井、飞罩、挂落、花牙子等）装饰工作所用的脚手架，与现代建筑工程中满堂脚手架相似。

内檐装饰满堂红脚手架的工程量，按吊顶间的室内地面面积计算，不扣除室内柱脚所占面积。其中，层高是指室内地面至天棚上皮的高度。

（二）内檐及廊步椽望油漆脚手架

内檐及廊步椽望油漆脚手架，是指对内檐及廊步进行油漆彩画工作，而不需要搭设满堂红脚手架时所应搭设的脚手架。因为有些仿古建筑的室内不做天花吊顶，只需对室内构件进行油漆装饰，则此时就只需按构件位置需要，搭设一般性脚手架，民间又称它为"掏空脚手架"。

内檐及廊步椽望油漆脚手架的工程量，依平均层高的高度不同，按装饰部位的地面面积以 m² 计算。

在执行该项脚手架时，会遇到以下三种情况：

1. 当内檐及其廊步均没有天花吊顶，此时应按内檐平均高，以内檐及廊步地面执行内檐及廊步椽望油漆脚手架，而内檐平均层高＝（脊檩中至室内地面高＋檐檩中至室内地面高）÷2。如图 5-2 （a） 所示。

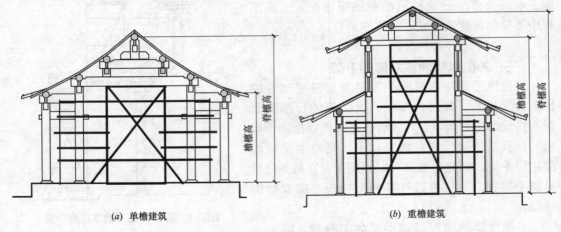

(a) 单檐建筑　　　　　　　　(b) 重檐建筑

图 5-2　内檐及廊步椽望脚手架

2. 当遇有重檐建筑时，其平均高按脊檩中至室内地面高，与最上层檐檐檩中至室内地面高的平均高计算。如图 5-2 （b） 所示。

3. 当内檐有天花吊顶时，其廊步平均高按檐廊上、下两檩中的平均高计算。

三、其他脚手架

这是指除上述室内外脚手架之外的脚手架，如：油画活瓦活用歇山脚手架；木构架安装起重架；屋面脚手架；护头棚等。

（一）油画活、瓦活用歇山脚手架

油画活、瓦活用歇山脚手架，是专门为歇山建筑的山花部位，需要进行装饰（如山花面及其博缝板做油漆或油画，山尖屋檐要做排山脊等）而搭设的脚手架，如图 5-3 所示。

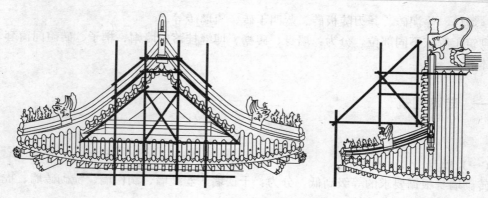

图 5-3 油画活瓦活用歇山脚手架

油画活、瓦活用歇山脚手架的工程量，按座计算，每一山花部分算一座，一栋歇山建筑的两端各有一个山花。

（二）木构架安装起重架

木构架安装起重架，是吊装房屋构架中的梁、柱、枋等所需的简单起重设备，它用普通木杆，铁丝等绑扎而成，用麻绳、滑轮等作起吊设施。

木构架安装起重架的工程量，按建筑物的首层建筑面积计算。

（三）屋面脚手架

屋面脚手架是为砌筑屋脊、琉璃瓦屋面捉节裹垄等所需用的脚手架，它可以与齐檐脚手架或外檐油漆脚手架连接起来，也可以在正脊上搭设骑马架子，作为屋面脚手的拉结基础，如图 5-4 所示。

屋面脚手架的工程量，按屋面水平投影面积计算。

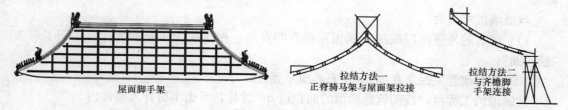

图 5-4 屋面脚手架

（四）护头棚

护头棚是指防止施工操作中，下落的砖瓦砂石，避免砸伤下面行人而架设的遮挡顶棚，它与现代建筑工程中所用的水平安全网的作用相同。

护头棚的工程量，按搭设的水平投影面积计算。

第二节 "砌筑工程"项目词解

砌筑工程是指采用不同的砖料，对房屋墙体进行施工的操作工艺。仿古建筑所用的砖料有：城砖、停泥砖、斧刃陡板砖、蓝四丁砖、琉璃砖等。

砌筑工程依不同部位，分为：墙身、砖檐、博缝挂落、墙帽、梢子、砖碹门窗套、其他砌体等。

一、砖墙砌筑

（一）墙身

砖砌墙身根据要求的等级高低，分为：干摆墙、丝缝墙、淌白墙、糙砌砖墙、虎皮石墙、干山背石墙、机砖墙等。

1. 干摆墙

"干摆墙"是砌筑精度要求最高的一种砖砌墙体，它是用经过精细加工的干摆砖（又称为五扒皮砖），通过"磨砖对缝"，不用灰浆，一层一层干摆砌筑而成，一般简称为"干摆墙"。干摆砖是用质量较好的城砖或停泥砖进行加工砌筑，故有的将用城砖砌筑称为"大干摆"，用停泥砖砌筑称为"小干摆"。一般用于要求较高的部位。

干摆墙的特点为：

（1）砖要经过砍磨加工，将砖的上、下、左、右、前等五个面，按墙体尺寸要求进行裁减磨平加工，此称为"五扒皮"；

（2）墙缝不用灰浆，完全干摆，要求缝口紧密，横平竖直。

干摆墙的工程量，按砌筑露明面的面积以 m² 计算，砖檐不得并入墙体内。

2. 丝缝墙

"丝缝墙"有称"撕缝墙"、"细缝墙"，即灰口缝很小的砖砌墙，是稍次于干摆墙的一个等级墙。它多采用停泥砖、斧刃陡板砖等经过加工砌筑而成。多用于要求较高的大面积部位。

丝缝墙的特点为：

（1）将砖的外露面四棱加工成相互垂直的直角，相应几个面要磨平，称此加工面为"膀子面"；

（2）灰浆砌缝要控制在 2mm 左右，横平竖直。

丝缝墙的工程量，按砌筑露明面的面积以 m² 计算，砖檐不得并入墙体内。

3. 淌白墙

"淌白墙"是次于丝缝墙一个等级的砖墙，一般简称为"淌白墙"。它可以采用城砖、停泥砖，多用于砌筑规格要求不太高的墙体。

淌白墙的特点为：

（1）砖加工成淌白砖（即只作素面磨平），淌白即蹭白，将砖面铲磨平整。

（2）灰浆砌缝可较丝缝稍大，一般控制在 4～6mm。

淌白墙的工程量，按砌筑露明面的面积以 m² 计算，砖檐不得并入墙体内。

4. 糙砌砖墙

"糙砌砖墙"是等级最低的砖墙，它所用的砖不需作任何加工，灰缝口也可加大，一般在 5～10mm。糙砖墙是一种最普通、最粗糙的砖墙，一般用于没有任何饰面要求的砌体。

糙砌墙的工程量，按砌筑墙体的体积以 m³ 计算，砖檐不得并入墙体内。

5. 虎皮石墙

"虎皮石墙"即常称的"浆砌毛石墙"，它是选用大面毛石作衬面，石底垫塞小片石作稳垫，用混合砂浆作胶结砌筑成墙体后，再用水泥砂浆勾缝而成。

虎皮石墙可用作露出地面的石基础、混水石墙、清水石墙等。其工程量按砌筑体积以 m³ 计算。

6. 干山背石墙

干山背石墙是虎皮石墙的一种，一般称为"干砌毛石墙"，它是不用砂浆砌筑，只将毛石用小石片垫稳，毛石之间相互靠贴紧密，每砌完 1～2 层后，用水泥砂浆勾缝封面，然后用较稀的水泥砂浆或灰浆灌筑内缝，以不从外缝淌浆为度。

干山背石墙的工程量，按砌筑体积以 m³ 计算。

7. 机砖墙

"机砖墙"即用现今普通机制红砖所砌砖墙。分为清水墙、衬里墙、砖柱等。其中：

"清水墙"是指将砖墙砌好后，用窄铁皮条刮清砖缝，然后用水泥浆勾缝，使砖缝微凹整齐一致。

"衬里墙"又称为"背里墙"，在古建筑中墙体，一般分为外观面和背里面两层，外观面一般采用干摆、丝缝、淌白等墙体，作为美化建筑的观赏饰面；而背里面砌蓝四丁砖增强墙体厚度，以加强墙体的稳定性，用普通机砖衬砌背里墙的称为"里皮衬砌机砖"。

衬里砖工程量按砌筑体积以 m³ 计算。

（二）砖墙材料

仿古建筑所用的砖料有大小之分，为便于区分和记忆，对不同规格的砖料冠以不同名称，如城砖、停泥砖、斧刃陡板砖、方砖、琉璃砖等。各种砖料没有统一的标准规格，因产地和厂家各有不同，但相互间的规格尺寸基本相近。

1. 城砖

城砖是仿古建筑砖料中规格最大的一种砖，因多用于城墙、台基和墙脚等体积较大的部位，所以取名为"城砖"。城砖有大小两种规格，大的称为"大城样砖"，一般尺寸约为：480mm×240mm×130mm；小的称为"二城样砖"，一般尺寸约为：440mm×220mm×110mm。

2. 停泥砖

停泥砖是以优质细泥（通称停泥）制作经窑烧而成，其规格较城砖略小，也分为大停泥砖和小停泥砖等两种规格，大停泥砖的尺寸一般为：410mm×210mm×80mm；小停泥砖的尺寸一般为：295mm×145mm×70mm。

3. 斧刃陡板砖

斧刃陡板砖是一种较薄的砖，因其薄窄而冠名为"斧刃"，又因其多用于侧立贴砌，冠名为"陡板"，一般规格尺寸为：240mm×120mm×40mm。

4. 方砖

方砖是指长宽尺寸相同的大面砖，它根据营造尺寸分为：尺二砖、尺四砖、尺七砖、二尺砖、二尺二砖、二尺四砖等。其中：尺二砖是指 1 尺 2 寸见方砖，二尺砖是指 2 尺见方砖，二尺二砖是指 2 尺 2 寸见方砖，如此类推。各方砖相应规格为：

尺二砖：$1.2 \times 1.2 \times 0.18$ 营造尺；约为 384mm×384mm×58mm。

尺四砖：$1.4 \times 1.4 \times 0.20$ 营造尺；约为 448mm×448mm×64mm。

尺七砖：$1.7 \times 1.7 \times 0.25$ 营造尺；约为 544mm×544mm×80mm。

二尺砖：$2.0 \times 2.0 \times 0.30$ 营造尺；约为 640mm×640mm×96mm。

二尺二砖：$2.2 \times 2.2 \times 0.40$ 营造尺；约为 704mm×704mm×128mm。

二尺四砖：$2.4 \times 2.4 \times 0.45$ 营造尺；约为 768mm×768mm×144mm。

5. 蓝四丁砖

蓝四丁砖是民间小土窑烧制的普通手工砖，一般用于要求不太高的砌体和普通民房上，其规格与现代标准砖相近，即为：240mm×115mm×53mm。

6. 琉璃砖

琉璃砖是用陶土经过加工处理，塑制胚形，涂刷釉料，高温煅烧而成。有黄、绿、蓝、紫、翡翠等颜色。其规格大小依"样"数而定。

二、砖檐

砖檐是指在墙身之上，屋面之下，用加工成一定形状的砖，层层挑出凸出墙面，用以遮挡屋檐雨水和装饰檐口的砌体。一般用于房屋的后檐墙、院墙、影壁等墙体的檐口。砖檐根据其砌筑形式，分为：冰盘檐、直线檐、菱角檐、鸡素檐、抽屉檐等。

（一）冰盘檐

冰盘檐是指砖砌檐口的花纹形式有似冰裂纹形，是砖檐形式中最优美的一种砖檐，如图 5-5 所示，分为细砌冰盘檐和糙砌冰盘檐。其中细砌是指使用经过细磨加工的砖；糙砌是使用未经细磨加工的砖。砖檐工程量按檐口长度计算。

1. 四、五、六层无砖橼冰盘檐

四层无砖橼冰盘檐的砖构件由下而上为：头层檐、半混砖、枭砖、盖板砖等。

五层无砖橼冰盘檐的砖构由下而上为：头层檐、半混砖、炉口砖、枭砖、盖板砖等。

六层无砖橼冰盘檐的砖构由下而上为：头层檐、连珠混、半混砖、炉口砖、枭砖、盖板砖等。它们都是没有砖橼子构件，如图 5-5 所示。

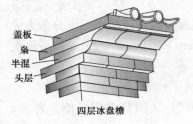

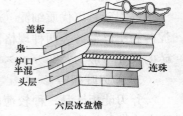

四层冰盘檐　　　　　五层冰盘檐　　　　　六层冰盘檐

图 5-5　无砖橼冰盘檐

2. 五、六、七层有砖椽冰盘檐

五层有砖椽冰盘檐由下而上为:头层檐、半混砖、枭砖、砖椽子、盖板砖等;

六层有砖椽冰盘檐由下而上为:头层檐、半混砖、炉口砖、枭砖、砖椽子、盖板砖等;

七层有砖椽冰盘檐由下而上为:头层檐、连珠混、半混砖、炉口砖、枭砖、砖椽子、盖板砖等;

八层有砖椽冰盘檐由下而上为:头层檐、连珠混、半混砖、炉口砖、枭砖、圆砖椽、方砖椽、盖板砖等;

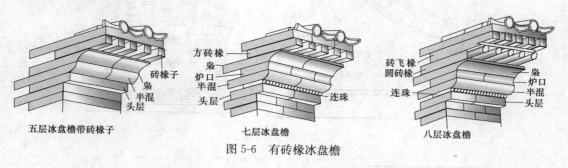

图 5-6 有砖椽冰盘檐

(二) 直线檐、抽屉檐、菱角檐、鸡嗉檐

直线檐是二层砖檐,用停泥砖分为细砌和糙砌。其工程量按檐口长度计算。

1. 直线檐

直线檐是指檐口挑出的砖成一水平横线,为二层,如图 5-7 (a) 所示。

2. 抽屉檐

抽屉檐有三层,中间一层用间隔砖,如同抽屉,如图 5-7 (b) 所示。

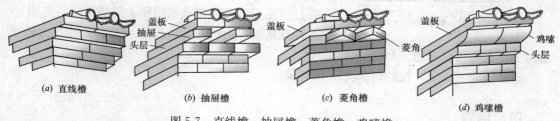

图 5-7 直线檐、抽屉檐、菱角檐、鸡嗉檐

3. 菱角檐

菱角檐一般也只有三层,中间一层用斜砖,角向外如同菱角,如图 5-7 (c) 所示。

4. 鸡嗉檐

鸡嗉檐也是三层,中间一层用半混砖成弧形,如同鸡嗉,如图 5-7 (d) 所示。

以上砖檐的工程量,均按檐口长度以 m 计算。

三、砖博缝、挂落

砖博缝和挂落都是用方砖砌筑的构件,工程量按其长度计算。

（一）砖博缝

"博缝"是仿古建筑人字屋顶两端，沿山墙山尖斜边所做的装饰，用木板做的称为"博缝板"，用砖料做的称为"砖博缝"。

砖博缝根据砌筑工艺分为：方砖干摆博缝、灰砌散装博缝，如图 5-8 所示。

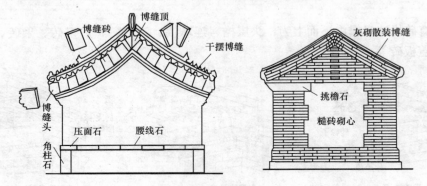

图 5-8　砖博缝

"方砖干摆博缝"是用尺二砖、尺四砖、尺七砖、三才砖（即按尺二或尺四的一半）等方砖进行加工，精心摆砌而成。而"灰砌散装博缝"是除博缝头用方砖加工外，其他均用普通机砖或蓝四丁砖，进行层层铺筑灰浆砌筑而成，一般为三层至七层。

砖博缝的工程量，按人字形斜长以 m 计算。

（二）砖挂落

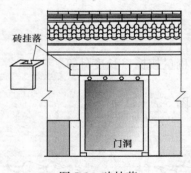

图 5-9　砖挂落

砖挂落是安装在门楼或墙门顶上的装饰砖，如图5-9所示。砖挂落可以用尺二、尺四、尺七、三才等方砖现场加工，也可为窑制加工品。

砖挂落的工程量，按挂落长度以 m 计算。

四、墙帽

墙帽是指园林砖砌围墙、砖砌院墙顶上的砖砌盖顶。根据砌筑形式分为：蓑衣顶、真硬顶、假硬顶、馒头顶、宝盒顶、鹰不落顶、花瓦墙帽等。

墙帽的工程量：蓑衣顶、真硬顶、假硬顶、馒头顶、宝盒顶、鹰不落顶等，按墙体中心长度以 m 计算。花瓦墙帽按垂直投影面积以 m² 计算。

（一）蓑衣顶

蓑衣顶是指其断面轮廓形状，有似于古时农夫渔翁所披的挡雨披风，由上而下层层扩放，如图 5-10（a）所示。蓑衣顶的层数一般为 3～7 层，分为：大城样砖蓑衣顶和蓝四丁砖蓑衣顶。

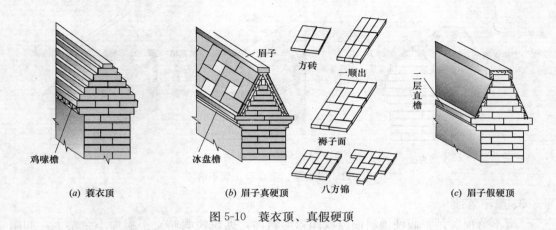

(a) 蓑衣顶　　　　(b) 眉子真硬顶　　　　(c) 眉子假硬顶

图 5-10　蓑衣顶、真假硬顶

1. 大城样砖蓑衣顶

"大城样砖蓑衣顶"是指用大城砖砌筑的蓑衣墙帽，大城是规格最大的一种砖，约 480mm×240mm×130mm、440mm×220mm×110mm，它是用于如城墙类的厚墙上的帽顶。

2. 蓝四丁砖蓑衣顶

"蓝四丁砖蓑衣顶"是指用蓝四丁砖砌筑的蓑衣墙帽，蓝四丁砖是一种与机砖大小相近的普通砖，规格约为 240mm×115mm×53mm，用它砌筑的墙帽，多用于园林围墙和院墙顶上。

（二）真假硬顶

1. 真硬顶

"真硬顶"是指盖帽顶部，全部用砖，实砌斜面而成；这种砖顶常在顶尖做有一压顶，此称为"眉子"，故又称为"眉子真硬顶"。

真硬顶斜面根据所铺砖砌的图案，有：一顺出、褥子面、八方锦和方砖等，如图 5-10（b）所示。其中：

"一顺出"是指铺砖，按砖的长向由上而下，一顺铺出。"褥子面"是指将铺砖，一横两直组合为一组，进行斜面铺筑的图案。"八方锦"是指将砖进行横直交叉铺筑的图案。

2. 假硬顶

"假硬顶"是将真硬顶的砖铺斜面改为抹灰斜面，如图 5-10（c）所示。按照帽顶宽度分为：40cm 以内和 60cm 以内。

（三）馒头顶、宝盒顶、鹰不落顶

1. 馒头顶

"馒头顶"有的称为"泥鳅背"，它将盖顶面做成圆弧形面，如图 5-11（a）所示。因其背比较圆滑，故又取名为泥鳅背。

2. 宝盒顶

"宝盒顶"是将盖帽做成盒体形断面，有如古代器皿宝盒形式，如图 5-11（b）所示。

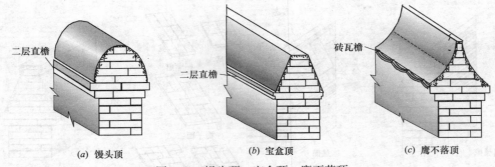

二层直檐

(a) 馒头顶

二层直檐

(b) 宝盒顶

砖瓦檐

(c) 鹰不落顶

图 5-11　馒头顶、宝盒顶、鹰不落顶

3. 鹰不落顶

"鹰不落顶"是将假硬顶斜面改成凹弧形斜面，据说使鹰站立不稳而不会落下，如图 5-11（c）所示。

（四）花瓦墙帽

"花瓦墙帽"是比较高级的墙帽，它是用筒板瓦组拼成不同的花纹图案而成盖顶，如图 5-12 所示。分为：板瓦拼花、筒瓦拼花、筒板瓦拼花。

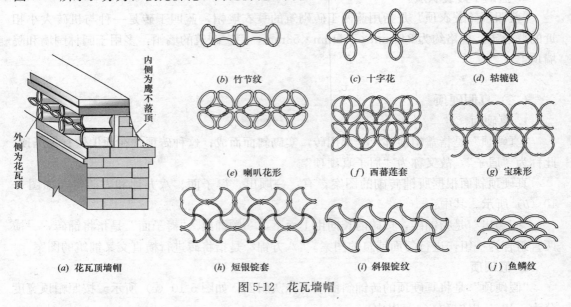

内侧为鹰不落顶

外侧为花瓦顶

(a) 花瓦顶墙帽

(b) 竹节纹　　(c) 十字花　　(d) 轱辘钱

(e) 喇叭花形　　(f) 西蕃莲套　　(g) 宝珠形

(h) 短银锭套　　(i) 斜银锭纹　　(j) 鱼鳞纹

图 5-12　花瓦墙帽

五、梢子

（一）梢子

"梢子"是指踩头（墀头）的上部结构，有的称为"盘头"，它是将砖料加工成不同形式，层层挑出垒叠而成，一般做成五、六层，由下而上取名为：荷叶墩、半混、炉口、枭砖、盘头等，如图 5-13 所示。

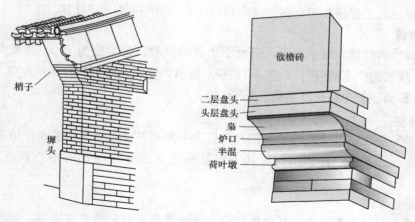

图 5-13 梢子盘头构件

（二）梢子砌筑

梢子的砌筑分有干摆和灰砌，均采用方砖进行加工。干摆梢子是要求质量较高的砌筑，用干摆砖进行摆砌，多用于与殿堂、大厅等配套的硬山房屋。灰砌梢子是用月白灰浆砌筑的梢子，用于质量稍次的房屋。一般普通民房用蓝四丁砖砌筑。梢子的工程量，均按每份计算。

六、砖碹及门窗套

（一）砖碹

"砖碹"一般称为"砖券"，即门窗洞口顶上的圆弧形砖过梁，分为砖细砌筑和糙砌。依弧顶形式分为：木梳背、平券、圆光券、异形券、车棚券等，如图 5-14所示。

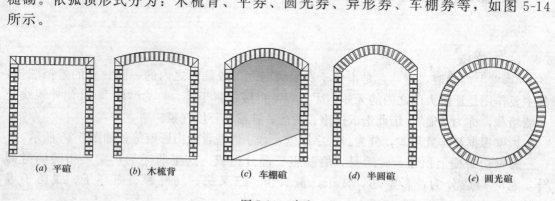

(a) 平碹　　(b) 木梳背　　(c) 车棚碹　　(d) 半圆碹　　(e) 圆光碹

图 5-14 砖碹

1. 平券

"平券"是一种起拱度最小的砖券，即起拱度为 1‰ 跨度，其弧度几乎接近平直，所以称其为"平券"，又称为"平口券"，如图 5-14（a）所示，一般只能用于跨度不超过

1.5m 小洞口。其工程量按正立面外露面积的中心长度乘高以 m² 计算。

2. 木梳背

"木梳背"的起拱度较平券大，但也小于其他拱券，起拱度为 4%，其弧度线如同木梳背一样，故名为"木梳背"，如图 5-14（b）所示，使用跨度不超过 2m 为宜。其工程量按正立面外露面积的中心长度乘高以 m² 计算。

3. 圆光券

"圆光券"是在整个圆弧圈的基础上，将上半圆再按 2% 跨度起拱而形成圆圈，如图 5-14（e）所示，多用于作圆门洞。其工程量按正立面外露面积的中心长度乘高以 m² 计算。

4. 异型券

"异型券"包括半圆弧券和其他拱形券，按所需要弧度起拱筑成券顶，如图 5-14（d）所示。其工程量按正立面外露面积的中心长度乘高以 m² 计算。

5. 车棚券

"车棚券"是在半圆弧的基础上，再按 5% 跨度起拱而形成的圆券，也可直接按 5% 跨度起拱筑成券顶，称为"枕头券或穿堂券"，如图 5-14（c）所示，一般多用于弧度比较大的通道或过水道上。它的工程量按实砌体积计算。

（二）干摆什锦门窗套

"门窗套"是指将门窗洞口的正面边框和洞框侧面，用加工的砖料进行贴砌成一定形式的装饰面，镶贴正面边框称为贴脸，贴砌洞框侧面称为侧壁贴砌。干摆什锦门窗套是指不同洞口形式的门窗套。

门窗套的工程量，均按中心长度以 m 计算。

七、影壁、廊心墙、须弥座

（一）影壁

"影壁"即隐避之意，它是指位于房屋大门之外或院门之内的一面独立的遮挡墙体，其主要作用是让院大门之内的天井、厅堂等不直接暴露于外，称为"隐"，让门外视线受一墙堵截，称为"避"，借此造成庄重、森严、神秘的环境气氛。

影壁根据其布置形式，分为：一字影壁、八字影壁、撇山影壁等，如图 5-15 所示。

影壁由砖檐上顶盖、砖墙身、墙基座三部分组成。这里所述的影壁是指砖墙身部分，它的构造分为：影壁芯、柱子、箍头枋、三叉头、马蹄磉、瓶耳子、线枋子等构件。

1. 影壁芯

"影壁芯"是指影壁墙的中间部分，一般用方砖镶贴成饰面，所以又称为"方砖心"，如图 5-16 所示。

影壁芯的工程量，按方砖心面积以 m² 计算。

(a) 一字形影壁   (b) 八字形影壁   (c) 撇山影壁

图 5-15   影壁

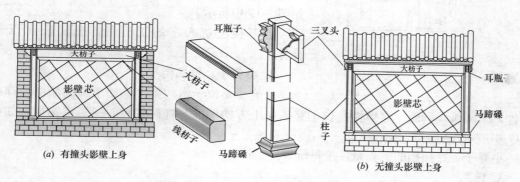

(a) 有撞头影壁上身   (b) 无撞头影壁上身

图 5-16   影壁的组合构件

2. 柱子

"柱子"是方砖心两边的装饰柱,一般用城砖砍磨制作,如图 5-16 中所示。其工程量,按柱高以 m 计算。

3. 箍头枋

"箍头枋"即指图 5-16 中大枋子,是影壁芯顶的装饰横梁,可用城砖或大停泥砖制作。其工程量,按长度以 m 计算。

4. 三叉头

"三叉头"是箍头两端的端头形式,用砖砍制三折线形,如图 5-16 中所示。其工程量,按每对计算。

5. 马蹄磉

"马蹄磉"是指将柱子的底座做成一种柱墩的形式,如图 5-16 中所示。其工程量,按每对计算。

6. 耳瓶子

"耳瓶子"是一种柱顶的装饰构件,用砖砍制成花瓶形,如图 5-16 中所示。其工程量,按每对计算。

7. 线枋子

"线枋子"是围成影壁框的枋条,如图 5-16 中所示。其工程量,按其长度以 m 计算。

(二)廊心墙

"廊心墙"是指带廊建筑中,走廊端头的看面墙,它是山墙墀头的内侧面,檐(廊)

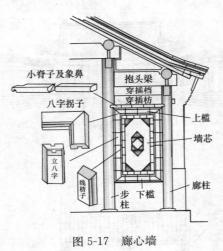

图 5-17　廊心墙

柱与金（步）柱之间的墙面，如图 5-17 所示，因为它是走廊的终止端，比较容易进入人们的视线，所以一般都将穿插枋以下的墙面，给予特别装饰。

廊心墙装饰部分构件为：上下槛、立八字、小脊子、穿插档、线枋子、墙芯等。

1. 上下槛、立八字

这里的上下槛是指廊心墙面，墙芯顶与底的横框线砖构件。立八字是指左右两边的竖框线砖构件，如图 5-17 中所示。

上下槛、立八字的工程量，按其长度以 m 计算。

2. 小脊子、穿插档

小脊子是位于木构架穿插枋下面的墙面装饰砖构件，呈圆弧线脚面。穿插档是位于穿插枋上方的墙面装饰砖构件，呈矩形饰面。如图 5-17 中所示。

小脊子、穿插档的工程量，按每份（件）计算。

3. 墙芯

墙芯与影壁芯相同，见上所述。

（三）砖须弥座

砖须弥座是用砖料加工成相关构件砌筑而成，它包括：土衬、圭角、直檐、混砖、枭砖、炉口、连珠混、盖板、束腰等，如图 5-18 所示。其工程量，均按各个构件的外皮加工长度以 m 计算。

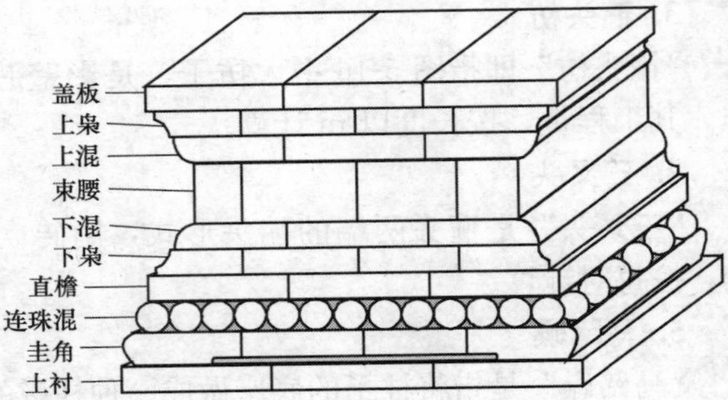

1. 土衬

"土衬"是指台基底座接触土壤部分的垫层，在厚度方向有一半埋入土中。

2. 圭角

"圭角"又称圭脚，是须弥座的基底构件，相当台座的基脚。

图 5-18　砖须弥座

3. 直檐、盖板

这里的直檐和盖板是指一般须弥座上下枋，矩形截面构件。

4. 上、下枭

"枭"是由矩形面转变到弧形面的过渡构件，它是一种凹凸形弧面，分别置于在直檐和盖板上下。

5. 上、下炉口

"炉口"是一种凹弧面，它是枭砖与混砖之间的过渡构件，多用于砖檐结构中，须弥座一般用得较少。

6. 上、下混

"混"是一种圆弧形的弧面,分别置于枭或炉口的上下。

7. 连珠混

"连珠混"是指将砖的外观面,加工成一颗颗半圆珠形,形似串联佛珠。

8. 束腰

"束腰"是指中间部位的构件,它比以上各构件高大厚实,高度分为:25cm 以内和 25cm 以外。

八、琉璃砌筑

琉璃砌筑项目一般都是窑制品,它包括:琉璃墙身砌筑、琉璃墙帽、琉璃冰盘檐、琉璃梢子、琉璃博缝、琉璃挂落、琉璃滴珠板、琉璃须弥座、琉璃影壁构件、琉璃斗拱、琉璃屋构架构件等。

(一)琉璃墙身砌筑

琉璃墙身砌筑包括:平砌琉璃砖、陡砌琉璃砖、贴砌琉璃面砖、拼砌花心砖、琉璃花墙等。

1. 平砌琉璃砖

"平砌琉璃砖"所用之琉璃砖,称为"灯笼砖","平砌"即指卧砌,与现代实心砖墙砌法相同,如图 5-19 中"灯笼砖"所示。其工程量按实砌面积以 m² 计算。

2. 陡砌琉璃砖

"陡砌琉璃砖"所用之琉璃砖,称为"贴面砖","陡砌"即指立砌,与现代侧砌砖或贴面砖砌法相同,如图 5-19 中"贴面砖"所示。工程量按实砌面积以 m² 计算。

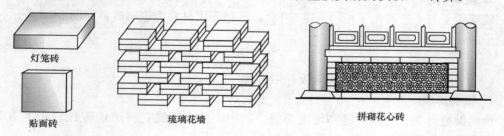

灯笼砖　　贴面砖　　琉璃花墙　　拼砌花心砖

图 5-19　琉璃墙身砖

3. 贴砌面砖

"贴砌面砖"是将琉璃贴面砖,镶贴在需要装饰的墙面部分。工程量按实砌面积以 m² 计算。

4. 拼砌花心

"拼砌花心"是将有花纹图案的琉璃砖,按图案内容镶贴在需要装饰的墙面部分,如图 5-19 "拼砌花心砖"所示。工程量按实砌面积以 m² 计算。

5. 琉璃花墙

"琉璃花墙"是将平砌琉璃砖,砌成空花砖墙形式,如图 5-19 "琉璃花墙"所示。工程量按实砌面积以 m² 计算。

（二）琉璃墙帽、冰盘檐和梢子

1. 琉璃墙帽

各种墙帽已在上面介绍过，琉璃墙帽一般多采用硬顶和宝盒形，所用琉璃砖多为方形面砖和条形檐子砖，如图 5-20 所示。

琉璃墙帽的工程量，按长度以 m 计算。

2. 琉璃冰盘檐

琉璃冰盘檐多采用四层和五层冰盘檐，琉璃冰盘檐和琉璃梢子中，所采用的檐子砖、混砖、炉口砖、枭砖、盖板等砖的反面均为掏空形，如图 5-21 中梢子砖所示。

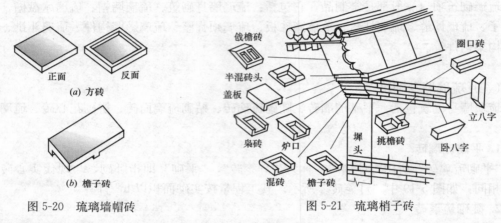

图 5-20　琉璃墙帽砖　　　　　图 5-21　琉璃梢子砖

琉璃冰盘檐的工程量，按檐子长度以 m 计算。

3. 琉璃梢子

琉璃梢子与上述砖梢子相同（图 5-13），只是所用材料为琉璃砖，如图 5-21 所示。琉璃梢子的工程量，按每份计算。

（三）琉璃博缝、挂落和滴珠板、须弥座

1. 琉璃博缝

琉璃博缝分为：悬山博缝和硬山博缝。其中，悬山博缝是将琉璃砖挂钉在木博缝板上，大多采用卷棚屋顶形式，如图 5-22（a）所示。

硬山博缝是将琉璃砖嵌砌在博缝墙上，大多采用尖山屋顶形式，如图 5-22（b）所示。琉璃博缝砖的高，分为：30cm 以下、30～60cm、60cm 以上。琉璃博缝的工程量，按人字斜长以 m 计算。

2. 琉璃挂落和滴珠板

琉璃挂落砖一般带有挂脚，挂钉在木过梁上，如图 5-23（a）所示。琉璃挂落砖的高分为：50cm 以下、50cm 以上。其工程量按摆砌长度以 m 计算。

琉璃滴珠板也是一种挂落，它用于阁楼平座（即阁楼外走廊）下的滴水板，如图5-23（b）所示。琉璃滴珠板的高分为：50cm 以下、50cm 以上。其工程量按摆砌长度以 m 计算。

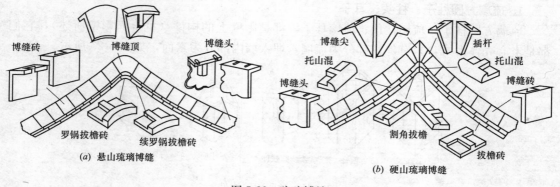

博缝砖 博缝顶 博缝头

罗锅拔檐砖 续罗锅拔檐砖

(a) 悬山琉璃博缝

博缝尖 插杆

托山混 托山混

博缝头 博缝砖

割角拔檐

拔檐砖

(b) 硬山琉璃博缝

图 5-22 琉璃博缝

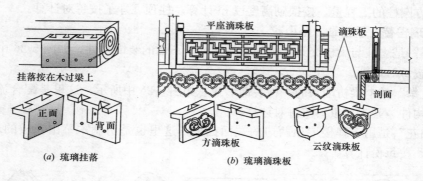

挂落按在木过梁上

正面 背面

(a) 琉璃挂落

平座滴珠板 滴珠板

剖面

方滴珠板 云纹滴珠板

(b) 琉璃滴珠板

图 5-23 琉璃挂落与滴珠板

3. 琉璃须弥座

琉璃须弥座构件一般都带有装饰花纹,如图 5-24 所示。这里的琉璃线脚砖是作为用于增加须弥座高度的构件。琉璃须弥座各构件的工程量,均按摆砌长度以 m 计算。

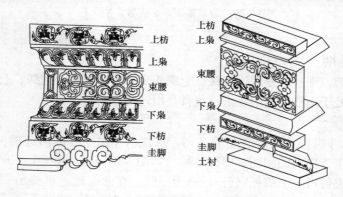

上枋 上枭 束腰 下枭 下枋 圭脚

上枋 上枭 束腰 下枭 下枋 圭脚 土衬

图 5-24 琉璃须弥座砖

(四)琉璃影壁上其他构件

琉璃影壁上其他构件包括:琉璃方圆柱子、琉璃柱头、琉璃耳子、琉璃雀替、琉璃霸王拳、琉璃坠山花等。

1. 琉璃方圆柱子、柱头、耳子

琉璃方圆柱子、琉璃柱顶、琉璃耳子等都是影壁上的构件（见上面影壁所述），它们都是空心壳体形式，只有外露部分为琉璃，埋入墙内部分为素面，如图 5-25 所示。

方柱　　　圆柱　　　圆柱顶　　方柱顶　　　耳子

图 5-25　影壁琉璃构件

琉璃方圆柱的工程量，按摆砌高度以 m 计算。柱顶、耳子按每对计算。

2. 琉璃雀替、霸王拳、坠山花

"雀替"是立柱与梁枋交叉接头处，托在梁端下面的装饰构件，如图 5-26 中所示。其工程量，按每对计算。

"霸王拳"是木梁枋端头的一种装饰形式，如图 5-26 中所示，这里是配合琉璃梁枋所作的琉璃构件。其工程量，按每对计算。

"坠山花"是用于牌楼屋顶两边的端面挡板，这里也是仿制木坠山花板的琉璃构件。其工程量，按每份计算。

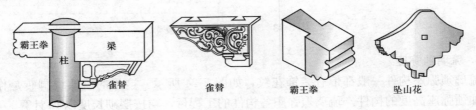

霸王拳　梁　柱　雀替　　雀替　　霸王拳　　坠山花

图 5-26　琉璃霸王拳、雀替、坠山花

（五）琉璃斗栱

琉璃斗栱分为：平身科三踩、五踩、七踩斗栱；角科三踩、五踩、七踩斗栱。

平身科是指处于两柱之间的斗栱；角科是指转角处的斗栱。

1. 斗栱的踩

"踩"是表示斗栱构件组合大小的名词，栱件从斗栱中心向两边的伸出，称为出踩，它是指栱件在一个方向上的脚托（即升）数。如图 5-27（a）为一斗三升斗栱，栱件向两边各挑出一踩，栱件有三个脚托（升），称为三踩，在此基础上再叠加一层栱件（即一斗六升栱），如图 5-27（b）所示，两边又各挑出一踩，此称为五踩，如此类推，三层栱件称为七踩。斗栱的工程量，按攒数计算，每一组斗栱称为"一攒"。

2. 斗栱的高

在《仿古定额基价表》中将三踩斗栱分为高 30cm 以下，高 30cm 以上。将五踩斗栱分为高 50cm 以下，高 50cm 以上。将七踩斗栱分为高 50cm 以下，高 70cm 以下，高 70cm 以上。这些高是指斗栱的叠加高，如图 5-28 所示，除第一层座斗高按 1.2 斗口计算

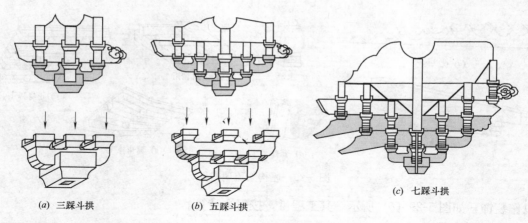

图 5-27 斗拱的出踩

外，其他每层拱件高为 2 斗口。而斗口是斗拱的尺寸单位，清制斗拱的规格有十一个等级，不同等级的斗拱，其斗口尺寸也不同，如表 5-1 所示。《仿古定额基价表》中斗拱规格以 8cm（即八等材 2.5 斗口）为准，若依图 5-28（a）所示，三踩斗拱高为 3.2 斗口，按此规格计算，则三踩斗拱高＝3.2 斗口×8cm＝25.6cm，也就是说，三踩斗拱小于此规格的，斗拱高在 30cm 以下，大于此规格的拱高在 30cm 以上，其他如此类推。

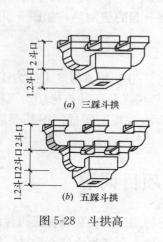

图 5-28 斗拱高

清制斗口尺寸		表 5-1
斗口等级	各等级规格	
	营造尺	公制
一等材	6 寸	19.20cm
二等材	5.5 寸	17.50cm
三等材	5 寸	16.00cm
四等材	4.5 寸	14.40cm
五等材	4 寸	12.80cm
六等材	3.5 寸	11.20cm
七等材	3 寸	9.60cm
八等材	2.5 寸	8.00cm
九等材	2 寸	6.40cm
十等材	1.5 寸	4.80cm
十一等材	1 寸	3.20cm

（六）屋构架琉璃构件

屋构架琉璃构件有：枕头木、宝瓶、角梁、套兽、挑檐桁、正身椽飞、翼角椽飞等。

1. 琉璃枕头木

"枕头木"有称"衬头木"，它是屋顶转角部位，承托翼角椽的垫枕木，是一种带凹锯齿形的三角形木，如图 5-29（a）所示。其工程量，按每件计算。

2. 琉璃宝瓶

"宝瓶"是角科斗拱中，置于最上层昂头之上，支承角梁外挑部分的衬垫，形如瓶状

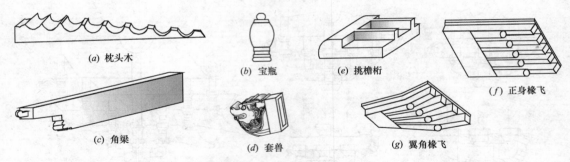

图 5-29 屋构架琉璃构件

以作装饰，如图 5-29（*b*）所示。其工程量，按每个计算。

3. 琉璃角梁

"琉璃角梁"是仿制木角梁外挑部分的构件，它将老角和仔角梁合并在一起，如图 5-29（*c*）所示。其工程量，按每根计算。

4. 琉璃套兽

"套兽"是套在仔角梁外端头上的兽面形装饰构件，一般均为琉璃制品，如图 5-29（*d*）所示。其工程量，按每个计算。

5. 琉璃挑檐桁

"挑檐桁"是房屋构架有斗拱建筑中，在檐桁之外由斗拱支承的，最外檐口处承接出檐椽子的构件，琉璃挑檐桁是一种将檐桁和檐椽铸制在一起的仿制品，如图 5-29（*e*）所示。其工程量，按其摆砌长度以 m 计算。

6. 琉璃正身椽飞、翼角椽飞

"椽飞"即指飞椽，它是叠置在檐椽之上起翘的椽子。在出檐直椽之上的为正身椽飞，在翼角椽子之上的为翼角椽飞，又称为"翘飞椽"。琉璃椽飞是一种将椽子、飞椽、望板等三者浇铸在一起的仿制品，如图 5-29（*f*）（*g*）所示。其工程量，按其摆砌长度以 m 计算。

第三节 "石作工程"项目词解

石作工程是指用青白石、花岗石、汉白玉等石料进行加工和安装各种石构件的操作工艺，这些石构件包括：台明部分石构件、墙身部分石构件、台基须弥座石构件、地面及其他石构件等。

一、台明及墙身石构件

（一）台明石构件

台明是指台基的露明台体，台明所用的石构件包括：土衬石、埋头石、陡板石、阶条石、踏跺石、垂带石、象眼石、姜磋石、柱顶石等，如图 5-30（*a*）所示。

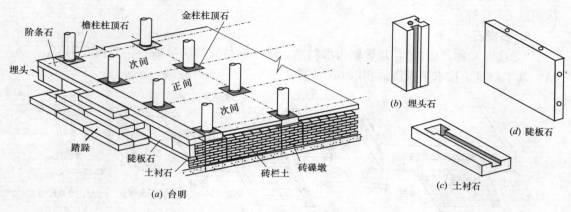

图 5-30 一般台明的构造

1. 土衬石

"土衬石"是指台明的底层构件，它是承托其上所有石构件（如陡板、埋头等）的衬垫石，其厚度分为 15cm 以内、20cm 以内、20cm 以外，其上凿有安装连接上面石构件的落槽口，以便增强连接的稳固性，如图 5-30（c）所示。其工程量，按图示尺寸的体积以 m³ 计算，不扣减槽孔所占体积。

2. 埋头石

这里的埋头石是指台明转角处的护角石，有的称为"角柱石"。它垂直立于土衬上，朝里两面凿槽口或插销孔，以便与陡板连接，顶上剔凿插销孔，以便与阶条石连接，如图 5-30（b）所示。其工程量，按图示尺寸的体积以 m³ 计算，不扣减槽孔所占体积。

3. 陡板石

"陡板石"即为侧立石，是台明栏土墙的垂直护面石，顶侧面剔凿插销孔，以便用相互插销连接，底面卡入土衬落槽内，如图 5-30（d）所示，其高分为 50cm 以内和 50cm 以外。50cm 以内工程量，按图示尺寸体积以 m³ 计算。

4. 阶条石

"阶条石"是台明顶面的镶边石，其下面留插销孔，用插销与陡板、埋头等连接，如图 5-30（a）中所示，阶条石厚度分为 15cm 以内、20cm 以内、20cm 以外。其工程量，按图示尺寸的体积以 m³ 计算。

5. 踏跺石

"踏跺石"是指台阶的踏步石，根据台阶形式分为如意踏跺和垂带踏跺，如图 5-31 所示。垂带踏跺最下面一块要凿槽，称为"砚窝石"，以便与垂带连接。其工程量，按水平投影面积以 m² 计算。

6. 垂带石

"垂带石"是指垂带踏跺两边的斜坡面石，是踏跺的栏边石，如图 5-31（d）所示，分为踏跺用和姜磋用，其区别仅是最下边的连接不同。其工程量，按水平投影面积以 m² 计算。

7. 象眼石

"象眼石"是指垂带踏跺两侧边的垂直三角形护面石，可用整块石或几块石加工而成，如图 5-31（c）所示，三角形的高分为 50cm 以内和 50cm 以外。其工程量，按图示尺寸的体积以 m³ 计算。

8. 姜磋石

"姜磋"又称"礓磋",是带锯齿形斜坡,供车辆行驶的防滑坡道,如图 5-31（a）所示。其工程量,按水平投影面积以 m² 计算。

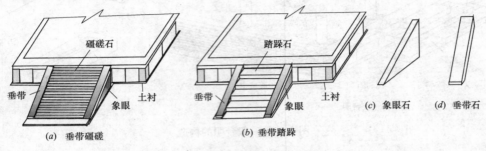

图 5-31　踏跺、姜磋

9. 柱顶石

"柱顶石"是承托柱子,防止柱脚受潮的柱基础石,由于最早的柱顶石为圆鼓形,所以一般称为"鼓径"或"鼓镜"。根据其形式分为:无鼓径、方鼓径、圆鼓径、带莲瓣柱顶石等,如图 5-32 所示,其中方鼓径边长分为 40cm 以内、50cm 以内、60cm 以内和 60cm 以外。圆鼓径边长分为 50cm 以内、60cm 以内、80cm 以内、100cm 以内和 100cm 以外。带莲瓣柱顶石顶面直径分为 60cm 以内、80cm 以内、100cm 以内和 100cm 以外。其工程量,按最大矩形面积乘厚的体积以 m³ 计算,不扣除孔槽及剔削所占体积。

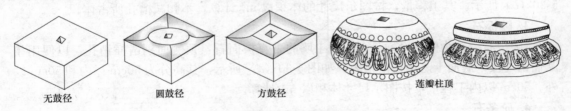

图 5-32　柱顶石

（二）墙身石构件

墙身部分的石构件,是指用于砖砌墙身有关部位所用的石构件,如:角柱石、压砖板、腰线石、挑檐石、门窗碹石及碹脸石、菱花窗、石墙帽等。

1. 角柱石

"角柱石"是指用于砖砌墙身的下肩部位转角处的护角石,其形式可做成混沌角柱、厢角柱,如图 5-33 所示。其工程量,按图示尺寸的体积以 m³ 计算。

2. 压砖板

"压砖板"又称"压面石",它是指砖砌墙身转角处,下肩与上身分界面平面上的转角石,如图 5-33 中压面石所示。其工程量,按图示尺寸的体积以 m³ 计算。

3. 腰线石

"腰线石"是指砖砌墙身下肩与上身分界线的分界石,与压面石齐平,如图 5-33 中腰

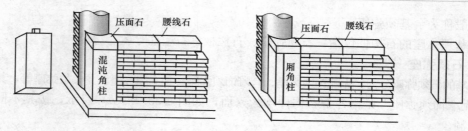

图 5-33 角柱石

线石所示。其工程量,按图示尺寸的体积以 m³ 计算。

4. 挑檐石

"挑檐石"是硬山建筑墀头梢子部位,用来代替砖梢子挑出的石构件,如前面图 5-33 中挑檐石所示。其工程量,按图示截面积乘长的体积以 m³ 计算。

5. 门窗碹石及碹脸石

"门窗碹石"又称门窗券石,它是门窗洞顶的拱形石过梁,处在最外层的称为"碹脸石",里层的称为"碹石",碹脸石可雕刻花纹图案,较朴素的图案为卷草或卷云带子,较豪华的图案为莲花或龙凤。常用于佛教寺庙中的山门,如图 5-34(a)所示。

其工程量,按外弧长乘图示宽厚的体积以 m³ 计算。碹脸石雕刻以石面的中线长度乘宽的面积以 m² 计算。

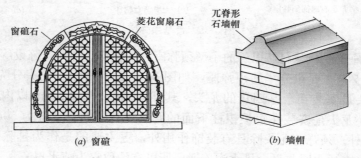

图 5-34 门窗碹石、墙帽

6. 菱花窗

"菱花窗"是指用石料雕刻成菱花纹样的封闭石窗扇,是象征性装饰作用的石门窗,如图 5-34(a)所示,分为制作和雕刻。制作工程量,按图示尺寸的体积以 m³ 计算,雕刻按面积计算。

7. 石墙帽

"石墙帽"指用石料雕琢的墙顶盖帽,又称为"压顶",一般为兀脊形,如图 5-34(b)所示。其工程量,按图示中最大矩形截面积乘长的体积以 m³ 计算。

二、台基须弥座和地面石构件

(一)台基须弥座石构件

须弥座在砖砌部分已介绍过,此处是指常用于宫殿、祭坛等大型平台上所做的石须弥座，一般称为台基须弥座。

台基须弥座的石构件包括：石须弥座、石栏板、石望柱等。

1. 石须弥座

台基的石须弥座分为：无雕饰须弥座、有雕饰须弥座、独立须弥座、龙头须弥座等，其中：

"无雕饰须弥座"是指各个石构件均为素面，如图 5-35 中（b）所示，按其不同高度套用定额。

"有雕饰须弥座"是指各个石构件，均雕刻有不同花纹，其中束腰一般为做金刚柱花碗结带，如图 5-35（c）所示，按其不同高度套用定额。

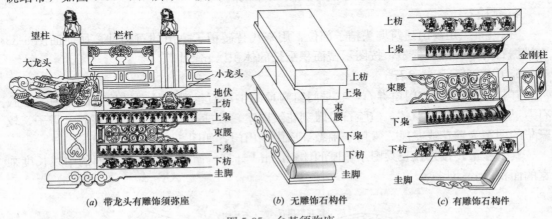

(a) 带龙头有雕饰须弥座　　　(b) 无雕饰石构件　　　(c) 有雕饰石构件

图 5-35　台基须弥座

"独立须弥座"是指除台基以外的小型须弥座，如花坛、佛像、陈设等的台座。

"带龙头须弥座"是最豪华的须弥座，如图 5-35（a）所示，龙头分为大龙头和小龙头，其中大龙头是安装在台基四角的龙头，其外伸长度分为 100cm 以内、120cm 以内、120cm 以外。小龙头是安装在每根望柱下面的龙头，其外伸长度分为 50cm 以内、60cm 以内、60cm 以外。须弥座龙头除具有装饰作用外，更主要的是作为排除平台上雨积水，从龙嘴至颈后凿有透水眼与平台排水沟连通，所以有的称它为喷水兽。

须弥座工程量，按各个构件图示最大尺寸的体积以 m³ 计算。须弥座龙头按外伸露明长度以每个计算。束腰做金刚柱花碗结带，按花饰所占长度乘束腰高的面积以 m² 计算。

2. 石栏板

台基的石栏板常用的形式有：寻杖栏板、罗汉栏板等。其中，"寻杖栏板"是指在望柱之间，栏板的最上面为一横杆扶手，在横杆下用雕饰花瓶作承托，与其下裙板连接，如图 5-36 中所示，按其不同高度套用定额。

抱鼓石　　　　罗汉栏板　　　　　　　寻杖栏板

图 5-36　石栏板

"罗汉栏板"是指在望柱之间，直接使用以石料制作的横板，其高分为50cm以内、60cm以内。在罗汉栏板平台进出口处，一般采用抱鼓石加以配合，抱鼓石形式如图5-36中所示，按其不同高度套用定额。

栏板、抱鼓石的工程量，按其高度尺寸以每块计算。

3. 石望柱

"望柱"即指栏杆柱，一般为方形截面，柱头雕刻成不同的花样形式，常用的石柱头形式有：龙凤头、狮子头、莲花头、素方头等，如图5-37所示。各种石望柱的工程量，按其高度尺寸以每根计算，按其不同高度套用定额。

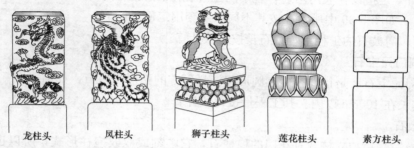

| 龙柱头 | 凤柱头 | 狮子柱头 | 莲花柱头 | 素方柱头 |

图5-37 望柱的常用柱头形式

（二）地面及其他石构件

地面及其他石构件包括：过门石、分心石、槛垫石、月洞门元宝石、门枕石、门鼓石、滚墩石、夹杆石、甬路海墁、牙子石、沟门沟漏石、带水槽沟盖、石沟嘴子等。

1. 过门石、分心石、槛垫石

"过门石"是指设在正开间中线门槛下面的地面石，与门槛垂直放置，如图5-38中所示。

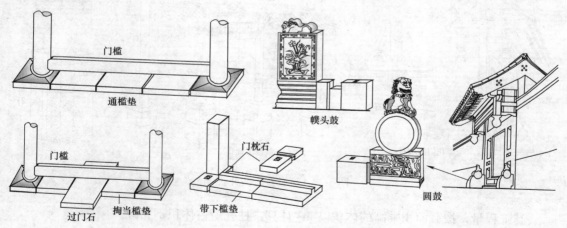

图5-38 过门石、槛垫石、门枕门鼓石

"分心石"是指设在有前廊地面，正开间中线上，由台阶至门槛处的地面石。若已设置了过门石后，就不再设置分心石。

"槛垫石"是指承托大门门槛下面的铺垫石，依铺垫方式分为：通槛垫、掏当槛垫、带下槛垫等。其中：

"通槛垫"是指不设过门石的通长槛垫石；掏当槛垫是指被过门石分割的间断槛垫石；带下槛垫是指带有门槛埂的槛垫石，如图 5-38 中所示。

过门石、分心石、槛垫石的工程量，按图示尺寸的体积以 m³ 计算。

2. 门枕石、门鼓石

"门枕石"是指设在门槛两端，承托门扇转轴的门窝石。石上凿有凹窝（称为海窝），套住门轴转动，如图 5-38 中所示，按其不同长度套用定额。

"门鼓石"是指设在大门两边，置于门槛外侧形似鼓形的装饰石。依其外形分为：圆鼓和幞头鼓，如图 5-39 中所示，按其不同长度套用定额。

门枕石、门鼓石的工程量，依石长按每块计算。

3. 月洞门元宝石

"月洞门元宝石"是指设在砖砌圆形门洞最下方的弧形门槛石，如前面图 5-40 中圆光磴所示，其长在 100cm 以内。其工程量按每块计算。

4. 滚墩石

"滚墩石"是指独立柱式垂花门的稳柱石，它雕刻成双鼓抱柱形式，所以也有称它为抱鼓石，如图 5-39 中所示，按其不同长度套用定额。其工程量，依其长度按每个计算。

5. 夹杆石

"夹杆石"又称"镶杆石"，它是木牌楼柱和旗杆的柱脚保护石，一般剔凿成两块合抱形式，将柱脚包裹起来，埋入地下一半，如图 5-39 中所示。

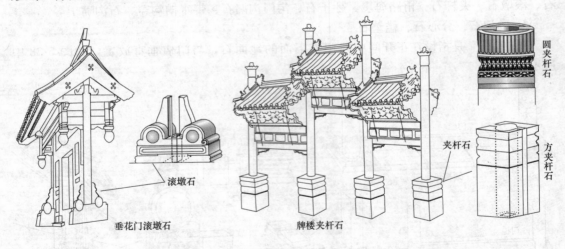

图 5-39 滚墩石、夹杆石

其工程量，按截面积乘高的体积以 m³ 计算，柱孔所占体积不扣减。

6. 甬路海墁

"甬路"即指用砖石铺筑通往建筑物的主要道路，"海墁"即指甬路之外，便于人们活动或保护场地整洁的砖石地面。此处甬路海墁是指石铺甬路和海墁，其标准厚度为 13cm。其工程量，按所铺面积以 m² 计算。

7. 牙子石

"牙子石"是指甬路、海墁边缘的栏边石，用于约束和保证砖石铺筑范围的整齐，其标准厚度为13cm。其工程量，按所铺面积以 m² 计算。

8. 沟门、沟漏

"沟门"是指用于围墙底部排水洞口的拦截石，以防止动物钻入。沟漏是指地面排水暗沟的落水口，以防止物体堵塞沟道。如图 5-40 中所示。其工程量按每块计算。

9. 带水槽沟盖

"带水槽沟盖"是指带盖板的石排水沟槽。水槽即用石料剔凿成的排水凹槽，沟盖是指水槽上的盖板，盖板下面也剔凿成弧形，以利排水，如图 5-40 中所示。其工程量，按水平投影面积以 m² 计算。

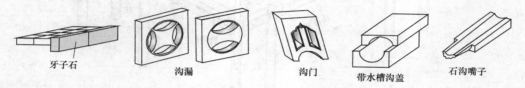

牙子石　　　沟漏　　　沟门　　　带水槽沟盖　　　石沟嘴子

图 5-40　牙子石、沟漏沟门石

10. 石沟嘴子

"沟嘴子"是指排水沟出水端的挑出嘴子，它悬挑墙外一段距离，免使排水滴漏在墙面上，如图 5-40 中所示，按其不同宽度套用定额。其工程量，按其长度以 m 计算。

第四节　"木构架及木基层"项目词解

本节为木作工程，包括：房屋木构架、屋顶木基层、垂花门及牌楼等三大内容。

一、房屋木构架

房屋木构架是指由木屋架、木柱、木枋等所组成的房屋木框架，如图 5-41 所示，它包括：柱、枋、梁、桁、垫板、承重等木构件的制作和安装。

(一) 柱类

木构架中的柱，依位置分为：檐柱、单檐金柱、重檐金柱、通柱、牌楼柱、中柱、山柱、童柱、擎檐柱、牌楼戗柱、梅花柱、风廊柱等。

1. 檐柱、单檐金柱

"檐柱"是指房屋木构架最外围轴线上，靠近檐口部位的柱子，在房屋前檐的称为前檐柱，在后檐的称为后檐柱，在山面的称为山檐柱。带有走廊的檐柱又可称为"廊柱"，如图 5-41 和图 5-42 中檐柱所示。

"单檐金柱"一般简称为金柱，它是指带有走廊房屋中，内围轴线上，靠走廊里边的柱子，它一般与檐柱对称平行布置，由于它距离檐柱的距离称为一个步距，故有的又称它为"步柱"，如图 5-41 和图 5-42 中金柱所示。

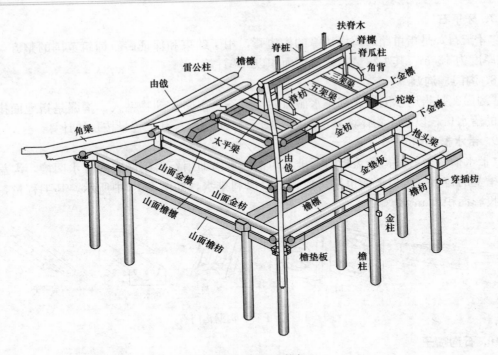

图 5-41 庑殿木构架

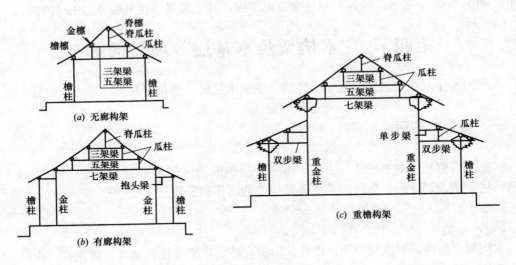

图 5-42 屋构架简图

檐柱和金柱按其不同柱径套用定额。其工程量柱径的材积以 m³ 计算，计算时有两种情况：

（1）当设计木柱标明有收分时，可按下式计算：

$$木柱体积=0.3333\times(柱顶截面积+柱底截面积+\sqrt{顶底截面积乘积}\,)\times柱高$$

（2）当设计木柱只标注木柱直径（一般为小头直径），应按现行国家标准《原木材积表》GB 4814 规定计算式进行计算，即一根原木材积为：

材积＝0.7854柱长×[柱径＋0.5柱长＋0.005柱长²＋0.000125柱长×

(14－柱长)²×(柱径－10)]²÷10000

柱高从柱顶石上皮量至梁的下皮。

2. 重檐金柱、通柱、牌楼柱

这是三种较高的柱子。"重檐金柱"是指重檐(二层以上屋檐)的金柱,它的下段为底层的金柱,上段为上层的檐柱,如图5-42(c)中所示。

"通柱"是指除檐柱和金柱之外,贯穿两层以上的柱子,如楼层房屋中的中柱。

"牌楼柱"是指牌楼建筑中的边柱和中柱,如图5-39中牌楼所示。

重檐金柱、通柱、牌楼柱按其不同柱径套用定额。其工程量按檐柱计算方法以 m³ 计算。柱高从柱顶石上皮量至梁的下皮。牌楼柱的工程量应包括埋入地下的长度。

3. 中柱、山柱

"中柱"是指沿屋脊位置布置的柱子,也有的称它为"脊柱"。这种柱子多用在房屋跨度比较大,为减小屋架大梁长度的木构架中。如图5-43(a)所示。

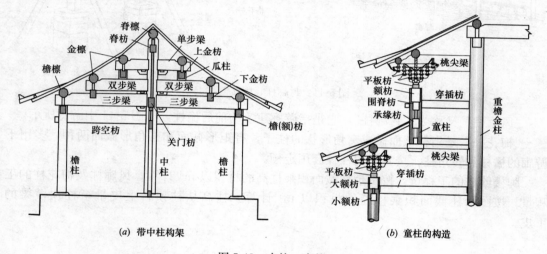

(a) 带中柱构架　　　　　　　　(b) 童柱的构造

图5-43　中柱、童柱

"山柱"是指房屋两端山墙部位的中柱,也称为"山脊柱",它是指特定位置上的中柱。

中柱和山柱按其不同柱径套用定额。其工程量按檐柱计算方法以 m³ 计算。柱高从柱顶石上皮量至柱顶横构件的下皮。

4. 童柱、擎檐柱

"童柱"是指重檐建筑中不落地的上层檐柱,它落脚在下层的桃尖梁或抱头梁上,如图5-43(b)所示。在攒尖亭建筑中,它落脚在抹角梁或井字梁上。按其不同柱径套用定额。

"擎檐柱"也是一种不落地的檐柱,它是在当二层以上的屋檐要求伸出较大时,为解决悬挑跨度太大,而附设的用来支撑屋檐的柱子,如重檐建筑中,当上层屋檐四角的角梁要求挑出较长时,一般都在角梁下附加擎檐柱作为支撑。又如带平座建筑中,当平座挑出较宽时,上层屋檐也随之要伸出较大,此时也应在平座之上附加擎檐柱来支撑屋檐。按其不同柱径套用定额。

童柱和擎檐柱的工程量，按图示柱截面积乘柱高的材积以 m³ 计算。柱高从柱托构件上皮量至柱顶横构件的下皮。

5. 牌楼戗柱、风廊柱、梅花柱

"牌楼戗柱"又称为"斜戗撑木"，它是为加固牌楼柱的稳定性而设的斜撑，如图5-44中牌楼所示。

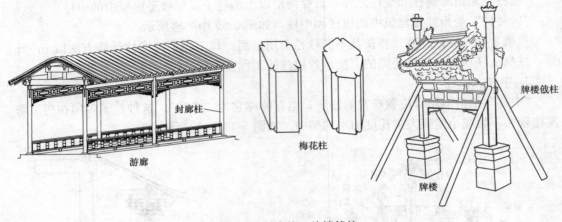

图 5-44　封廊柱、牌楼戗柱

"风廊柱"又称为"封廊柱"，它是指游廊建筑的前后檐柱，如图 5-44 中游廊所示。

"梅花柱"是指柱截面做成窝角形状的柱子，有矩形截面和五角形截面两种，多用于游廊的檐柱和转角柱。按其不同柱径套用定额。

牌楼戗柱的工程量，按图示柱截面积乘柱高的材积以 m³ 计算。风廊柱及梅花柱的工程量，按图示柱截面积乘柱高的材积以 m³ 计算。柱高从柱顶石上皮量至柱顶横梁的下皮。

（二）枋类

木枋是联系柱与柱，梁与梁的横木构件，它是为加强木构架稳定性的横撑木。木枋根据联系木构件的作用不同，分为：额枋、桁（檩）枋、穿插枋、跨空枋、棋枋、间枋、天花枋、承椽枋、围脊枋、平板枋等。

1. 额枋

额枋又称为"檐枋"，在有斗拱建筑中称为"额枋"，在无斗拱建筑中称为"檐枋"，它是连接檐柱之间顶端的横向联系木。依位置与用途不同分为：大额枋、小额枋、单额枋、一端带三叉头或霸王头箍头枋、两端带三叉头或霸王头箍头枋等。其中：

（1）大额枋

"大额枋"是指截面尺寸较大的枋木，一般位于平板枋下作为其辅助承力构件，如图5-43（b）中所示，按其不同枋高套用定额。

（2）小额枋

"小额枋"是与大额枋配套的小截面枋木，因为大额枋是附有辅助承力的构件，而起联系作用的责任就由小额枋承担，如图5-43（b）中所示，按其不同枋高套用定额。

（3）单额枋

"单额枋"即指檐枋，因为在无斗拱建筑中，它是檐柱之间的唯一联系枋木，所以称为"单额"，以便与大额枋相区别，如图 5-43（a）中檐（额）枋所示。按其不同枋高套用定额。

（4）一端带三叉头或霸王拳箍头枋

一端带三叉头或霸王头的箍头枋，是指房屋最边端开间上的额枋，它有一端插入柱中，另一端作卡榫与边柱交叉，将枋头伸出柱外作为管卡头，此管卡头称为"箍头"，箍头一般做成三叉头或霸王拳形式，如图 5-45 所示。

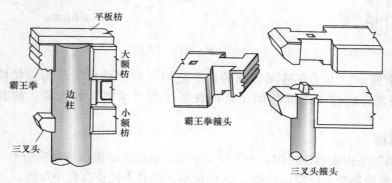

图 5-45　额枋箍头

（5）两端带三叉头或霸王拳箍头枋

两端带三叉头或霸王拳的箍头枋，是指用于单开间建筑上的檐枋，如垂花门、单开间的牌楼、单开间水榭等，因为它们只有两根檐柱，所以一根檐枋两端都出头。

2. 桁（檩）枋

"桁（檩）枋"是指屋架结构中，附在桁（檩）枋下面，连接金柱、瓜柱的联系木，它随桁（檩）枋位置而命名，如金枋、脊枋等，如图 5-42 中所示。按其不同枋高套用定额。

3. 穿插枋

"穿插枋"用于有两排柱的建筑中，将相邻前后柱连接成整的联系木，如带廊建筑中连接檐柱与金柱，垂花门中连接前后檐柱或垂莲柱等，如图 5-43（b）中所示。因为它的里端作榫插入金柱内，而外端是穿过檐柱而出，故取名为穿插枋。按其不同枋高套用定额。

4. 跨空枋

"跨空枋"是横跨房屋进深，连接无廊建筑中前后檐柱，或有廊建筑中前后金柱的联系木，如图 5-43（a）所示，因为它是随着横梁方向设置的枋木，所以也有称它为"随梁枋"。它主要起加强木构架前后方向的整体稳定性。按其不同枋高套用定额。

5. 棋枋

"棋枋"是指在重檐建筑中，金柱轴线上设有门窗时，于门窗框之上所设的辅助枋木，它是为固定门窗框而提供的根基木，如图 5-46 中所示。按其不同枋高套用定额。

6. 间枋

"间枋"是指楼房建筑中，每个开间的面宽方向，连接柱与柱并承接楼板的枋木，

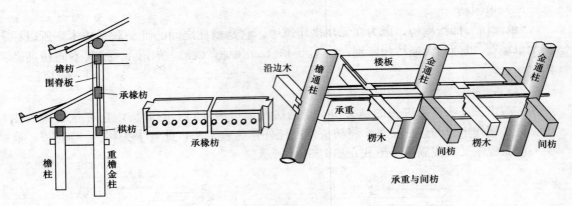

图 5-46　棋枋、间枋

如图 5-46 中所示。由于在进深方向的柱子之间，有"承重"作为承接楼板荷重的主梁，所以面宽方向柱子之间的间枋，可算是作为"承重"的次梁。按其不同枋高套用定额。

7. 承椽枋

"承椽枋"是指重檐建筑中，上下层交界处，承托下层檐椽后端的枋木，在枋木外侧，安装椽子位置处剔凿有椽窝，如图 5-46 中所示。按其不同枋高套用定额。

8. 围脊枋

"围脊枋"是指重檐建筑中，上下层交界处，遮挡下层瓦屋面围脊的枋木，如图 5-43（b）中所示，在某些房屋规格不太大的建筑中，也有用围脊板来代替围脊枋的，如图 5-46 中所示。按其不同枋高套用定额。

9. 天花枋

天花枋是指有天棚吊顶建筑中，作为天棚次梁的枋木，天棚的主梁为进深方向的天花梁，与天花梁垂直方向的为天花枋，如同间枋一样，如图 5-47 中所示。按其不同枋高套用定额。

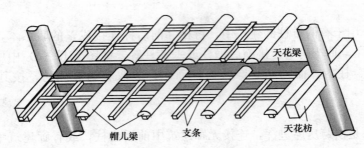

图 5-47　天花枋、天花梁

10. 平板枋

"平板枋"又称"座斗枋"，它是专门用来承托斗拱的枋木，如图 5-43（b）中所示。按其不同枋高套用定额。

11. 带麻叶头的小额枋和穿插枋

前面曾谈到带三叉头和霸王拳的额枋，这种枋头是用于檐额枋上。而麻叶头一般只用于建筑规模较小或截面尺寸较小的额枋和穿插枋上，"麻叶头"是将枋头做成"三弯九转"圈弧线的雕饰花纹，如图 5-48 所示。

麻叶头　　麻叶头穿插枋

图 4-48　麻叶头

以上各种枋木的工程量，均按图示尺寸的最大矩形截面积乘长的材积以 m³ 计算。枋木长度，当端头为插柱榫者，其长量至柱中心；当端头穿柱出头或箍头者，其长应量至枋头外端。

（三）梁类

梁是横跨房屋进深方向，承托其上所有荷重的构件，根据其形式分为：桃尖梁及桃尖假梁头、一端或两端带麻叶头梁、角云捧梁云及麻叶假梁头、架梁、月梁、步梁、抱头梁、踩步金、扒梁、抹角扒梁及太平梁等。其工程量均按梁的图示截面尺寸乘梁长以 m³ 计算。梁的长度，当梁端为插榫插入柱中者，梁长算至柱中心；当梁端为穿透榫或箍头者，梁长算至梁端外皮。

1. 桃尖梁及桃尖假梁头

"桃尖梁"是指在斗拱建筑中，将梁的端头做成桃尖轮廓形式的横梁，如图 5-49 中所示。常用于檐柱和金柱之间，作为承托挑檐桁和檐桁的横梁，如图 5-43（b）中所示，也可将步梁、顺梁等梁端做成桃尖形式，称为桃尖步梁或桃尖顺梁。

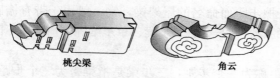

桃尖梁　　　　　角云

图 5-49　桃尖梁、角云

在有些地方不做桃尖梁，而只在普通横梁与柱交接的外侧，另行安装一个桃尖梁头，此称为"桃尖假梁头"。均按其不同梁宽套用定额。

2. 一端或两端带麻叶头梁

一端或两端带麻叶头梁，它是用在与一端或两端带麻叶头枋的配套建筑中，只是带麻叶头梁为承重构件，带麻叶头枋起联系作用，两者布置方向不同而已。按其不同梁宽套用定额。

3. 角云、捧梁云及麻叶假梁头

"角云"又称为"花梁头"，它是用于转角部位柱顶上，承托两个方向横梁交叉搭接或桁檩交叉搭接的垫木，一般在该垫木外侧雕刻有云状花纹，所以称为角云，如图 5-49 中所示。

"抱梁云"是《营造法原》屋架山尖部分，置于山界梁之上的装饰板，斜插在一斗六升的最上面一个升口中，板上雕刻有行云图案，陪衬山雾云的立体感。详见第四章第五节图 4-72。

"麻叶假梁头"与桃尖假梁头一样，只用在梁与柱插接的情况。

角云、捧梁云及麻叶假梁头均按其不同梁宽套用定额。

4. 架梁

"架梁"即指屋架上的承重梁，架梁根据其上所承受的桁檩根数而命名，分为奇数架梁和偶数架梁。其工程量均按图示尺寸截面积乘长的材积以 m³ 计算。

　　奇数架梁有：九架梁、七架梁、五架梁、三架梁等。它是尖角式单脊檩屋架形式中所用的横梁，如图 5-42 所示。

　　偶数架梁有：八架梁、六架梁、四架梁等。它是卷棚式双脊檩屋架形式中所用的横梁，如图 5-50 所示。

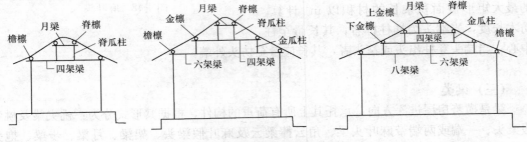

图 5-50　卷棚建筑构架简图

　　以上各梁均按其不同梁宽套用定额。

5. 月梁、步梁

　　"月梁"是指卷棚建筑中，屋顶部承托双脊檩的二架梁，但一般不称为二架梁，而是按其上卷棚形式的弧形称为月梁，以便与二步梁相区别，如图 5-50 中所示，按其不同梁宽套用定额。"步梁"是指架梁之外，按桁檩步距而命名的屋架梁，它一般用于带有檐廊建筑和硬山建筑有中柱的构架上。较常用的有：三步梁、双步梁、单步梁等。均按其不同梁宽套用定额。

　　其中"步"即指步距，桁檩之间的间距称为一个步距，三步梁是指梁跨为三个步距；双步梁是指梁跨为二个步距，单步梁是指梁跨为一个步距。如图 5-42（c）是带有檐廊建筑的单双步梁；图 5-43（a）为带有中柱的单、双、三步梁。

6. 抱头梁及斜抱头梁

　　"抱头"是指梁的端头剔凿有凹弧槽，用以承托桁檩的一种形式，上面所述的架梁和步梁都是为抱头形式的梁。"斜抱头梁"是指檩椀槽口为斜交形式，用于转角的递角梁。如图 5-51 中所示，按其不同梁宽套用定额。

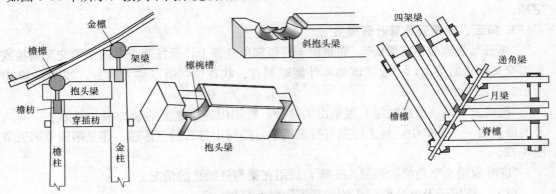

图 5-51　抱头梁、斜抱头梁

7. 踩步金

　　"踩步金"是一种变形梁，它是专指歇山建筑木构架中，形成歇山面的基础构件，这种构件身兼架梁和下金檩的双重作用。踩步金的正身为矩形截面，其上承托三（四）架梁的荷重，其侧面剔凿有椽窝，起承托桁檩作用以搭置山面檐椽；踩步金的两端做成与下金檩相同的截面，以便与正面下金檩搭接相交，如图 5-52 所示。按其不同梁宽套用定额。

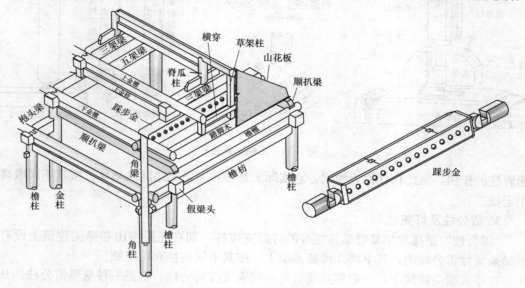

图 5-52 歇山木构架

8. 扒梁、抹角扒梁、太平梁

"扒梁"是指不直接放在柱顶上，而是有一端扒在桁檩上，另一端作榫插入柱内的一种承重梁，一般对顺着房屋面阔方向的称为"顺扒梁"，如图 5-52 中所示，在它其上承托着踩步金所传来的荷重。

"抹角扒梁"是转角部位斜置的扒梁，它的一端是扒在正面桁檩上，另一是扒在山面桁檩上，一般在多角亭的构架中用得较多。

"太平梁"是指屋脊顶部除正身架梁之外，支撑屋脊构件的附加横梁，如庑殿建筑中雷公柱下的梁（图 5-41 中所示），攒尖亭建筑中雷公柱下的梁等。

（四）矮柱类

矮柱是指在横梁上所竖立的构件，它包括：瓜柱及角背、柁墩、雷公柱、墩斗等。其工程量均按图示尺寸截面积乘高厚以 m³ 计算。

1. 瓜柱及角背

"瓜柱"是屋架梁上的垂直支撑构件，如图 5-42 和图 5-50 中所示。根据其位置分为：脊瓜柱、金瓜柱、交金瓜柱等。在屋顶支撑脊檩的称为"脊瓜柱"，支撑金檩的称为"金瓜柱"，支撑转角处两个方向搭交檩的称为"交金瓜柱"。

为加强瓜柱稳定性，对较高的瓜柱都设置有"角背"作为稳固构件，如图 5-53 中所示的为脊瓜柱及其角背。因此，瓜柱分为带角背口和不带角背口。按其不同柱径套用定额。

2. 柁墩

"柁墩"是代替最矮瓜柱的垫块，当瓜柱的高度小于宽厚尺寸时，就不成柱形，但它

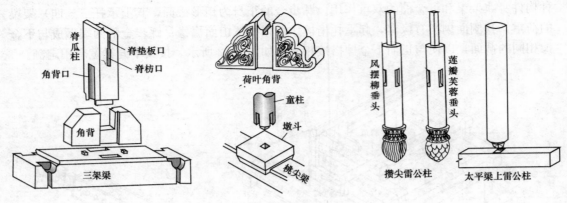

图 5-53　瓜柱、雷公柱

起着柱的作用，对此构件称为柁墩，它实际上是垫在上下梁之间的垫块。按其不同墩高套用定额。

3. 雷公柱及灯笼柱

"雷公柱"是指屋架梁脊瓜柱之外的脊部支撑柱，如在庑殿推山和攒尖建筑上设有太平梁来支撑雷公柱的，其下端作榫插入梁上。按其不同柱径套用定额。

在亭式攒尖建筑上，一般用角梁后的由戗来支撑雷公柱，它是一种悬垂雷公柱，其垂头雕刻有"风摆柳"、"莲瓣芙蓉"等花纹，称为"带风摆柳垂头的攒尖雷公柱"、"带莲瓣芙蓉垂头的攒尖雷公柱"。

"灯笼柱"是指悬吊在转角处屋檐下的悬空装饰柱，它同攒尖雷公柱一样，分为带风摆柳和莲瓣芙蓉垂头。雷公柱与灯笼柱的区别，只是柱的支撑不同，攒尖雷公柱依靠角梁延伸过来的由戗支撑；而灯笼柱依靠檐口两个方向的枋木作支撑。

4. 荷叶角背、墩斗

"荷叶角背"是角背的美化构件，它将普通角背雕刻成云纹花形，如图 5-53 中所示，用于需要突出装饰性较强的构架上。其厚度分为 15cm 以下、15cm 以上。

"墩斗"是指专门用于承托童柱的底座，因形似座斗形，故称为墩斗，如图 5-53 中所示。其边宽分为 40cm 以下、40cm 以上。

（五）桁檩类与角梁

桁檩类与角梁构件是房屋木构架中，最上面的承重构件，它包括：桁檩、扶脊木、老角梁、仔角梁、由戗等。其工程量均按图示尺寸截面积乘长度以 m³ 计算。

1. 桁檩

"桁"即指桁条，"檩"即指檩木或檩条，它们都是沿房屋面阔方向，搁置在脊柱和各个架梁的梁端上，将各排木构架连接成整，以使承托望板以上屋面荷重的圆形条木。一般在斗拱建筑或规模较大建筑中称为"桁"，在普通建筑或规模较小建筑中称为"檩"。也有的为了方便通称为檩。

桁檩依其位置分为：脊桁（檩）、上金（檩）、下金（檩）、檐（檩）等，如图 5-41、图 5-50、图 5-52 中所示。在房屋正面与山面两个方向桁檩在转角处，其檩头互相搭交，称为"搭交桁檩"。在各屋架之间的桁檩一般简称"圆桁檩"，在边屋架和两山面的桁檩，有一端或两端做有搭交槽口的端头,如图 5-54(a)所示。按其不同檩径套用定额。

2. 扶脊木

"扶脊木"是指屋顶正脊处,装钉在脊桁檩上,用于栽置脊桩(即作为屋脊骨撑)和承接椽子的条木,一般做成六角形截面,上面栽脊桩,两侧剔凿椽窝,如图 5-54(b)所示。按其不同径宽套用定额。

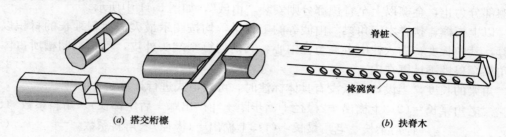

(a) 搭交桁檩   (b) 扶脊木

图 5-54 搭交桁(檩)、扶脊木

3. 老角梁

"角梁"是屋顶转角处用来增加屋面起翘弧度的斜构件,分为上下两根叠合而成,上面的称为"仔角梁",下面的称为"老角梁"。因此,老角梁是承托仔角梁的构件,如图 5-55 中所示。

4. 扣金、插金、压金仔角梁

扣金、插金、压金仔角梁是指仔角梁配合老角梁的不同安装方法,一般简称为"扣金法"、"插金法"、"压金法"。

"扣金法"是指将老角梁与仔角梁的后尾,做成上下扣椀包住搭交金檩,借其扣椀扣住金檩而不使移动,如图 5-55(a)所示。

"插金法"是指将老角梁与仔角梁的后尾,做成插榫插入到金柱卯口内固定,如图 5-55(b)所示。

"压金法"是指将老角梁的后尾,剔凿成椀槽压在搭交金檩上,仔角梁叠压在老角梁上,如图 5-55(c)所示。

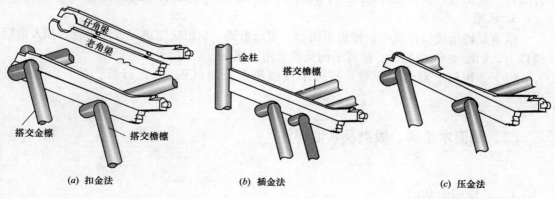

(a) 扣金法   (b) 插金法   (c) 压金法

图 5-55 扣金、插金、压金法

5. 窝角仔角梁

"窝角梁"是指屋面转角凹角处的角梁，该处的仔角梁同压金法一样，仔角梁叠置在老角梁，但叠置部分的长度稍短一些。

6. 由戗

"由戗"又称为"续角梁"，它是角梁的延续构件。由上述可知，角梁长度只伸到金柱金檩部分为止，金檩以上至脊檩部分则安装"由戗"，如图5-41中所示。

以上桁檩、扶脊木、角梁、由戗等的工程量，均按图示最大截面积乘长的材积以 m³ 计算，其中长度，插入柱中者算至柱中心，其他均算至端头外皮，不扣减凹槽所占体积。仔角梁套兽榫不计算在内。

角梁的长度，当设计图纸没有具体标注时，可按下式进行计算：

$$老角梁长＝(2/3上檐出＋2椽径＋檐步距＋斗拱出踩＋后尾榫长)×角斜系数 \quad (5-1)$$
$$仔角梁长＝老角梁长＋(1/3上檐出＋1椽径)×角斜系数 \qquad (5-2)$$

式中   上檐出——按檐檩中心至檐口外皮距离。也可为：无斗拱建筑按0.3檐柱高，有斗拱建筑按21斗口。

斗拱出踩——三踩斗拱按3斗口、五踩斗拱按6斗口、七踩斗拱按9斗口。

后尾榫长——扣金、压金按1檩径，插金按0.5金柱径。

角斜系数——指水平转角和举架斜角的综合系数，当转角为90°（即矩形屋面）角斜系数＝1.58；转角为120°（即六角亭屋面）角斜系数＝1.29；转角为135°（即八角亭屋面）角斜系数＝1.21。

（六）垫板类与承重

垫板是指填补大额枋与小额枋之间、桁檩与桁檩枋之间的填空板，分为：由额垫板、桁檩垫板等两大类。

1. 由额垫板

"由额垫板"是专指填补大额枋与小额枋之间的填空板，它主要是为增添檐口部位的完美、整洁等装饰作用。其板高分为15cm以下、15cm以上。

2. 桁檩垫板

"桁檩垫板"是指填补桁檩下面，与其相应枋木之间的填空板。依其桁檩位置分为：脊垫板、金垫板、檐垫板等，如图5-41中所示。按其不同板高套用定额。

3. 承重

承重是特指楼房建筑中，楼板下面的主要承重梁，它沿房屋进深方向布置，插入前后通柱上，如图4-63中所示。按其不同梁宽套用定额。

以上垫板与承重的工程量，按图示截面积乘长的材积以 m³ 计算。其长度算至柱中心。

二、屋面木基层、板类及其他部件

（一）屋面木基层

屋面木基层是指在屋面瓦作以下，木构架以上的木构件层，它包括：椽子、枕头木、望板、大连檐、小连檐、瓦口木、闸挡板等,如图5-56所示。

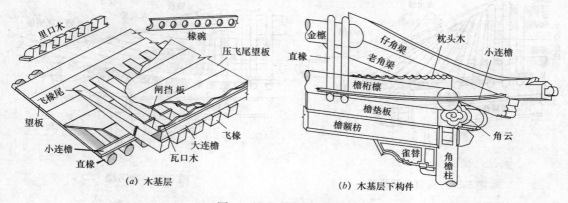

图5-56 屋面木基层构件

1. 椽子

"椽子"是承托屋面望板并将其上荷重传递到桁檩上的构件。依其位置和作用分为:直椽、翼角椽、飞椽、翘飞椽、罗锅椽等。

(1) 直椽

"直椽"是指铺钉在桁檩之上正身部分的椽子,它是为区别翼角椽、飞椽等而命名,包括从檐口至扶脊木这一直线上的椽子。依其截面分为:圆直椽和方直椽。

直椽铺钉的方式分为:顺接铺钉、乱插头花钉等。其中顺接铺钉是指直椽首尾相接的铺钉在桁檩上。乱插头花钉是指直椽首尾错头的铺钉在桁檩上,如图5-57所示。

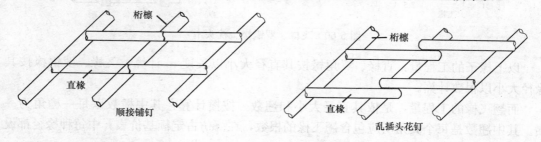

图5-57 直椽铺钉方式

(2) 翼角椽

"翼角椽"是指除正身范围以外的转角部分椽子,它是从正身直椽最边一根,逐渐向角梁倾斜铺钉在枕头木上,如图5-58所示,按单数布置。与正身直椽一样,依其截面也分为:圆翼角椽和方翼角椽。

(3) 飞椽

"飞椽"又称为"椽飞",它是指叠置在檐口直椽上的椽子。它的后尾为楔形,压在檐口直椽(简称檐椽)或其望板上,前段挑出檐椽(按上檐出的1/3),使檐口向上有所翘起,头尾之比为1:2.5,如图5-60中所示。

(4) 翘飞椽

"翘飞椽"是指翼角部分的飞椽,它的后尾叠置在翼角椽或其望板上,前段挑出起翘,

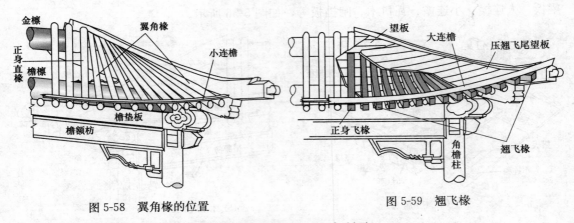

图 5-58　翼角椽的位置

图 5-59　翘飞椽

其规格与飞椽相同，而根数按单数布置，如图 5-59 中所示。

（5）罗锅椽

罗锅椽是指卷棚建筑中脊顶的弧形椽子，有的称为"顶椽"或"弯椽"，如图 5-60 所示。

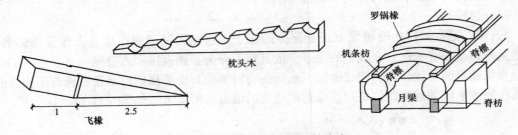

图 5-60　飞椽、罗锅椽、枕头木

以上椽子的工程量：直椽、翼角椽按其直径大小以长度 m 计算。飞椽、罗锅椽按其椽径大小以根数计算。

而翘飞椽的工程量，是依其直径大小和翘数，按攒计算，其中攒数以每一檐角为一攒。其中翘数是每个翼角所应包含翘飞椽的根数，在《仿古定额基价表》中每种椽径都设有五种翘数，如下所示：

椽径 5cm、6cm 以内设有：七翘、九翘、十一翘、十三翘、十五翘；

椽径 7cm、8cm、9cm 以内设有：九翘、十一翘、十三翘、十五翘、十七翘；

椽径 10cm、11cm、12cm 以内设有：十一翘、十三翘、十五翘、十七翘、十九翘；

椽径 13cm、14cm、15cm 以内设有：十三翘、十五翘、十七翘、十九翘、廿一翘。

上述所示的椽径和翘数（翘飞椽根数），一般在设计图纸中都会注明。若翘数未明确时，可根据设计图纸中的步距数来确定，从脊檩至檐檩的步距数越多，则翘飞椽根数也越多。依此，当椽径确定后，从起点翘数（上述每组椽径的第一个为起点翘）开始，可按每一步距向后推 1 而定。现举例说明当图纸未说明翘数时，如何确定翘数如下：

【例 1】　设某房屋的构架如图 5-42（a）所示，檩径为 5cm，应按几翘执行？

解：依图 5-42（a）所示，该构架从脊檩至檐檩为 2 步距，应从起点翘开始向后推 2（即七翘、九翘），所以应按 5cm 内九翘执行。

【例 2】 设某房屋的构架如图 5-42（b）所示，檩径为 10cm，应按几翘执行？

解： 依图 5-42（b）所示，该构架从脊檩至檐檩为 4 步距，应从起点翘数向后推 4（即十一翘、十三翘、十五翘、十七翘），所以应按 10cm 内十七翘执行。

在重檐建筑中，如果图纸已有规定，应按规定执行，若没有规定，下层檐的翘数可按上层檐的翘数执行。

2. 枕头木

"枕头木"是指装钉在檐檩上，承托翼角椽使其上翘的垫枕木，呈锯齿三角形，《营造法原》称为"戗山木"如图 5-60 中所示。其工程量，按块数计算。

3. 机条枋

"机条枋"即指脊条枋，是罗锅椽的承垫木，如图 5-60 中所示。其工程量按长度以 m 计算。

4. 大连檐、小连檐

"大连檐"是指连接檐口飞椽和翘飞椽的条木，如图 5-59 中所示。"小连檐"是指连接直椽和翼角椽的条木，如图 5-58 中所示。它们都是固定椽头位置的辅助木。其工程量，均按长度以 m 计算。

5. 椽椀

"椽椀"是用于固定檐椽的卡固板，它是用一块木板按椽径大小和椽子间距，挖凿出若干椀洞而成，如图 5-56 中所示，将它钉在檐桁檩上，让檐椽穿洞而过。根据椽子截面形式分为：圆椽椽椀、方椽椽椀。多用在高规格建筑上，一般建筑可以不用。其工程量，按其长度以 m 计算。

6. 闸挡板

"闸挡板"是指堵塞檐口飞椽之间空挡的挡板，如图 5-56 中飞椽檐口所示。因为，飞椽钉在直椽的望板上，而在飞椽之上还钉有一层"压飞望板"，在这两层望板之间的空挡，很容易让雀鸟做巢，因此用闸挡板加以堵塞。其工程量，按其总长度以 m 计算。

7. 隔椽板

"隔椽板"是用于固定除檐椽以外，其他直椽的卡固板，它像闸挡板一样，是卡固直椽之间空挡的挡板，其作用与椽椀相同，但不用长板条板挖凿椽椀。其工程量，按其总长度以 m 计算。

8. 望板

"望板"是铺在椽子上，作为屋面瓦作的基层板。依装钉方式分为：顺望板、柳叶望板、毛望板等。

"顺望板"是指将望板顺着椽子方向铺设的做法，它需先将几块望板，事先刨平合缝，用竹钉拼成几大整块，然后铺钉在椽子上。

"柳叶望板"即指横望板，它是垂直于椽子方向铺放的做法，它只将每块板的拼缝口刨成相互吻合斜面（即柳叶面），然后直接横铺在椽子上。

"毛望板"是指对板缝没有严格要求，横着铺钉在椽子上即可。

以上望板的工程量，按屋面的斜面积以 m² 计算，不扣除连檐木、扶脊木、角梁等所占面积，但屋角冲出部分也不增加。

9. 瓦口

"瓦口"是指承托檐口瓦的木板条，它将木板按盖瓦和底瓦的弧形，挖锯成凸凹波浪形，钉在大连檐木上，作为铺瓦的样板，如图 4-57 中瓦口木所示。其工程量，按其长度以 m 计算。

(二) 板类

这里的板类是指除屋面木基层以外的木构架上所常用的木板件，它包括：博脊板、棋枋板、山花板、博缝板、梅花钉、挂檐板和滴珠板、挂落板、木楼板等。

1. 博脊板

"博脊板"即指围脊板，它是用于重檐建筑中，上下层交界处，遮挡下层屋面围脊的遮挡板。其工程量，按图示尺寸的垂直面积以 m² 计算。

2. 棋枋板

"棋枋"前面已经叙述，"棋枋板"是安装在承椽枋与棋枋之间的木板，它是木装修槛框之上的遮挡板。其工程量，按图示尺寸的垂直面积以 m² 计算。

3. 山花板

"山花板"是指房屋山尖部分的木挡板，依房屋建筑不同分为：立闸山花板、镶嵌象眼山花板。其中，"立闸山花板"是指歇山建筑封护山面桁檩端头、草架柱、横穿、踏脚木等的木挡板，如图 5-52 和图 5-61 中所示。

"镶嵌象眼山花板"是指硬、悬山建筑山面屋架梁上，填补山面木构架之间空挡的木挡板。因为有些悬山建筑的山面，只将山墙砌到大梁下皮，让木屋架暴露在外，以丰富山面不同的质感，而对屋架空挡部分，填补木板以便遮风挡雨，如图 5-61 中所示挡封板。

另有些硬山建筑虽然山面砖墙砌到顶，将山面屋架封护起来，但室内山面屋架仍在砖面之外，有些比较讲究的建筑，将室内构架空挡部分用木板填补起来，以作为装饰，如图 5-61 中所示镶嵌板。

以上山花板的工程量，按图示尺寸的垂直面积以 m² 计算，不扣除桁檩窝所占面积。

图 5-61　山花板、博风板

4. 博缝板

"博缝板"又称博风板，它是歇山建筑和悬山建筑房屋的山墙面，钉在桁檩端头起保护和装饰作用的木板。其工程量，按图示尺寸的垂直面积以 m² 计算。

5. 梅花钉

"梅花钉"是钉在博缝板上作为点缀的装饰构件，圆饼形木块，直径 4～12cm，依建筑规格和博风板宽窄选用，七个为一组。其工程量依直径大小按个计算。

6. 挂檐板、滴珠板

"挂檐板"也有称为封檐板，是指用于不用檐口飞椽装饰的檐口、楼房平座檐口等的遮挡板，起装饰作用，分为：无雕饰和带雕饰。其中带雕饰板依其花纹形式，分为：云盘纹线、落地万字、贴做博古花卉等，如图 5-62 中所示。其中云盘纹线是指雕刻花纹为云纹套接线形。落地万字是指万字连接到边线上。贴做博古花卉是指以纸质花卉或木质线条用胶粘贴而不是雕刻。

"滴珠板"有称"雁羽板"，它是比较豪华的挂檐板，由小长块板垂直拼接而成，滴水端雕刻云纹花形，如图 5-62 中所示。

挂檐板、滴珠板的工程量，按图示尺寸最大高度的面积以 m² 计算。

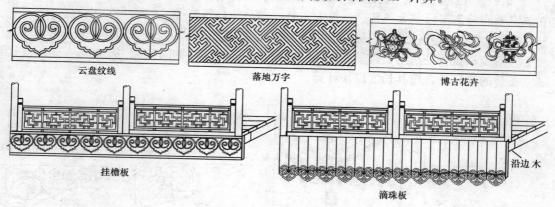

图 5-62　挂檐板、滴珠板

7. 挂落板

"挂落板"是指用于砖挂落和琉璃挂落背面的衬垫板。多用于砖墙大门、窗洞顶上的挂落部位。其工程量，按垂直面积以 m² 计算。

8. 木楼板

木楼板包括平座走廊等的楼板，其工程量，按轴线间的水平面积以 m² 计算。应扣除楼梯井所占面积，不扣除柱所占面积。挑出部分算至挂檐板外皮。

（三）其他构件

其他构件是指包括：楞木、沿边木、踏脚木、草架柱、穿梁、雀替、云拱、菱角木、燕尾枋、替木等木构件。

1. 楞木、沿边木

楞木及沿边木都是指楼板下的木构件。其中，"楞木"是指搁置在承重上的支梁，是铺钉楼板的横撑木，如图 5-46 中所示。

"沿边木"是指平座外檐的沿边木，它是装钉挂檐板或滴珠板的内衬木，也是平座的封边木，如图 5-62 中所示。

楞木及沿边木的工程量，按其截面积乘长的材积以 m³ 计算。其长按梁轴线之间的距离计算，挑出长度算至挂檐板外皮。

2. 踏脚木、草架柱、穿梁

踏脚木、草架柱、穿梁等都是歇山木构架山尖部分的收山构件。其中，"踏脚木"是承托草架柱的横梁；"草架柱"是支撑檩木端头的立柱；"穿梁"又称"横穿"，是连接草架柱的横撑，如图 5-52 中所示。

踏脚木、草架柱、穿梁等的工程量，按其截面积乘长的材积以 m^3 计算。其中长度：踏脚木的两端伸过下金檩到达角梁时，其长量至角梁中线；若两端与下金檩搭交时，其长量至下金檩外皮；若两端作榫与下金檩榫接时，其长量至下金檩中线。

草架柱长度由檩木下皮量至踏脚木上皮。横穿长度按檩木中线计算。

3. 雀替

"雀替"是指横枋端头的垫木，为加强其装饰性，一般都雕刻有花草图案。依其位置和图案不同分为：云龙大雀替、卷草大雀替、卷草骑马雀替等，如图 5-63 中所示。

云龙大雀替和卷草大雀替，是指其雕刻分别为云龙和卷草花纹，多是用于大额枋下的雀替。卷草骑马雀替是指用于廊子和垂花门转角处的通雀替，如图 5-63 中所示。

雀替的工程量，按其长度以块计算。

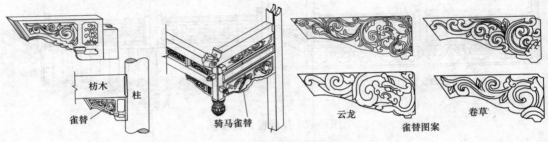

图 5-63　雀替及其图案

4. 三幅云拱、麻叶云拱、雀替下云墩

"云拱"是指在斗拱的座斗上，安插一个带云弧状叶片的雕饰构件。云拱片上的雕饰为三朵云状的图案称为"三幅云拱"；若雕饰图案为麻叶状的称为"麻叶云拱"。

雀替下云墩是指在雀替下面承托云拱，并在云拱下托一木雕饰块作脚墩，该脚墩雕饰花纹一般为云纹状，故称此为"云墩"。如图 5-64 所示，常用于牌楼上。

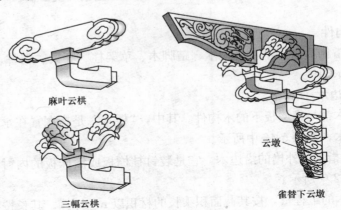

图 5-64　云拱

三幅云拱、麻叶云拱、雀替下云墩等工程量,均按个计算。

5. 菱角木、燕尾枋、替木

"菱角木"是用于南方古亭建筑上,增加翘角的垫木,详见第四章第五节图4-68中所示。

燕尾枋是指悬山构架中,为加强檩木悬挑端的受力强度,在悬挑檩木下面所增加的支撑,如图5-65所示。

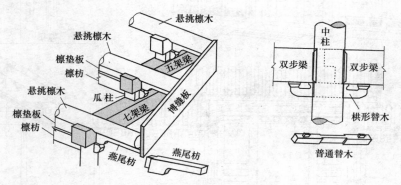

图 5-65 悬山燕尾枋和替木

替木是指被中柱分割的横梁下面所增加的托木,如图5-65中所示。

菱角木、燕尾枋、替木等的工程量,均按块计算。

三、垂花门及牌楼特殊构件

(一)垂花门特殊构件

垂花门在园林建筑中,常用做园中园的入口门、游廊通道的起点门、垣墙之间分割的隔断门等,它是一种带有屋顶形式的装饰性很强的大门,如图5-66所示。

垂花门所用的木构件,虽然与房屋木构架的木构件大同小异,但有其本身的特殊性,这些特殊构件是指包括:垂花门的柱、枋、板、梁及其辅助构件等。

1. 垂花门的木柱

垂花门的特殊木柱为:垂柱和中柱。

"垂柱"又称"垂莲柱",它是指带有垂花头的悬挂柱,根据垂花头的花纹分为:风摆柳垂头、莲瓣芙蓉垂头、四季花草贴脸垂头等。其中:风摆柳和莲瓣芙蓉垂头见图5-67(a)中所示,四季花草贴脸垂头是指在方垂头上粘贴花纸。

"中柱"是指独立式垂花门构架中,以柱子坐中来承接柱上的横担梁、枋等荷重的柱子,如图5-68中所示,因为这根中柱是独立的承重柱,必须要有牢固的脚基,如图5-67(b)所示,地面以上用木质壶瓶牙子做扶撑,滚墩石做稳固件;地面以下埋柱顶石承接柱脚,并用砖砌墩裹护。

垂柱和中柱的工程量,按柱截面积乘长的材积以 m³ 计算。

2. 垂花门的枋木

垂花门的特殊枋木为:麻叶穿插枋和帘栊枋。它们都是指穿过垂莲柱的枋木。

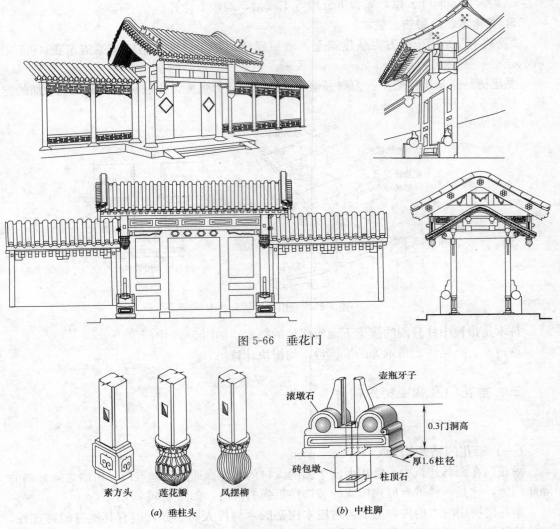

图 5-66　垂花门

素方头　　　莲花瓣　　　风摆柳

(a) 垂柱头

壶瓶牙子

滚墩石

0.3门洞高

厚1.6柱径

砖包墩　　　柱顶石

(b) 中柱脚

图 5-67　垂柱头和中柱脚

　　垂花门的麻叶穿插枋，根据垂花门的种类不同，分为：独立式、廊罩式、一殿一卷式等的穿插枋。

　　独立式垂花门的穿插枋是横担在中柱上，两端穿插前后垂莲柱，如图 5-68 中所示。廊罩式垂花门的穿插枋是穿过前后两柱后，再穿插前后垂莲柱，如图 5-69（a）中所示。一殿一卷式垂花门的穿插枋是穿过前殿后，枋的后端与后柱榫接，而前端穿插垂莲柱，如图 5-69（b）中所示。

　　垂花门的帘栊枋是垂花门正面连接左右垂莲柱的枋木，其枋头也做成麻叶形。

　　麻叶穿插枋和帘栊枋的工程量，按枋截面积乘长的材积以 m³ 计算。枋的长度量至枋头外端。

3. 垂花门的板类

　　垂花门的特殊板类为：摺柱和花板。它们都是枋木之间的装饰板。

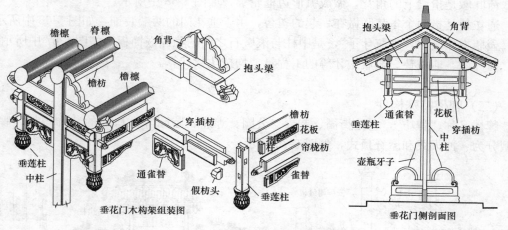

图 5-68 独立式垂花门的木构架

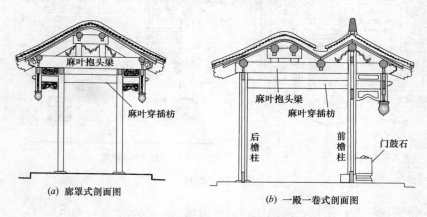

图 5-69 廊罩式、一殿一卷式垂花门

摺柱是花板的分隔木，它是连接檐枋和帘栊枋的短柱。依安装方式不同分为：不落海棠池和落海棠池。其中，在摺柱侧边作嵌板槽，以便镶贴花板者称为"落海棠池"；若将花板直接安装在上下枋间者称为"不落海棠池"。

花板是指摺柱之间的矩形木板，一般雕刻有花纹图案，依雕刻工艺分为：起鼓馂雕和不起鼓馂雕。其中，起鼓馂雕即指凸雕，不起鼓馂雕即指平雕。

摺柱和花板的工程量，不分大小按块数计算。

4. 垂花门的梁类

垂花门的特殊梁类为：麻叶抱头梁。

房屋构架抱头梁一般为素头或桃尖，只有垂花门的抱头为麻叶，如图 5-68 中所示。它同穿插枋相对应，按独立式、廊罩式、一殿一卷式等结构进行安装。

麻叶抱头梁的工程量，按梁截面积乘长的材积以 m^3 计算。梁的长度，外端量至梁头外皮，里端量至柱中。

5. 垂花门的其他构件

垂花门的其他特殊构件，为：荷叶墩、通雀替、壶瓶抱牙等。

荷叶墩是指梁上的角背，做成弧形边框轮廓，如图 5-68 中所示。

通雀替是指两个雀替联做在一起的雀替，用于垂花门的两端装饰，如图 5-68 中所示。

壶瓶抱牙又称"壶瓶牙子"，是中柱与滚墩石之间的稳固嵌饰板，如图 5-67 中所示。

荷叶墩、通雀替、壶瓶抱牙等的工程量，均按块数计算。

（二）牌楼特殊构件

牌楼又称"牌坊"，它是街衢、巷弄、公园、寺庙、陵园等入口处的装饰门架。牌楼类型分为：冲天式和屋脊顶式，如图 5-70 所示。

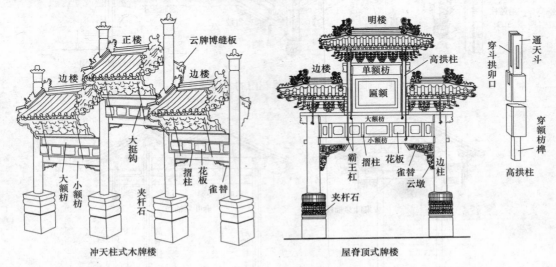

图 5-70　牌楼

牌楼的特殊构件为：摺柱、高拱柱、云牌博缝板、云龙花板、霸王杠等。

1. 摺柱

牌楼的摺柱与垂花门摺柱相同，只是规格稍大一点，它的上下构件是大额枋和小额枋。其工程量，按根数计算。

2. 高拱柱

"高拱柱"是屋脊式牌楼中，支撑高层顶楼的不落地柱，该柱的柱脚作榫插入大额枋内，称为"穿插榫"；柱顶穿过平板枋与斗拱衔接，称为"通天斗"，以此承托高层顶的屋楼，如图 5-70 中所示。

高拱柱的高度与斗拱规格有关，斗拱踩数越多，则柱越高。其工程量，按斗拱出踩数以根数计算。

3. 云牌博缝板

"云牌博缝板"又称为"山花博风板"，它是指冲天柱式牌楼屋顶两边的侧封板，边缘做成弧形轮廓，如图 5-70、图 5-71 中所示。其工程量，按块数计算。

4. 云龙花板

云龙花板也是指安装在摺柱间的矩形板，但一般都做有龙凤花草等花饰，如图 5-71 所示。其工程量，按板的面积以 m² 计算。

5. 霸王杠

霸王杠又称为"大挺钩",是支撑屋顶的钢支撑,做成像木窗上的风钩形式,上端与挑檐桁连接,下端与额枋连接,两边对称布置。其工程量,按钩的重量以 kg 计算。

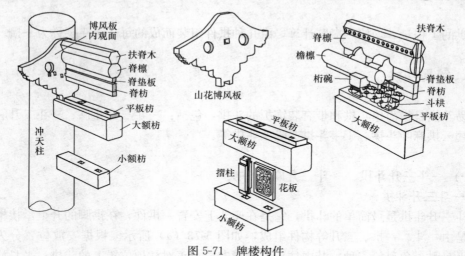

图 5-71 牌楼构件

第五节 "斗拱"项目词解

斗拱是由几种不同的拱件,经层层垒叠而成的积木式构件,它具有承重、悬挑和装饰等作用。它由:斗、拱、翘、昂、升等五种基本构件组成,如图 5-72 所示。

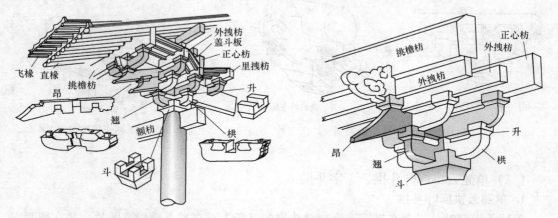

图 5-72 斗拱的基本构造

其中:"斗"是整个斗拱的基础构件,因形似古代量米容器方斗而得名,一般称为"座斗",它是承托"拱"、"翘"的底座。

"拱"是指拱脚朝上的倒拱形曲木,它是横向伸展的最短悬挑构件,在拱脚上安装"升"。

"翘"是与拱相似的曲木,它是纵向伸展的最短悬挑构件,与"拱"十字交差垒叠。在拱脚上安装"升"。

"昂"是垒叠在翘上的扩展悬挑构件，它的前端为鸭嘴形状，后端可与翘同，也可做成霸王拳、蚂蚱头等形状。

"升"是与斗相似的构件，古代量器规定十升为一斗，因此，"升"是较斗为小的承托构件。

斗拱的工程量，均按"攒"计算，由几种拱件组装而成的每一组斗拱称为一攒。

一、简易斗拱

简易斗拱是指简单斗拱和带有装饰板的斗拱，包括：一斗三升斗拱、一斗二升麻叶斗拱、单翘云拱麻叶斗拱、丁字斗拱、隔架斗拱等。

(一) 一斗三升斗拱、一斗二升麻叶斗拱

1. 一斗三升斗拱

一斗三升斗拱是最简单的斗拱，它是在座斗上安置一拱件，在拱脚的升上承接桁檩枋等，它是由一斗、一拱、三升等构件组成，如图 5-73 (a) 所示。根据安放位置分为：柱头科、平身科、角科等三种。其中柱头科是指安放在正对柱顶位置上的斗拱；平身科是指安放在两柱之间柱顶水平线上的斗拱；角科是指安放转角柱顶处的斗拱。

2. 一斗二升麻叶斗拱

一斗二升麻叶斗拱是在一斗三升斗拱的基础上，去掉中间拱脚，并在纵向增加一麻叶片而成，如图 5-73 (b) 所示。根据安放位置也分为：柱头科、平身科、角科等三种。

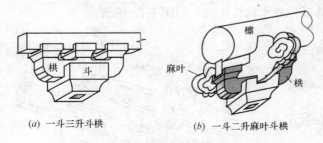

(a) 一斗三升斗拱   (b) 一斗二升麻叶斗栱

图 5-73　简易斗拱类型

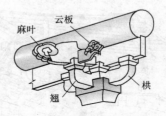

图 5-74　单翘云拱麻叶斗拱

(二) 单翘云拱麻叶斗拱、丁字斗拱

1. 单翘云拱麻叶斗拱

单翘云拱麻叶斗拱是在拱翘垂直交叠斗拱的基础上，在翘上叠置麻叶片，并在翘两端脚的升上与麻叶头垂直交叉安装云板，两边对称，如图 5-74 所示。

2. 丁字斗拱

丁字斗拱是一种半拱，它一般插入柱上作悬挑构件，如图 5-64 中三幅云拱、麻叶云拱所示。

(三) 隔架斗拱

隔架斗拱是指用于架隔承重梁与随梁枋之间的斗拱，它可将承重梁上的部分荷重通过

隔架斗拱传递到随梁枋上。常用的有：一斗二升重拱荷叶雀替隔架斗拱、一斗三升单拱荷叶雀替隔架斗拱、十字隔架斗拱等。

1. 一斗三升单拱荷叶雀替隔架斗拱

一斗三升单拱荷叶雀替隔架斗拱，是将双翅雀替安置在一斗三升斗拱上，并在拱的座斗下安装底座而成，如图 5-75 中所示。

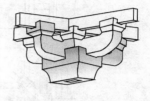

一斗三升单栱荷叶雀替隔架科栱　　一斗二升重栱荷叶雀替隔架科斗栱　　十字隔架斗栱

图 5-75　隔架科斗拱

2. 一斗二升重拱荷叶雀替隔架斗拱

一斗二升重拱荷叶雀替隔架斗拱，是为了增加架空高度而采用双拱重叠的雀替隔架斗拱，如图 5-75 中所示。

3. 十字隔架斗拱

十字隔架斗拱是指采用单拱单翘相互垂直交叠的隔架斗拱，如图 5-75 中所示。

二、出踩斗拱、平座斗拱、品字斗拱

（一）出踩斗拱

"出踩斗拱"是由斗、拱、翘、昂、升等，再加耍头、撑头木等辅助构件所组成的斗拱。斗拱出踩数是衡量斗拱大小的基本标准。斗拱的出踩是指在面阔的垂直（即进深）方向，里外各挑出一个距离称为"出踩"，以斗拱中线为基点，各向两边出踩的点数，是斗拱规格的衡量数，如由中心向两边各出一踩，则连中心计有 3 个踩点，称为"三踩斗拱"（如图 5-76 中侧视面"柱头科"标注所示）；若由中心向两边各出二踩，计有 5 个踩点称为"五踩斗拱"（如图 5-77 中侧视图所示），如此类推，最少三踩，最多十一踩。

1. 三踩单昂斗拱

"三踩单昂斗拱"是由一昂和一拱件垂直交叠所组成的斗拱，为了达到桁檩高度，在拱件上再叠一层辅助拱件"耍头"，以承托随檩枋。它依安放位置也分为：柱头科、平身科、角科等三种，如图 5-76 所示为无翘一昂拱。

2. 五踩单翘单昂斗拱

"五踩单翘单昂斗拱"是由一翘和一拱件垂直交叠后，再在翘上垒叠一昂和一拱而成，如图 5-77 中Ⅰ-Ⅰ侧视图和Ⅱ-Ⅱ侧视图标注所示，即为一翘一昂拱。

3. 五踩重昂斗拱

"五踩重昂斗拱"是在三踩单昂斗拱的基础上，在单昂构件之上再垒叠一长昂，使两边各增出一踩，形成五踩斗拱。

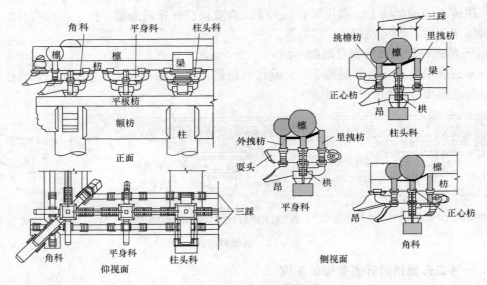

图 5-76　三踩单昂斗拱正仰侧面图

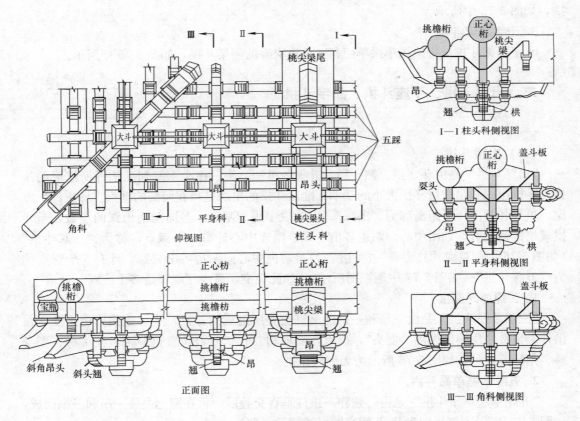

图 5-77　五踩单翘单昂斗拱正仰侧面图

也可将五踩单翘单昂斗拱中的单翘，改换成昂，使之成为双昂。其形式与图 5-77 所示斗拱基本相同，只是没有翘，它是将第一层翘改换为昂，即为无翘二昂拱。

4. 七踩单翘重昂斗拱

"七踩单翘重昂斗拱"是在五踩单翘单昂斗拱的基础上,于单昂之上再垒叠第二层长昂,使两边各出一踩而成,如图 5-78 中柱头科侧视图标注所示,即为一翘二昂拱。

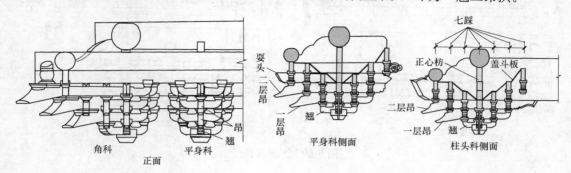

图 5-78 七踩单翘重昂斗拱

5. 九踩重翘重昂斗拱

九踩重翘重昂斗拱是在七踩单翘重昂斗拱基础上,于单翘上再垒叠第二层翘,使两边各出一踩,同时在此之上的两层昂也随之改变长度,使之变成九踩斗拱,如图 5-79 中侧视图所示,即为二翘二昂拱。

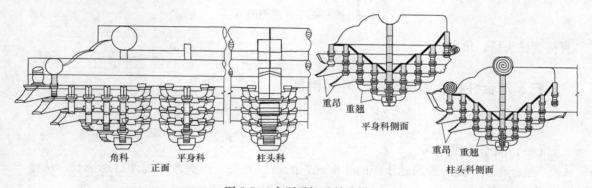

图 5-79 九踩重翘重昂斗拱

(二)平座斗拱

"平座斗拱"是用于楼房上,支撑挑出檐廊(古代称为平座)的斗拱,这种斗拱只有翘而没有昂。一般只向外端出踩,里端不挑出。其规格有:三踩平座斗拱、五踩平座斗拱、七踩平座斗拱、九踩平座斗拱等。

平座斗拱也依其位置分为:平身科、柱头科、角科。如图 5-80 所示为三踩、五踩平座斗拱。

(三)品字斗拱

"品字斗拱"是一种没有昂只有翘的对称斗拱,除斗拱附件外,它的翘拱构件垂直交叠,里外挑出相等,一般用于楼房和殿堂内的隔架梁上。其规格也分为:三踩品字斗拱、五踩品字斗拱、七踩品字斗拱、九踩品字斗拱等,如图 5-81 所示。也依其位置分为:平

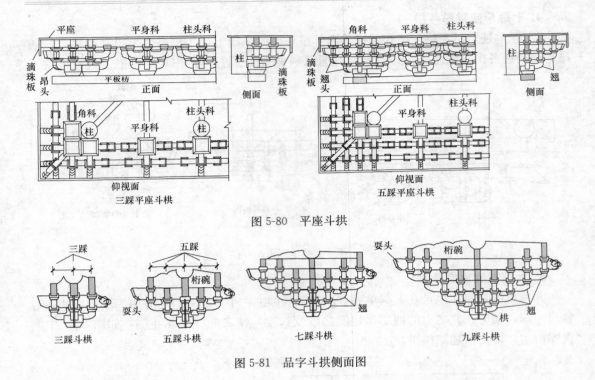

图 5-80 平座斗拱

图 5-81 品字斗拱侧面图

身科、柱头科、角科。

三、溜金斗拱、牌楼斗拱、斗拱附件

(一) 溜金斗拱

"溜金斗拱"是一种跨越步距的斗拱,它的昂、耍头、撑头木等构件后尾拖长,从檐柱轴线延长到金柱轴线,即从檐柱溜到金柱的斗拱,其形式如图 5-82 所示。

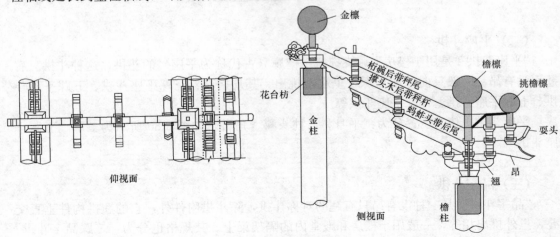

图 5-82 溜金斗拱

溜金斗拱依其规格分为：三踩单昂溜金斗拱、五踩单昂（即单翘单昂）溜金斗拱、五踩重昂（即二昂）溜金斗拱、七踩单翘重昂（即单翘二昂）溜金斗拱、九踩单翘重昂（即单翘三昂）溜金斗拱等，如图 5-82 所示为五踩单昂（即单翘单昂）溜金斗拱。

溜金斗拱只有平身科和角科，没有柱头科。

（二）牌楼斗拱

"牌楼斗拱"是专门用于牌楼上的斗拱，依其位置分为：平身科和角科。

平身科斗拱是一种品字斗拱；角科是由两个出踩角科斗拱拼接而成。

牌楼斗拱的规格有：五踩单翘单昂牌楼斗拱、五踩重昂牌楼斗拱、七踩单翘重昂牌楼斗拱、九踩单翘三昂牌楼斗拱、十一踩重翘三昂牌楼斗拱等，如图 5-83 所示为七踩单翘重昂牌楼斗拱。

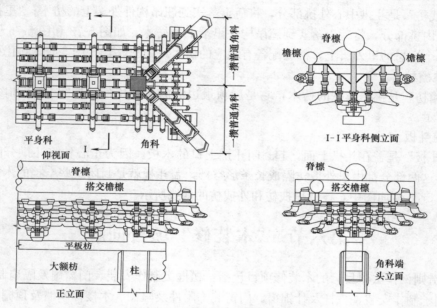

图 5-83　单翘重昂七踩牌楼斗拱

（三）斗拱附件

"斗拱附件"是指除斗、拱、翘、昂、升、要头、撑头木等基本构件以外，填补斗拱空间一些构件，它包括：垫拱板、正心枋、外拽枋、里拽枋、挑檐枋、盖斗板等。

斗拱附件的工程量，除垫拱板按块计算外，其他均按挡计算，顺面阔方向每一条形构件算一挡。

1. 垫拱板

"垫拱板"是填补每攒斗拱之间空挡的遮挡板，它可以形成整个斗拱的整体性，如图 5-84 中所示。

2. 正心枋

"正心枋"是处在斗拱中心位置，桁檩下面的枋木。因为斗拱的主要作用是承担悬挑檐口的屋顶荷重，该荷重由桁檩传递到枋木，再由枋木落实到斗拱上，正心枋就是将荷重

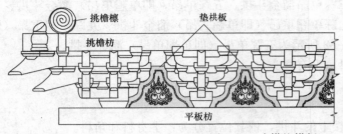 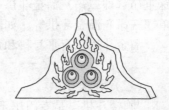

图 5-84　斗拱垫拱板

传递到中心拱件上的枋木，如图 5-72 和图 5-76 侧面图中所示。一根枋的高度不能连接到拱件上时，可以增加 2 或 3 根枋木。如图 5-76～图 5-78 侧面图中所示。

3. 外、里拽枋

"外拽枋"是斗拱中心外挑部分，将荷重落实到翘昂构件外端上的枋木；"里拽枋"是斗拱中心内挑部分，将荷重落实到翘昂构件里端上的枋木，如图 5-72 和图 5-76 侧面图中所示。每个翘昂的里外脚上，都应配备有相应的枋木，如图 5-76～图 5-78 侧面图中所示。

4. 挑檐枋

"挑檐枋"是挑檐檩下的枋木，它是屋顶最边沿的承托构件，如图 5-72 和图 5-76 侧面图中所示。

5. 盖斗板

"盖斗板"是盖在斗拱上面，起封闭斗拱上口的木板。因为正心枋将斗拱分隔成前后两部分，这两部分都由里外拽枋隔成长条形空挡，盖斗板就是封闭这些空挡的木板，如图 5-76～图 5-78 侧面图中，连接里拽枋和外拽枋的斜线所示。

第六节　"木装修"项目词解

《营造则例作法项目》的木装修项目包括：槛框类制作安装、门窗扇及隔扇制作安装、坐凳及楣子制作安装、栏杆及什锦窗、门窗装饰附件及匾额、木楼梯木墙及顶棚等。

一、槛框类及门窗扇制作安装

（一）槛框类制作安装

"槛框"是指檐额枋以下，为形成门扇或窗扇洞口的木外框，组成外框的横构件称为"槛"，竖构件称为"框"，故通称为"槛框"。门窗槛框的形式如图 5-85 所示。

槛框中的构件包括：上槛、中槛、下槛、风槛、抱框、间框、腰枋、通连楹、门枕、门簪、木门枕、窗榻板、门头板、余塞板、帘架、桶子板、包镶桶子口等。

1. 上槛、中槛、下槛、风槛

"上槛"是紧贴额枋下皮的横木，两端与柱连接，是组成门窗外框的上边料。

"中槛"是紧贴门窗扇顶部的横木，两端与柱连接，是支撑门窗扇稳定，组成门窗外框的中框料。

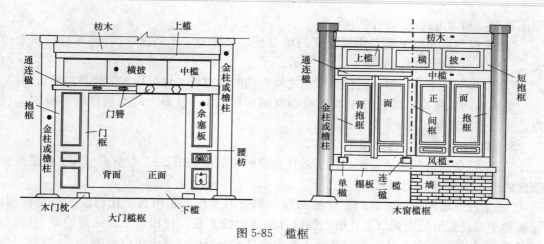

图 5-85　槛框

"下槛"是垫在地面的横木,两端与柱连接,是支撑门扇稳定,组成门窗外框的下框料,通俗称为"门槛"。

"风槛"是垫在窗台槛墙上的横木,是支撑窗扇稳定的下框料。

上中下槛和风槛的工程量,按柱中心长度以 m 计算。

2. 抱框、间框、腰枋

"抱框"是紧贴柱外皮的竖木,上下与横槛连接,是组成门窗外框的侧边料。

"间框"是紧贴门窗扇侧边的竖木,上下与横槛连接,是分隔门窗扇的侧边料。也有将门扇侧边的称为"门框",对处在两窗之间的称为"间框"。

"腰枋"是连接抱框和间框的中横木,因为抱框和间框的上下固定在横槛上,当高度较大时,为加强其稳固性,中间用腰枋加以连接。

抱框、间框、腰枋的工程量,按槛框里口的净长度以 m 计算。

3. 通连楹、门楼、门簪、木门枕

"通连楹"是管柱活动门窗扇轴,便于扇轴转动的上承构件,它剔凿有轴窝固定在中槛上,是套柱扇轴上端的构件,如图 5-86 中所示。

"门楼"是具有装饰性外观造型的通连楹,一般用在较豪华的大门上,如图 5-86 中所示。

"门簪"是将门楼固定于中槛上的销木,簪头呈六角形,簪尾呈扁形,穿过中槛和门楼插孔后,用插销固定,如图 5-86 中所示。

"木门枕"是垫在门下槛和承接门扇转轴下端的承托木,如图 5-86 中所示。

通连楹和门楼的工程量,按实际长度以 m 计算。门簪按个数计算。门枕按外观尺寸的材积以 m³ 计算。

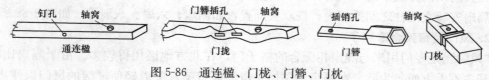

图 5-86　通连楹、门楼、门簪、门枕

4. 窗榻板、门头板、余塞板

"窗榻板"是槛窗下槛墙上的盖面板,它紧贴在窗下槛(风槛)的下皮,封闭砖砌矮墙的顶面，相当现代建筑的窗台板。

"门头板"是大门上槛和中槛之间的填空板，又称为"走马板"。若要保持门顶上透光，一般采用横披隔扇，如图5-85中所示。

"余塞板"是填补门框、抱框、腰枋之间空挡的填空板，也可用玻璃代替以便透光。

窗榻板的工程量，按柱的中线长乘板宽的面积以 m² 计算。门头板、余塞板的工程量，按垂直投影面积以 m² 计算。

5. 帘架、桶子板、包镶桶子口

"帘架"是紧贴门窗垂直面，用于悬挂垂帘的木架，如图5-87中所示。其工程量按帘架框的外围面积以 m² 计算。

"桶子板"是砖墙门窗洞口上，镶贴洞口侧壁的木板，它相当于什锦窗的简易桶座。包镶桶子口是砖墙门窗洞口上，镶贴洞口外面周边的木板，它相当于什锦窗的豪华贴脸，如图5-88中所示。它与贴脸不同的是，要在装订木龙骨的基础上再钉板条。

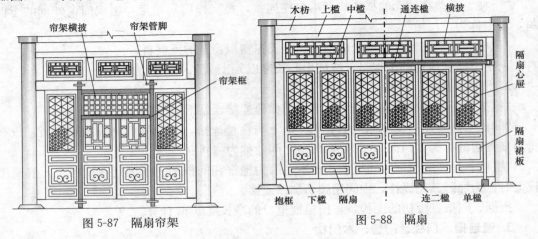

图 5-87　隔扇帘架　　　　　　　　图 5-88　隔扇

桶子板、包镶桶子口的工程量，按镶贴面积以 m² 计算。

（二）门窗扇及隔扇制作安装

门窗扇及隔扇的项目内容包括：内外隔扇制作安装、风门及帘架余塞腿子制作安装、随支摘窗夹门制作安装、槛窗制作安装、心屉制作安装、门扇制作等。

1. 内外檐隔扇

"隔扇"又称"格子门"，它是分隔房屋空间的一种隔断。直接暴露于外的称为"外檐隔扇"，如在面阔檐柱之间，或在不封闭走廊的金柱之间所做隔扇。

在大门以内分隔室内空间的称为"内檐隔扇"，如分隔前厅与后厅的隔扇。

隔扇安装在两柱之间槛框内，按双数配置，如四扇、六扇、八扇等，如图5-88所示。

2. 风门及帘架余塞腿子

"风门"是专门用来与隔扇相配合的格子门，在北方地区用得较多。由于隔扇比较高大，开关不太方便，为此，在隔扇外层加一道防风帘架，配以轻便灵活的风门以便出入，既可挡风保温，又可使用轻便灵活。当在炎热夏天，可将风门摘下，又可挂上帘子以遮挡蚊蝇，如图5-89中所示。

"帘架余塞腿子"是指风门两边的余塞板及其木框。为便于灵活开关，风门一般不能做得太大，在帘架内多余的部分，都可用挡板补做起来，风门之上的填补称为"帘架楣子"，风门两边的填补称为"余塞腿子"，如图5-89中所示。

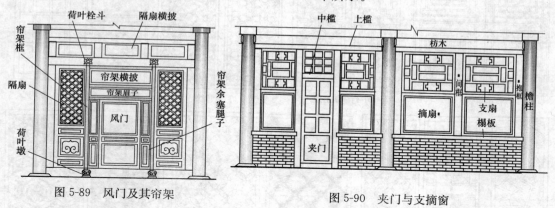

图5-89 风门及其帘架　　　　　图5-90 夹门与支摘窗

3. 随支摘窗夹门

"支摘窗"是指将槛框内的窗扇，上半扇做成可以支起，下半扇可以摘下的木窗。支窗部分多做成心屉，摘窗部分多做成木板。

"夹门"是指夹在两窗之间的木门，因为这种门多与支摘窗连做，所以称为"随支摘窗夹门"，如图5-90中所示。

4. 槛窗

对于房屋前后的砖墙，凡矮砌者称为"槛墙"，在槛墙上所支立的普通木窗称为"槛窗"，也就是普通平开窗，如图5-85中所示。

5. 心屉

"心屉"是指隔扇和窗扇中便于透光的格子扇心，用木棂条拼做成各种花纹图案。常用图案有：四碗菱花心屉、三交六碗菱花心屉、方格心屉、灯笼锦心屉、步步紧心屉、盘肠纹心屉、正万字拐子锦心屉、斜万字心屉、龟背锦心屉、冰裂纹心屉等，如图5-91所示。

其中：四碗菱花是指以四个花瓣为核心所组成的图案；三交六碗菱花是以六个花瓣为核心所组成的图案；灯笼锦是以近似灯笼形状为核心所组成的图案；步步紧是以横直棂条所形成的空挡，由外至内逐渐减少的图案；盘肠纹是以斜线交叉所组成的图案；正万字拐子是以卐正放连有拐角的图案；斜万字即将卐斜放的图案；龟背锦是指近似龟背纹的图案；冰裂纹是指冰块破损的裂纹图案。

6. 门扇

门扇根据使用要求不同分为：实踏大门扇、撒带大门扇、攒边门扇、屏门扇等，如图5-92所示。

"实踏大门扇"是用厚木板拼接而成的大规格门扇，多用于城墙、宫殿、庙宇等大门，如图5-92（a）所示。

"撒带大门扇"是较实踏门板稍薄，其背面有5根穿带，穿带一端插入门轴攒边中，另一端撒着。多用于店铺、作坊的大门，如图5-92（b）所示。

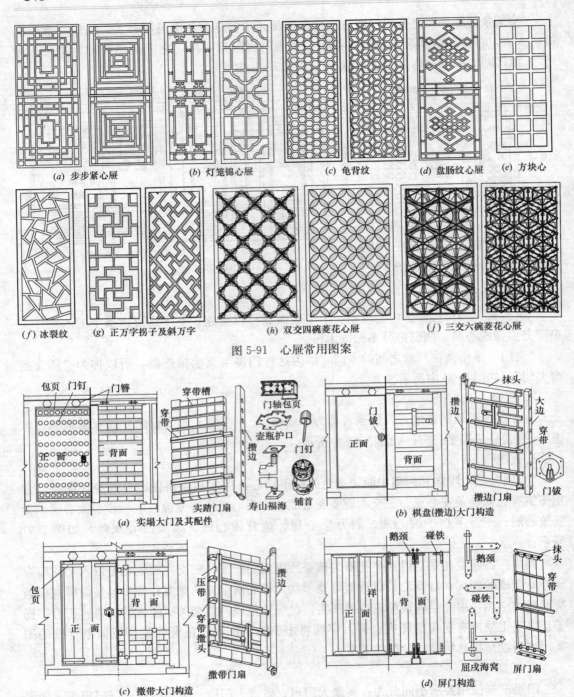

(a) 步步紧心屉　　(b) 灯笼锦心屉　　(c) 龟背纹　　(d) 盘肠纹心屉　　(e) 方块心

(f) 冰裂纹　　(g) 正万字拐子及斜万字　　(h) 双交四碗菱花心屉　　(j) 三交六碗菱花心屉

图 5-91　心屉常用图案

(a) 实塌大门及其配件

(b) 棋盘(攒边)大门构造

(c) 撒带大门构造

(d) 屏门构造

图 5-92　门扇的构造

"攒边门扇"有称为"棋盘门扇",它是一种较撒带门薄的大门,门板的背面,上下左右都钉有木框加以固定。多用于民舍住房,如图 5-92 (c) 所示。

"屏门扇"是用薄板拼接而成的轻便门扇,上下用抹头与木板连接,背面用较少的穿带加以固定,没有攒边门轴,它的开启靠安装鹅颈和碰铁等铁件,多用于园林院子内的墙洞门,如图 5-92 (d) 所示。

以上隔扇、窗扇、门扇等的工程量,均按扇边外围面积以 m² 计算。各种心屉的工程量,按心屉边抹所围面积以 m² 计算。

二、坐凳及倒挂楣子、栏杆及什锦窗

(一) 坐凳及倒挂楣子

"楣子"即指横向花格网状装饰构件,依其位置分为:倒挂楣子和坐凳楣子。与其配套的还有花牙子。

1. 倒挂楣子

"倒挂楣子"又称为"吊挂楣子"、"木挂落",多吊挂在檐口额枋之下作为装饰。它由外框、心屉和花牙子组成。其心屉同隔扇心屉一样,是用木棂条拼接成各种花纹图案,呈横向布置。常用心屉花纹图案有:步步紧、灯笼锦、盘肠纹、金钱如意、正万字拐子、斜万字、龟背锦、冰裂纹等,如图 5-93 所示。

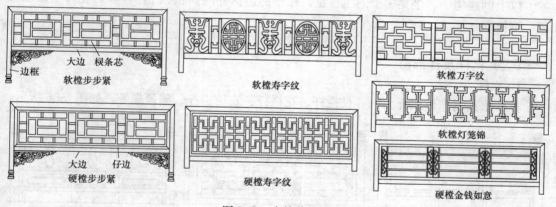

图 5-93 木挂落心屉

楣子外框分为:硬樘框和软樘框。其中:硬樘是指有两道木框所组成,置外的称为"大边",置内的称为"仔边",而仔边是组成心屉的边框,也就是说,心屉可以整体摘装。

软框就只有一道外框,心屉只能在此框内拼接,不能整体摘装。如图 5-93 中"硬软樘步步锦"标注所示。

2. 坐凳楣子

"坐凳楣子"是安装在坐凳板之下的楣子,是一种坐凳兼围栏的装饰构件。常用的心屉图案有:西洋瓶式、直棂式,如图 5-94 所示。

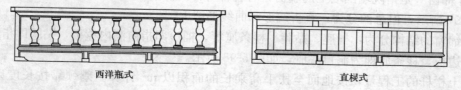

图 5-94 坐凳楣子

3. 花牙子

"花牙子"是倒挂楣子下边转角处的装饰构件，是一种轻型雀替。常用形式有：普通花牙子和骑马花牙子。

普通花牙子即为单翘花牙子，用于直线型倒挂楣子上。骑马花牙子是两个联做的花牙子，用于垂花门端头转角处或穿插枋下的装饰。花牙子的图案分为：卷草夔龙花牙子、四季花草花牙子等，如图 5-95 所示。

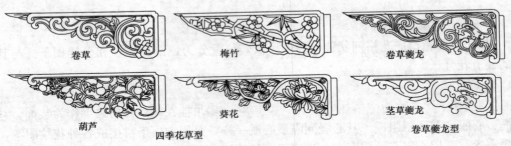

图 5-95　花牙子

以上倒挂楣子、坐凳楣子的工程量，按框的边抹外围面积以 m² 计算。花牙子的工程量，按块数计算。

(二) 栏杆及什锦窗

1. 栏杆

栏杆依其制作形式分为：寻仗栏杆、花栏杆、直挡栏杆、鹅颈靠等，如图 5-96 所示。

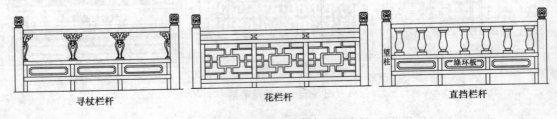

图 5-96　木栏杆

"寻仗"又称"巡仗"，即指圆形横杆。以此作为栏杆扶手的称为寻仗栏杆。

"花栏杆"是指扶手为弧形而不是圆形杆，扶手下由棂条拼成各种花纹图案。

"直挡栏杆"是指扶手下为直挡条，可为方柱形，也可为西洋瓶形。

"鹅颈靠"又称为"美人靠"、"吴王靠"，即指长条形靠背。

2. 什锦窗

"什锦窗"是指院墙围墙上的牖窗，有各种各样的洞口形式，如扇形、海棠、六角等，如图 5-97 所示，但总的分为：直折线形和曲线形两大类。

什锦窗的结构分为：桶座、贴脸、棂条屉等。桶座即指窗洞内楦板，贴脸即指洞口外周边封边板，棂条屉即为洞口心屉，如图 5-98 所示。

以上栏杆的工程量，按地面至扶手高乘长的面积以 m² 计算。鹅颈靠按长度以 m 计算。什锦窗以洞口为单位按份或扇等计算。

图 5-97　牖窗常用样式

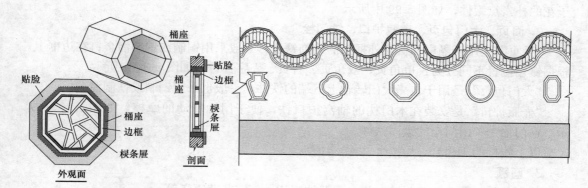

图 5-98　什锦窗构造

三、门窗装饰附件及墙板

(一) 门窗装饰附件及匾额

门窗装饰附件包括：卡子花、工字、握拳、隔扇槛窗面页、大门包页、壶瓶护口、铁门栓等。匾额分为：普通匾额、单匾托、云龙纹匾托、万字花草匾托等。

1. 卡子花、工字、握拳

卡子花、工字、握拳等都是心屉上的点缀装饰件。其中："卡子花"是用木块雕刻做成各种花纹图案，外形轮廓为圆形者称为"团花"，外形轮廓为矩形者称为"卡子"，如图 5-99 中所示。

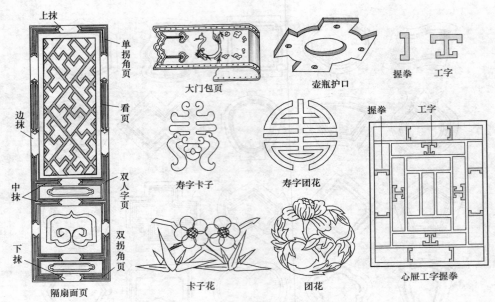

图 5-99　门窗附件及特殊五金

　　"工字"即用木块作成"工"子形，握拳是用木块作成"〖"形，它们都是用于不装卡子花的朴素点缀件，如图 5-99 中所示。

2. 面页、大门包页、壶瓶护口、铁门栓

　　"面页"是用于隔扇和槛窗外框上的装饰铁件，一般采用铜制或铁制溜金钉在边框上。根据镶贴位置不同分为：单角页、双角页、看页、人字页等，如图 5-99 中所示。

　　"大门包页"是用于包裹大门转轴上下端的铁件，一般也采用铜制或铁制溜金。

　　"壶瓶护口"是安装在木门枕的轴窝护口铁，便于门轴转动的摩擦，如图 5-99 中所示。铁门栓是关闭门扇的锁固铁件。

　　以上构件的工程量，均按个（件）计算。

3. 匾额

　　匾额包括：普通匾额、单匾托、云龙纹匾托、万字花草匾托等。

　　普通匾额是指不带匾托的匾额。

　　"匾托"是匾额下面的托板，分为单匾托和通匾托。单匾托即指小匾托，以两个为一对，托住一个匾额的两个下角，一般为素面。

　　通匾托即为长匾托，托住整个匾额的下边，如图 5-100 所示。当匾托的外观雕刻成云龙纹者称为"云龙纹匾托"，雕刻有万字花草者称为"万字花草匾托"。

　　匾额的工程量，按外框面积以 m^2 计算。匾托按块（对）计算。

（二）木楼梯、墙、顶棚

1. 木楼梯

　　木楼梯与现代木楼梯相同，其工程量按水平投影面积以 m^2 计算，不扣减宽

图 5-100　匾额、匾托

度在 30cm 以内的梯井所占面积。

2. 木墙

木墙即指木板墙，又称为"栈板墙"，由木龙骨和面板组成。其工程量，按垂直投影面积以 m² 计算，应扣除门窗洞口所占面积。

3. 木顶棚

木顶棚分为：井口天花、五合板顶棚等两类。其中，井口天花是用枋木骨架作成方格井字网，在方格内安装木板，每一方格为一块，称为"井口板"。

五合板顶棚即指现代五夹板，铺钉在木龙骨下面，形成整体平面，在平面上可仿照井口装订压条和按一般要求装订成普通压条。

木顶棚的工程量，按水平投影面积以 m² 计算。

第七节 "屋面工程"项目词解

屋面工程分为：苫背、布瓦屋面、琉璃瓦屋面三大部分。

一、苫背、布瓦屋面

(一)苫背

"苫背"是指用防水保温材料，按一定要求在屋面望板上，铺筑成隔热保温层和防水层的操作工艺。苫背的操作过程为：抹护板灰→泥背或锡背→抹灰背及青灰背。

苫背的工程量，按屋面几何图示形状的面积以 m² 计算。

1. 护板灰

"护板灰"是保护木望板使其与上层泥背有所隔离的抹灰层。它是在木望板上，抹 10～20mm 深月白麻刀灰（即用白灰浆：麻刀＝50：1 调和而成），用铁抹子压实抹平即可。

2. 泥背

"泥背"是在已经干燥的护板灰上，用滑秸泥（由滑秸、泼灰、黄土等加水拌和而成）或麻刀泥（由泼灰、麻刀、黄土等加水拌和而成）铺抹 200～300mm 厚，分 2 或 3 层分别压实抹平。

3. 锡背

"锡背"是代替泥背的高级做法，它是用铅锡合金板，在护板灰上平铺一层，铅锡板之间用锡焊连接成整，然后再苫一层泥背抹平，待稍干燥后再平铺一层锡背封顶。

4. 抹灰背

"抹灰背"是在已干燥的泥背或锡背上，所加的一层保温层。根据所要求的材料分为：灰背和青灰背。

灰背是以白石灰为主的麻刀灰，加少许青灰调制成深浅色灰，颜色较深的称为"月白灰"，颜色较浅的称为"白灰背"，铺筑 100mm 左右，依屋面坡度的陡缓调节厚薄，然后抹平压实即可。

青灰背是在白灰背中，加有较多的青灰（由青石灰块泡制过滤而成），依上述做法进行铺抹。

5. 望板勾缝

"望板勾缝"是指对毛望板的补缝，因为毛望板不要求对拼缝进行加工处理，所以缝隙比较大，故在苫背前为防止漏浆，应进行勾缝。

（二）布瓦屋面

"布瓦"是指呈深灰色的黏土瓦，布瓦屋面根据所做瓦的形式分为：筒瓦屋面、合瓦屋面、干槎瓦屋面等。

布瓦屋面的工程量，均按屋面几何图示形状的面积以 m² 计算。檐头附件按檐口长度以 m 计算。

1. 筒瓦屋面

"筒瓦屋面"是用板瓦作底瓦，筒瓦作盖瓦所组成的屋面，将瓦件由下而上，前后衔接成一长条形称为"瓦垄"，整个屋面由板瓦沟和筒瓦垄，沟垄相间铺筑而成，再加以檐头瓦处理，即可完成筒瓦屋面的施工工作，如图 5-101 所示。

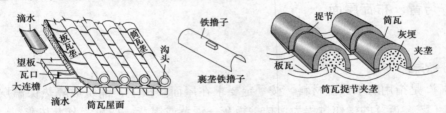

图 5-101　筒瓦屋面

筒瓦屋面的操作工艺分为：筒瓦裹垄、筒瓦捉节夹垄、筒瓦檐头附件等。

"筒瓦裹垄"是筒瓦屋面要求比较高的做法，它是在筒瓦垄的表面，再用青白麻刀灰，以铁撸子捋成灰垄，使上下整齐一致，然后刷上青灰浆使整个瓦屋面颜色一致。

"筒瓦捉节夹垄"是筒瓦屋面要求较次的做法，它是将筒瓦前后衔接的缝口，用麻刀灰勾抹严实，称为"捉节"，然后将筒瓦两边与底瓦连接的缝隙，用麻刀灰抹平，称为"夹垄"。

"檐头附件"是指将板瓦垄的檐口，安装滴水瓦以便排水；将筒瓦垄的檐口，安装沟头瓦进行封头等的操作。

筒板瓦的规格分为五个等级，大致参考尺寸如表 5-2 所示。

常用布瓦规格　　　　　　　　　　　　　　　　　　表 5-2

瓦名		长度		宽度		瓦名		长度		宽度	
		营造尺	cm	营造尺	cm			营造尺	cm	营造尺	cm
筒瓦	头号	1.20	38.40	0.50	16.00	板瓦	头号	1.00	32.00	0.90	28.80
	一号	1.10	35.20	0.45	14.40		一号	0.90	28.80	0.80	25.60
	二号	0.95	30.40	0.38	12.16		二号	0.80	25.60	0.70	22.40
	三号	0.75	24.00	0.32	10.24		三号	0.70	22.40	0.60	19.20
	十号	0.45	14.40	0.25	8.00		十号	0.43	13.76	0.38	12.16

2. 合瓦屋面

"合瓦"有称"阴阳瓦"、"蝴蝶瓦",是一俯一仰相互扣盖的青瓦,如图 5-102 所示,其规格只分 1、2、3 号等三个等级。

合瓦檐头附件是指在瓦垄檐口安装花边瓦。

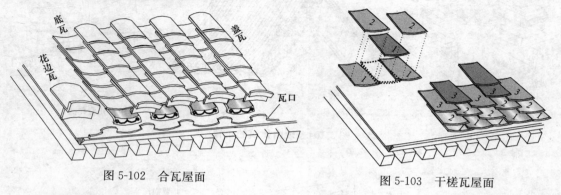

图 5-102 合瓦屋面   图 5-103 干槎瓦屋面

3. 干槎瓦屋面

"干槎瓦"又称"干茬瓦",干槎瓦屋面是只用仰瓦相互错缝搭接放置,如图 5-103 所示,干槎瓦的规格分为 1、2、3 号等三个等级。

干槎瓦檐头不用特殊瓦件,只是用麻刀灰将檐口勾抹严实即可。

二、布瓦屋脊

布瓦屋面的屋脊分为:正脊、垂脊、戗脊及角脊、围脊及博脊、花瓦脊、吻兽及宝顶等。

(一) 正脊

"正脊"是指坡屋顶正中,前后坡面交界处的压顶结构。根据屋面等级大小和用瓦类型不同,分为:带吻正脊、筒瓦过垄脊、合瓦过垄脊、鞍子脊、清水脊等。

其工程量按水平长度计算,吻兽及草砖装饰的长度应扣除。

1. 带吻正脊

"带吻正脊"是最高规格的正脊,一般称为"大脊",在脊的两端安装正吻(或望兽)及其附件作为屋脊头,脊身由当沟、瓦条、混砖、陡板、筒瓦眉子等加工砖件垒叠而成,如图 5-104 所示。

2. 筒瓦过垄脊

"筒瓦过垄脊"是卷棚筒瓦屋顶的正脊,它是一种圆弧形的屋脊,有的称它为"元宝脊"。筒瓦过垄脊的两端没有吻兽,脊身由与筒瓦相应的罗锅瓦、续罗锅瓦,和与板瓦相应的折腰瓦、续折腰瓦等瓦件相互搭接而成,如图 5-105 所示。

3. 合瓦过垄脊

"合瓦过垄脊"是卷棚合瓦屋顶的正脊,它与筒瓦过垄脊一样,脊两端没有吻兽,脊身由与底瓦相应的折腰瓦和盖瓦相互搭接而成,如图 5-106 所示。

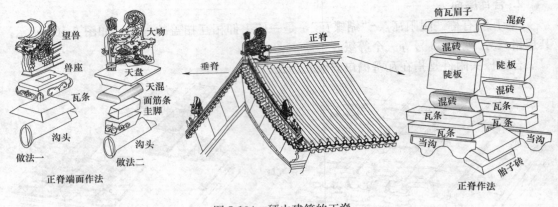

图 5-104　硬山建筑的正脊

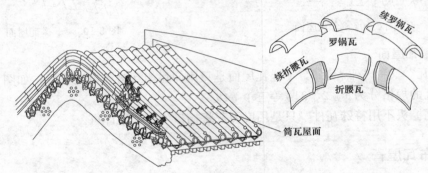

图 5-105　卷棚屋顶筒瓦过垄脊

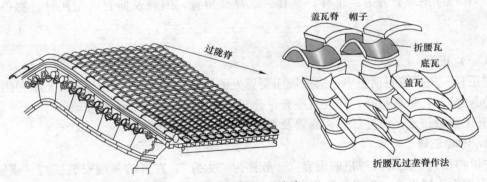

图 5-106　合瓦过陇脊

4. 鞍子脊

"鞍子脊"是用于合瓦屋面的最简单正脊，它直接用合瓦、条砖和麻刀灰砌筑而成，如图 5-107 所示。

5. 清水脊

"清水脊"是民间住宅用得最多的一种正脊，它由高坡垄大脊和低坡垄小脊组合而成。其中高坡垄大脊占住屋顶的中间大部分位置，脊身由条砖、瓦条、混砖、盖瓦等垒叠而成；脊端由砖加工件、蝎子尾等砌成点缀装饰。其装饰方法分为：平草蝎子尾、落落草蝎子尾、跨草蝎子尾等。

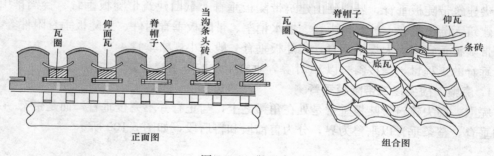

图 5-107 鞍子脊

低坡垄小脊处在屋顶的两端，是为与山墙排山脊衔接的过渡脊，它由条砖、盖瓦等相互搭接而成，如图 5-108 所示。

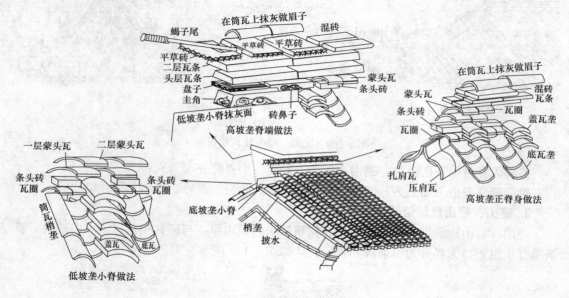

图 5-108 清水脊的构造

6. 平草蝎子尾、落落草蝎子尾、跨草蝎子尾

"蝎子尾"是高垄大脊两端挑出的装饰件，有的称为"象鼻子"、"斜挑鼻子"。它是用木棍裹缠麻丝绑扎结实，涂抹麻刀灰后插入方砖的孔内，用灰浆填实压紧而成。用来插蝎子尾的方砖，在看面部分雕刻有花草图案，此称为"草砖"。草砖的摆砌方法有三种，即：平草蝎子尾、落落草蝎子尾、跨草蝎子尾。

平草蝎子尾是用三块草砖顺长度方向平摆，中间一块开洞插蝎子尾；

落落草蝎子尾是用两个平草相叠，中间一块开洞插蝎子尾；

跨草蝎子尾是以三块砖为一组，分为两组，用铁丝将两组拴起来，成八字形跨在脊上，在八字缝间插蝎子尾。

（二）垂脊

"垂脊"是指从正脊两端，顺屋面坡度垂直而下的压边结构。根据屋面形式分为：庑殿攒尖建筑带陡板垂脊，悬山硬山建筑带陡板垂脊、歇山建筑带陡板垂脊、铃铛排山脊、攒尖建筑无陡板垂脊、披水排山脊、披水梢垄、带陡板垂脊附件、无陡板垂脊附件等。其中。带陡板垂脊多为大规格垂脊，无陡板垂脊一般为小规格垂脊。

垂脊的工程量，均按斜长以 m 计算，垂脊附件按每条脊计算。

1. 庑殿、攒尖建筑带陡板垂脊

庑殿、攒尖建筑带陡板垂脊是处在角梁之上，与正脊并不完全垂直，而是带有一定夹角的垂脊。整条垂脊以垂兽为界，分为兽前段和兽后段，如图 5-109 所示。

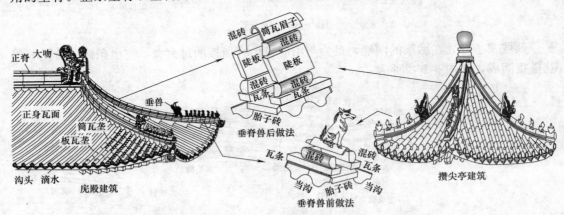

图 5-109　庑殿、攒尖建筑垂脊

兽前段脊身由下而上为：当沟、瓦条、混砖、小兽等叠砌而成；

兽后段脊身由下而上为：当沟、瓦条、混砖、陡板、混砖、盖筒瓦等叠砌而成。

2. 硬山、悬山建筑带陡板垂脊

硬山、悬山建筑带陡板垂脊是处在屋顶两端的最边缘，与正脊相垂直的压山结构。整条垂脊也以垂兽为界分为兽前段和兽后段，如图 5-110 所示。

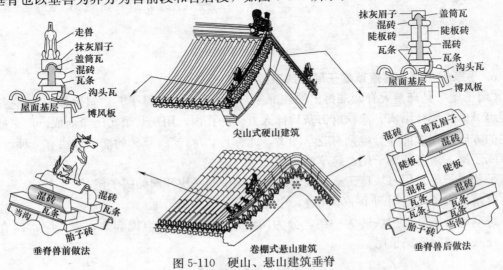

图 5-110　硬山、悬山建筑垂脊

兽前段脊身由下而上为：当沟、瓦条、混砖、小兽等叠砌而成；

兽后段脊身由下而上为：当沟、瓦条、瓦条、混砖、陡板、混砖、盖筒瓦等叠砌而成。

3. 歇山建筑带陡板垂脊

歇山建筑的垂脊不延伸到檐口,只做到与博脊交界处,只有兽后段,如图 5-111 所示。带陡板垂脊身由下而上为:当沟、瓦条、混砖、陡板、混砖、盖筒瓦等叠砌而成。

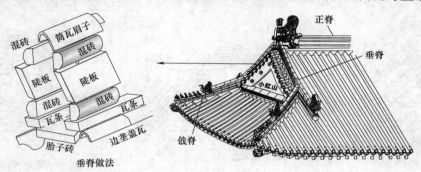

图 5-111 歇山建筑垂脊

4. 铃铛排山脊

铃铛排山脊是无陡板垂脊与排山沟滴相结合的一种结构,它一般用于没有垂兽的垂脊,如图 5-112 所示。

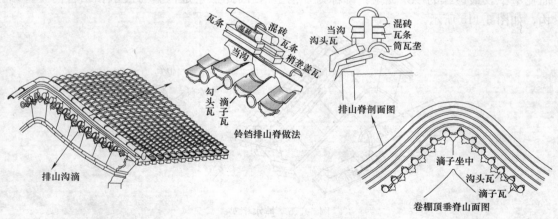

图 5-112 铃铛排山脊

5. 攒尖建筑无陡板垂脊

攒尖无陡板垂脊是一种简单垂脊,它是在当沟上垒叠两层瓦条、混砖、盖瓦眉子而成,如图 5-113 所示。

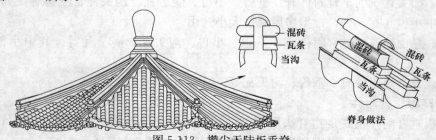

图 5-113 攒尖无陡板垂脊

6. 披水排山脊

"披水排山脊"是无陡板垂脊与披水排山相结合的一种结构，它也是用于没有垂兽的垂脊。它与铃铛排山脊不同的地方，就是排山部分的构造不同，它的排山很简单，只用披水砖即可，如图 5-114 所示。

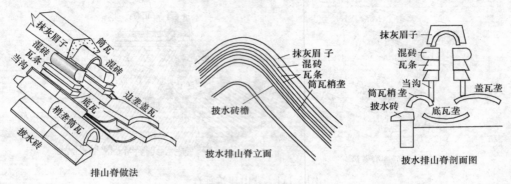

图 5-114 披水排山脊

7. 披水梢垄

"披水梢垄"可以认为是最简单的垂脊，但实际上它不是属于垂脊范围，它仅仅是屋面瓦垄中，最边缘的一条瓦垄，即称为"梢垄"，因此，它是梢垄与披水相结合的一种结构，如图 5-115 所示。

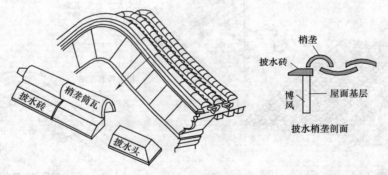

图 5-115 披水梢垄

8. 带陡板垂脊附件

"垂脊附件"是指垂脊本身瓦件之外的构件，带陡板垂脊附件是指：庑殿攒尖建筑、悬山硬山建筑、歇山建筑等的带陡板垂脊上的附件。

庑殿、攒尖建筑的垂脊附件有：垂兽、小兽、滴子瓦、沟头瓦、套兽等，如图 5-116 所示。其中小兽共有 9 个，根据房屋规格大小选用。

硬山、悬山建筑的垂脊附件有：垂兽、小兽、沟头瓦、滴子瓦等。其中小兽一般为 1~3 个。

歇山建筑垂脊附件有：垂兽、沟头瓦等。

9. 无陡板垂脊附件

无陡板垂脊附件主要是指脊头所安装的构件，它一般是用施工现场砖瓦进行砍制而成，包括：盘子、瓦条、圭脚和沟头瓦、滴子瓦等，如图 5-117 所示。

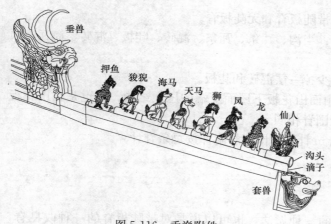

图 5-116 垂脊附件

图 5-117 脊端构件

(三) 戗脊、角脊、围脊、博脊

1. 戗脊与角脊

"戗脊"有的称为"岔脊",是歇山建筑屋顶四角的斜脊,它与垂脊呈 45°相交,对垂脊起着支戗作用。

"角脊"是指重檐建筑中,下层檐屋面四角处的斜脊,其构造与戗脊相同。所以也有将戗脊称为角脊,如图 5-118 所示。

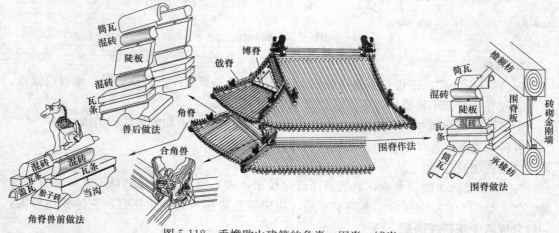

图 5-118 垂檐歇山建筑的角脊、围脊、博脊

布瓦屋面的戗角脊也分为带陡板和无陡板。带陡板戗脊的构造以戗兽为界,分为兽前段和兽后段。兽前段的脊身构造与硬悬山建筑带陡板垂脊相同。兽后段脊身构造与歇山带陡板垂脊相同。

无陡板垂脊的脊身构造,与攒尖建筑无陡板垂脊相同。

戗脊及角脊附件也与垂脊附件相同。

戗角脊的工程量,均按斜长以 m 计算,戗角脊附件按每条脊计算。

2. 围脊及博脊

"围脊"是重檐建筑中,上下层交界处,下层屋面上端的压顶结构,该脊是在围脊板或围脊枋之外的一种半边脊，分为：带陡板脊和无陡板脊。

带陡板脊的脊身构造由下而上为：当沟、瓦条、瓦条、混砖、陡板、混砖、筒瓦盖顶等，如图 5-118 中所示。

无陡板脊的脊身是在上述构件中少掉一层混砖和陡板。

"博脊"是指歇山建筑中，两端山面山花板下屋面上端的压顶结构。它也是在山花板之外的半边脊。其脊身构造与无陡板围脊相同。

围博脊的工程量，均按其长度以 m 计算，围博脊附件按每条脊计算。

（四）花瓦脊、吻兽、宝顶

1. 花瓦脊

"花瓦脊"是借鉴南方屋脊风格的一种做法，也可以说是对带陡板脊的一种改良脊，它是将带陡板脊中陡板，用布瓦拼成各种漏花来代替，如图 5-119 所示。

花瓦脊的工程量，均按斜长以 m 计算，花瓦脊附件按每条脊计算。

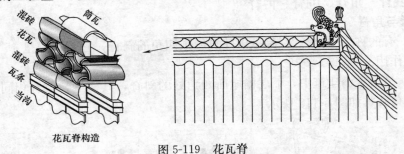

图 5-119　花瓦脊

2. 吻兽

吻兽简称"吻"，即指与条脊接触的大嘴兽。吻的类型有：正吻或望兽、垂兽或戗兽、合角吻或合角兽、小兽或小跑等，它们都是定型的窑制品。

宝顶是攒尖建筑各垂脊交汇中心的压顶构件，它由宝顶座和宝顶珠所组成。

各种吻兽和宝顶的工程量，均按每份计算。

（1）正吻或望兽

"正吻"又称大吻、龙吻，其表面饰以龙纹形，四爪腾空，龙首怒目，张口吞脊，背插宝剑，如图 5-120 中所示，多用于宫殿、庙宇等重要建筑的屋顶正脊，它体积比较大，一般分成若干块拼接而成。

图 5-120　吻兽

望兽是头长两角，眼望远方，脚腿紧缩，似有随时出动迎敌之势，如图 5-120 中所示。多用于较重要的城门、鼓楼等建筑屋顶正脊。

（2）合角吻或合角兽

合角吻或合角兽是围脊转角处的连接构件，其中，"合角吻"是两个正吻的连接体，"合角兽"是两个望兽的连接体，重要建筑用合角吻，一般建筑用合角兽。如图5-120中所示。

3. 宝顶

"宝顶"由宝顶座和宝顶珠组成。宝顶座是宝顶的底座，一般由砖料砍制成几种线脚组合而成，或者作成砖须弥座，或者线角与须弥座组合，如图5-121所示。

宝顶珠可用砖料作成六八角柱体，或者为窑制品，如图5-121所示。

宝顶　　线脚底座　　须弥座底座　　四方宝顶珠　　多方宝顶珠　　圆形宝顶珠　　葫芦宝顶珠

图5-121　宝顶

三、琉璃瓦

（一）琉璃瓦屋面

琉璃瓦屋面是在布筒板瓦屋面的基础上，施以铝硅酸化合物经高温窑制而成的釉面瓦材。琉璃瓦材的规格是按"样数"而定，从二样至九样，共有八种规格，但工程上常用的为六样至九样。以上规格的参考尺寸如表5-3所示。

玻璃构件参考尺寸表　　　　表5-3

名 称			样　　数							
			二样	三样	四样	五样	六样	七样	八样	九样
正吻	高	营造尺	10.50	9.20	8.00	6.20	4.60	3.40	2.20	2.00
		cm	336.00	294.00	256.00	198.00	147.00	109.00	70.40	64.00
剑把	高	营造尺	3.25	2.70	2.40	1.50	1.20	0.95	0.65	0.65
		cm	104.00	86.40	76.80	48.00	38.40	30.40	20.80	20.80
背兽	正方	营造尺	0.65	0.60	0.55	0.50	0.45	0.40	0.25	0.25
		cm	20.80	19.20	17.60	16.00	14.40	12.80	8.00	8.00
吻座	长	营造尺	1.55	1.45	1.20	1.05	0.95	0.85	0.60	0.60
		cm	49.60	46.40	38.40	33.60	30.40	27.20	19.20	19.20
赤脚通脊	长	营造尺	2.40	2.40	2.20	2.20	2.20	1.95	1.50	1.50
		cm	76.80	76.80	70.40	70.40	70.40	62.40	48.00	48.00
	高	营造尺	1.95	1.75	1.55	1.55	0.90	0.85	0.55	0.45
		cm	62.40	56.00	49.60	49.60	28.80	27.20	17.60	14.40
黄道	长	营造尺	2.40	2.40	无	无	无	无	无	无
		cm	76.80	76.80						
	高	营造尺	0.65	0.55						
		cm	20.80	17.60						

续表

名　称			样　数 二样	三样	四样	五样	六样	七样	八样	九样
大群色	长	营造尺	2.40	2.40	无	无	无	无	无	无
		cm	76.80	76.80						
	高	营造尺	0.55	0.45						
		cm	17.60	14.40						
群色条	长	营造尺	1.30	1.30	1.30	1.30	1.30	1.30		
		cm	41.60	41.60	41.60	41.60	41.60	41.60		
正通脊	长	营造尺	无	无	无	2.30	2.20	2.10	2.00	1.90
		cm				73.60	70.40	67.20	64.00	60.80
垂兽	高	营造尺	2.20	1.90	1.80	1.50	1.20	1.00	0.60	0.60
		cm	70.40	60.80	57.60	48.00	38.40	32.00	19.20	19.20
垂兽座	长	营造尺	2.00	1.80	1.60	1.40	1.20	1.00	0.80	0.70
		cm	64.00	57.60	51.20	44.80	38.40	32.00	25.60	22.40
联办垂兽座	长	营造尺	3.70	2.80	2.70	2.20	2.10	1.30	0.90	0.90
		cm	118.00	89.60	86.40	70.40	67.20	41.60	28.80	28.80
承奉连	长	营造尺	1.30	1.30	1.30	无	无	无	无	无
		cm	41.60	41.60	41.60					
	宽	营造尺	1.00	0.90	0.90					
		cm	32.00	28.80	28.80					
三连砖	长	营造尺	无	无	无	1.30	1.30	1.30	1.30	1.30
		cm				41.60	41.60	41.60	41.60	41.60
小连砖	长	营造尺	无	无	无	无	无	无	1.30	1.30
		cm							41.60	41.60
垂通脊	长	营造尺	2.00	1.80	1.80	1.60	1.50	1.40	无	无
		cm	64.00	57.60	57.60	51.20	48.00	44.80		
	高	营造尺	1.65	1.50	1.50	0.75	0.65	0.55		
		cm	52.80	48.00	48.00	24.00	20.80	17.60		
戗兽	高	营造尺	1.85	1.75	1.40	1.20	1.00	0.80	0.60	0.50
		cm	59.20	56.00	44.80	38.40	32.00	25.60	19.20	16.00
戗兽座	长	营造尺	1.80	1.60	1.40	1.20	1.00	0.80	0.60	0.40
		cm	57.60	51.20	44.80	38.40	32.00	25.60	19.20	12.80
戗通脊	长	营造尺	2.80	2.60	2.40	2.20	2.00	1.90	1.70	1.50
		cm	89.60	83.20	76.80	70.40	64.00	60.80	54.40	48.00
撙头	长	营造尺	1.55	1.55	1.55	1.40	1.40	1.40		1.20
		cm	49.60	49.60	49.60	44.80	44.80	44.80		38.40
	宽	营造尺	0.85	0.45	0.45	0.25	0.25	0.25		0.22
		cm	27.20	14.40	14.40	8.00	8.00	8.00		7.04
淌头	长	营造尺	1.55	1.55	1.55	1.40	1.40	1.40		1.20
		cm	49.60	49.60	49.60	44.80	44.80	44.80		38.40
	宽	营造尺	0.85	0.45	0.45	0.25	0.25	0.25		0.22
		cm	27.20	14.40	14.40	8.00	8.00	8.00		7.04

续表

名称			样数							
			二样	三样	四样	五样	六样	七样	八样	九样
咧角盘子	长	营造尺	无	无	无	无	1.25	1.15	1.05	0.95
		cm					40.00	36.80	33.60	30.40
三仙盘子	长	营造尺	无	无	无	无	1.25	1.15	1.05	0.95
		cm					40.00	36.80	33.60	30.40
仙人	高	营造尺	1.55	1.35	1.25	1.05	0.70	0.60	0.40	0.40
		cm	49.60	43.20	40.00	33.60	22.40	19.20	12.80	12.80
走兽	高	营造尺	1.35	1.05	1.05	0.90	0.60	0.55	0.35	0.35
		cm	43.20	33.60	33.60	28.80	19.20	17.60	11.20	11.20
吻下当沟	长	营造尺	1.50	1.05	1.05	无	无	无	无	无
		cm	48.00	33.60	33.60					
托泥当沟	长	营造尺	无	无	无	1.10	1.10	0.77	0.70	无
		cm				35.20	35.20	24.60	22.40	
平口条	长	营造尺	1.10	1.00	1.00	0.90	0.75	0.70	0.65	0.60
		cm	35.20	32.00	32.00	28.80	24.00	22.40	20.80	19.20
压当条	长	营造尺	1.10	1.00	1.00	0.90	0.75	0.70	0.65	0.60
		cm	35.20	32.00	32.00	28.80	24.00	22.40	20.80	19.20
正当沟	长	营造尺	1.10	1.05	0.95	0.85	0.80	0.70	0.65	0.60
		cm	35.20	33.60	30.40	27.20	25.60	22.40	20.80	19.20
	高	营造尺	0.80	0.75	0.70	0.65	0.60	0.55	0.50	0.45
		cm	25.60	24.00	22.40	20.80	19.20	17.60	16.00	14.40
斜当沟	长	营造尺	1.75	1.60	1.50	1.35	1.10	1.00	0.90	0.85
		cm	56.00	51.20	48.00	43.20	35.20	32.00	28.80	27.20
套兽	见方	营造尺	0.95	0.75	0.70	0.65	0.60	0.55	无	0.40
		cm	30.40	24.00	22.40	20.80	19.20	17.60		12.80
博脊连砖	长	营造尺	无	无	无	无	1.25	1.15	1.05	0.95
		cm					40.00	36.80	33.60	30.40
承奉博脊连砖	长	营造尺	1.65	1.55	1.45	1.35	无	无	无	无
		cm	52.80	49.60	46.40	43.20				
挂尖	长	营造尺	无	无	无	1.20	1.20	无	无	无
		cm				38.40	38.40			
	高	营造尺	无	无	无	0.60	0.60	无	无	无
		cm				19.20	19.20			
博脊瓦	长	营造尺	无	无	无	1.20	1.10	1.08	无	0.80
		cm				38.40	35.20	34.60		25.60
博通脊	长	营造尺	2.20	2.20	2.20	1.60	无	无	无	无
		cm	70.40	70.40	70.40	51.20				
	高	营造尺	0.85	0.85	0.75	0.50	无	无	无	无
		cm	27.20	27.20	24.00	16.00				
满面砖	见方	营造尺	1.00	1.00	1.00	1.00	无	1.00	无	无
		cm	32.00	32.00	32.00	32.00		32.00		

名　　称			样　数							
			二样	三样	四样	五样	六样	七样	八样	九样
蹬脚瓦	长	营造尺	1.65	1.55	1.45	1.35	1.25	1.15	1.05	0.95
		cm	52.80	49.60	46.40	43.20	40.00	36.80	33.60	30.40
沟头瓦	长	营造尺	1.35	1.25	1.25	1.10	1.00	0.95	0.90	0.85
		cm	43.20	40.00	40.00	35.30	32.00	30.40	28.80	27.20
	口宽	营造尺	0.65	0.60	0.55	0.50	0.45	0.40	0.35	0.30
		cm	20.80	19.20	17.60	16.00	14.40	12.80	11.20	9.60
滴子瓦	长	营造尺	1.35	1.30	1.25	1.20	1.10	1.00	0.95	0.90
		cm	43.20	41.60		38.40	35.20	32.00	30.40	28.80
	口宽	营造尺	1.10	1.05	0.95	0.85	0.80	0.70	0.65	0.60
		cm	35.20	33.60	30.40	27.20	25.60	22.40	20.80	19.20
筒瓦	长	营造尺	1.25	1.15	1.10	1.05	0.95	0.90	0.85	0.80
		cm	40.00	36.80	35.20	33.60	30.40	28.80	27.20	25.60
	口宽	营造尺	0.65	0.60	0.55	0.50	0.45	0.40	0.35	0.30
		cm	20.80	19.20	17.60	16.00	14.40	12.80	11.20	9.60
板瓦	长	营造尺	1.35	1.25	1.20	1.15	1.05	1.00	0.95	0.90
		cm	43.20	40.00	38.40	36.80	33.60	32.00	30.40	28.80
	口宽	营造尺	1.10	1.05	0.95	0.85	0.80	0.70	0.65	0.60
		cm	35.20	33.60	30.40	27.20	25.60	22.40	20.80	19.20
合角吻	高	营造尺	3.40	2.80	2.80	1.90	1.90	1.00	无	无
		cm	108.80	89.60	89.60	60.80	60.80	32.00		
	长	营造尺	2.37	2.00	2.00	1.30	1.30	0.69		
		cm	75.80	64.00	64.00	42.00	42.00	22.00		
合角剑把	高	营造尺	0.95	0.95	0.75	0.70	0.70	0.70	无	无
		cm	30.40	30.40	24.00	22.40	22.40	22.40		

　　琉璃瓦屋面的项目包括：琉璃瓦屋面、琉璃瓦檐头附件、檐头琉璃瓦剪边、星星瓦钉瓦钉和安钉帽等。

1. 琉璃瓦屋面

　　琉璃瓦屋面是指由琉璃筒瓦垄和琉璃板瓦垄，或者琉璃竹节筒瓦垄和琉璃竹节板瓦垄等所构成的屋面，如图 5-122 所示。

　　琉璃瓦屋面按不同屋面几何形状的面积以 m^2 计算，不扣减屋脊、檐头所占面积。

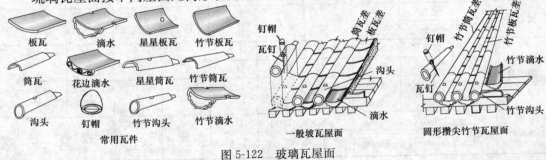

图 5-122　玻璃瓦屋面

2. 琉璃瓦檐头附件

琉璃瓦檐头附件是指对瓦垄前端的沟头、滴水、瓦钉、钉帽等的安装。

檐头附件的工程量，按檐头长度以 m 计算。

3. 檐头琉璃瓦剪边

檐头琉璃瓦剪边是指屋面檐头采用琉璃瓦，而其他屋面部分采用布瓦的一种做法。檐头剪边的尺寸范围分为："一沟头"、"一沟一筒"、"一沟二筒"、"一沟三筒"、"一沟四筒"等。其中"一沟头"是指剪边纵深宽度为一块沟头瓦长；"一沟一筒"是指剪边纵深宽度为一块沟头瓦加一块筒瓦长，其他如此类推。

檐头琉璃瓦剪边的工程量，按檐头长度以 m 计算。

4. 星星瓦钉瓦钉、安钉帽

这是指对屋面面积较大、或屋面坡度较陡的屋面，为防止瓦垄过长而产生下滑现象，需要在每条瓦垄上，每间隔适当距离安插一块星星瓦（即带有钉孔的琉璃瓦），在钉孔中钉瓦钉以增强阻滑作用，然后在钉孔上用钉帽盖住以防雨水。

星星瓦钉瓦钉、安钉帽的工程量，按星星瓦的总长度以 m 计算。

（二）琉璃瓦正脊

琉璃正脊依屋面形式不同分为：带吻兽正脊、吻兽安装、过垄脊、墙帽正脊等。

1. 带吻兽正脊

带吻兽正脊是指在脊两端安装有大吻或望兽的正脊，该脊脊身所用构件由下而上为：正当沟、压当条、群色条、正通脊（或三连砖）、扣脊筒瓦等，如图 5-123 所示。

带吻兽正脊的工程量，按正脊长度以 m 计算，应扣除吻兽所占长度。

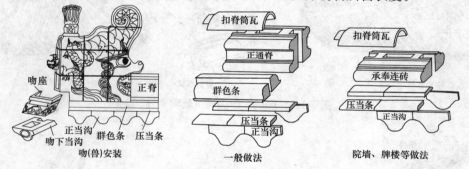

图 5-123 玻璃正脊的构造

2. 吻兽安装

吻兽安装是指除对大吻或望兽的拼装外，还包括：吻兽座、吻下当沟、以及其下的群色条、压当条、正当沟等的安装。

吻兽安装的工程量，按每份构件计算。

3. 过垄脊

琉璃瓦过垄脊与布筒瓦过垄脊基本相同，只是所用构件均为琉璃构件，具体见图 5-105 所示。

4. 墙帽正脊

墙帽正脊是指用于院墙、围墙顶上所做屋脊，如图 5-124 所示，其构件由下而上为：

图 5-124　玻璃墙帽

正当沟、压当条、承奉连砖、扣脊筒瓦等（图 5-123）。

墙帽正脊的工程量，按正脊长度以 m 计算，应扣除吻兽所占长度。

（三）琉璃垂脊

琉璃垂脊包括：庑殿攒尖垂脊及其附件、歇山铃铛排山脊及其附件、硬悬山铃铛排山脊及其附件、披水排山脊及其附件、琉璃披水梢垄等。

琉璃垂脊的工程量，均按脊身斜长以 m 计算。垂脊附件均按每条垂脊计算。

1. 庑殿攒尖垂脊及其附件

琉璃庑殿和攒尖建筑的垂脊，也是以垂兽为界分为兽前段和兽后段。兽前段由下而上的构件为：斜当沟、平口条、压当条、三连砖、小兽等，如图 5-125 所示。

兽后段由下而上的构件为：斜当沟、平口条、压当条、垂通脊、扣脊瓦等。如图 5-125 所示。

琉璃垂脊附件除脊端构件外，其他与布瓦垂脊附件相同，如图 5-126 所示。

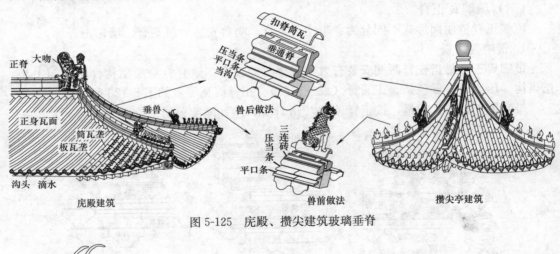

图 5-125　庑殿、攒尖建筑玻璃垂脊

图 5-126　玻璃垂脊附件

2. 歇山铃铛排山脊及其附件

琉璃歇山铃铛排山脊包括铃铛排山脊和垂脊，其中琉璃铃铛排山所用构件为琉璃滴子瓦和沟头瓦,垂脊由:当沟、压当条(或平口加压当条)、垂通脊、扣筒瓦等,如图5-127所示。

歇山铃铛排山脊附件主要为垂脊端头的构件,包括托泥当沟、连办压当条、垂兽座、垂兽等。

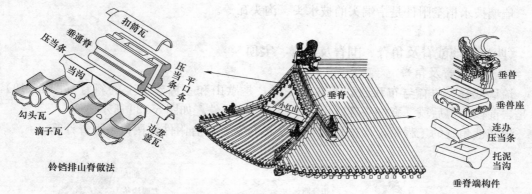

图 5-127 玻璃歇山铃铛排山脊

3. 硬悬山铃铛排山脊及其附件

硬悬山铃铛排山脊也是包括铃铛排山脊和垂脊,其中琉璃铃铛排山所用构件为琉璃滴子瓦和沟头瓦。

垂脊兽后段由:当沟、压当条(或平口加压当条)、垂通脊、扣筒瓦等;

垂兽前段由:当沟、压当条(或平口条加压当条)、三连砖、扣筒瓦等。如图 5-128所示。

垂脊附件包括:垂兽、仙人及沟头、列角撺头、列角搧(Zheng)头、螳螂沟头、滴子瓦等。

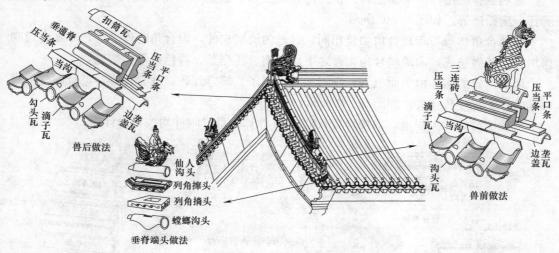

图 5-128 硬悬山铃铛排山脊

4. 披水排山脊及其附件

琉璃披水排山脊也是包括披水排山和垂脊,它是在琉璃铃铛排山脊的基础上;将琉璃铃铛排山改为琉璃披水排山即可。也就是将图 5-127 和图 5-128 中的沟头瓦、滴子瓦、当沟等去掉，改用琉璃披水砖，其他不变。

5. 琉璃披水梢垄及其附件

琉璃披水梢垄与布瓦披水梢垄基本相同，只是所用瓦件均为琉璃瓦件而已，具体见图5-116。

琉璃披水梢垄附件是指端头的披水头、沟头瓦等。

（四）琉璃戗脊及角脊、围脊及博脊、宝顶

1. 琉璃戗脊及角脊

琉璃戗脊及角脊与布瓦戗脊及角脊一样，是歇山和重檐建筑上的斜脊（图5-119），只是兽前段、兽后段、脊端头等所用构件均为琉璃构件，如图5-129所示。

琉璃戗角脊的工程量，均按脊身斜长以m计算。垂脊附件均按每条垂脊计算。

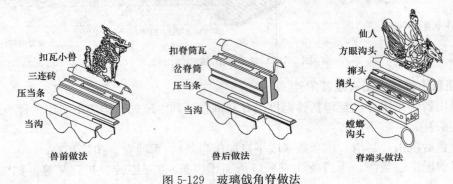

图 5-129 玻璃戗角脊做法

2. 琉璃围脊及博脊

琉璃围脊的构件由下而上为：正当沟、压当条、群色条、博脊连砖（或围脊筒）、蹬脚瓦、满面砖等。如图5-130所示。

琉璃合角吻兽与布瓦合角吻兽相同，只是为琉璃构件，但合角吻兽之下，布瓦合角吻兽用施工砖做垫底，而琉璃合角吻兽之下用当沟、压当条、群色条等做垫底。

琉璃博脊的构件由下而上为：正当沟、压当条、博脊连砖、博脊瓦等。博脊附件为脊两端的挂尖或连砖挂尖，如图5-130所示。

琉璃围博脊的工程量，均按脊身长度以m计算。垂脊附件均按每份计算。

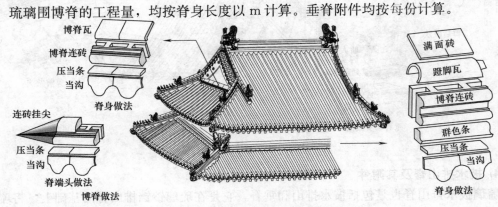

图 5-130 玻璃围脊、博脊做法

3. 琉璃宝顶

琉璃宝顶由琉璃线脚砖和琉璃须弥座为底座,上砌琉璃宝珠而成,如图 5-131 所示。其工程量按每份底座和每个宝珠计算。

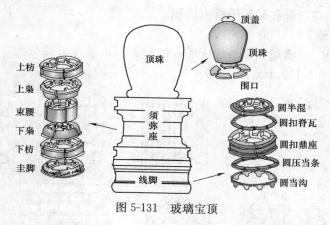

图 5-131 玻璃宝顶

第八节 "地面工程"项目词解

用块料铺砌地面工程的项目,《营造则例作法项目》称为"墁地",用砖料铺砌者称为"砖墁地",用石料铺砌者称为"石墁地"。墁地项目根据不同的工艺要求分为:墁地面、墁散水和墁石子地等内容。

一、墁地面

墁地项目分为:细墁地面、糙墁地面。

(一) 细墁地面

"细墁地面"是指用砖料按照平整、密实、光洁等要求,进行铺砌地面工艺的简称。按照这种工艺铺砌地面时,对其所用的砖料,要经过砍磨加工,使之达到统一的规格标准、棱角完整顺直、表面平整光洁。铺作时要求砖面灰缝细密,表面要补缺磨平,使地面平整美观,坚实耐用。

细墁地面依所用砖料和工艺不同分为:方砖墁地、异型砖地面、大城样砖墁地、甬路交叉部分、栽砖牙子、地面钻生等项目。

1. 方砖墁地

"方砖墁地"是指用:尺二方砖、尺四方砖、尺七方砖等规格所铺砌的地面,其项目分为:室内外地面、檐廊地面。

其中:室内外地面项目是指包括室内及檐廊用同一种规格材料铺砌的地面;而檐廊地面项目是指檐廊用与室内外不同地面材料所需单独铺砌的地面。

方砖墁地工程量,按主墙间面积以 m² 计算,不扣除柱顶石、垛、间壁墙等所占面积;应扣除 0.5m 以上的树池、花坛等和砖牙子所占面积。

2. 异型砖地面

"异型砖地面"是指用方砖加工成多边形所铺砌地面，如车辋砖、龟背锦等。异型砖地面工程量，按主墙间面积以 m² 计算，不扣除柱顶石、垛、间壁墙等所占面积；应扣除 0.5m 以上的树池、花坛等和砖牙子所占面积。

3. 大城样砖墁地

"大城样砖墁地"是指用大规格砖所铺砌的地面，依铺砌方式分为：陡板平铺、直柳叶、斜柳叶等。如图 5-132 中所示。其中：

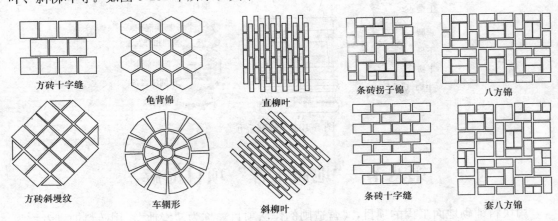

方砖十字缝　　龟背锦　　直柳叶　　条砖拐子锦　　八方锦

方砖斜墁纹　　车辋形　　斜柳叶　　条砖十字缝　　套八方锦

图 5-132　砖墁地面形式

陡板平铺是指用砖的大面朝上进行铺砌的方式，如：拐子锦、十字缝、八方锦等形式。

直柳叶是指用条砖侧立铺砌成直线形式的地面。

斜柳叶是指用条砖侧立铺砌成斜线形式的地面。

大城砖墁地工程量，按主墙间面积以 m² 计算，不扣除柱顶石、垛、间壁墙等所占面积；应扣除 0.5m 以上的树池、花坛等和砖牙子所占面积。

4. 甬路交叉部分

"甬路"是指用砖石铺砌的道路，其交叉部分包括十字交叉和垂直拐角交叉，一般都铺砌成龟背锦、十字缝等形式，如图 5-133 所示。

5. 栽砖牙子

"栽砖牙子"是指对室外墁地或甬路墁地的边缘，用条砖侧立栽入土中形成拦边围线的施工工艺，如图 5-133 中边框线所示。根据所栽砖料分为：大城样砖顺栽、蓝四丁砖顺栽、蓝四丁砖立栽等内容。

大城样砖顺栽和蓝四丁砖顺栽，都是指顺条砖长度方向侧立栽法，蓝四丁砖立栽是指顺丁头方向直立栽法。

栽砖牙子的工程量，按所栽长度以 m 计算。

6. 地面钻生

"地面钻生"是指细墁地面的最后一道工序，即在铺砌砖面、补缺磨平、清洗干燥等完成后，用生桐油倒在砖面上，用麻丝团或棉纱团或漆刷等蹭抹均匀，让所有砖面都吸足油液，然后将多余油渍刮去，再撒上呛灰（即青灰粉，或用石灰粉掺青灰拌成地砖颜色），

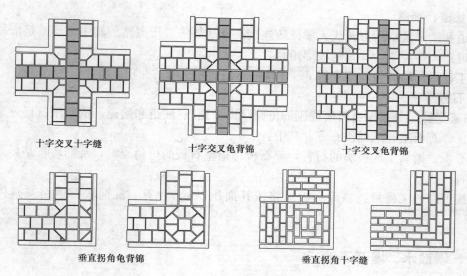

十字交叉十字缝　　　　十字交叉龟背锦　　　　十字交叉龟背锦

垂直拐角龟背锦　　　　　　垂直拐角十字缝

图 5-133　甬路交叉砖的形式

静养 2～3d，再刮去洁净即可。

地面钻生的工程量，按墁地面积计算。

（二）糙墁地面

糙墁地面是指对墁地的砖料，不需经过砍磨加工，砖缝可稍宽大，不磨蹭，不钻生，但要求灰缝紧密，砖面平整，打扫洁净即可。

糙墁地面依所用砖料和工艺不同也分为：方砖墁地、大城样砖墁地、蓝四丁砖墁地、甬路交叉部分、栽砖牙子、坡道、踏道、石板路、乱铺块石等项目。

1. 方砖墁地

方砖墁地见以上细墁方砖所述。

2. 大城样砖墁地

大城样砖墁地除按以上细墁大城样砖所述外，还包括：姜磋、直柳叶、斜柳叶等半砖、整砖栽立形式。

其中，柳叶半砖是指用砖的丁头面（即砖宽侧面）朝上栽立，因为大城样砖是规格最大的条砖，它的宽向尺寸是长向尺寸的 1/2，其半砖柳叶可近似蓝四丁整砖柳叶。

而柳叶整砖是指用砖的长身面（即砖长侧面）朝上栽立（即图 5-132 中所示柳叶面）。姜磋即指锯齿形斜坡，即为棱角凸起的坡道。

3. 蓝四丁砖墁地

"蓝四丁砖"是规格最小的一种砖，它按铺砌形式也分为：十字缝、八方锦、拐子锦、直柳叶、斜柳叶、姜磋等。

4. 甬路交叉部分

甬路交叉部分同上述细墁地面甬路交叉相同，即包括十字交叉和垂直拐角交叉。

5. 栽砖牙子

栽砖牙子同上述细墁地面栽砖牙子相同，即指对室外墁地或甬路墁地边缘的栽立砖。

6. 坡道、踏道

坡道和踏道是指用方砖或大城样砖连接高低地势的坡形道路。其中，坡道是指斜平面的坡形道路。踏道是阶梯式的坡形道路。

其工程量，均按斜坡面积以 m² 计算，不包括牙子所占面积。

7. 石板道路

"石板道路"是指用石料所铺砌的甬路（即平道）、坡道和踏道。依所用石料分为：整石板路、碎石板路、乱铺块石等。其中：

整石板是指加工成板块的石料，碎石板是指整石板的边角废料，乱铺块石是指未经加工的毛石。

石板道路的工程量，整碎石板道路按其面积以 m² 计算。乱铺块石道路按其体积以 m³ 计算。

二、墁散水、墁石子地

"散水"是指房屋台明周边，或甬路两边起保护作用的墁地。"墁石子地"是指除甬路和散水之外的石铺地面。

(一) 细墁散水、糙墁散水项目释疑

细墁散水分为：大城样砖散水、方砖散水、散水窝角等项。

糙墁散水分为：大城样砖散水、方砖散水、大开条砖散水、散水窝角等项。

其中，"散水窝角"是指道路的内转角，这种转角要呈 45°斜线排水，如图 5-134 中所示。

细、糙墁散水的工程量，按铺砌面积以 m² 计算，不包括牙子所占面积。

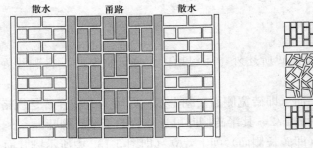
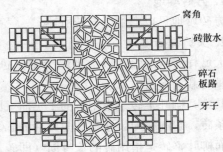

图 5-134 散水

(二) 墁石子地

墁石子地又称为"海墁石子"，它是指除甬路和散水之外的石铺地面，分为：满铺和散铺。

满铺石子地是指在一块地面上全部铺砌石子。散铺石子地是指在一块地面上分成几个小块铺砌石子。

墁石子地的工程量，按铺砌石子地面积以 m² 计算，不扣除砖瓦条拼花所占面积，但

应扣除方砖心所占面积。

第九节 "抹灰工程"项目词解

《营造则例作法项目》的抹灰项目包括：抹靠骨灰、砂子灰底、麻面砂子灰、抹青灰、零星抹灰、抹灰后做假砖缝及轧竖向小抹子花、抹灰前做麻钉等，以及白灰砂浆、水泥砂浆、剁假石等。

一、抹靠骨灰、砂子灰底

（一）抹靠骨灰

"抹靠骨灰"又称为"刮骨灰"，它是古建传统抹灰中用得较多的一种，是在将砖墙表面经过湿润处理后，直接在砖墙面上涂抹二至三层麻刀灰的一种工艺。抹靠骨灰要经过基层处理、打底灰、罩面灰、赶扎刷浆等操作。根据抹灰所需颜色分为：月白灰、青灰、红灰等。

1. 月白灰

"月白灰"是用石灰浆加一定比例的青灰均匀拌和而成，依掺入青灰的多少，分为浅月白和深月白灰。

2. 青灰

"青灰"是一种呈黑灰色的矿物胶结块料，浸泡于水中后形成粘腻的胶液浆灰，将此经过滤去渣干燥后而成青灰。

3. 红灰

"红灰"又称为"葡萄灰"，它是用石灰，红土、麻刀等按一定比例加水调配而成，常用配合比为：石灰：红土：麻刀＝2：2：0.1。

（二）砂子灰底

"砂子灰底"是一种粗骨料抹灰，它是用配比为：砂子：石灰膏＝3：1调和而成的砂子灰作为打底灰，经抹平压实后，再抹罩面灰。根据罩面灰颜色分为：月白灰、青灰、红灰等。

二、其他抹灰

（一）麻面砂子灰、抹青灰、零星抹灰

1. 麻面砂子灰

"麻面砂子灰"是指用砂子灰打底，砂子灰罩面一种廉价抹灰。

2. 抹青灰

"抹青灰"是指用一定比例的月白灰加麻刀调配成"青麻刀灰"，进行打底和罩面，经

抹平压实后,再涂刷青灰浆的一种抹灰。常用于砖须弥座、冰盘檐和砖券碹等的抹灰。

3. 零星抹灰

"零星抹灰"是指对山花、象眼、穿插当、什锦窗等,和面积小于 3m² 以内的廊心墙、匾心、小红山等的抹灰。

(二)做假砖缝和做麻钉

1. 抹灰后做假砖缝及轧竖向小抹子花

"做假砖缝"是指在抹有青灰的墙面上,用竹片或薄金属片,比照砖的大小画出灰缝,以仿照清水墙的一种工艺。

"轧竖向小抹子花"是指用铁抹子,在抹平未干的面层灰浆上,贴着往外拉出浆刺的一种工艺,即现代抹灰中的拉毛。

2. 抹灰前做麻钉

抹灰前做麻钉是抹靠骨灰中基层处理的一种工艺。由于除抹靠骨灰之外,其他抹灰工艺中均不包括做麻钉,所以特提出以备其他抹灰使用。

"做麻钉"是指在抹灰前的墙面上,将麻丝缠绕在铁钉上打入灰缝内,钉子之间的距离按麻丝长短布置,每条砖缝错开布置,待抹灰时,将麻丝分散铺开织成网状,以此防止抹灰面裂缝。也可以先钉钉,再缠绕麻丝。

除此以外的白灰砂浆、水泥砂浆、剁假石等,均为现代常用的抹灰工艺,具体做法与现代抹灰相同。

以上各种抹灰的工程量按下述计算:

(1)内墙抹灰按主墙间结构面的净长乘高度以 m² 计算,应扣除门窗洞口和空圈所占面积,但门窗洞口及空圈的侧壁面积也不增加。不扣除门柱、踢脚线、挂镜线、装饰线、什锦窗洞口及 0.3m² 以内孔洞所占面积,其侧壁面积亦不增加。垛的侧壁并入墙体内计算。

其高度由地面算起,有露明梁者算至梁底;有吊顶抹灰者算至顶棚底,吊顶不抹灰的算至顶棚底另加 20cm 计算;有墙裙者应扣除墙裙高度。

(2)外墙抹灰按外墙长乘高以 m² 计算,其中,应扣除门窗洞口所占面积,不扣除门柱、什锦窗洞口及 0.3m² 以内孔洞面积。垛的侧壁并入墙体内计算。

其高度由台明上皮算至出檐下皮,若下肩不抹灰者应扣除其高度。

(3)槛墙或墙裙抹灰,按长乘高以 m² 计算,不扣除门柱、踢脚线所占面积。

(4)门窗口塞缝按门窗框外围面积计算。车棚碹抹灰按展开面积计算。

(5)须弥座、冰盘檐抹灰,按垂直投影面积以 m² 计算。

第十节 "油漆彩画工程"项目词解

一、立闸山花板、博缝板、挂檐(落)板的油漆彩画

立闸山花板、博缝板、挂檐(落)板等都是房屋山面和檐口的装饰板,其油漆内容分

为：做地仗灰和油漆。彩画内容为：沥粉贴金。

（一）做地仗灰

"地仗"是指在被漆物体表面，为加强油漆的坚硬度而做的硬壳底层。做地仗的材料称为"地仗灰"，地仗灰根据所要求的质量高低分为两大类，即：麻（布）灰地仗和单皮灰地仗。

麻（布）灰地仗的种类很多，如：一麻（布）五灰、一麻（布）四灰、一麻一布六灰、两麻六灰、两麻一布七灰等。而在木装饰板油漆中较常使用的地仗灰有：一麻五灰、一布五灰、单皮灰等。

1. 一麻五灰

"一麻五灰"中一麻即指粘一层麻丝。五灰即指：捉缝灰、通灰、压麻灰、中灰、细灰。这五灰是用不同材料配制而成，其中最基本材料为"灰油"、"血料"、"油满"等。

"灰油"是用土籽灰、樟丹粉、生桐油等按一定比例加温熬制而成。

"血料"是用鲜猪血经搓研成血浆后，以石灰水点浆而成。

"油满"是用灰油、石灰水、面粉等按一定比例调和而成。

一麻五灰的施工工艺为：

"捉缝灰"即填缝灰，它是在清理好基层面后，用"粗油灰"（即，油满：灰油：血料=0.3：0.7：1加适量砖灰调和而成）满刮一遍，填满所有缝隙，待干硬后用磨石磨平，然后扫除浮尘擦拭干净。

"通灰"即通刮一层油灰，在捉缝灰上再用"粗油灰"满刮一遍，干后磨平、除尘、擦净。

"压麻灰"是在通灰上先涂刷一道"汁浆"（用灰油、石灰浆、面粉加水调和而成），再将梳理好的麻丝，横着木纹方向疏密均匀地粘于其上，边粘边用轧子压实，然后用油满加水的混合液涂刷一道，待其干硬后，用磨石磨其表面，使麻茸全部浮起，但不能磨断麻丝，然后去尘洁净，盖抹一道"粘麻灰"（即为油满：灰油：血料=0.3：0.7：1.2加适量砖灰调和而成），用轧子压实轧平，然后再复灰一遍，让其干燥。

"做中灰"即抹较稀油灰，当压麻灰干硬后，用磨石磨平，掸去灰尘，满刮"中灰"（即为油满：灰油：血料=0.3：0.7：2.5加适量砖灰调和而成）一道，轧实轧平。

"做细灰"即满刮细灰，当中灰干硬后，用磨石磨平磨光，掸去灰尘，用"细灰"（即为油满：灰油：血料=0.3：1：7加适量砖灰调和而成）满刮一遍，让其干燥。

"磨细钻生"是当细灰干硬后，用细磨石磨平磨光，去尘洁净后涂刷生桐油一道，待油干后用砂纸打磨平滑即成。

2. 一布五灰

一布五灰是一麻五灰的改进，即用夏布代替麻丝，具体操作与一麻五灰相同。

3. 单皮灰

"单皮灰"即单披灰，它是指只抹灰不粘麻的施工工艺，依披灰的层数不同分为：四道灰、三道灰、二道灰。其中：

四道灰是指：捉缝灰、通灰、中灰、细灰等，然后磨细钻生。

三道灰是指：捉缝灰、中灰、细灰等，然后磨细钻生。

二道灰是指：中灰、细灰等，然后磨细钻生。

立闸山花板、博缝板、挂檐（落）板等一般采用四道灰。

4. 平做与雕刻

做地仗时要区分构件是平做，还是雕刻。平做与雕刻是指被油漆的木构件表面，成型完工后的状态。"平做"即指成型后木构件的表面为素面；"雕刻"即指成型后木构件的表面雕刻有花纹图案。

（二）做油漆

做油漆的施工工艺一般为：刮腻子→刷底油→刷油漆等操作工序，在立闸山花板、博缝板、挂檐（落）板等油漆项目中分为：满刮浆灰、满刮血料腻子刷调和漆三道、满刮血料腻子刷调和漆二道扣油一道。

1. 满刮浆灰

"满刮浆灰"即指在漆物表面，进行通刮浆灰腻子的工艺。浆灰腻子是用碎砖将其粉碎磨成细灰，放入水中经多次搅拌、漂洗，将悬浮浆液倒出沉淀，对此沉淀之物称为"澄浆灰"或"淋浆灰"，将澄浆灰与血料按一定比例混合，经搅拌均匀后即可得到塑状的浆灰腻子。

满刮浆灰一般用于做地仗后的构件面上，进行通刮一遍。

2. 满刮血料腻子

"血料腻子"又称为"土粉腻子"，它是用血料、土粉子、滑石粉等，按一定比例加水拌和而成。满刮血料腻子是指在做有地仗的构件平面（素面）或雕刻面上，进行通刮腻子后，打磨平滑使其漆面更加光亮的施工工艺。

3. 刷调和漆三道、刷调和漆二道扣油一道

"调和漆"是现代油漆品种中最普通油漆，头道油是涂刷在光滑腻子面上，一般为无光调和漆，待干燥后刷二三道，第三道为有光罩面漆。

"扣油"是指在彩画、贴金完成后所刷的第三道油漆，但金上不着油。

（三）彩画沥粉贴金

"沥粉"是指使花纹凸显的一种工艺，"贴金"是修饰花纹增加色彩的一种工艺。大多数沥粉者都需要贴金，故一般统称为"沥粉贴金"。

"沥粉"工艺是将一种粉糊浆的胶粉（用骨胶或乳胶液、土粉子、大白粉等调和而成），用带有尖管嘴的承粉工具，像挤牙膏似的，将胶粉挤到彩画图案上，依花纹图案的高低，控制其粉条的宽窄厚薄，使图案形成仿真效果的立体感。

"贴金"工艺是在沥粉的表面，用金胶油（将光油与豆油混合加温熬制而成）粘贴金箔或铜箔，使花纹图案呈现闪闪发光。

1. 平面山花沥粉

歇山建筑的山面墙大多为木板，一般称为"小红山"、"立闸山花板"，通常在其表面只做油漆装饰。要求较高的可用沥粉做成简单花纹图案，再做油漆，此种工艺称为平面山花沥粉。

2. 山花绶带

"山花绶带"是指在歇山建筑山花板上所做的沥粉贴金花纹图案。贴金的金箔依其品质分为：库金、赤金、铜箔等。用金胶油粘贴库金者称为"打贴库金"，粘贴赤金箔者称为"打贴赤金"，粘贴铜箔并加刷清漆者称为"打贴铜箔描清漆"。

3. 梅花钉沥粉贴金

"梅花钉"是歇山建筑和悬山建筑博缝板上的点缀装饰品，由7颗圆饼木块组成（居中1颗，圆周6颗）梅花形，一般按山面檩木端头位置布置，如图5-135中所示。

梅花钉依其贴金品质分为：打贴库金、打贴赤金、打贴铜箔描清漆等。

图 5-135 沥粉、梅化钉

4. 挂檐板沥粉贴金

"挂檐板"即封檐板，一般都雕刻有花饰，常用的有：万字不到头、博古等，如图5-136所示。沥粉贴金也依其贴金箔的品质分为：打贴库金、打贴赤金、打贴铜箔描清漆等。

以上做地仗、油漆、沥粉贴金等的工程量，均按其面积以 m² 计算。

图 5-136 挂檐板彩画图案

二、连檐、瓦口、椽头油漆彩画

连檐、瓦口、椽头等都是屋顶的檐口附件，其中，连檐和瓦口一般只在单皮灰上做油漆。而椽头在较次要的房屋上做油漆，在较高级房屋上要沥粉贴金。

（一）连檐、瓦口油漆

连檐（即大连檐）和瓦口的油漆项目，依要求高低分为：三道灰、四道灰、满刮浆灰、刮血料腻子刷三道调和漆、刷罩光油一道等。

1. 三道灰、四道灰

三道灰（即：捉缝灰、中灰、细灰），四道灰（即：捉缝灰、通灰、中灰、细灰）见上面所述，均是属于单皮灰地仗，这是在较高级房屋中的做法，待地仗干硬后即可在其上刮腻子和刷油漆。

2. 满刮浆灰、刮血料腻子三道调和漆

满刮浆灰是最简单的油漆，浆灰的颜色一般与布瓦颜色取得配套，所以多用于布瓦屋面的连檐瓦口，再在其上涂刷罩光油即可。

刮血料腻子三道调和漆是用土粉腻子进行通刮一遍后，打平磨光，再涂刷三道调和漆。

3. 罩光油一道、椽头扣油一道

这是针对做沥粉贴金的椽头构件而言。当在贴金后刷最后一道油漆时，金上不着油者谓之扣，金上着油者谓之罩。

罩光油是用于涂刷饰面的油漆，也是加兑金胶油和颜料串油的材料。它是由：生桐油、土籽粒、密陀僧粉、铅粉等按一定比例加温熬制而成。

罩光油一道是配合椽头油漆彩画所使用的项目。

椽头扣油一道也是指罩光油一道，它是配合椽头贴金时所使用的项目。

以上连檐、瓦口油漆的工程量，均按大连檐的长乘油漆全高以 m^2 计算。

(二) 椽头彩画

椽头是指直椽的檐口端头和飞椽的檐口端头，简称为：檐椽头和飞椽头。

椽头的彩画依类型分为：飞椽头檐椽头片金彩画；飞椽头片金檐椽头金边彩画；飞椽头黄万字檐椽头黄边画白花图等。

1. 飞椽头、檐椽头片金彩画

"片金"彩画是指在油漆的基础上，对彩画图案中的线条都是沥粉贴金。飞椽头一般为矩形截面，檐椽头多为圆形截面（但也有两者是相同截面的），如图 5-137 所示，图中阴影色为油漆，白色为沥粉贴金。

飞椽头、檐椽头片金彩画是最高规格的彩画。依其贴金箔的品质分为：打贴库金、打贴赤金、打贴铜箔描清漆等。

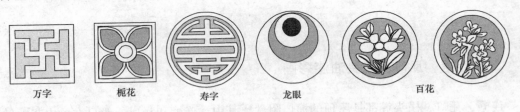

| 万字 | 栀花 | 寿字 | 龙眼 | 百花 |

图 5-137　椽子端头片金图案

2. 飞椽头片金、檐椽头金边彩画

"金边"彩画是指图案中，只有最外的圈边为沥粉贴金，其他部分都是油漆。

飞椽头片金，如图 5-138 中矩形截面所示，白色为沥粉贴金，阴影色为油漆。而圆形截面为檐椽头金边。

3. 飞椽头黄万字、檐椽头黄边画白花图

飞椽头的彩画图案一般为万字和栀花，"黄万字"是指其图案以石黄颜料为主所配制

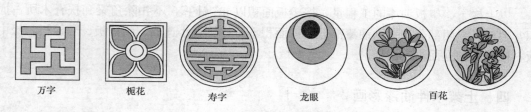

万字　　　栀花　　　　寿字　　　　龙眼　　　　　百花

图 5-138　椽子端头金边图案

的黄色漆，其他背景色为绿色，如图 5-139 中矩形截面所示。"檐椽头黄边画白花图"是指圈边黄色漆，背景色为青色，图案为花草本色（如红花绿叶），白花图即百花图。如图 5-139 圆形截面所示。

　　飞椽头黄万字、檐椽头黄边画白花图是彩画等级较低的彩画，但它比只做油漆，不绘彩画要高一个等级。

万字　　　栀花　　　　　百花

图 5-139　椽子端头黄边图案

　　以上飞椽头、檐椽头油漆彩画的工程量，按大连檐的长乘檐椽高以 m^2 计算。

三、椽子、望板油漆彩画

　　椽子是指除椽头以外的直椽和飞椽，因在做油漆时，常与望板合二为一的做同样油漆，故一般将椽子和望板合称为"椽望"。

　　一般椽望只做油漆不绘彩画，其油漆项目分为：椽望刮单皮灰、满刮血料腻子刷调和漆三道等。

（一）椽望刮单皮灰

椽望刮单皮灰一般采用最简单的地仗灰，分为：三道灰（捉缝灰、中灰、细灰）、二道灰（中灰、细灰）。椽望刮单皮灰的范围包括：小连檐、闸挡板、隔椽板、椽中板、椽子、望板等。

（二）满刮血料腻子刷调和漆三道

满刮血料腻子刷调和漆三道，是在单皮灰上所做的油漆，根据油漆颜色分为：单色椽望、红绿椽望。

1. 单色椽望

"单色椽望"是指椽子和望板的油漆，均涂刷为同一种色漆；

2. 红绿椽望

"红绿椽望"一般指椽子刷绿色油漆，望板刷红色油漆，但也有少数颠倒者。

以上椽子、望板油漆的工程量，按望板面积以 m² 计算，不扣除角梁和扶脊木所占面积，但斗拱封闭部分和不刷油漆部分所占面积不应计算。小连檐、闸挡板、隔椽板、椽中板、椽子等的立面也不增加。

四、上架木件油漆彩画

上架木件是指从桁檩以下至梁枋以上的木构件，包括：枋、梁、瓜柱、角背、雷公柱、桁檩、角梁、由戗、垫板、象眼、山花板、楼板底面等。其油漆彩画的项目可分为：地仗油漆、和玺彩画、旋子彩画、苏式彩画、其他彩画等。

上架木件地仗油漆彩画的工程量，均按其构件的图示露明面积以 m² 计算。

（一）地仗油漆

上架木件的构件种类很多，其地仗油漆随构件设计需要而定，它包括：地仗、满刮浆灰、满刮血料腻子刷调和漆三道、罩光油一道等。

1. 上架木件地仗

上架木件是油漆彩画中工作量最大，构件种类最多的项目。它的地仗依设计要求分为：一麻五灰和一布五灰（即：捉缝灰、通灰、压麻或布灰、中灰、细灰）、一布四灰（即：捉缝灰、压布灰、中灰、细灰）、单皮灰（一般为四道灰）等。

做地仗分为两个尺寸规格，即：23cm 以下、23cm 以上。这是指建筑物明间大额枋截面高度或檐柱径的尺寸，在实际工程中无论各种构件尺寸规格如何，均按大额枋的尺寸规格执行，无大额枋的按檐柱径尺寸执行。

2. 上架木件油漆

上架木件油漆内容同其他构件一样，可在地仗面上满刮浆灰、满刮血料腻子刷调和漆三道、罩光油一道等。具体操作工艺见山花板、挂檐板中所述。

（二）和玺彩画

上架木构件彩画的观赏面最为突出，影响最大的地方是檐（金）柱之间的额枋表面，特别是规格较大的建筑，往往有大、小额枋相辅相成，因此在作画时，将大额枋、额垫板、小额枋连成一起，作为绘制彩画的重点部位，如图 5-140 所示。

绘制图案时将额枋露明面划分为：枋心、藻头、箍头、盒子等四部分，分别按规定的形式进行构图，如图 5-140 中所示。

"和玺彩画"是古建彩画中等级最高的彩画，一般多用于宫殿、坛庙的主殿建筑上。和玺彩画的特点为：龙凤突出、沥粉贴金、图案分界线为∑形（如图 5-140 中额枋心与藻头之间所示）。和玺彩画依绘制图案内容分为：金龙和玺、龙凤和玺、龙草和玺、和玺加苏画等。

1. 金龙和玺彩画

"金龙和玺彩画"是在枋心内以金色二龙戏珠为主要图案，藻头内画升降二龙，盒子内画坐龙等，如图 5-141 所示，所有线条均为沥粉贴金。

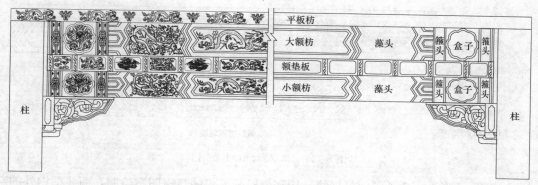

图 5-140 金龙和玺彩画

额枋心画二龙戏珠

降龙

藻头画升龙或降龙

升龙

盒子内画坐龙

箍头内画贯套

图 5-141 金龙和玺彩画的图案

2. 龙凤和玺彩画

"龙凤和玺彩画"是在枋心内画龙凤呈祥或双凤昭富，藻头与盒子内相互画龙凤相间，平板枋和额垫板画行龙飞凤等，如图 5-142 所示，所有线条均为沥粉贴金。

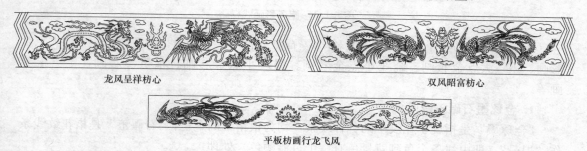

龙凤呈祥枋心

双凤昭富枋心

平板枋画行龙飞凤

图 5-142 龙凤彩画的主要图案

3. 龙草和玺彩画

"龙草和玺彩画"是在大额枋的枋心内画龙，小额枋的枋心内画法轮吉祥草，藻头与盒子内相互画龙、草相间，平板枋和额垫板画轱辘草等，如图 5-143 所示，所有线条均为沥粉贴金。

4. 和玺加苏画（规矩活）

苏画（见后面所述）是构图比较自由的一种彩画，和玺加苏画（规矩活部分）是指对

盒子内画西番莲　　　　枋心画法轮吉祥草　　　额垫板画轱辘草

图 5-143　龙草彩画的主要图案

枋心、藻头、箍头、盒子等内外框线，按和玺彩画要求的规矩图案绘制，而线框内外的空地按苏画要求进行绘制，执行"白活"（见后面所述）项目。

（三）旋子彩画

"旋子彩画"是次于和玺彩画一个等级的彩画，一般多用于官衙、寺庙、牌楼等建筑上。旋子彩画的特点为：藻头内画旋花、箍头内不画图案、图案分界线为"《"形，如图 5-144 所示。

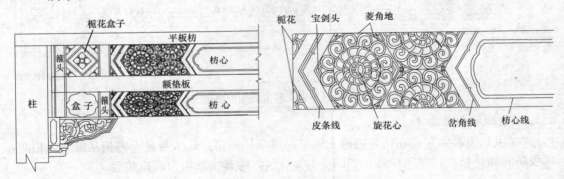

图 5-144　旋子彩画式样

旋子彩画依贴金量的多少分为：金琢墨石碾玉彩画、烟琢墨石碾玉彩画、金线大点金彩画、墨线大点金彩画、金线小点金彩画、墨线小点金彩画、雅伍墨彩画、雄黄玉彩画等。

1. 金琢墨石碾玉彩画

"金琢墨"是指旋子花纹中的各种线条，均为很精细的金色；"石碾玉"是指花纹线条作"退晕"（即由线条金色到背景色有一个过渡颜色）处理。

金琢墨石碾玉彩画的特点为：五大线（枋心线、岔角线、皮条线、箍头线、盒子线）及旋花线等为沥粉贴金，其他为色线色漆。

枋心图案画夔龙或宋锦，藻头内为旋花，盒子内画如意云，箍头内不作图案，额垫板画夔龙和栀花相间，平板枋画降幂云等，所有线条均为沥粉贴金，如图 5-145 所示。

2. 烟琢墨石碾玉彩画

烟琢墨石碾玉彩画因五大线为金色，故有的称为"金线烟琢墨石碾玉彩画"。

"烟琢墨"是指旋子花瓣线条为墨线；花瓣为石碾玉作退晕处理。

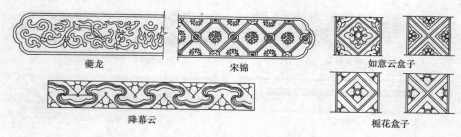

夔龙	宋锦	如意云盒子
降幕云		栀花盒子

图5-145 枋心、盒子图案

烟琢墨石碾玉彩画的特点为：五大线为金色；旋花心、栀花、宝剑头、菱角地等为沥粉贴金，其他为墨线色漆。

烟琢墨构图与金琢墨大致相同，即枋心图案仍画夔龙或宋锦，沥粉贴金。盒子内画花草（如图5-146中所示），平板枋画降幕云等。

3. 金线大点金彩画

金线大点金彩画是将烟琢墨石碾玉彩画中，旋子花瓣修改为不退晕而成，其他五大线及旋花心、栀花、宝剑头、菱角地等仍为沥粉贴金。

金线大点金彩画的构图与烟琢墨石碾玉基本相同，只是盒子内画坐龙和西番莲相间使用，如图5-146所示。

坐龙　　　　　花草　　　　　西番莲

图5-146 盒子图案

4. 金线大点金加苏彩画（规矩活部分）

金线大点金加苏画（规矩活部分）是指对藻头、箍头、卡子及枋心线、盒子线等，按金线大点金的规矩进行绘制，而在这些空地上采用苏画绘制的山水、人物和花卉等，应另按"白活"（见后面所述）项目执行。

5. 墨线大点金彩画

"墨线大点金彩画"是以墨线为主的彩画，如五大线、旋花和其他图案等均为墨线，但旋花心、栀花、宝剑头、菱角地等仍为沥粉贴金。

墨线大点金彩画依枋心图案，分为：龙锦枋心和一字枋心等，如图5-147中所示。

6. 墨线小点金彩画

"墨线小点金彩画"是对墨线大点金彩画的简化，除旋花心、栀花为沥粉贴金外，其余线条和花瓣等均为墨线。

墨线小点金彩画依枋心图案不同，分为：一字枋心、夔龙、黑叶子花等，如图5-147中所示。

7. 雅伍墨彩画

"雅伍墨彩画"是最简单的素雅旋子彩画，它的特点是整个彩画完全不用金，不退晕，旋子用黑白线条，以青绿色作底色。依其枋心图案分为：一字枋心、夔龙、黑叶子花等。

8. 雄黄玉彩画

"雄黄玉彩画"是以雄黄色作底色，各种线条均为墨色，并衬以青绿色线边，不贴金，

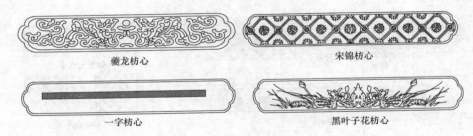

图 5-147　枋心图案

不退晕，旋子用黑白线条。依其枋心图案分为：素枋心（即无图案）、夔龙、黑叶子花等。

（四）苏式彩画

苏式彩画是起源江南苏州一带的地方性彩画，它以构图灵活自由，丰富多彩，色调清雅而著名。其图案内容多为：人物山水、花卉草木、鸟兽虫鱼、楼台殿阁等。

苏式彩画依贴金量的多少分为：金琢墨苏式彩画、金线苏式彩画、黄线苏式彩画等。

苏式彩画的构图形式分为三种，即：枋心彩画（如图 5-148 所示）、包袱式彩画（如图 5-149 所示）、海墁式彩画（如图 5-150 所示）等。

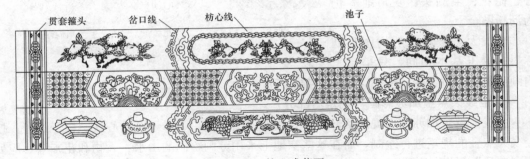

图 5-148　枋心式苏画

图 5-149　包袱式苏画

1. 金琢墨苏式彩画（规矩活部分）

金琢墨苏式彩画（规矩活部分）是指对彩画中的主要线条和图案（如箍头线、枋心线、聚锦线、卡子图案等规矩部分）作沥粉贴金；包袱线外层作金边，向内作多层退晕处理，称此为"烟云"，退晕层次 7～13 道，如图 5-149 所示。

图 5-150 海墁式苏画

2. 金线苏式彩画（规矩活部分）

金线苏式彩画（规矩活部分）是指只对彩画中的枋心线、聚锦线、包袱边线等规矩部分作沥粉贴金；而箍头、卡子可灵活处置作片金。包袱烟云退晕层次 5 至 7 道。

金线苏式彩画根据灵活处置片金的程度，分为：金线苏画片金箍头卡子、金线苏画片金卡子、金线苏画色卡子等。其中：

金线苏画片金箍头卡子是指其箍头和卡子都作片金。

金线苏画片金卡子是指只对其卡子都作片金，箍头作色画或素面。

金线苏画色卡子是指对卡子作色线，箍头为素面。

3. 黄线苏式彩画（规矩活部分）

黄线苏式彩画（规矩活部分）是指对彩画中的主要线条（如枋心线、聚锦线、包袱边线等规矩部分）用黄色线条，其他均用墨线。箍头内用单色回纹或万字，卡子为紫、红色线。烟云退晕层次 5 道以下。

4. 海墁苏画

"海墁苏画"是指对箍头和卡子的形式，按规矩要求进行绘制外，其他空地均可完全自由构图，如图 5-150 所示。而卡子可分为：有卡子和无卡子。

5. 掐箍头彩画、掐箍头搭包袱彩画（规矩部分）

"掐箍头彩画"是最简单的苏式彩画，它只是用金线绘制出箍头部分图案，其余部位均刷红色油漆。

掐箍头搭包袱彩画（规矩部分）是在掐箍头彩画基础上，再按包袱规矩用金线绘制出包袱部分图案，其余部位仍刷红色油漆，如图 5-151 所示。

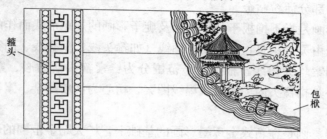

图 5-151 掐箍头搭包袱彩画

6. 黄线掐箍头、黄线掐箍头搭包袱

它是将"掐箍头彩画、掐箍头搭包袱彩画（规矩部分）"中金线改为黄色线。

7. 白活

"白活"是指对苏画中的包袱心、枋心、池子内、聚锦心等小范围内作画区域的统称，白活根据所绘制图案，分为：人物及线法、动物及翎毛花卉、墨山水洋山水风景画、聚锦等。

其中，聚锦是指画有各种几何轮廓外框（如扇形、水果形、套方形等），框内绘制图案的图形，如图 5-149 中所示。

（五）其他彩画

上面所述的彩画都是按一定规矩或规律而进行的正规彩画，除此之外都列为其他彩画，包括：斑竹彩画、金线海墁锦彩画、明式彩画、新式彩画等。

1. 斑竹彩画

"斑竹彩画"是指仿用竹子的竹节杆进行构图的彩画，如额枋柱等的图案，都可画成仿照竹子编织而成。

2. 金线海墁锦彩画

金线海墁锦彩画是指海墁苏画中，各个图案的轮廓框线为金色，而图案内容仍为彩色。

3. 明式彩画

"明式彩画"是指明朝时代的官式彩画和地方彩画，其中，官式彩画为旋子彩画，地方彩画以包袱为主的构图彩画。它的特点是以青、绿两色为主要色调，彩画具有清雅简洁之感，没有大片金色，只在需要突出的花心、花蕊、菱角地等施金，也很少有红色。而构图内容与上述旋子彩画大致相同。

4. 新式彩画

新式彩画是在油饰彩画的基础上，结合民族艺术特点和环境功能要求而绘制的彩画，没有死板的"法式"约束，是体现当前时代感的装饰彩画。它根据用金量的多少，分为：新式油地沥粉贴金彩画、新式满金琢墨彩画、新式金琢墨彩画、新式局部贴金彩画、新式无金彩画等。其中：

新式油地沥粉贴金彩画是以黄白调和漆为底色的沥粉贴金彩画，色调的深浅根据需要灵活调制。根据贴金范围分为：满做、掐箍头。其中，满做即指图案线条均为沥粉贴金。掐箍头即指仅箍头部分沥粉贴金。

新式金琢墨彩画是指不拘板于和玺彩画及旋子彩画的规矩形式而作的金琢墨彩画，即彩画的构图可以自由灵活构思，但主要轮廓线（如箍头线、藻头线、图案框等）为沥粉贴金，其他线条和图案均为墨线。根据贴金范围分为：素箍头活枋心、素箍头素枋心。其中，素箍头活枋心是指箍头内无图案或墨线图案，枋心为沥粉贴金。素箍头素枋心是指箍头和枋心均为墨线。

新式满金琢墨彩画是在新式金琢墨彩画的基础上，扩大贴金范围的彩画，即除轮廓线外，箍头内、藻头内、枋心内及盒子内的图案，均为沥粉贴金。

新式局部贴金彩画是指只在重点突出部位（如箍头线、岔口线、枋心线、花蕊、花蕾等）贴金的彩画。新式无金彩画是指完全不贴金的彩画。

五、斗拱、垫拱板油漆彩画

斗拱、垫拱板的油漆彩画项目，包括：地仗、油漆、斗拱彩画贴金、垫拱板贴金彩画等。斗拱、垫拱板的工程量，按展开面积以 m² 计算。

（一）地仗、油漆

1. 斗拱、垫拱板的规格大小

斗拱、垫拱板的规格大小，以口份计算。"口份"又称斗口，它是指座斗上安装翘昂的槽口宽度。如果斗拱口份无法实量者，可按下式计算：

$$口份尺寸＝（明间面阔÷斗拱攒当数）÷11$$

【例】 设某斗拱建筑的明间面宽为 165cm，有 3 攒当，试计算其口份尺寸。

解： 该口份＝165÷3÷11＝5cm。

口份尺寸大，说明斗拱规格大，所需耗工耗材量多，在《仿古建筑及园林工程定额》中，分为两种规格，即：5.6～8.8cm 为中型，5.6cm 以下为小型。

2. 斗拱、垫拱板的地仗

斗拱、垫拱板的地仗分为：三道灰（捉缝灰、中灰、细灰）、二道灰（中灰、细灰）等单皮灰。

3. 斗拱、垫拱板的油漆

斗拱、垫拱板的油漆分为：刮血料腻子刷调和漆三道、刷三道调和漆扣一道油漆等。

刮血料腻子刷调和漆三道，是在地仗面上刷二道调和漆后，再刷一道罩光油。

刷三道调和漆扣一道油漆，是在地仗面上刷三道调和漆后，再扣一道罩光油。

（二）斗拱油漆彩画

斗拱油漆彩画没有复杂的花纹图案，只是涂刷青、绿两色的颜色、勾画边线、齐白粉线、沥粉贴金和拱眼刷红油漆等。

斗拱油漆彩画依其工艺分为：平金做法斗拱、黄线墨线斗拱、斗拱贴金等。

1. 平金做法斗拱

"平金做法"是指用金黄色调和漆代替贴金的做法，它是对斗拱中各拱件的外轮廓线不沥粉贴金，而用金黄色油漆勾线边，其内为齐白粉线、画墨线等，如图 5-152 所示。

2. 黄线、墨线斗拱

黄线、墨线斗拱是指对拱件的外轮廓线，用黄色颜料、或墨线勾画边线，其他同平金做法。

3. 斗拱贴金

斗拱贴金是指对拱件的外轮廓线进行沥粉贴金，用它与墨线斗拱配合使用。

（三）垫拱板油漆彩画

"垫拱板"又称为"斗拱板"，它是斗拱之间攒当的遮挡板。垫拱板依其油漆彩画的图案分为：沥粉片金龙凤做法、三宝珠彩画等。

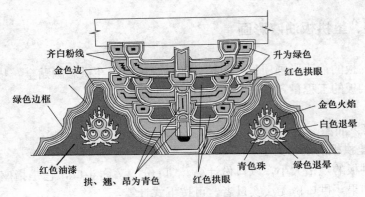

图 5-152　斗拱及斗拱板的设色

1. 垫拱板沥粉片金做法

它是指板面在红色油漆的基础上，所画图案为沥粉贴金的龙或凤，如图 5-153 所示。内框线为金线，其他为色线。

火焰宝珠　　　　　　　　　　坐龙　　　　　　　　　　凤舞

图 5-153　斗拱板的图案

2. 垫拱板三宝珠彩画

它是指板面在红色油漆的基础上，所画图案为三颗火焰宝珠，火焰为沥粉贴金，宝珠为颜料彩画，如图 5-153 所示。内框线为金线，其他为色线。

六、雀替、花活油漆彩画

雀替的油漆彩画是指包括：雀替、云拱、云墩和隔架斗拱等。而花活是指包括：垂花门和牌楼上的花板、云龙花板、垂柱头、以及雷公柱头、交金灯笼柱头等雕刻构件的油漆彩画。

雀替、花活的油漆彩画项目分为：地仗油漆、花纹彩画。其工程量，均按面积以 m² 计算。

（一）地仗、油漆

雀替、花活的地仗为：三道灰（捉缝灰、中灰、细灰）、二道灰（中灰、细灰）、捉中灰找细灰操油（即指做二道灰，不磨细钻生，只刷一道油）。

雀替、花活的油漆为：勾边填地刷三道调和漆、刮血料腻子刷三道调和漆、罩光油等。

1. 勾边填地刷三道调和漆

它是指在地仗基础上，不刮腻子，只用油漆将构件边框勾勒整齐后，再涂刷上面的油漆。

2. 刮血料腻子刷三道调和漆、罩光油

满刮血料腻子是指在做有地仗的构件平面（素面）或雕刻面上，用土粉腻子进行通刮一遍，打磨平滑后涂刷三道调和漆。

（二）花纹彩画

雀替、花活的花纹彩画分为：大边绦环贴金或花纹攒退做法、大边绦环贴金或花边纠粉、黄大边花纹纠粉等。

1. 大边绦环贴金或花纹攒退做法

"大边"是指雀替的外边框；"绦环"是指花板的外边框。大边绦环贴金做法，就是对雀替、花活的彩画边框进行沥粉贴金，其他为油漆彩画。

"花纹攒退做法"是指花纹图案的边线，采用很明显的退晕做法。

2. 大边绦环贴金或花边纠粉做法

"花边纠粉做法"是指花纹图案的边线，采用不很明显的退晕做法，即退晕层次很少，几乎接近单色线，但又不完全是单色线。也就是说，大边绦环贴金或花边纠粉是将雀替、花活的边框做沥粉贴金，图案边线做不很明显的退晕。

3. 黄大边花纹纠粉

这是指对雀替、花活的边框不做沥粉贴金，而是做黄色边框，图案边线做不很明显的退晕。

七、天花顶棚油漆彩画

天花顶棚是指井口天花和胶合板顶棚。井口天花一般做油漆彩画，而胶合板顶棚多只做油漆。

天花顶棚油漆彩画的工程量，按其天花顶棚的面积以 m² 计算。

（一）井口天花地仗

井口天花由井口板和支条所组成。

井口天花的地仗分为：一布五灰、单皮灰、摘上天花井口板等项目。

1. 一布五灰

一布五灰（即：捉缝灰、通灰、压布灰、中灰、细灰）是指对井口板和支条，连成一个整体所做地仗。

2. 单皮灰

单皮灰因不粘麻布，所以可以将天花板和支条分开做地仗。单皮灰一般也多采用三道灰。

3. 摘上天花井口板

"摘上天花井口板"是指对井口板在做地仗或油漆前和后，从天花上摘下来或由下安装上去的用工项目。

(二) 井口天花油漆彩画

井口天花的彩画类型分为：井口板传统彩画、支条传统彩画、天花新式金琢墨彩画、灯花等。

1. 井口板传统彩画

井口板的油漆彩画按其部位分为：鼓子心和岔角云两部分。鼓子心是指井口板的中间部位图案，岔角云是指井口板四角部位的岔角花纹，如图 5-154 所示。

井口板传统彩画分为：井口板金琢墨岔角云片金鼓子心彩画、井口板金琢墨岔角云做染鼓子心彩画、井口板烟琢墨岔角云片金鼓子心彩画、井口板金琢墨岔角云做染及攒退鼓子心彩画、井口板方、圆鼓子心金线彩画等。其中：

井口板金琢墨岔角云片金鼓子心彩画，是指井口板的彩画为：金琢墨岔角云、片金鼓子心。即岔角图案和井口线为金琢墨（即很精细的沥粉贴金），鼓子内图案和鼓子框线为片金（即所有线条为沥粉贴金），其图案多为双龙、双凤。

井口板金琢墨岔角云做染鼓子心彩画，是指井口板的彩画为：金琢墨岔角云、做染鼓子心。其中做染鼓子心是指鼓子内图案的轮廓线为较细的沥粉贴金，细金线之内染成花草所具有的颜色，其图案多为团鹤、花草。

井口板烟琢墨岔角云片金鼓子心彩画，是指岔角图案和井口线为烟琢墨（即很精细的

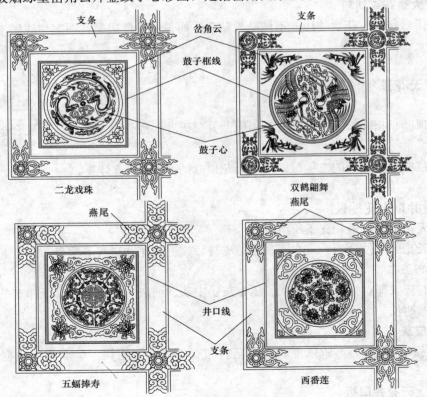

图 5-154　常用天花板的图案

墨线），鼓子内图案和鼓子框线为片金（即所有线条为沥粉贴金）。

井口板烟琢墨岔角云做染及攒退鼓子心彩画，是指岔角图案和井口线为烟琢墨（即很精细的墨线），鼓子内图案轮廓线为较细的沥粉贴金，细金线之内为彩色并齐白粉退晕。

井口板方、圆鼓子心金线彩画，是指方、圆鼓子框线，和鼓子心图案轮廓线为金线，其他线条为色线。

2. 支条传统彩画

支条彩画依其位置分为：燕尾图案和支条井口线，如图5-155中所示。

支条的传统彩画分为：支条金琢墨燕尾彩画、支条烟琢墨燕尾彩画、不贴金的支条燕尾彩画、刷支条井口线贴金、刷支条拉色井口线、天花新式金琢墨彩画等。其中：

支条金琢墨燕尾彩画，是指支条燕尾图案线为金琢墨线（即沥粉贴金的线条），其他为色漆。

支条烟琢墨燕尾彩画，是指支条燕尾图案线为烟琢墨线（即边轮廓为很细金线），其他线条为墨色线。

不贴金的支条燕尾彩画，是指支条和燕尾图案线均为墨线和色漆。

刷支条井口线贴金，是指对支条井口线刷色漆贴金线。

刷支条拉色井口线，是指对支条井口线刷色漆。

天花新式金琢墨彩画和天花传统金琢墨彩画的不同点，在于天花鼓子心地（即鼓子框线以内的区域）颜色要求不同，在传统彩画中统一规定：圆鼓子心地一律为青色，方鼓子心地一律为绿色。而在新式彩画中则不受此种约束，可按现代彩画需求进行灵活配色，但图案线条仍为沥粉贴金。

3. 灯花

灯花是顶棚上专门配合悬吊灯具的一种彩画，如图5-155所示。灯花分为：灯花金琢墨彩画、灯花局部贴金彩画、灯花沥粉无金彩画等。其中：

灯花金琢墨彩画是指灯花图案的各主要线条均为沥粉贴金。

灯花局部贴金彩画是指灯花图案中的主要轮廓线、或花芯、或点缀花纹等局部为沥粉贴金。

灯花沥粉无金彩画是指对灯花图案，只做沥粉而不贴金，使线条具有凸凹感的做法。

图5-155 灯花

(三) 顶棚油漆

顶棚油漆即指在胶合板（又称为"夹板"）顶棚上做油漆。其项目分为：除铲、三道灰、缝溜布条（即在接头缝口贴盖布条）、捉腻子、刷调和漆三道等。这些项目根据顶棚的具体情况，按设计要求进行确定。

八、下架木件油漆彩画

下架木件是指包括：各种木柱、抱柱、槛框、窗榻板、什锦窗等。
下架木件的油漆彩画分为：地仗、油漆、柱子彩画、框线门簪贴金等项目。
下架木件油漆彩画的工程量，按其面积以 m^2 计算。

(一) 下架地仗

下架木件的地仗分为：一麻五灰、一布五灰、一布四灰、单皮灰（下架一般为四道灰）、刮浆灰等（具体工艺见上面所述）。
下架木件做地仗的规格，仍是按明间大额枋的截面高度，无大额枋者按檐柱径，分为：23cm 以下和 23cm 以上两个档次。

(二) 下架油漆

下架木件的油漆分为：刮血腻子刷调和漆三道、柱子刷调和漆二道扣油一道等。
其中，柱子刷调和漆二道扣油一道是指，直接在做好地仗的面上刷调和漆二道，然后在画好彩画或沥粉贴金后，再对金线之外刷光油一道。

(三) 柱子彩画

柱子彩画分为：柱子金琢墨彩画、柱子片金彩画、柱子沥粉垫光头道油漆等。

1. 柱子金琢墨彩画

柱子金琢墨彩画是指柱子上的图案线条（多为藤茎花草等）为很精细的沥粉贴金，其他均为色漆。

2. 柱子片金彩画

柱子片金彩画是指柱子上的图案线条（多为蟠龙、行云等）均为沥粉贴金。

3. 柱子沥粉垫光头道油漆

它是指对柱子先经沥粉后，用色油进行均匀涂刷一遍，待干后用砂纸细磨光滑，此称为"垫光头道油漆"，然后再作彩画的贴金。

(四) 框线、门簪贴金

框线、门簪贴金是指对一些小型装饰构件，如门簪边框、小构件边框等所进行的贴金项目。其工程量按实贴面积以 m^2 计算。

九、装修部分油漆彩画

装修部分共分为 5 部分，即：（1）大门、街门、迎风板、走马板、木板墙；（2）外檐隔扇、槛窗；（3）风门、支摘窗、各种心屉、内檐隔扇、楣子、花栏杆；（4）墙面装修；（5）匾。

装修部分的工程量，均按装修内容的面积以 m² 计算。

（一）门扇、板、木板墙油漆

大门、街门、迎风板、走马板、木板墙项目中：大门和街门是指包括实踏大门、撒待大门、攒边门、屏门等的门扇。迎风门是指大门槛框内两边的余塞板。走马板即为大门顶上槛框内的遮挡板。木墙板指包括隔墙板、护墙板、木墙裙等的墙板。它们一般主要以油漆项目为主，即包括：地仗、磨生刮浆灰、刮血料腻子刷四道磁漆、墙板混色油漆、墙板清色油漆、门钉门钹贴金等。

1. 地仗

木板的地仗分为：一麻五灰、一布五灰、一布四灰、单皮灰（多为四道灰）等。具体工艺见前面所述。

2. 磨生刮浆灰

磨生刮浆灰是指在地仗最后一道工序"磨细钻生"的基础上，进行刮浆灰。

3. 刮血料腻子刷四道磁漆

它是指在刮血料腻子刷三道磁漆的基础上，再刷一道罩面磁漆。

4. 墙板混色油漆

墙板是指包括隔墙板、护墙板、木墙裙等立面板。混色油漆是指油漆颜色依实际需要而涂刷的调和漆。根据其工艺内容分为除铲、捉中灰满细灰操生油、刮血料腻子刷三道调和漆、捉找石膏腻子刷三道调和漆等。

5. 墙板清色油漆

清色油漆是指涂刷清漆的普通油漆工艺，清漆是一种透明油漆，有很多类型，如虫胶清漆、醇酸清漆、酚醛清漆、硝基清漆、丙烯酸清漆等。

普通油漆工艺一般按：基层处理→刷基油→刮腻子→刷底、中层漆→刷面漆等。因此，墙板清色油漆根据其工艺分为：硬杂木面磨白茬、刮色腻子、刷油色、润油粉、润水粉、套两遍漆片、捉找色腻子、刷三道醇酸清漆、拼色、套漆片色成活、刷醇酸清漆磨退成活、喷清漆磨退清漆、刷理漆片成活、刷理丙烯酸成活、打蜡出亮等项目。其中：

（1）"硬杂木面磨白茬"

它对普通油漆构件的基层处理工艺之一。硬杂木是指一般针叶树的木质，硬杂木面磨白茬是指对这些木质构件粗糙疖茬不平表面，用砂纸进行反复打磨，使之平整平滑。

（2）"刮色腻子"

"腻子"是普通油漆面的找平层和着力层。腻子是由：大白粉、光油、清油或熟桐油等按一定比例调配而成的膏体，如果为配合油漆的相应颜色，则加入适量色粉即成为色腻子。刮腻子一般称为"满批腻子"，它是填补木材裂缝和缺损部位，并使其表面平整一致的结壳层，待其干硬后用砂纸打磨使其平滑。

（3）"刷油色"

"油色"是由调和漆、清漆、清油、光油、色粉、熔剂油等按一定比例调配而成液体，如果要使其干稠一些，可加少量石膏粉进行拌和。它既可显示木材纹理，又可使基面具有一定底色的底油，是稳固油漆颜色的底料。

（4）"润油粉、润水粉"

润粉工艺是做较高档油漆的基层处理工艺之一。"润粉"是指用麻丝团或棉纱团，将粉料醮粘在木材表面，进行反复揉擦，使其粉汁将木材棕眼填平密实的操作工艺，分为润油粉和润水粉。油粉由：大白粉、清油、调和漆、清漆、光油、色粉等，按一定比例调配而成。水粉由：大白粉、色粉、骨胶等，按一定比例调配而成。

（5）"套两遍漆片"

"漆片"又称为"虫胶漆"、"洋干漆"、"泡力水"等，它是热带树木上寄生幼虫所分泌出来的胶汁物体，干燥后成胶片状。用乙醇溶解后即成油漆，套两遍漆片即指在底油的基础上涂刷两道虫胶漆。

（6）"捉找色腻子"

"捉找色腻子"又称为"找补色腻子"，它是对"刮色腻子"的补充工艺，因满刮腻子干燥后，经过砂纸打磨后会出现个别缺损或不足，这时就进行找补填平，待干硬后打磨光滑。

（7）"刷三道醇酸漆"

醇酸漆是醇酸树脂漆的简称，这里指用醇酸清漆涂刷三遍。

（8）"拼色"

"拼色"即指调色，这里是指对漆片进行调色，使其深浅一致，它是用：色粉、漆片、稀释剂等调和成需要的颜色。

（9）"套漆片色成活"

它指将拼色体兑入虫胶漆内，作为面漆进行涂刷，完成虫胶漆的涂刷工作。

（10）"刷醇酸清漆磨退成活"

这是使醇酸清漆表面光亮的一道工艺。它是在涂刷醇酸清漆并待面漆干硬后，用水磨石醮肥皂溶液，对漆面进行打磨，使其漆膜无浮光，无小麻点，平整光亮。然后用棉纱醮擦抛光蜡，进行反复擦拭，使其擦出光泽。

（11）"喷清漆磨退清漆"

它指对喷涂硝酸清漆之后，对其硝酸清漆漆面进行打磨的一道工序。具体同上述醇酸清漆磨退工艺相同。

（12）"刷理漆片成活"

这是指对：揩油、横涂、斜刷、理直等四步涂刷工艺的简称。"揩油"是指用漆刷将油漆涂敷于物面上，"横涂"是指将涂敷好的油漆，用漆刷横赶均匀，"斜刷"是指将横涂的漆面再斜向刷匀，"理直"是指将斜刷漆纹再用漆刷理直理匀，以达到漆膜的平整匀称。刷理漆片成活就是完成涂刷虫胶漆的最后一道面漆工艺。

（13）"刷理丙烯酸成活"

同上一样，是刷理丙烯酸油漆的最后一道面漆工艺。

（14）"打蜡出亮"

它是完成油漆工作的最后一道净面工序。它的操作为：当刷理面漆或磨退成活后，将漆面打扫干净，用棉纱将上光蜡均匀涂抹于上，然后进行反复揩擦，直至光亮如镜。

6. 门钉、门钹贴金

门钉、门钹是实踏大门门板上的装饰铜铁件，一般为铜制品，也有铁皮制作。为增加其光亮光泽度，在其表面用金胶油粘贴金箔。

（二）外檐隔扇、槛窗油漆彩画

外檐隔扇、槛窗是指包括：隔扇、窗扇、裙板、绦环板、心屉等，其油漆彩画内容为：地仗、油漆（即：满刮浆灰、刮血料腻子刷三道调和漆扣一道油）、沥粉贴金（其内容包括云盘线、大边两柱香、大边双皮条线、面页等）项目。

1. 地仗

外檐隔扇、槛窗的地仗分为：一麻五灰、一布五灰、单皮灰、溜布灰等。其中，溜布灰是指：用"汁浆"（用灰油、石灰浆、血料、面粉等调和而成），将玻璃布粘贴一层的一种简单做法。

2. 油漆

外檐隔扇、槛窗的油漆分为：满刮浆灰、刮血料腻子、三道调和漆扣一道油。其工艺与前面所述相同。

3. 绦环板、云盘线

绦环板、云盘线是指隔扇框内，除心屉之外的镶板部分，如图5-156所示，板高较窄的称为"绦环板"，板高较高的称为"裙板"，一般都做有弧形花纹图案称为"云盘线"。在做油漆时，这些花纹都进行沥粉贴金。

4. 大边两柱香

大边是指扇框的竖边，横边称为抹头。大边两柱香即指大边看面，在平面上起双凸矩形线⨅⨆形的沥粉贴金。

5. 大边双皮条线

大边双皮条线是指将大边看面，在弧形面上起双凸圆线⌒⌒形的沥粉贴金。

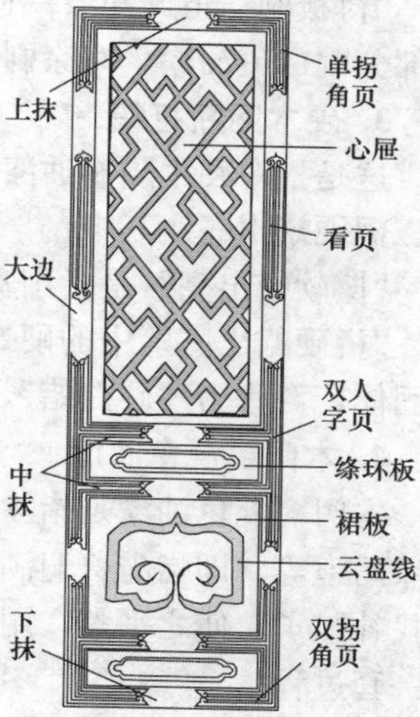

图5-156 隔扇

6. 面页

面页是指钉在隔扇大边和抹头上的装饰铜铁件，如图5-156中所示，分为：看页、角页、人字页等，为增加其光亮光泽度，在其表面用金胶油粘贴金箔。

（三）风门、支摘窗、楣子、栏杆油漆彩画

在风门、支摘窗、各种心屉、内檐隔扇、楣子、花栏杆等项目，它们均只做油漆，不沥粉贴金。因此其油漆工艺项目分为：地仗、刮衬血料腻子、硬木隔断打蜡、木门窗混色油漆、楣子油漆、菱花扣贴金等。

1. 地仗

该项目的地仗内容包括：大边樘心、单皮灰、衬板二道灰、满刮浆灰等。其中：

大边樘心分为：使麻、粘布条、压麻糊布条等工艺。

"大边樘心"是指对：风门、支摘窗、各种心屉、内檐隔扇、楣子、花栏杆等的边框面上，在捉缝灰、做通灰的基础上做：使麻（即指粘贴麻丝）、粘布条（即指粘贴布条）、

压麻糊布条（即指在压麻灰工艺后再贴布条）等。

"单皮灰"一般采用四道灰。

"衬板二道灰"中衬即指用刷子衬细灰，板即指用铁板刮细灰。这主要是针对具有木雕刻或花活的构件而言。即指在做地仗时，对平面部分用铁板满刮第二道细灰，对花活部分要将细灰加入血料调成糊状，用刷子涂于花纹上。

"满刮浆灰"即将澄浆灰与血料混合进行涂刷。

2. 刮衬血料腻子

刮衬血料腻子分为：刷三道调和漆、刷二道调和漆扣末道油漆、衬板刷二道调和漆一道无光漆等。其中：

"刷三道调和漆"是指在刮完腻子，刷调和漆。

"刷二道调和漆扣末道油漆"是指在第二道调和漆的基础上，需要进行彩画或沥粉贴金时，待完成后再扣第三道油漆（即金不着油）。

"衬板刷二道调和漆一道无光漆"是与做衬板二道灰地仗相配套的油漆，对刮灰的平面部分刷二道油漆，对涂刷的花纹部分刷一道无光漆。

3. 硬木隔断打蜡

这是指对硬木隔断油漆的最后一道工序，即打蜡出亮。依所用蜡质，分为：擦软蜡出亮、烫硬蜡出亮。其中：

"擦软蜡出亮"是指用膏状体的地板蜡，直接用擦布或棉纱擦拭，使其光亮。

"烫硬蜡出亮"中的硬蜡是指硬石蜡，它是从石油中提炼出来的白色碳氢化合物的混合固体，俗称为"硬白蜡"，需加热熔化后进行擦拭。

4. 木门窗混色油漆

木门窗混色油漆是指涂刷有色油漆，其工艺为：满刮石膏腻子→捉找石膏腻子→刷调和漆三道等。即指先普遍满刮一道腻子，干硬后用砂纸打磨平滑，然后再对存有缺陷之处再找补腻子，使之平整，用砂纸打磨好后，即可涂刷油漆。这三道工序是木门窗混色油漆的一套过程。

5. 楣子油漆

楣子油漆工艺分为：彩画（掏里、刷色、拉线、牙子纠粉）、大边刷三道朱红油漆、罩光油等三道工序。其中"彩画（掏里、刷色、拉线、牙子纠粉）"是指由于对楣子心屉做油漆，就如同是绘制一幅彩画，它要将花纹的四个侧面刷漆（即掏里），整个油漆面要刷一道色油，并拉出一定纹路（即刷色、拉线），对花牙子的边框纠粉等，所以这里用简称彩画，来代替对心屉油漆的复杂描述。

"大边刷三道朱红油漆"是针对边框而言，涂刷三道朱红油漆。

"罩光油"是对整个油漆面而言，在上述完成后进行最后一道罩光。

6. 菱花扣贴金

"菱花"是指菱花心屉中常用的图案，有些花芯需要在彩画油漆的基础上，做沥粉贴金以作点缀，贴金后要扣油一道，所以这里简称为菱花扣贴金。

（四）墙面装修油漆彩画项目释疑

墙面装修包括：砖墙抹灰面、墙裙墙边彩画、墙边拉线等。

1. 砖墙抹灰面

砖墙抹灰面是指对抹灰面进行喷涂刷浆材料,如铁红浆、米黄浆等。

2. 墙裙墙边彩画

墙裙墙边彩画分为:喷刷灰浆成活,切边等二道工序。其中,喷刷灰浆成活是指先对其喷白,以便使彩画部分有容易分辨的底面。切活是指用墨绘画出花纹地,而使露出花活。

3. 墙边拉线

墙边拉线在墙边不作画,而是用色浆刷出色边,即称为拉线。分为:拉油线和拉水线。

拉油线是指用油漆经稀释后进行拉线。拉水线是指用乳胶加色粉调和后拉线。

(五)匾的油漆彩画

匾的油漆彩画分为:混色匾、清色匾、匾字、匾字打金胶等。

1. 混色匾

混色匾是指匾在做地仗的基础上,刮腻子,涂刷磁漆。

2. 清色匾

清色匾是指匾经润粉、刮腻子、刷油色后涂刷清漆。

3. 匾字

这是指做匾字的一些工序,即为:翻拓字样→灰刻字样→匾地扫青或匾地扫绿→字刷银朱或字刷洋绿。

翻拓字样是指对匾上的字体进行选择,放大做出字样。

灰刻字样是指在地仗的中灰上做字样的程序,根据字体厚度要求:衬细灰一道,待干硬后,再细灰一道,干后磨细钻生,干后贴字样,并刻出字体。

匾地扫青、匾地扫绿是指当字体准备贴金者,应将匾地扫青或扫绿。其工序是:在地仗上先垫光油,然后刷色油,再将青或绿用罗筛均匀过筛于色油上,经24h后,再用排笔扫去上面的浮色即成,使匾地似如美绒。

字刷银朱、字刷洋绿是指字体不贴金的做法,即当地仗做好后,将字样拓于其上,并用刀将字刻出,然后按一麻五灰逐遍将字堆出,最后涂刷银朱或洋绿涂料。

4. 匾字打金胶

这是指在匾上字体做好后,所进行贴金的工序,即:先将字体表面用细砂纸打磨一遍,掸去灰尘后,用扁形刷醮粘专用贴金的金胶油,均匀涂于贴金处,待金胶油干到七八成时,按要求将金箔贴上,最后用棉花或扫子将金面压紧贴实。

第十一节 "玻璃裱糊工程"项目词解

玻璃裱糊工程包括玻璃安装和裱糊饰面。

一、玻璃安装

玻璃安装是指对隔扇、槛窗、支摘窗、翻窗、什锦窗等的玻璃安装,依玻璃种类分为：安装平板玻璃、安装磨砂玻璃、安装花玻璃等。

"平板玻璃"又称白片玻璃，即通常使用的普通玻璃。"磨砂玻璃"是将平板玻璃经用金刚砂水磨而成，表面成雾状，具有透光而不透明的特点。"花玻璃"即压花玻璃，表面压有深浅不同的花纹图案，具有透光而不透明的特点。

玻璃安装的工程量，按所接触的外框面积以 m^2 计算。

二、裱糊

裱糊是将纸张或锦绫织品，用糨糊粘贴到顶棚、墙壁、隔扇、门窗扇上的工艺。

裱糊的工程量，按裱糊展开面积以 m^2 计算。

（一）顶棚裱糊

顶棚裱糊根据顶棚形式，分为：平棚、一平两切、卷棚等。所贴纸张分为：盖大白纸、盖银花纸。

1. 平棚

"平棚"是指为水平顶面的棚顶，它包括：海墁天花、胶合板顶棚、秫秸杆平顶等。

2. 一平两切

"一平两切"是指带斜坡面的顶棚，它包括：人字屋顶、四坡屋顶等。

3. 卷棚

"卷棚"是指带圆弧形的顶棚。

4. 盖大白纸

糊纸一般分为底层和面层，糊面层纸称为"盖面"，大白纸是经过涂刷大白粉压制工艺后制成的盖面纸。

5. 盖银花纸

"银花纸"是指在白纸上用蛤粉模印成各种花纹图案的盖面纸。

6. 镟花

"镟花"是指在交叉转角部位所裱糊的纸花，在交叉部位之内的称为"顶花"，在转角部位的称为"角云"。

（二）白樘篦子、门窗隔扇裱糊

1. 白樘篦子裱糊

"白樘篦子"是用于大式建筑的裱糊，它对裱糊顶棚或墙壁，需先用小木条装订成方格子，然后在方格子上进行裱糊。

2. 门窗隔扇裱糊

它是指在门窗隔扇的心屉上进行裱糊。

参 考 文 献

[1] （宋）李诫著. 营造法式. 北京：中国书店出版社，2006
[2] 姚承祖原著，张志刚增编，刘敦桢校阅. 营造法原. 北京：中国建筑工业出版社，1980
[3] 马炳坚著. 中国古建筑木作营造技术. 北京：科学出版社，1991
[4] 刘大可编著. 中国古建筑瓦石营法. 北京：中国建筑工业出版社，1993
[5] 王璞子. 工程做法注释. 北京：中国建筑工业出版社，1995
[6] 田永复编著. 仿古建筑快捷计价手册. 北京：化学工业出版社，2010
[7] 田永复编著. 中国园林建筑施工技术（第三版）. 北京：中国建筑工业出版社，2012